全国优秀教材二等奖

"十二五"普通高等教育本科国家级规划教材

国家级精品课程教材
北京高等教育教学成果二等奖
清华大学优秀教材特等奖

清华大学工程材料系列教材

工程材料

（第5版）

主编 朱张校 姚可夫

清华大学出版社
北京

内 容 简 介

本书根据高等工业学校机械工程材料及物理化学课程教学指导小组制定的机械工程材料课程教学大纲和教学基本要求编写。阐述了工程材料的结构、组织、性能及其影响因素等工程材料的基本理论和基本规律；介绍了金属材料、高分子材料、陶瓷材料、复合材料等常用工程材料以及它们的应用等基本知识；讨论了机械零件的失效与选材等内容。

本教材可作为高等院校机类专业学生用书，也可供报考机械类专业研究生的考生和有关工程技术人员学习、参考。

本教材课程 2005 年被评为国家级精品课程，并荣获 2004 年度北京市高等教育教学成果二等奖。

与本书相配的《工程材料习题与辅导(第 5 版)》及与本书相配的《工程材料(第 5 版)教师参考书》、《工程材料(第 5 版)多媒体教案》也已经由清华大学出版社出版。

版权所有，侵权必究。举报：010-62782989，beiqinquan@tup.tsinghua.edu.cn。

图书在版编目(CIP)数据

工程材料/朱张校，姚可夫主编. —5 版. —北京：清华大学出版社，2011.2(2024.8重印)
(清华大学工程材料系列教材)
ISBN 978-7-302-24907-8

Ⅰ. 工… Ⅱ. ①朱… ②姚… Ⅲ. 工程材料－高等学校－教材 Ⅳ. TB3

中国版本图书馆 CIP 数据核字(2011)第 019679 号

责任编辑：宋成斌
责任校对：刘玉霞
责任印制：刘海龙

出版发行：清华大学出版社
网　　址：https://www.tup.com.cn，https://www.wqxuetang.com
地　　址：北京清华大学学研大厦 A 座　　邮　编：100084
社 总 机：010-83470000　　邮　购：010-62786544
投稿与读者服务：010-62776969，c-service@tup.tsinghua.edu.cn
质 量 反 馈：010-62772015，zhiliang@tup.tsinghua.edu.cn

印 装 者：北京同文印刷有限责任公司
经　　销：全国新华书店
开　　本：185mm×260mm　　印 张：22.75　　字 数：536 千字
版　　次：2011 年 2 月第 5 版　　印 次：2024 年 8 月第 30 次印刷
定　　价：59.00 元

产品编号：041436-09

第 5 版前言

《工程材料》课程是高等院校机类专业的一门技术基础课。《工程材料》课程的任务是从机械工程的应用角度出发,阐明机械工程材料的基本理论,了解材料的成分、加工工艺、组织、结构与性能之间的关系;介绍常用机械工程材料及其应用等基本知识。本课程的目的是使学生通过学习,在掌握机械工程材料的基本理论及基本知识的基础上,具备根据机械零件使用条件和性能要求,对结构零件进行合理选材及制定零件工艺路线的初步能力。由于能源、材料和信息是现代社会和现代科学技术的三大支柱,学习并掌握工程材料的基本知识,对于工科院校机械类专业的学生是十分必要的。国内外许多高等院校已把《工程材料》(或称《机械工程材料》)课程设置为机械类专业的一门十分重要的技术基础课。

本书根据高等工业学校机械工程材料教学大纲和教学要求编定,可作为高等院校学生学习工程材料课程的教材,也可供报考机械类专业和材料科学与工程类专业研究生的考生和有关工程技术人员学习、参考。

清华大学出版社出版的郑明新教授主编的《工程材料》第 1 版(1983 年)、第 2 版(1991 年)、朱张校教授主编的《工程材料》第 3 版(2001 年)、朱张校、姚可夫教授主编的《工程材料》第 4 版(2009 年)共计出版发行约 30 万册。我国许多高等院校采用了这本教材。其中《工程材料》第 2 版获机械部优秀教材 2 等奖、教育部科技进步奖 3 等奖;《工程材料》第 3 版获北京市高等教育教学成果 2 等奖。《工程材料》教材被教育部列为普通高等教育"十五"、"十一五"国家级规划教材及"十二五"普通高等教育本科国家级规划教材。清华大学的工程材料课程被评为国家级精品课程、北京市精品课程。为了适应材料学科快速发展的需要,进一步提高工程材料课程的教学水平与教学质量,本次对工程材料教材进行了较大修订。由于本书主要供机械类专业学生使用,因此重点在于阐明各种工程材料的组织结构、性能和应用,以及正确选材和用材的基本知识。近年来,我国的研究生教育事业发展很快,一些院校和研究单位把"工程材料"作为机械类专业研究生招生考试科目,并把清华大学的《工程材料》教材作为重要参考书。因此本书加强了材料学方面的内容,以利于加强学生的材料科学基础知识。同时重视材料学理论在工程实际中的应用,引入了大量工程应用实例,引导学生理论联系实际,掌握基本理论知识。

《工程材料》第 5 版由三部分内容组成。第一部分为基本理论部分,由第 1 章、第 2 章组成,阐述了工程材料学的基本概念和基本理论,其内容为工程材料的结构、组织和性能以及它们之间的关系;金属材料组织与性能的影响因素和规律。第二部分为工程材料知识部分,包括第 3 章至第 7 章,介绍了常用金属材料、高分子材料、陶瓷材料、复合材料的成分、组织、性能及其应用知识。同时对功能材料和其他新材料作了介绍,以扩展学生的材料知识面。第三部分为工程材料的应用部分,由第 8 章至第 10 章组成。介绍机械零件的失效与选材知识以及工程材料在汽车、机床、仪器仪表、热能、化工及航空航天等领域的应用情况,其中"工程材料的应用"一章可根据不同专业的学生有选择地讲授部分内容,其他内容可由学生自学。书中引入了较多的新材料、新技术知识,有利于培养学生的创新意识。本书的重点是第2、3章和第9章。

本书中介绍的材料牌号采用了最新的国家标准。考虑到读者对材料新牌号尚不熟悉,因此保留了部分材料的旧牌号,文中用括号表明。例如不锈钢牌号20Cr13(2Cr13)、铝合金牌号5A05(LF5),其中20Cr13、5A05为新牌号,2Cr13、LF5为旧牌号。

本教材力求体系更科学合理,内容更丰富新颖;尽量做到理论性强,概念清晰,语言简洁,条理性强,注重理论联系实际,实例丰富。本书介绍的材料种类多,牌号新,材料知识面广。本教材适用面宽,可作为高等院校各机械类专业学生的教材或学习参考书。书末附有国内外常用钢号对照表及工程材料常用词汇中英文对照表,可供读者阅读有关外文参考教材或文献时查阅。

配合本教材,作者另外编写了《工程材料习题与辅导(第5版)》一书作为《工程材料(第5版)》的配套教材。内容包括《工程材料(第5版)》各章重点、习题、课堂讨论指导书、实验指导书等,同时编写了《工程材料(第5版)教师参考书》,制作了《工程材料(第5版)多媒体教案》光盘,为工程材料课程教师提供了必要的教学资源。以上教学资源都已由清华大学出版社出版。

在教育部新世纪网络课程建设工程资助下,作者研制了《工程材料网络课程》,建设了国家级精品课工程材料课程网站。《工程材料网络课程》已由高等教育电子音像出版社出版。学生可以在网络环境下自主学习。

本书编写者分工如下:

绪论、第1章1.1节、1.2节、第2章2.1节至2.4节、第9章9.3节、9.4节由朱张校编改。第1章1.3节、第4章、第7章由张弓编改。第1章1.4节、第5章、第6章由张华堂编改。第2章2.5节、第3章3.1节、3.2节、第9章9.1节、第10章10.4节由王昆林编改。第2章2.6节、第8章、第10章10.2节、10.3节由张人佶编改。第3章3.3节、第9章9.2节、第10章10.1节由姚可夫编改。第3章3.4节由吴运新编改。第10章10.5节、10.6节由巩前明编改。附录1、3、4、6、7、8由朱张校整编,附录2、5由张欣整编。书中显微组织照片由丁莲珍、张欣、朱张校提供。

郑明新教授对本书的编写提出了非常宝贵的意见,并审阅了全书。全体编者对郑明新教授表示衷心的感谢。

本书的编写中引用了有关材料牌号方面的最新国家标准,参考了部分国内外有关教材、科技著作及论文,部分照片下载自互联网。在此特向有关作者致以深切的谢意。

由于编者水平有限,本书不足之处在所难免,敬请读者批评指正。

清华大学材料学院　　朱张校　zhuzhx@tsinghua.edu.cn
　　　　　　　　　　姚可夫　kfyao@tsinghua.edu.cn

目 录

绪论 ·· 1
  0.1 中华民族对材料发展的重大贡献 ·· 1
  0.2 材料的结合键 ·· 4
  0.3 工程材料的分类 ··· 8

第1章 材料的结构与性能特点 ·· 10
  1.1 金属材料的结构与组织 ·· 10
    1.1.1 纯金属的晶体结构 ·· 10
    1.1.2 合金的晶体结构 ·· 21
    1.1.3 金属材料的组织 ·· 24
  1.2 金属材料的性能特点 ··· 26
    1.2.1 金属材料的工艺性能 ··· 26
    1.2.2 金属材料的力学性能 ··· 28
    1.2.3 金属材料的理化性能 ··· 33
  1.3 高分子材料的结构与性能特点 ··· 36
    1.3.1 高分子材料的结构 ·· 37
    1.3.2 高分子材料的性能特点 ·· 41
  1.4 陶瓷材料的结构与性能特点 ·· 47
    1.4.1 陶瓷材料的结构 ·· 47
    1.4.2 陶瓷材料的性能特点 ··· 52

第2章 金属材料组织和性能的控制 ·· 56
  2.1 纯金属的结晶 ··· 56
    2.1.1 纯金属的结晶 ·· 56
    2.1.2 同素异构转变 ·· 59
    2.1.3 铸锭的结构 ··· 59
    2.1.4 结晶理论的工程应用 ··· 61
  2.2 合金的结晶 ·· 63
    2.2.1 二元合金的结晶 ·· 64
    2.2.2 合金的性能与相图的关系 ··· 70
    2.2.3 铁碳合金的结晶 ·· 71

2.3 金属的塑性加工 ··· 85
    2.3.1 金属的塑性变形 ··· 86
    2.3.2 金属的再结晶 ··· 90
    2.3.3 塑性变形和再结晶的工程应用 ·· 92
2.4 钢的热处理 ·· 94
    2.4.1 钢在加热时的转变 ·· 94
    2.4.2 钢在冷却时的转变 ·· 97
    2.4.3 钢的普通热处理 ·· 104
    2.4.4 钢的表面热处理 ·· 112
    2.4.5 钢的化学热处理 ·· 114
    2.4.6 其他热处理技术 ·· 118
    2.4.7 计算机技术在热处理中的应用 ·· 121
    2.4.8 热处理的工程应用 ·· 122
2.5 钢的合金化 ·· 122
    2.5.1 合金元素与铁、碳的作用 ··· 122
    2.5.2 合金元素对 $Fe-Fe_3C$ 相图的影响 ·· 124
    2.5.3 合金元素对钢热处理的影响 ·· 125
    2.5.4 合金元素对钢的工艺性能的影响 ··· 127
    2.5.5 合金元素对钢的性能的影响 ·· 128
    2.5.6 合金化的工程应用 ·· 129
2.6 表面技术 ··· 129
    2.6.1 电刷镀技术 ··· 129
    2.6.2 热喷涂技术 ··· 131
    2.6.3 气相沉积技术 ·· 133
    2.6.4 激光表面改性 ·· 136

第 3 章 金属材料 ··· 138
3.1 碳钢 ··· 138
    3.1.1 碳钢的成分和分类 ·· 138
    3.1.2 碳钢的牌号及用途 ·· 139
3.2 合金钢 ·· 143
    3.2.1 概述 ··· 143
    3.2.2 合金结构钢 ··· 144
    3.2.3 合金工具钢 ··· 159
    3.2.4 特殊性能钢 ··· 169
3.3 铸钢与铸铁 ·· 179
    3.3.1 铸钢 ··· 179
    3.3.2 铸铁 ··· 182
3.4 有色金属及其合金 ·· 195
    3.4.1 铝及铝合金 ··· 195

3.4.2 铜及铜合金 …… 204
　　3.4.3 钛及钛合金 …… 213
　　3.4.4 镁及镁合金 …… 217
　　3.4.5 镍及镍合金 …… 217
　　3.4.6 轴承合金 …… 221

第4章 高分子材料 …… 225
4.1 工程塑料 …… 225
　　4.1.1 塑料的组成 …… 225
　　4.1.2 塑料的分类 …… 226
　　4.1.3 常用工程塑料 …… 227
4.2 合成纤维 …… 234
　　4.2.1 合成纤维的生产方法 …… 234
　　4.2.2 常用合成纤维 …… 236
4.3 合成橡胶 …… 238
　　4.3.1 合成橡胶的分类和橡胶制品的组成 …… 238
　　4.3.2 常用合成橡胶 …… 239

第5章 陶瓷材料 …… 242
5.1 普通陶瓷 …… 242
　　5.1.1 普通日用陶瓷 …… 242
　　5.1.2 普通工业陶瓷 …… 243
5.2 特种陶瓷 …… 244
　　5.2.1 氧化物陶瓷 …… 244
　　5.2.2 碳化物陶瓷 …… 245
　　5.2.3 硼化物陶瓷 …… 247
　　5.2.4 氮化物陶瓷 …… 247

第6章 复合材料 …… 250
6.1 复合材料的复合原则 …… 251
　　6.1.1 纤维增强复合材料的复合原则 …… 251
　　6.1.2 颗粒增强复合材料的复合原则 …… 252
6.2 复合材料的性能特点 …… 253
　　6.2.1 比强度和比模量 …… 253
　　6.2.2 抗疲劳性能和抗断裂性能 …… 253
　　6.2.3 高温性能 …… 254
　　6.2.4 减摩、耐磨、减振性能 …… 254
　　6.2.5 其他特殊性能 …… 254
6.3 非金属基复合材料 …… 255
　　6.3.1 聚合物基复合材料 …… 255
　　6.3.2 陶瓷基复合材料 …… 257

    6.3.3 碳基复合材料 ……………………………………………………………… 258
  6.4 金属基复合材料 ………………………………………………………………… 259
    6.4.1 金属陶瓷 …………………………………………………………………… 259
    6.4.2 纤维增强金属基复合材料 ………………………………………………… 260
    6.4.3 细粒和晶须增强金属基复合材料 ………………………………………… 260

第7章 功能材料及新材料 …………………………………………………………… 262
  7.1 电功能材料 ……………………………………………………………………… 262
    7.1.1 金属导电材料 ……………………………………………………………… 262
    7.1.2 金属电接点材料 …………………………………………………………… 263
    7.1.3 电阻材料 …………………………………………………………………… 264
    7.1.4 导电高分子材料 …………………………………………………………… 264
    7.1.5 超导材料 …………………………………………………………………… 265
  7.2 磁功能材料 ……………………………………………………………………… 267
    7.2.1 软磁材料 …………………………………………………………………… 267
    7.2.2 永磁材料 …………………………………………………………………… 267
    7.2.3 信息磁材料 ………………………………………………………………… 268
  7.3 热功能材料 ……………………………………………………………………… 269
    7.3.1 膨胀材料 …………………………………………………………………… 269
    7.3.2 形状记忆材料 ……………………………………………………………… 270
    7.3.3 测温材料 …………………………………………………………………… 272
  7.4 光功能材料 ……………………………………………………………………… 272
    7.4.1 光学材料 …………………………………………………………………… 272
    7.4.2 固体激光器材料 …………………………………………………………… 272
    7.4.3 信息显示材料 ……………………………………………………………… 273
    7.4.4 光纤 ………………………………………………………………………… 274
  7.5 隐形材料及智能材料 …………………………………………………………… 274
  7.6 纳米材料 ………………………………………………………………………… 274
    7.6.1 纳米材料及其特性 ………………………………………………………… 275
    7.6.2 碳纳米材料 ………………………………………………………………… 275
    7.6.3 纳米陶瓷材料 ……………………………………………………………… 276
    7.6.4 纳米复合材料 ……………………………………………………………… 277

第8章 零件失效分析与选材原则 ………………………………………………………… 278
  8.1 机械零件的失效 ………………………………………………………………… 278
    8.1.1 畸变失效 …………………………………………………………………… 278
    8.1.2 断裂失效 …………………………………………………………………… 281
    8.1.3 磨损失效 …………………………………………………………………… 284
    8.1.4 腐蚀失效 …………………………………………………………………… 285
  8.2 机械零件失效分析 ……………………………………………………………… 286
    8.2.1 零件失效基本原因 ………………………………………………………… 286
    8.2.2 零件失效分析 ……………………………………………………………… 286

8.3 机械零件选材原则 ………………………………… 289
    8.3.1 使用性能原则 ………………………………… 289
    8.3.2 工艺性能原则 ………………………………… 290
    8.3.3 经济及环境友好性原则 ……………………… 292

第9章 典型工件的选材及工艺路线设计 …………… 293

9.1 齿轮选材 ……………………………………………… 293
    9.1.1 齿轮的工作条件 ……………………………… 293
    9.1.2 齿轮的失效形式 ……………………………… 293
    9.1.3 齿轮材料的性能要求 ………………………… 294
    9.1.4 齿轮类零件的选材 …………………………… 294
    9.1.5 典型齿轮选材举例 …………………………… 294
9.2 轴类零件选材 ………………………………………… 297
    9.2.1 轴类零件的工作条件 ………………………… 297
    9.2.2 轴类零件的失效形式 ………………………… 298
    9.2.3 轴类零件材料的性能要求 …………………… 298
    9.2.4 轴类零件的选材 ……………………………… 298
    9.2.5 典型轴的选材 ………………………………… 299
9.3 弹簧选材 ……………………………………………… 301
    9.3.1 弹簧的工作条件 ……………………………… 302
    9.3.2 弹簧的失效形式 ……………………………… 302
    9.3.3 弹簧材料的性能要求 ………………………… 302
    9.3.4 弹簧的选材 …………………………………… 302
    9.3.5 典型弹簧选材 ………………………………… 303
9.4 刃具选材 ……………………………………………… 304
    9.4.1 刃具的工作条件 ……………………………… 304
    9.4.2 刃具的失效形式 ……………………………… 304
    9.4.3 刃具材料的性能要求 ………………………… 304
    9.4.4 刃具的选材 …………………………………… 304
    9.4.5 刃具选材举例 ………………………………… 305

第10章 工程材料的应用 ……………………………… 307

10.1 汽车用材 …………………………………………… 307
    10.1.1 汽车用金属材料 …………………………… 307
    10.1.2 汽车用塑料 ………………………………… 312
    10.1.3 汽车用橡胶 ………………………………… 314
    10.1.4 汽车用陶瓷材料 …………………………… 314
    10.1.5 汽车新材料发展趋势 ……………………… 315
10.2 机床用材 …………………………………………… 315
    10.2.1 机身、底座用材 …………………………… 315
    10.2.2 齿轮用材 …………………………………… 316
    10.2.3 轴类零件用材 ……………………………… 316

- 10.2.4 螺纹联接件用材 ... 317
- 10.2.5 螺旋传动件用材 ... 317
- 10.2.6 蜗轮、蜗杆传动用材 ... 317
- 10.2.7 滑动轴承材料 ... 318
- 10.2.8 滚动轴承用材 ... 319

10.3 仪器仪表用材 ... 319
- 10.3.1 壳体材料 ... 319
- 10.3.2 轴类零件用材 ... 320
- 10.3.3 凸轮用材 ... 320
- 10.3.4 齿轮用材 ... 320
- 10.3.5 蜗轮、蜗杆用材 ... 320
- 10.3.6 微型机电系统用材 ... 320

10.4 热能设备用材 ... 321
- 10.4.1 锅炉主要部件用钢 ... 321
- 10.4.2 汽轮机主要零部件用钢 ... 322
- 10.4.3 发电机转子用材 ... 324

10.5 化工设备用材 ... 325
- 10.5.1 化工设备用钢 ... 325
- 10.5.2 化工设备用有色金属及其合金 ... 328
- 10.5.3 非金属材料 ... 329
- 10.5.4 复合材料 ... 329

10.6 航空航天器用材 ... 330
- 10.6.1 超高强度钢 ... 330
- 10.6.2 轻金属及其合金 ... 331
- 10.6.3 高温金属结构材料 ... 333
- 10.6.4 先进金属基及无机非金属基复合材料 ... 334
- 10.6.5 先进聚合物基复合材料 ... 335
- 10.6.6 先进功能材料 ... 335

附录1 金属材料室温拉伸试验方法新、旧国家标准性能名称和符号对照表 ... 336

附录2 金属热处理工艺的分类及代号(摘自 GB/T 12603—2005) ... 337

附录3 常用钢的临界点 ... 341

附录4 钢铁及合金牌号统一数字代号体系(摘自 GB/T 17616—1998) ... 342

附录5 国内外常用钢号对照表 ... 343

附录6 常用铝及铝合金状态代号与说明(摘编自 GB/T 16475—2008) ... 345

附录7 若干物理量单位换算表 ... 347

附录8 工程材料常用词汇中英文对照表 ... 348

参考文献 ... 352

绪　论

材料是人类用来制造各种产品的物质,是人类生活和生产的物质基础。人类社会的发展伴随着材料的发明和发展。人类最早使用的材料是石头、泥土、树枝、兽皮等天然材料。由于火的使用,人类发明了陶器、瓷器,其后又发明了青铜器、铁器。因此历史学家常根据材料的使用,将人类生活的时代划分为石器时代、青铜器时代、铁器时代。而今人类已跨进人工合成材料的新时代。金属材料、高分子材料、陶瓷材料、复合材料等新型材料得到迅速发展,为现代社会的发展奠定了重要的物质基础。

0.1　中华民族对材料发展的重大贡献

中华民族为材料的发展和应用作出了重大的贡献。在人类的发展史上,最先使用的工具是石器。我们的祖先用坚硬的容易纵裂成薄片的燧石和石英石等天然材料制成石刀、石斧、石锄。早在新石器时代(公元前 6000 年—公元前 5000 年)的磁山(河北)—裴李岗(河南)文化时期,中华民族的先人们就用粘土烧制成陶器。在仰韶(河南)文化(公元前 4000 年—公元前 200 年)和龙山(山东、河南等)文化时期,制陶技术已经发展到能在氧化性气氛的窑中(950℃)烧制出红陶,在还原性炉气中(1050℃)烧制薄胎黑陶与白陶。在 3000 多年前的殷、周时期,发明了釉陶,炉窑温度提高到了 1200℃。马家窑(甘肃)文化时期的陶器表面彩绘有条带纹、波纹和舞蹈纹等(图 0-1),制品有炊具、食具、盛储器皿等。我国在东汉时期发明了瓷器(图 0-2),成为最早生产瓷器的国家。瓷器于 9 世纪传到非洲东部

图 0-1　陶器

和阿拉伯国家,13世纪传到日本,15世纪传到欧洲。瓷器成为中国文化的象征,对世界文明产生了极大的影响。直到今天,中国瓷器仍畅销全球,名扬四海。

我国劳动人民创造了灿烂的青铜文化。我国青铜的冶炼早在夏朝(公元前2140年始)以前就开始了,到殷、西周时期已发展到很高的水平。青铜主要用于制造各种工具、食器、兵器。从河南安阳晚商遗址出土的司母戊鼎(又称后母戊鼎)重约832千克,外形尺寸为1.33 m×0.78 m×1.10 m,是迄今世界上最古老的大型青铜器(图0-3)。司母戊鼎在制造时采用了精湛的铸造技术,在泥模塑造、陶范翻制、合范、熔炼、浇注等铸造全过程中,充分体现了中国古代劳动人民的聪明才智和优秀的技艺。从湖北江陵楚墓中发掘出的越王勾践的两把宝剑,长0.557 m,宽0.046 m。出土时基本上没有腐蚀,仍金光闪闪,锋利异常,剑体满饰菱形花纹,剑上铭刻"越王勾践,自作用剑"8个大字。越王勾践剑是我国青铜器的杰作。在湖北大冶发现的春秋晚期的铜矿井遗址深达50 m,炼铜炉渣有40多万吨,实属罕见。春秋战国时期《周礼·考工记》中记载了钟鼎、斧斤等六类青铜器中的锡质量分数,称为"六齐(剂)"。书中写道:"六分其金而锡居一,谓之钟鼎之齐;五分其金而锡居一,谓之斧斤之齐;四分其金而锡居一,谓之戈戟之齐;三分其金而锡居一,谓之大刃之齐;五分其金而锡居二,谓之削杀矢之齐;金、锡半,谓之鉴燧之齐"。这是世界上最古老的关于青铜合金成分的文字记载,表明我们的祖先已经认识到了青铜的性能与成分之间的密切关系。从湖北隋县出土的战国青铜编钟共计64枚,分3层悬挂。其造型壮观、铸造精美、音频准确、音律齐全、音域宽广、音色和美、乐律铭文珍贵,是我国古代文化艺术高度发达的见证(图0-4)。

图0-2 瓷器

图0-3 司母戊鼎

图0-4 编钟

我国从春秋战国时期(公元前770年—公元前221年)已开始大量使用铁器。从兴隆战国铁器遗址中发掘出了浇铸农具用的铁模,说明冶铸技术已由泥砂造型水平进入铁模铸造的高级阶段。到了西汉时期,炼铁技术又有了很大的提高,采用煤作为炼铁的燃料,这要比欧洲早1700多年。在河南巩县汉代冶铁遗址中，发掘出20多座冶铁炉和锻炉。炉型庞大，结构复杂，并有鼓风装置和铸造坑。可见当年生产规模之壮观。1989年在山西省永济县黄河东岸出土的唐开元十二年铸造的铁牛每尊高约1.9 m，长约3 m，宽约1.3 m。最重的铁牛为70余吨。牛体之宏、分量之重、铁质之优、造型之美、数量之多、工艺之精、历史之久，实属千古佳作。铁牛曾是蒲津渡浮桥的地锚，是我国人民对世界桥梁、冶金铸造技术、雕塑事业的伟大贡献，是世界桥梁史上的无价之宝。

我国古代创造了三种炼钢方法。第一种是铁矿石用木炭燃烧还原成海锦铁，再在木炭中加热增碳、锻打成块铁渗碳钢；或由矿石直接炼出自然钢。第二种是西汉时期用熔化生铁与空气搅拌氧化降碳得到炒钢，经多次反复锻打成为百炼钢。第三种是南北朝时期生铁液渗淋在熟铁中生产的灌钢。先炼铁后炼钢的两步炼钢技术我国要比其他国家早1600多年。钢的热处理技术也达到了相当高的水平。西汉《史记·天官书》中有"水与火合为淬"一说，正确地说出了钢铁加热、水冷的淬火热处理工艺要点。《汉书·王褒传》中记载有"巧冶铸干将之朴，清水淬其锋"的制剑技术。明代科学家宋应星在《天工开物》一书中对钢铁的退火、淬火、渗碳工艺作了详细的论述。钢铁生产工具的发展，对社会进步起了巨大的推动作用。

在材料领域中还应该提到的是丝绸。丝绸是一种天然高分子材料，它在我国有着悠久的历史，于11世纪传到波斯、阿拉伯、埃及，并于1470年传到意大利的威尼斯，进入欧洲。中国丝绸质地柔软，色彩鲜艳，美观华丽，光彩夺目，深得世界各国人民喜爱。

历史充分说明，我们勤劳智慧的祖先在材料的创造和使用上有着辉煌的成就，为人类文明、世界进步作出了巨大贡献。

中华人民共和国成立以后，我国的钢铁冶炼技术有了突破性进展，目前钢产量已跃居世界首位。钢铁质量也得到显著提高。武汉长江大桥使用碳素结构钢Q235钢制造，而我国自行设计和建造的南京长江大桥则用强度较高的合金结构钢Q345(16Mn)钢制造，九江长江大桥则用强度更高的合金结构钢Q420(15MnVN)钢制造。我国的原子弹、氢弹的研制成功，火箭、人造卫星、飞船的上天，都以材料的发展为坚实基础。

在当代，科学技术和生产飞跃发展。材料、能源与信息作为现代社会和现代技术的三大支柱，发展格外迅猛。

在材料中非金属材料发展迅速，尤以人工合成高分子材料的发展最快。从20世纪60年代到70年代，高分子材料以每年14%的速度增长，而金属材料的年增长率仅为4%。到70年代中期，全世界的高分子材料和钢的体积产量已经相等。高分子材料已经在机械、仪器仪表、汽车工业中得到广泛应用。如制造汽车挡泥板、灯壳、座椅、门把、车内装饰件、仪器仪表的壳体、面板、齿轮等。高分子材料除了作为结构材料代替钢铁外，目前正在研究和开发具有良好导电性能和耐高温的有机合成材料。陶瓷材料的发展同样十分引人注目，它除了具有许多特殊性能作为重要的功能材料（例如可作光导纤维、激光晶体等）以外，其韧性和热稳定性正在逐步获得改善，是最有前途的高温结构材料。机器零件和工程结构已不再只使用金属材料制造了。

随着航空、航天、电子、通信等技术以及机械、化工、能源等工业的发展，对材料的性能提出越来越高、越来越多的要求。传统的单一材料已不能满足使用要求。复合材料的研究和应用引起了人们的重视。如玻璃纤维树脂复合材料（即玻璃钢）、碳纤维树脂复合材料已应用于宇航和航空工业中制造卫星壳体、宇宙飞行器外壳、飞机机身、螺旋桨等；在交通运输工业中制造汽车车身及轻型船、艇等，在石油化工中制造耐酸、耐碱、耐油的容器及管道等。

近年来，我国在新材料和材料加工新工艺的研究工作中取得了卓有成效的重大成果。研制出性能优越、用途广泛的多种新型结构钢；能制备厚度仅为 6 μm 的超塑性铝箔；研制出零电阻温度为 128.7 K 的 Tl-Ca-Ba-Cu-O 超导体（铊系超导体），我国在新型碳材料碳纳米管的研究方面取得许多新的成果。例如，利用碳纳米管作为衬底，制备出均匀、致密的金刚石薄膜，并用碳纳米管作为晶须增强复合材料，制作纳米复合材料。

2003 年我国第一艘载人飞船"神舟五号"成功飞行（图 0-5），标志着我国已进入载人航天时代。2007 年我国首颗探月卫星"嫦娥一号"成功发射（图 0-6）。2010 年探月卫星"嫦娥二号"再次奔向月球。航空航天事业的迅速发展，带动了钛合金、铝合金、镍合金、高温陶瓷、复合材料等航空航天材料的发展。如铝镁合金材料应用于歼击机框架，直径达 3.5 m 的铝合金锻环用于"长征二号"火箭等。

图 0-5 "神舟五号"

图 0-6 探月卫星"嫦娥一号"

材料快速成型技术和材料表面处理技术在我国得到迅速发展。激光表面淬火、激光熔涂技术已在汽车发动机缸套、凸轮轴、石油抽油管、纺织用锭杆等零件的表面强化上得到应用。化学气相沉积（CVD）可制造出高硬度、高耐磨性的金黄色 TiN 薄膜，用于耐磨零件和装饰件的表面处理。

总之，材料科学和材料工程发展很快。我们需要掌握材料科学的基本理论和基本知识，研究和发明新的材料和新的工艺，合理地使用各种工程材料，为祖国现代化建设事业作出应有的贡献。

通过本门课程的学习，同学们应当掌握工程材料的基本理论及基本知识，具备根据机械零件使用条件、性能要求和失效形式，进行合理选材及制定零件工艺路线的初步能力。

0.2 材料的结合键

各种工程材料是由各种不同的元素组成，由不同的原子、离子或分子结合而成。原子、离子或分子之间的结合力称为结合键。一般可把结合键分为离子键、共价键、金属键和分子键四种。

1. 离子键

当元素周期表（表 0-1）中相隔较远的正电性元素原子和负电性元素原子接触时，前者失去最外层价电子变成带正电荷的正离子，后者获得电子变成带负电荷的满壳层负离子。正离子和负离子由静电引力相互吸引；当它们十分接近时发生排斥，引力和斥力相等即形成

表 0-1 简化元素周期表

I A	II A	III B	IV B	V B	VI B	VII B	VIII			I B	II B	III A	IV A	V A	VI A	VII A	0
1H 氢																	2 He 氦
3 Li 锂	4 Be 铍											5 B 硼	6 C 碳	7 N 氮	8 O 氧	9 F 氟	10 Ne 氖
11 Na 钠	12 Mg 镁											13 Al 铝	14 Si 硅	15 P 磷	16 S 硫	17 Cl 氯	18 Ar 氩
19 K 钾	20 Ca 钙	21 Sc 钪	22 Ti 钛	23 V 钒	24 Cr 铬	25 Mn 锰	26 Fe 铁	27 Co 钴	28 Ni 镍	29 Cu 铜	30 Zn 锌	31 Ga 镓	32 Ge 锗	33 As 砷	34 Se 硒	35 Br 溴	36 Kr 氪
37 Rb 铷	38 Sr 锶	39 Y 钇	40 Zr 锆	41 Nb 铌	42 Mo 钼	43 Tc 锝	44 Ru 钌	45 Rh 铑	46 Pd 钯	47 Ag 银	48 Cd 镉	49 In 铟	50 Sn 锡	51 Sb 锑	52 Te 碲	53 I 碘	54 Xe 氙
55 Cs 铯	56 Ba 钡	57 La *	72 Hf 铪	73 Ta 钽	74 W 钨	75 Re 铼	76 Os 锇	77 Ir 铱	78 Pt 铂	79 Au 金	80 Hg 汞	81 Tl 铊	82 Pb 铅	83 Bi 铋	84 Po 钋	85 At 砹	86 Rn 氡
87 Fr 钫	88 Ra 镭	89 Ac **	104 Rf 铲	105 Db 𨧀													

* 57～71 镧系　　** 89～103 锕系

（过渡元素；难熔金属；贵金属；金属键；共价键金属；共价键非金属；惰性气体）

稳定的离子键,如图 0-7 所示。

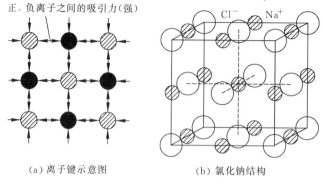

(a) 离子键示意图　　(b) 氯化钠结构

图 0-7　离子键(a)和离子晶体(b)

离子键的结合力很大,因此离子晶体的硬度高、强度大、热膨胀系统小,但脆性大。离子键中很难产生可以自由运动的电子,所以离子晶体都是良好的绝缘体。在离子键结合中,由于离子的外层电子比较牢固地被束缚,可见光的能量一般不足以使其受激发,因而不吸收可见光,所以典型的离子晶体是无色透明的。Al_2O_3、TiO_2、$NaCl$ 等化合物都是离子键结合。

2. 共价键

处于元素周期表中间位置的 3、4、5 价元素,原子既可能获得电子变为负离子,也可能丢失电子变为正离子。当这些元素原子之间或与邻近元素原子形成分子或晶体时,以共用价电子形成稳定的电子满壳层的方式实现结合。这种由共用价电子对产生的结合键叫共价键[图 0-8(a)]。

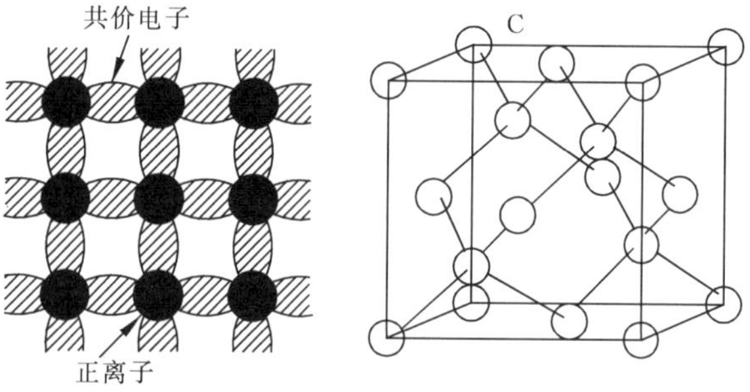

最具代表性的共价晶体为金刚石,其结构见图 0-8(b)。硅、锗、锡等元素可构成共价晶体。SiC、Si_3N_4、BN 等化合物也属于共价晶体。

(a) 共价键示意图　　(b) 金刚石结构

图 0-8　共价键(a)和共价晶体(b)

共价键的结合力很大,所以共价晶体强度高、硬度高、脆性大、熔点高、沸点高、挥发性低。

3. 金属键

元素周期表中Ⅰ、Ⅱ、Ⅲ族元素的原子在满壳层外有一个或几个价电子。原子很容易丢失其价电子而成为正离子。被丢失的价电子为全体原子所公有,叫做自由电子。它们在正离子之间自由运动。正离子在空间规则分布,和自由电子之间产生强烈的静电吸引力,使全部离子结合起来。这种结合力叫做金属键,如图 0-9 所示。

金属由金属键结合,因而金属具有下列特性:

① 良好的导电性和导热性。当金属的两端存在电势差或外加电场时,自由电子可以定

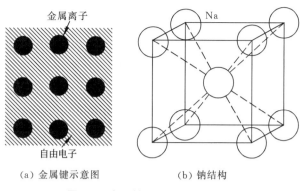

(a) 金属键示意图　　(b) 钠结构

图 0-9　金属键(a)和金属晶体(b)

向地流动,金属表现出优良的导电性。由于自由电子的活动性很强,规则排列的金属离子振动作用而导热,因此金属的导热性很好。

② 正的电阻温度系数,即随温度升高电阻增大。加热时,离子振动增强,空位增多,电子的运动受阻,电阻增大。温度降低时,离子(原子)的振动减弱,则电阻减少。

③ 金属中的自由电子能吸收并随后辐射出大部分投射到表面的光能,所以金属不透明并呈现特有的金属光泽。

④ 金属键没有方向性,原子间也没有选择性,所以在受外力作用而发生原子位置的相对移动时,结合键不会遭到破坏,使金属具有良好的塑性变形能力,金属材料的强韧性好。

4. 分子键

甲烷分子在固态相互结合成为晶体。在结合过程中没有电子的得失、共有或公有化,原子或分子之间是靠范德瓦耳斯力结合起来。这种结合方式叫分子键。范德瓦耳斯力实际上就是分子偶极之间的作用力,如图 0-10 所示。当一个分子中正负电荷的中心瞬时不重合时,分子一端带正电,另一端带负电,形成偶极。偶极分子之间会产生吸引力,使分子之间结合在一起。在含氢的物质,特别是含氢的聚合物中,一个氢原子可同时和两个与电子亲和能力大的、半径较小的原子(如 F、O、N 等)相结合,形成氢键。氢键是一种较强的、有方向性的范德瓦耳斯键。其产生的原因是氢原子与某一原子形成共价键时,共有电子向那个原子

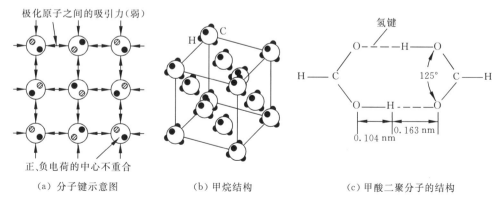

(a) 分子键示意图　　(b) 甲烷结构　　(c) 甲酸二聚分子的结构

图 0-10　分子键(a)、分子晶体(b)和氢键(c)

强烈偏移,使氢原子几乎变成一半径很小的带正电荷的核,因而它还可以与另一个原子相吸引[图0-10(c)]。

由于范德瓦耳斯力很弱,因此由分子键结合的固体材料熔点低、硬度也很低,无自由电子,因此材料有良好的绝缘性。

0.3　工程材料的分类

工程材料主要是指用于机械、车辆、船舶、建筑、化工、能源、仪器仪表、航空航天等工程领域中的材料,用来制造工程构件和机械零件,也包括一些用于制造工具的材料和具有特殊性能(如耐蚀、耐高温等)的材料。

工程材料种类繁多,可以有不同的分类方法。比较科学的方法是根据材料的结合键进行分类。按其结合键的性质,一般将工程材料分为金属材料、高分子材料、陶瓷材料和复合材料四大类:

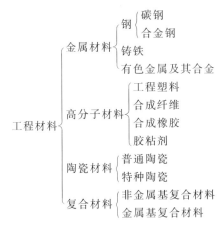

1. 金属材料

金属材料是最重要的工程材料,包括金属和以金属为基的合金。最简单的金属材料是纯金属。周期表中的金属元素分简单金属和过渡族金属两类。凡是内电子壳层完全填满或完全空着的元素,均属于简单金属;内电子壳层未完全填满的元素属于过渡族金属。简单金属的结合键完全为金属键;过渡族金属的结合键为金属键和共价键的混合键,但以金属键为主。所以以金属为主体的工程金属材料,原子间的结合键基本上为金属键,一般为金属晶体材料。

工业上把金属及其合金分为两大部分:

① 黑色金属:铁和以铁为基的合金(钢、铸铁和铁合金);

② 有色金属:黑色金属以外的所有金属及其合金。

应用最广的是黑色金属。以铁为基的合金材料占整个结构材料和工具材料的90%以上。黑色金属的工程性能比较优越,价格也比较便宜,是最重要的工程金属材料。

按照性能的特点,有色金属可分为:轻金属、易熔金属、难熔金属、贵金属、铀金属、稀土金属和碱土金属等,它们是重要的特殊用途材料。

2. 高分子材料

高分子材料为有机合成材料,亦称聚合物。高分子材料由大量相对分子质量特别大的大分子化合物组成,大分子内的原子之间由很强的共价键结合而成,而大分子与大分子之间的结合力为较弱的范德瓦耳斯力。由于大分子链很长,大分子之间的接触面比较大,特别是当分子链交缠时,大分子之间的结合力是很大的。在分子中存在氢时,氢键会加强分子间的相互作用力。

高分子材料种类很多,工程上通常根据力学性能和使用状态将其分为工程塑料、合成纤维、合成橡胶、胶粘剂四大类。

3. 陶瓷材料

陶瓷是一种或多种金属元素同一种非金属元素组成的金属氧化物或金属非氧化物。金属氧化物中氧原子同金属原子化合时形成很强的离子键,同时也存在一定成分的共价键。例如,MgO 晶体中,离子键占 84%,共价键占 16%。也有一些特殊陶瓷以共价键为主。陶瓷的硬度很高,但脆性很大。

陶瓷材料属于无机非金属材料。按照成分和用途,陶瓷材料可分为两类:

① 普通陶瓷(或传统陶瓷):主要为硅、铝氧化物的硅酸盐材料;
② 特种陶瓷(或新型陶瓷):主要为高熔点的氧化物、碳化物、氮化物、硅化物等的烧结材料。

4. 复合材料

复合材料是指两种或两种以上不同材料的组合材料,其性能优于它的组成材料。复合材料可以由各种不同种类的材料复合组成。如环氧树脂玻璃钢由玻璃纤维与环氧树脂复合而成,碳化硅增强铝基复合材料由碳化硅细粒与铝合金复合而成。复合材料的结合键复杂,强度、刚度和耐蚀性比单纯的金属、陶瓷和聚合物都优越,具有广阔的发展前景。

第1章 材料的结构与性能特点

1.1 金属材料的结构与组织

材料的性能决定于材料的化学成分和其内部的组织结构。固态物质按其原子(离子或分子)的聚集状态可分为两大类:晶体与非晶体。原子(离子或分子)在三维空间有规则地周期性重复排列的物体称为晶体,如天然金刚石、水晶、氯化钠等。原子(离子或分子)在空间无规则排列的物体则称为非晶体,如松香、石蜡、玻璃等。由于金属由金属键结合,其内部的金属离子在空间有规则地排列,因此固态金属一般情况下均是晶体。

1.1.1 纯金属的晶体结构

晶体中原子(离子或分子)规则排列的方式称为晶体结构。为了便于研究,假设通过金属原子(离子)的中心画出许多空间直线,这些直线形成空间格架,称为晶格(图 1-1)。晶格的结点为金属原子(或离子)平衡中心的位置。能反映该晶格特征的最小组成单元称为晶胞。晶胞在三维空间重复排列构成晶格。晶胞的基本特性即反映该晶体结构(晶格)的特点。

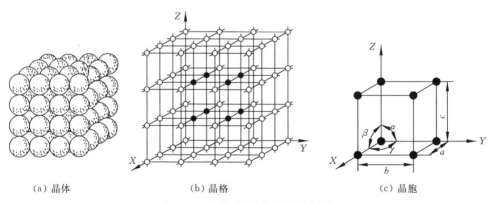

(a) 晶体　　　　　　(b) 晶格　　　　　　(c) 晶胞

图 1-1　晶体、晶格和晶胞示意图

晶胞的几何特征可以用晶胞的三条棱边长 a、b、c 和三条棱边之间的夹角 α、β、γ 六个晶格参数(也叫点阵参数)来描述。其中 a、b、c 为晶格常数(也叫点阵常数)。金属的晶格常数一般为 0.1~0.7 nm。不同元素组成的金属晶体因晶格形式及晶格常数的不同,表现出不同的物理、化学和力学性能。金属的晶体结构可用 X 射线结构分析技术进行测定。

1. 三种常见的金属晶体结构(表 1-1)

(1) 体心立方晶格(胞)(BCC 晶格)

体心立方晶格的晶胞(图 1-2)中,8 个原子处于立方体的角上,1 个原子处于立方体的中心,角上 8 个原子与中心原子紧靠。具有体心立方晶格的金属有钼(Mo)、钨(W)、钒(V)、α-铁(α-Fe,<912℃)等。

表 1-1　常用金属的晶体结构

金属	Be	Mg	Al	Ti	V	Cr	Mn	Fe	Co	Ni	Cu	Zn	Mo	Ag	W	Pt	Au	Pb
BCC				√	√	√	√	√					√		√			
FCC			√				√	√	√	√	√			√		√	√	√
HCP	√	√		√					√			√						

体心立方晶胞具有下列特征:

① 晶格参数:$a=b=c$,$\alpha=\beta=\gamma=90°$。

② 晶胞原子数:在体心立方晶胞中,每个角上的原子在晶格中同时属于 8 个相邻的晶胞,因而每个角上的原子仅有 1/8 属于一个晶胞,而中心的原子则完全属于这个晶胞。所以一个体心立方晶胞所含的原子数为 $\frac{1}{8}\times 8+1$,即 2 个。

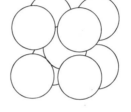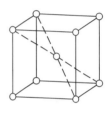

图 1-2　体心立方晶胞

③ 原子半径:晶胞中相距最近的两个原子中心之间距离的一半称为原子半径($r_{原子}$)。体心立方晶胞中原子相距最近的方向是体对角线,所以原子半径与晶格常数 a 之间的关系为 $r_{原子}=\frac{\sqrt{3}}{4}a$。

④ 致密度:晶胞中所包含的原子所占有的体积与该晶胞体积之比称为致密度(也称密排系数)。致密度越大,原子排列紧密程度越大。体心立方晶胞的致密度为

$$\frac{\frac{4}{3}\pi r_{原子}^3 \times 2}{a^3}=\frac{\frac{4}{3}\pi\left(\frac{\sqrt{3}}{4}a\right)^3\times 2}{a^3}\approx 0.68=68\%$$

即晶胞(或晶格)中有 68% 的体积被原子所占据,其余为空隙。

⑤ 空隙半径:若在晶胞空隙中放入刚性球,则能放入球的最大半径称为空隙半径。体心立方晶胞中有两种空隙,一种为四面体空隙[图 1-3(a)],其半径为 $r_{四}=0.29r_{原子}$;另一种为八面体空隙[图 1-3(b)],其半径为 $r_{八}=0.15r_{原子}$。

⑥ 配位数:晶格中与任一原子相距最近且距离相等的原子的数目叫做配位数。配位数越大,原子排列紧密程度就越大。体心立方晶格的配位数为 8。

(2) 面心立方晶格(胞)(FCC 晶格)

面心立方晶格的晶胞如图 1-4 所示。金属原子分布在立方体的 8 个角上和 6 个面的中

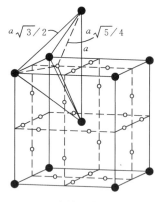 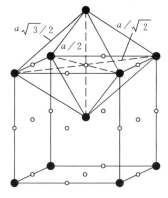

(a) 四面体空隙　　　　　　　　　　(b) 八面体空隙

图 1-3　体心立方晶胞中的空隙位置

心。面中心的原子与该面 4 个角上的原子紧靠。具有这种晶格的金属有铝（Al）、铜（Cu）、镍（Ni）、金（Au）、银（Ag）、γ-铁（γ-Fe，912～1394℃）等。

面心立方晶胞的特征是：

① 晶格参数：$a=b=c, \alpha=\beta=\gamma=90°$

② 晶胞原子数：$\frac{1}{8}\times 8 + \frac{1}{2}\times 6 = 4$（个）

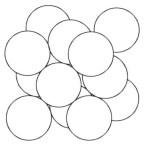 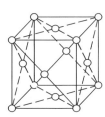

图 1-4　面心立方晶胞

③ 原子半径：$r_{原子}=\dfrac{\sqrt{2}}{4}a$

④ 致密度：0.74（74%）

⑤ 空隙半径（图 1-5）：四面体空隙 $r_{四}=0.225 r_{原子}$

　　　　　　　　　　　　八面体空隙 $r_{八}=0.414 r_{原子}$

⑥ 配位数：12

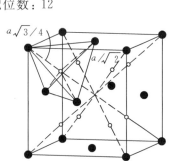 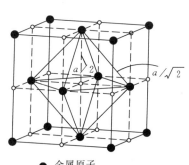

(a) 四面体空隙　　　　　　　　　　(b) 八面体空隙

图 1-5　面心立方晶胞中的空隙位置

(3) 密排六方晶格(胞)(HCP 晶格)

密排六方晶格的晶胞中(图 1-6),12 个金属原子分布在正六方体的 12 个角上,在上、下底面的中心各分布 1 个原子,上、下底面之间均匀分布 3 个原子。具有这种晶格的金属有镁(Mg)、镉(Cd)、锌(Zn)、铍(Be)等。

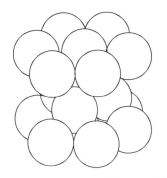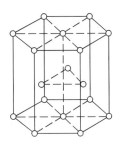

图 1-6 密排六方晶胞

密排六方晶胞的特征是:

① 晶格参数:用底面正六边形的边长 a 和两底面之间的距离 c 来表达,底面上两相邻底边之间的夹角为 $120°$,两相邻侧面的棱线与底面之间的夹角为 $90°$。

② 晶胞原子数:$\frac{1}{6} \times 12 + \frac{1}{2} \times 2 + 3 = 6$(个)

③ 原子半径:$r_{原子} = \frac{1}{2}a$

④ 致密度:0.74(74%)

⑤ 空隙半径:四面体空隙 $r_四 = 0.225 r_{原子}$
　　　　　　八面体空隙 $r_八 = 0.414 r_{原子}$

⑥ 配位数:12

由以上三种金属晶体结构的特征可知:面心立方晶格和密排六方晶格中原子排列紧密程度完全一样,在空间是最紧密排列的两种形式。体心立方晶格中原子排列紧密程度要差些。因此当一种金属(如 Fe)从面心立方晶格向体心立方晶格转变时,体积将膨胀。这就是钢在淬火时因相变而发生体积变化的原因。面心立方晶格中的空隙半径比体心立方晶格中的空隙半径要大,表示容纳其他小直径原子的能力要大。如 γ-Fe 中最多可容纳质量分数为 2.11% 的碳原子,而 α-Fe 中最多只能容纳质量分数为 0.02% 的碳原子。这在钢的化学热处理(渗碳)过程中有很重要的实际意义。由于不同晶体结构中原子排列的方式不同,将会使它们的形变能力不同,这将在以后的章节中详细介绍。

2. 金属晶体中的晶面和晶向

在晶体学中,通过晶体中原子中心的平面叫晶面;通过原子中心的直线为原子列,其所代表的方向叫晶向。晶面或晶向可用晶面指数或晶向指数来表达。

(1) 晶面和晶向的表示方法

① 立方晶系的晶面表示方法

以图 1-7 中的晶面 $ABB'A'$ 为例,晶面指数的标定过程如下:

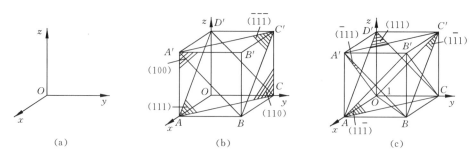

图 1-7 立方晶格中晶面指数的确定

a. 设定一空间坐标系[本书规定三坐标轴方向如图 1-7(a)所示],原点在欲定晶面外,并使晶面在三条坐标轴上有截距或截距无穷大[图 1-7(b)]。

b. 以晶格常数 a 为长度单位,写出欲定晶面在三条坐标轴上的截距:1∞∞

c. 截距取倒数:100

d. 截距的倒数化为最小整数:100

e. 将三整数写在圆括号内:(100)

晶面 $ABB'A'$ 的晶面指数即为(100)。同样可得晶面 $ACC'A'$ 和 ACD' 的晶面指数分别为(110)、(111)。晶面指数的一般标记为 (hkl)。(hkl) 实际表示一组原子排列相同的平行晶面。晶面的截距可以为负数,在指数上加"一"号,如 $(\bar{1}11)$ 面(晶面 $A'BO$)。若某个晶面 (hkl) 的指数都乘以 -1,则得到 $(\bar{h}\bar{k}\bar{l})$ 晶面,则晶面 (hkl) 与 $(\bar{h}\bar{k}\bar{l})$,属于一组平行晶面,如晶面 $ACD'(111)$ 与晶面 $A'C'B$ $(\bar{1}\bar{1}\bar{1})$,这两个晶面一般用一个晶面指数(111)来表示。

在立方晶系中,由于原子的排列具有高度的对称性,往往存在有许多原子排列完全相同但在空间位向不同(即不平行)的晶面,这些晶面组成晶面族,用大括号表示,即 $\{hkl\}$。如立方晶胞中(111)、$(\bar{1}11)$、$(1\bar{1}1)$、$(11\bar{1})$ 同属 $\{111\}$ 晶面族[图 1-7(c)]。可用下式表示:

$$\{111\} = (111) + (\bar{1}11) + (1\bar{1}1) + (11\bar{1})$$

两个相邻的平行晶面之间的距离叫晶面间距,立方晶系中晶面间距可用下式计算:

$$d = \frac{a}{\sqrt{h^2 + k^2 + l^2}}$$

式中:d 为晶面间距;a 为晶格常数;h、k、l 为晶面的 3 个指数。

② 立方晶系的晶向表示方法

以图 1-8 中的晶向 OA 为例,说明晶向指数的标定过程。

a. 设定一空间坐标系,原点在欲定晶向的一结点上

b. 写出该晶向上另一结点的空间坐标值:100

c. 将坐标值按比例化为最小整数:100

d. 将化好的整数记在方括号内:[100]

得到晶向 OA 的晶向指数为[100]。同样方法可得晶向 OB、OC 的晶向指数分别为 [110]、[111],晶向指数的一般标记为 $[uvw]$。$[uvw]$ 实际表示一组原子排列相同的平行晶向。晶向指数也可能出现负数。若两组晶向的全部指数数值相同而符号相反,如[110]与 $[\bar{1}\bar{1}0]$,则它们相互平行或为同一原子列,但方向相反。若只研究该原子列的原子排列情

况,则晶向[110]与[1̄1̄0]可用一指数[110]表示。原子排列情况相同而在空间位向不同(即不平行)的晶向组成晶向族,用尖括号表示,即⟨uvw⟩。如:

$$\langle 100 \rangle = [100] + [010] + [001]$$

在立方晶系中,一个晶面指数与一个晶向指数数值和符号相同时,则该晶面与该晶向互相垂直,如(111)⊥[111][图 1-8(b)]。

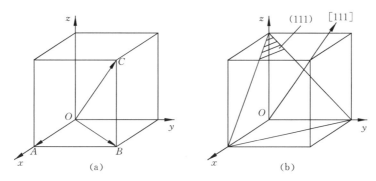

图 1-8　立方晶格中晶向指数的确定

(2) 六方晶系的晶面指数和晶向指数

六方晶系采用四指数方法表示晶面和晶向。水平坐标轴选取互相成 120°夹角的三坐标轴 a_1、a_2 和 a_3,垂直轴为 c 轴(图 1-9)。晶面表示为 $(hkil)$,晶面族为 $\{hkil\}$,晶向表示为 $[uvtw]$,晶向族为 $\langle uvtw \rangle$。四指数中的前三个数字之间应符合如下关系:

$$i = -(h+k), \quad t = -(u+v)$$

h、k、i 的求法与立方晶系中指数的求法相同(以 a 为单位)。第四个指数以 c 为单位。晶向指数标定过程较为复杂。通常先用 a_1、a_2、c 三坐标系标定晶向指数 $[UVW]$;再用下列式子变换为四坐标系中的晶向指数 $[uvtw]$;$u = \frac{1}{3}(2U-V)$,$v = \frac{1}{3}(2V-U)$,

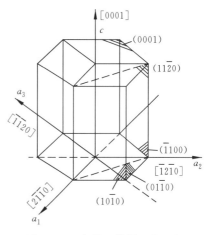

图 1-9　六方晶系的晶面和晶向

$t = -(u+v)$,$w = W$;最后按比例化为最小整数,加方括号。六方晶系的几个主要晶面和晶向的表示如图 1-9 所示。

(3) 密排面和密排方向

不同晶体结构中不同晶面、不同晶向上的原子排列方式和排列密度不一样。表 1-2 和表 1-3 给出了体心立方晶格和面心立方晶格中各主要晶面、晶向上的原子排列方式和排列密度。可见,在体心立方晶格中,原子密度最大的晶面为{110},称为密排面;原子密度最大的晶向为⟨111⟩,称为密排方向。在面心立方晶格中,密排面为{111},密排方向为⟨110⟩。

3. 金属晶体的特性

(1) 金属晶体具有确定的熔点

纯金属进行缓慢加热时,达到一定的温度,固态金属会熔化成为液态金属。在熔化过

表 1-2　体心立方晶格、面心立方晶格主要晶面的原子排列和密度

晶面指数	体心立方晶格		面心立方晶格	
	晶面原子排列示意图	晶面原子密度（原子数/面积）	晶面原子排列示意图	晶面原子密度（原子数/面积）
{100}		$\dfrac{4\times\frac{1}{4}}{a^2}=\dfrac{1}{a^2}$		$\dfrac{4\times\frac{1}{4}+1}{a^2}=\dfrac{2}{a^2}$
{110}		$\dfrac{4\times\frac{1}{4}+1}{\sqrt{2}a^2}=\dfrac{1.4}{a^2}$		$\dfrac{4\times\frac{1}{4}+2\times\frac{1}{2}}{\sqrt{2}a^2}=\dfrac{1.4}{a^2}$
{111}		$\dfrac{3\times\frac{1}{6}}{\frac{\sqrt{3}}{2}a^2}=\dfrac{0.58}{a^2}$		$\dfrac{3\times\frac{1}{6}+3\times\frac{1}{2}}{\frac{\sqrt{3}}{2}a^2}=\dfrac{2.3}{a^2}$

表 1-3　体心立方晶格、面心立方晶格主要晶向的原子排列和密度

晶向指数	体心立方晶格		面心立方晶格	
	晶向原子排列示意图	晶向原子密度（原子数/长度）	晶向原子排列示意图	晶向原子密度（原子数/长度）
⟨100⟩		$\dfrac{2\times\frac{1}{2}}{a}=\dfrac{1}{a}$		$\dfrac{2\times\frac{1}{2}}{a}=\dfrac{1}{a}$
⟨110⟩		$\dfrac{2\times\frac{1}{2}}{\sqrt{2}a}=\dfrac{0.7}{a}$		$\dfrac{2\times\frac{1}{2}+1}{\sqrt{2}a}=\dfrac{1.4}{a}$
⟨111⟩		$\dfrac{2\times\frac{1}{2}+1}{\sqrt{3}a}=\dfrac{1.16}{a}$		$\dfrac{2\times\frac{1}{2}}{\sqrt{3}a}=\dfrac{0.58}{a}$

程中，温度保持不变。其熔化温度（T_0）称为熔点（图 1-10）。而非晶体材料在加热时，由固态转变为液态时，其温度逐渐变化。

（2）金属晶体具有各向异性

在晶体中，不同晶面和晶向上原子排列的密度不同，它们之间的结合力大小也不相同，因而金属晶体不同方向上的性能不同。这种性质叫做晶体的各向异性。非晶体在各个方向上性能完全相同，这种性质叫非晶体的各向同性。例如单晶体铁（只含一个晶粒）的弹性模量在⟨111⟩方向上为 2.90×10^5 MPa，而在⟨100⟩方向上只有 $1.35\times$

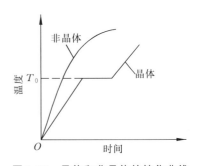

图 1-10　晶体和非晶体的熔化曲线

10^5 MPa。体心立方晶格的金属最易拉断或劈裂的晶面(称解理面)是{100}面。单晶体铁在磁场中沿⟨100⟩方向磁化比沿⟨111⟩方向磁化容易。所以制造变压器用的硅钢片的⟨100⟩方向应平行于导磁方向,以降低变压器的铁损。锌在盐酸中溶解时,晶面的溶解速度的次序从大到小是{11$\overline{2}$0}、{10$\overline{1}$0}、{0001}。总之,金属晶体的力学、物理和化学等方面的性能在不同的方向上是不一样的。

但是对于实际使用的金属,由于其内部有许多晶粒组成,每个晶粒在空间分布的位向不同,因而在宏观上沿各个方向上的性能趋于相同,使其各向异性显示不出来。

4. 实际金属中的晶体缺陷

以上所讨论的金属的晶体结构是理想的结构,由于许多因素的作用,实际金属不是理想完美的单晶体,结构中存在有许多缺陷。按照几何特征,晶体缺陷分为点缺陷、线缺陷和面缺陷三类。缺陷对晶体的性能产生重大影响。

(1) 点缺陷

点缺陷是指在三维尺度上都很小的、不超过几个原子直径的缺陷。

① 空位

在晶体晶格中,若某结点上没有原子,则此结点称为空位(图1-11)。塑性变形、高能粒子辐射、热处理等会促进空位的形成。空位附近的原子会偏离正常结点位置,造成晶格畸变。

② 间隙原子

位于晶格间隙之中的原子叫间隙原子(图1-12)。形成间隙原子是非常困难的,在纯金属中,主要的缺陷是空位而不是间隙原子。间隙原子会造成其附近晶格的很大畸变。

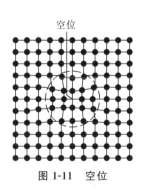

图 1-11 空位　　　　　　　图 1-12 间隙原子

③ 异类原子

任何纯金属中都或多或少会存在其他元素原子,这些原子称异类原子。当异类原子与金属原子的半径接近时,则异类原子可能占据晶格的一些结点;当异类原子的半径比金属原子的半径小得多,则异类原子位于晶格的空隙中,它们都会导致附近晶格的畸变(图1-13)。

点缺陷造成局部晶格畸变,使金属的电阻率、屈服强度增加,密度发生变化。空位的存在有利于金属内部原子的迁移(即扩散)。

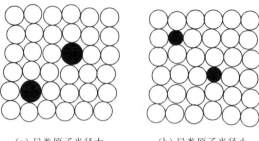

(a) 异类原子半径大　　(b) 异类原子半径小

图 1-13　异类原子

(2) 线缺陷

线缺陷指二维尺度很小而第三维尺度很大的缺陷,称做位错,由晶体中原子平面的错动引起。有两种不同形式的位错:刃型位错和螺型位错。

① 刃型位错

在金属晶体中,晶体的一部分相对于另一部分出现一个多余的半原子面 mnlk。这个多余的半原子面犹如切入晶体的刀片,刀片的刃口线即为位错线。这种线缺陷称刃型位错(图 1-14)。半原子面在上面的称正刃型位错,半原子面在下面的称负刃型位错。

② 螺型位错

图 1-15 中晶体右边的上部原子相对于下部的原子向后错动一个原子间距,即右边上部相对于下部晶面发生错动。若将错动区的原子用线连接起来,则具有螺旋型特征。这种线缺陷称螺型位错。螺旋线的中心线即是螺型位错的位错线。若螺旋线为右螺纹,则位错为右螺型位错。若螺旋线为左螺纹,则位错为左螺型位错。

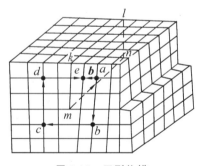

图 1-14　刃型位错

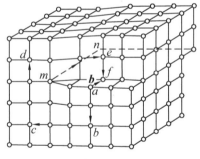

图 1-15　螺型位错

位错区域内畸变的大小和方向可以用柏氏矢量来表征。柏氏矢量用右手螺旋方法确定。首先指定位错线的方向。如图 1-14 指定位错线 mn 的方向由纸面向里。右手拇指指向位错线方向,四指弯曲,回绕位错线作一回路 abcde,每个方向上经过的原子个数相同,回路不能闭合。连接起始点 a 至终点 e,矢量 ae 称为柏氏矢量,用 **b** 表示。螺型位错柏氏矢量的确定方法与刃型位错的相同,图 1-15 中的 **af** 即为该螺型位错的柏氏矢量。刃型位错的柏氏矢量与位错线方向垂直,螺型位错的柏氏矢量(图 1-15 中的 **af**)与位错线方向平行。

对于刃型位错,可以用右手三手指的指向确定位错线、柏氏矢量的方向和半原子面的位置。将右手中指弯曲,与手掌垂直,食指、拇指伸直。食指指向位错线方向,中指指向柏氏矢量方向,则拇指指向半原子面的位置。若拇指向上,则该位错为正刃型位错。若拇指向下,则该位错为负刃型位错(图 1-16)。

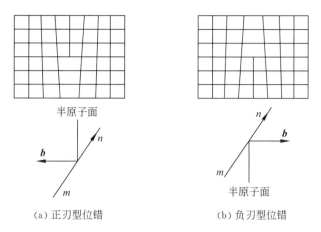

(a) 正刃型位错　　(b) 负刃型位错

图 1-16　刃型位错的位错线、柏氏矢量的方向和半原子面位置的关系

对于螺型位错,若柏氏矢量与位错线方向同向,该位错为右螺型位错。若柏氏矢量与位错线方向相反,则该位错为左螺型位错(图 1-17)。

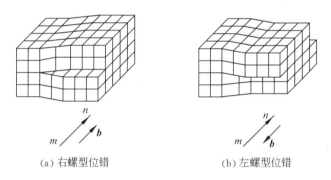

(a) 右螺型位错　　(b) 左螺型位错

图 1-17　螺型位错的位错线与柏氏矢量的方向的关系

实际晶体中往往存在曲线状的位错线或位错坏。位错线呈曲线状的位错由刃型位错和螺型位错混合而成,称为混合位错(图 1-18)。

位错有下列特点:

a. 位错导致晶格畸变,产生内应力。刃型位错原子排列较密区域原子受到压应力。原子排列较疏区域原子受到拉应力。

b. 刃型位错容易吸纳异类原子。原子排列较密区域吸纳小直径的异类原子,原子排列较疏区域吸纳大直径的异类原子。

c. 位错具有易动性,在外力作用下,位错能产生移动。刃型位错移动的方向与切应力的方向相同,螺型位错移动的方向与切应力的方向垂直。

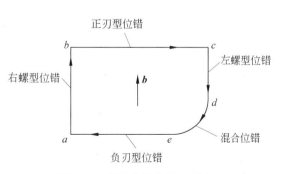

图 1-18　晶体中的位错环(俯视)

d. 在外力或热的作用下位错移动,正、负刃型位错能够复合而消失。

e. 位错能与间隙原子或空位复合,使刃型位错半原子面扩大或者缩小。这种现象叫做位错攀移。

位错能够在金属的结晶、塑性变形和相变等过程中形成,位错可以用透射电镜观察到(图1-19)。

晶体中位错的量可用位错线长度来表示。位错密度是指单位体积中位错线的总长度,即

$$\rho = \frac{\sum L}{V}$$

式中:ρ 为位错密度(m^{-2});$\sum L$ 为位错线总长度(m);V 为体积(m^3)。

退火金属中位错密度一般为 $10^6 \sim 10^8 \ cm^{-2}$。位错的存在极大地影响金属的力学性能(图1-20)。当金属为理想晶体或仅含极少量位错时,金属的屈服强度 σ_s 很高,当含有一定量的位错时,强度降低。当进行形变加工时,位错密度增加,σ_s 将会增高。

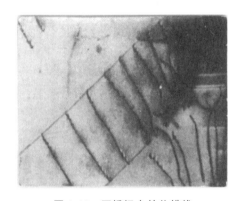

图 1-19 不锈钢中的位错线

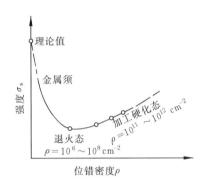

图 1-20 金属的强度与位错密度的关系

(3) 面缺陷

面缺陷是指二维尺度很大而第三维尺度很小的缺陷。金属晶体中的面缺陷主要有晶界和亚晶界两种。

① 晶界

实际金属为多晶体(图1-21),是由大量外形不规则的小晶体即晶粒组成的。每个晶粒基本上可视为单晶体。彼此之间的位向不同,位向差为几十分(角分)、几度或几十度。晶粒与晶粒之间的接触界面叫做晶界。晶界在空中呈网状,晶界上原子的排列规则性较差(图1-22)。

② 亚晶界

晶粒也不是完全理想的晶体,而是由许多位向相差很小的亚晶粒组成的(图1-23)。晶粒内的亚晶粒又叫晶块(或嵌镶块)。亚晶粒的结构如果不考虑点缺陷,可以认为是理想的。亚晶粒之间的位向差只有几秒(角秒)、几分,最多达 $1° \sim 2°$。亚晶粒之间的

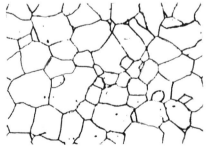

图 1-21 10Cr17(1Cr17)不锈钢的多晶体
(括号中为旧牌号)

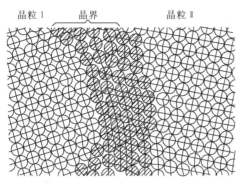

图1-22 晶界原子排列的示意图

图1-23 亚晶粒及亚晶界

边界叫亚晶界。亚晶界可由位错垂直排列成位错墙而构成。亚晶界是晶粒内的一种面缺陷。

在晶界、亚晶界上,晶格畸变较大,原子处于较高的能量状态。由此,晶界、亚晶界对金属中的许多过程的进行具有极为重要的作用。其作用如下:

a. 晶界处原子的平均能量比晶内高,晶粒长大和晶界的平直化可以降低晶界的总能量。因此在高温时,晶粒容易长大。

b. 晶界处存在较多的空位、位错,容易吸附异类原子,导致某些元素产生晶界偏聚。

c. 发生相变时,新相往往在母相的晶界处形成。母相晶粒越细,晶界越多,新晶粒的数目就越多,晶粒也就越细。

d. 晶界和亚晶界均可提高金属的强度。晶界越多,晶粒越细,金属的塑性变形能力就越大,塑性越好。

1.1.2 合金的晶体结构

一种金属元素同另一种或几种其他元素,通过熔化或其他方法结合在一起所形成的具有金属特性的物质叫做合金。组成合金的独立的、最基本的单元叫做组元。组元可以是金属元素、非金属元素或稳定化合物。由两个组元组成的合金称为二元合金,例如工程上常用的铁碳合金、铜镍合金、铝铜合金等。合金的强度、硬度、耐磨性等力学性能比纯金属高许多;某些合金还具有特殊的电、磁、耐热、耐蚀等物理及化学性能。因此合金的应用比纯金属广泛得多。

在金属或合金中,具有一定化学成分和一定晶体结构的均匀组成部分叫做相。液态物质为液相,固态物质为固相。固态合金中有固溶体和金属化合物两类基本相。

1. 固溶体

合金组元通过溶解形成一种成分和性能均匀、且结构与组元之一相同的固相称为固溶体。与固溶体晶格相同的组元为溶剂,一般在合金中含量较多;另一组元为溶质,含量较少。固溶体用 α、β、γ 等符号表示。A、B 组元组成的固溶体也可表示为 A(B),其中 A 为溶剂,B 为溶质。例如铜锌合金中锌溶入铜中形成的固溶体一般用 α 表示,亦可表示为 Cu(Zn)。

(1) 固溶体的分类

按溶质原子在溶剂晶格中的位置,固溶体可分为置换固溶体与间隙固溶体两种。置换固溶体中溶质原子代换了溶剂晶格某些结点上的原子[图1-24(a)];间隙固溶体中溶质原子进入溶剂晶格的间隙之中[图1-24(b)]。

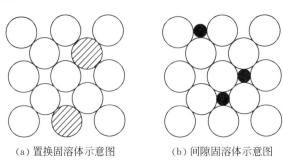

(a) 置换固溶体示意图　　　(b) 间隙固溶体示意图

图1-24　固溶体示意图

按溶质原子在溶剂中的溶解度,固溶体可分为有限固溶体和无限固溶体两种。固溶体中溶质的含量即为固溶体的浓度,用质量分数或原子分数表示。在一定的温度和压力等条件下,溶质在固溶体中的极限浓度即为溶质在固溶体中的溶解度。若超过这个溶解度有其他相形成,此种固溶体叫有限固溶体。若溶质可以任意比例溶入,即溶质的溶解度可达100%,则此种固溶体叫无限固溶体。

按溶质原子在固溶体中分布是否有规律,固溶体分为无序固溶体和有序固溶体两种。溶质原子呈规则分布的为有序固溶体;呈无规则分布的为无序固溶体。在一定条件(如成分、温度等)下,一些合金的无序固溶体可转变为有序固溶体。这种转变叫做有序化。

影响固溶体类型和溶解度的主要因素有组元的原子半径、电化学特性和晶格类型等。原子半径、电化学特性接近、晶格类型相同的组元,容易形成置换固溶体,并有可能形成无限固溶体。当组元原子半径相差较大时,容易形成间隙固溶体。间隙固溶体都是有限固溶体,并且一定是无序的。无限固溶体和有序固溶体一定是置换固溶体。

(2) 固溶体的性能

随着溶质原子的溶入,固溶体晶格发生畸变。晶格畸变随溶质原子浓度的增高而增大。晶格畸变会增大位错运动的阻力,使金属的滑移变得困难,从而提高合金的强度和硬度。这种通过形成固溶体使金属强度和硬度提高的现象称为固溶强化。固溶强化是金属强化的一种重要形式。在溶质质量分数适当时,可显著提高材料的强度和硬度,而塑性和韧性只略有降低。例如,纯铜的σ_b为220 MPa,布氏硬度为40 HB,断面收缩率ψ为70%。当加入1%镍形成单相固溶体后,强度升高到390 MPa,布氏硬度升高到70 HB,而断面收缩率仍有50%。所以固溶体的综合力学性能很好,常常作为结构合金的基体相。固溶体与纯金属相比,电阻率上升,电导率下降,磁矫顽力增大。

2. 金属化合物

合金组元相互作用形成晶格类型和特性完全不同于任一组元的新相叫金属化合物,又称金属间化合物或中间相。金属化合物一般熔点较高,硬度高,脆性大。合金中含有金属化合物时,强度、硬度和耐磨性提高,而塑性和韧性降低。金属化合物是许多合金的重要组成相。根据形成条件及结构特点,金属化合物主要有以下几类。

(1) 正常价化合物

严格遵守化合价规律的化合物称正常价化合物。它们由元素周期表中相距较远、电负性相差较大的两元素组成,可用确定的化学式表示。例如,大多数金属和ⅣA族、ⅤA族、ⅥA族元素生成诸如 Mg_2Si、Mg_3Sb_2、Mg_2Sn、Cu_2Se、ZnS、AlP 及 $\beta\text{-}SiC$ 等,都是正常价化合物,特点是硬度高、脆性大。

(2) 电子化合物

不遵守化合价规律但符合一定电子浓度(化合物中价电子数与原子数之比)的化合物叫做电子化合物。一定电子浓度的化合物相应有确定的晶体结构,并且还可溶解其组元,形成以电子化合物为基的固溶体。生成这种合金相时,元素的每个原子所贡献的价电子数一定,Au、Ag、Cu 为 1 个,Be、Mg、Zn 为 2 个,Al 为 3 个,Fe、Ni 为 0 个。表 1-4 给出了 Cu-Zn 合金和 Cu-Al 合金中的电子化合物。

表 1-4 Cu-Zn 合金和 Cu-Al 合金中电子化合物及其结构类型

合金系	电子浓度		
	$\frac{3}{2}\left(\frac{21}{14}\right)\beta$ 相	$\left(\frac{21}{13}\right)\gamma$ 相	$\frac{7}{4}\left(\frac{21}{12}\right)\varepsilon$ 相
	晶体结构		
	体心立方晶格	复杂立方晶格	密排六方晶格
Cu-Zn	$CuZn$	Cu_5Zn_8	$CuZn_3$
Cu-Al	Cu_3Al	Cu_9Al_4	Cu_5Al_3

电子化合物主要以金属键结合,具有明显的金属特性,可以导电。它们的熔点和硬度较高,塑性较差,在许多有色金属中为重要的强化相。

(3) 间隙化合物

由过渡族金属元素与碳、氮、氢、硼等原子半径较小的非金属元素形成的化合物为间隙化合物。尺寸较大的过渡族元素原子占据晶格的结点位置,尺寸较小的非金属原子则有规则地嵌入晶格的间隙之中。根据结构特点,间隙化合物分间隙相和复杂结构的间隙化合物两种。

① 间隙相

当非金属原子半径与金属原子半径之比小于 0.59 时,形成具有简单晶格的间隙化合物,称为间隙相,如面心立方晶格的 TiC、VC,体心立方晶格的 TiN、ZrN,密排六方晶格的 Fe_2N、Cr_2N、W_2C。间隙相具有金属特性,有极高的熔点和硬度(表 1-5),非常稳定。它们的合理存在,可有效地提高钢的强度、热强性、红硬性和耐磨性,是高合金钢和硬质合金中的重要组成相。

② 复杂结构的间隙化合物

当非金属原子半径与金属原子半径之比大于 0.59 时,形成具有复杂结构的间隙化合物。钢中的 Fe_3C、$Cr_{23}C_6$、Fe_4W_2C、Cr_7C_3、Mn_3C、FeB、Fe_2B 等都是这类化合物。Fe_3C 是铁碳合金中的重要组成相,具有复杂的晶体结构(图 1-25)。其中铁原子可以部分地被锰、铬、钼、钨等金属原子所置换,形成以间隙化合物为基的固溶体,如$(Fe、Mn)_3C$、$(Fe、Cr)_3C$等。复杂结构的间隙化合物也具有很高的熔点和硬度,但比间隙相稍低些,在钢中也起强化相作用。

表 1-5 钢中常见碳化物的硬度及熔点

类 型	间 隙 相							复杂结构的间隙化合物	
化学式	TiC	ZrC	VC	NbC	TaC	WC	MoC	$Cr_{23}C_6$	Fe_3C
维氏硬度/HV	2850	2840	2010	2050	1550	1730	1480	1650	~800
熔点/℃	3080	3472±20	2650	3608±50	3983	2785±5	2527	1577	1227

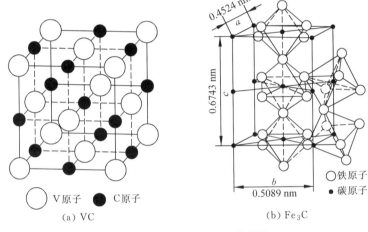

图 1-25 间隙化合物的晶体结构

除固溶体和金属化合物外,某些合金中还存在单质。如铸铁中由碳原子组成的石墨,铜合金中的铅颗粒。

1.1.3 金属材料的组织

1. 组织的概念

将一小块金属材料用金相砂纸磨光后进行抛光,然后用浸蚀剂浸蚀。在金相显微镜下观察,可以看到金属材料内部微观组成的形貌。用金相观察方法看到的由形态、尺寸不同和分布方式不同的一种或多种相构成的总体,以及各种材料缺陷和损伤叫做组织。通常把用光学显微镜或电子显微镜观察到的组织叫显微组织。例如,图 1-26(a)为纯铁的室温平衡组织。这种组织叫铁素体,由颗粒状的单相α相(也称铁素体相)组成。图 1-26(c)是碳质量分数为 0.77% 的铁碳合金的室温平衡组织,叫珠光体。它是由粗片状的α相和细片状的Fe_3C相两相相间所组成。

2. 组织的决定因素

金属材料的组织取决于它的化学成分和制造工艺过程。不同碳质量分数的铁碳合金在平衡结晶后获得的室温组织不一样(图1-26)。

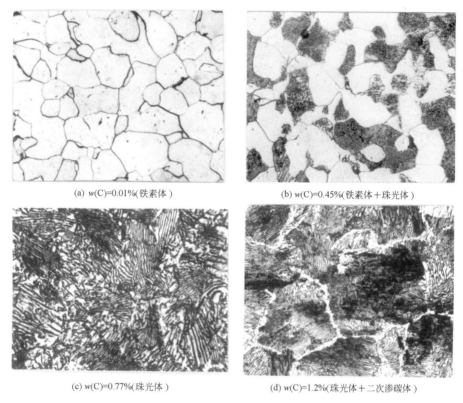

(a) w(C)=0.01%(铁素体)
(b) w(C)=0.45%(铁素体+珠光体)
(c) w(C)=0.77%(珠光体)
(d) w(C)=1.2%(珠光体+二次渗碳体)

图1-26 四种不同碳质量分数的铁碳合金的室温平衡组织(500×)

金属材料的化学成分一定时,工艺过程则是其组织的最重要的影响因素。纯铁经冷拔后,其组织由原来的等轴形状的铁素体晶粒变成拉长了的铁素体晶粒。碳质量分数为1.2%的铁碳合金经球化退火后,得到的组织为球化体(图1-27),与室温平衡组织的形态完全不一样。

3. 组织与性能的关系

金属材料的性能由金属内部的组织结构所决定。图1-28为三种不同组织的铸铁。图中(a)的

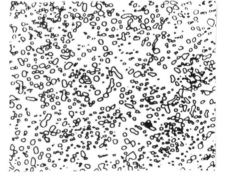

图1-27 球化体

组织为铁素体和片状石墨,(b)的组织为铁素体和团絮状石墨,(c)的组织为铁素体和球状石墨。它们的基体都是铁素体,但石墨的形态不同,使它们的性能相差很大。(a)、(b)、(c)三种铸铁的抗拉强度分别为150 MPa、350 MPa和420 MPa。冲击韧度最高的是铸铁(c),其次为(b),最低的是(a)。

纯铁经冷拔后,晶粒被拉长变形,同时其内部位错密度等晶体缺陷增多,其强度与硬度均比未变形前要高得多。纯铁经变形度为80%的冷拔变形后,其抗拉强度由冷拔前的180 MPa提高到500 MPa。

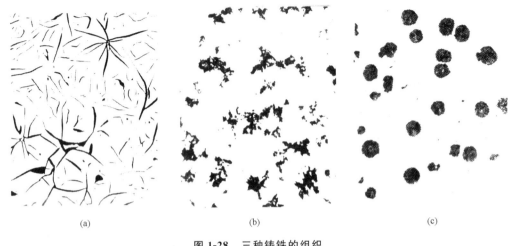

图 1-28 三种铸铁的组织

综上所述,金属材料的成分、工艺、组织结构和性能之间有着密切的关系。了解它们之间的关系,掌握材料中各种组织的形成及各种因素的影响规律,对于合理使用金属材料有十分重要的指导意义。

1.2 金属材料的性能特点

金属材料具有许多优良的性能,因此被广泛地应用于制造各种构件、机械零件、工具和日常生活用具。金属材料的性能包含工艺性能和使用性能两方面。工艺性能是指制造工艺过程中材料适应加工的性能;使用性能是指金属材料在使用条件下所表现出来的性能,它包括力学、物理和化学性能。

1.2.1 金属材料的工艺性能

金属材料的一般加工过程如下:

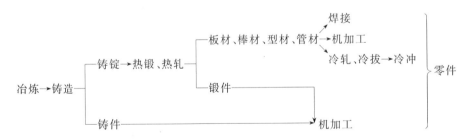

在铸造、锻压、焊接、机加工等加工前后过程中,一般还要进行不同类型的热处理。因此一个由金属材料制得的零件其加工过程十分复杂。工艺性能直接影响零件加工后的质量,是选材和制定零件加工工艺路线时应当考虑的因素之一。

1. 铸造性能

金属材料铸造成形获得优良铸件的能力称为铸造性能,用流动性、收缩性和偏析倾向来衡量。

(1) 流动性

熔融金属的流动能力称为流动性。流动性好的金属容易充满铸型,从而获得外形完整、尺寸精确、轮廓清晰的铸件。

(2) 收缩性

铸件在凝固和冷却过程中,其体积和尺寸减少的现象称为收缩性。铸件收缩不仅影响尺寸,还会使铸件产生缩孔、疏松、内应力、变形和开裂等缺陷。故铸造用金属材料的收缩率越小越好。

(3) 偏析倾向

金属凝固后,铸锭或铸件化学成分和组织的不均匀现象称为偏析。偏析大会使铸件各部分的力学性能有很大的差异,降低铸件的质量。

表 1-6 为几种金属材料的铸造性能的比较。

表 1-6　几种金属材料的铸造性能的比较

材料	流动性	收缩性		偏析倾向	其他
		体收缩	线收缩		
灰铸铁	好	小	小	小	铸造内应力小
球墨铸铁	稍差	大	小	小	易形成缩孔、缩松,白口化倾向小
铸钢	差	大	大	大	导热性差,易发生冷裂
铸造黄铜	好	小	较小	较小	易形成集中缩孔
铸造铝合金	尚好	小	小	较大	易吸气,易氧化

2. 锻造性能

金属材料用锻压加工方法成形的适应能力称锻造性,主要取决于金属材料的塑性和变形抗力。塑性越好,变形抗力越小,金属的锻造性能越好。铜合金和铝合金在室温状态下就有良好的锻造性能。碳钢在加热状态下锻造性能较好。其中低碳钢最好,中碳钢次之,高碳钢较差。合金钢的锻造性能比碳钢差。铸铁不能锻造。

3. 焊接性能

金属材料对焊接加工的适应性称焊接性。即在一定的焊接工艺条件下,获得优质焊接接头的难易程度。钢材中碳含量是焊接性好坏的主要因素。低碳钢和碳质量分数低于0.18%的合金钢有较好的焊接性能,碳质量分数大于0.45%的碳钢和碳质量分数大于0.35%的合金钢的焊接性能较差。碳含量和合金元素含量越高,焊接性能越差。铜合金和铝合金的焊接性能都较差。灰铸铁的焊接性很差。

4. 切削加工性能

切削加工性能一般用切削后的表面质量(以表面粗糙度高低衡量)和刀具寿命来表示。影响切削加工性的因素很多,主要有材料的化学成分、组织、硬度、韧性、导热性和形变硬化等。金属材料具有适当的硬度(170～230 HBS)和足够的脆性时切削性良好。改变钢的化学成分(如加入少量铅、磷等元素)和进行适当的热处理(如低碳钢进行正火,高碳钢进行球化退火)可提高钢的切削加工性能。表 1-7 是几种金属材料的切削加工性能比较。

表 1-7 几种金属材料的切削加工性能的比较

等　　级	金　属　材　料	切削加工性能
1	铝、镁合金	很容易加工
2	易切削钢	易加工
3	30 钢正火	易加工
4	45 钢、灰铸铁	一般
5	85 钢(轧材)、20Cr13(2Cr13)钢调质	一般
6	65Mn 钢调质、易切削不锈钢	难加工
7	12Cr18Ni9(1Cr18Ni9),W18Cr4V 钢	难加工
8	耐热合金、钴合金	难加工

1.2.2　金属材料的力学性能

金属材料的力学性能是指金属材料在外力作用时表现出来的性能,包括强度、塑性、硬度、韧性及疲劳强度等。外力即载荷,其形式如图 1-29 所示。

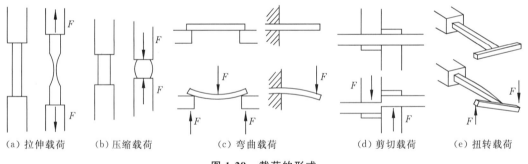

(a) 拉伸载荷　　(b) 压缩载荷　　(c) 弯曲载荷　　(d) 剪切载荷　　(e) 扭转载荷

图 1-29　载荷的形式

1. 强度

金属材料抵抗塑性变形或断裂的能力称为强度。根据载荷的不同,可分为抗拉强度(σ_b)、抗压强度(σ_{bc})、抗弯强度(σ_{bb})、抗剪强度(τ_b)和抗扭强度(τ_t)等几种。

抗拉强度通过拉伸试验测定。将一截面为圆形的低碳钢拉伸试样(图 1-30)在材料试验机上进行拉伸,测得应力-应变曲线[图 1-31(a)]。

图中 σ 为应力,$\sigma = P/A_0$(MPa);

ε 为应变,$\varepsilon = \dfrac{\Delta l}{l_0} = \dfrac{l_1 - l_0}{l_0}$(%)。

其中:P 为所加载荷;A_0 为试样原始截面积;l_0 为试样的原始标距长度;l_1 为试样变形后的标距长度;Δl 为伸长量。

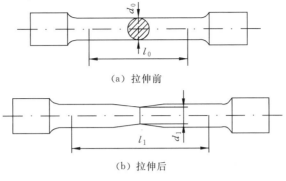

(a) 拉伸前

(b) 拉伸后

图 1-30 拉伸试样

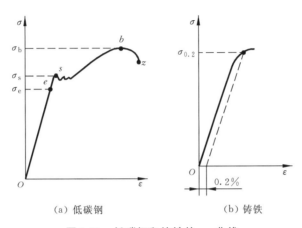

(a) 低碳钢   (b) 铸铁

图 1-31 低碳钢和铸铁的 σ-ε 曲线

图 1-31 中明显地表现出下面几个变形阶段：

Oe：弹性变形阶段。试样的变形量与外加载荷成正比，载荷卸掉后，试样恢复到原来的尺寸。

es：屈服阶段。此时不仅有弹性变形，还发生了塑性变形。即载荷卸掉后，一部分形变恢复，还有一部分形变不能恢复，形变不能恢复的变形称为塑性变形。

sb：强化阶段。为使试样继续变形，载荷必须不断增加，随着塑性变形增大，材料变形抗力也逐渐增加。

bz：缩颈阶段。当载荷达到最大值时，试样的直径发生局部收缩，称为"缩颈"。此时变形所需的载荷逐渐降低。

z 点：试样发生断裂。

金属材料的强度指标根据其变形特点分下列几个：

① 弹性极限 σ_e：表示材料保持弹性变形，不产生永久变形的最大应力，是弹性零件的设计依据。

② 屈服极限（屈服强度）σ_s：表示金属开始发生明显塑性变形的抗力。有些材料（如铸铁）没有明显的屈服现象[图 1-31(b)]，则用条件屈服极限 $\sigma_{0.2}$（产生 0.2% 残余应变时的应力值）来表示。

③ 强度极限（抗拉强度）σ_b：表示金属受拉时所能承受的最大应力。

σ_s、$\sigma_{0.2}$ 及 σ_b 是机械零件、构件设计和选材的主要依据。

金属材料的强度与其化学成分和工艺过程,尤其是热处理工艺有密切关系。如对于退火状态的三种铁碳合金,碳质量分数分别为 0.2%、0.4%、0.6%,则它们的抗拉强度为 350 MPa、500 MPa、700 MPa。碳质量分数为 0.4% 的铁碳合金淬火和高温回火后,抗拉强度可提高到 700~800 MPa。合金钢的抗拉强度可达 1000~1800 MPa。纯金属的抗拉强度较低,如铁为 200 MPa、铜为 60 MPa、铝为 40 MPa。但铜合金和铝合金的抗拉强度明显提高。如铜合金的 σ_b 达 600~700 MPa,铍铜合金经固溶-时效处理后,σ_b 最高为 1250 MPa。铝合金的 σ_b 一般为 400~600 MPa。

2010 年国家发布了金属材料室温拉伸试验方法的新标准,新、旧标准性能名称和符号对照见附录 1。本书采用了新、旧两种国家标准的力学性能表示符号。

2. 塑性

断裂前金属材料产生永久变形的能力称为塑性,用断后伸长率和断面收缩率来表示。

(1) 断后伸长率

在拉伸试验中,试样拉断后,标距的伸长与原始标距的百分比称为断后伸长率。用符号 δ 表示:

$$\delta = \frac{\Delta l}{l_0} = \frac{l_1 - l_0}{l_0} \times 100\%$$

式中:l_1 为试样拉断后的标距(mm);l_0 为试样的原始标距(mm);Δl 为伸长量。

同一材料的试样长短不同,测得的断后伸长率略有不同。长试样($l_0 = 10d_0$,d_0 为试样原始横截面直径)和短试样($l_0 = 5d_0$)测得的断后伸长率分别记作 δ_{10}(也常写成 δ)和 δ_5。

(2) 断面收缩率

试样拉断后,缩颈处截面积的最大缩减量与原横断面积的百分比称为断面收缩率,用符号 ψ 表示:

$$\psi = \frac{\Delta S}{S_0} = \frac{S_0 - S_1}{S_0} \times 100\%$$

式中:S_1 为试样拉断后缩颈处最小横截面积(mm^2);S_0 为试样的原始横断面积(mm^2);ΔS 为试样缩颈处截面积的最大缩减量(mm^2)。

金属材料的伸长率(δ)和断面收缩率(ψ)数值越大,表示材料的塑性越好。塑性好的金属可以发生大量塑性变形而不破坏,便于通过各种压力加工获得复杂形状的零件。铜、铝、铁的塑性很好。如工业纯铁的 δ 可达 50%,ψ 可达 80%,可以拉成细丝,轧成薄板,进行深冲成形。铸铁塑性很差,δ 和 ψ 几乎为零,不能进行塑性变形加工。塑性好的材料,在受力过大时,由于首先产生塑性变形而不致发生突然断裂,因此比较安全。

3. 硬度

材料抵抗另一硬物体压入其内的能力叫硬度,即受压时抵抗局部塑性变形的能力。硬度试验方法很多,也有多种表示方式。

(1) 布氏硬度

用一定直径的硬质合金球(旧国家标准中亦可用钢球)在一定载荷作用下压入试样表面,保持一定时间后卸除载荷,测量其压痕直径,计算硬度值。布氏硬度值用球面压痕单位表面积上所承受的平均压力来表示。用 HBS(当用钢球压头时)或 HBW(当用硬质合金球时)来表示。

实际测量时,可通过查相应的压痕直径与布氏硬度对照表得到硬度值。

布氏硬度记为 200 HBW10/1000/30,表示用直径为 10 mm 的硬质合金球,在 9800 N(1000 kgf)的载荷下保持 30 s 时测得布氏硬度值为 200。如果硬质合金球直径为 10 mm,载荷为 29 400 N(3000 kgf),时间保持 10 s,硬度值为 200,可简单表示为 200 HBW 或 200 HB。

布氏硬度主要用于各种退火状态下的钢材、铸铁、有色金属等,也用于调质处理的机械零件。

(2) 洛氏硬度

将金刚石压头(或钢球压头),在先后施加两个载荷(预载荷 P_0 和总载荷 P)的作用下压入金属表面。总载荷 P 为预载荷 P_0 和主载荷 P_1 之和。卸去主载荷 P_1 后,测量其残余压入深度 e 来计算洛氏硬度值。残余压入深度 e 越大,表示材料硬度越低,实际测量时硬度可直接从洛氏硬度计表盘上读得。根据压头的种类和总载荷的大小洛氏硬度常用的表示方式有 HRA、HRB、HRC 三种。如洛氏硬度表示为 62 HRC,表示用金刚石圆锥压头、总载荷为 150 kgf 测得的洛氏硬度值。

洛氏硬度试验压痕小,直接读数,操作方便,可测低硬度和高硬度材料,应用最广泛。用于试验各种钢铁原材料、有色金属、经淬火后工件、表面热处理工件及硬质合金等。

材料的硬度还可用维氏硬度试验方法和显微硬度试验方法测定。维氏硬度用 HV 表示。

各种不同方法测得的硬度值之间可通过查表的方法进行互换,如 61 HRC＝82 HRA＝627 HB＝803 HV30。*

铝合金和铜合金的硬度较低,铝合金的硬度一般低于 150 HB,铜合金的硬度范围大致为 70～200 HB。退火态的低碳钢、中碳钢、高碳钢的硬度大致为 120～180 HB、180～250 HB、250～350 HB。中碳钢淬火后硬度可达 50～58 HRC,高碳钢淬火后可达 60～65 HRC。

4. 韧性

许多机械零件和工具在工作中,往往要受到冲击载荷的作用,如活塞销、锤杆、冲模和锻模等,材料抵抗冲击载荷作用的能力称为韧性,常用一次摆锤冲击弯曲试验来测定。冲击试样形状和尺寸见图 1-32。在冲击试验机上,使处于一定高度的摆锤自由落下,将试样冲断。

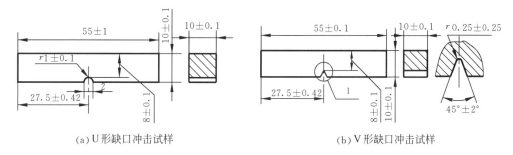

图 1-32 冲击试样

---

* 硬度 HB、HRC、HV 等记为斜体时是量的符号,正体时是量的单位。

测得试样冲击吸收能量,用符号 A_k 表示。用冲击吸收能量除以试样缺口处截面积 S_0,即得到材料的冲击韧度 a_k。

$$a_k = \frac{A_k}{S_0}$$

式中：a_k 为冲击韧度(J/m^2);A_k 为冲击吸收能量(J);S_0 为试样缺口处截面积(m^2)。

A_k 值越大,或 a_k 值越大,则材料的韧性越好。使用不同类型的试样(U 形缺口或 V 形缺口)进行试验时,其冲击吸收能量应分别标为 A_{kU} 或 A_{kV},冲击韧度则标为 a_{kU} 或 a_{kV}。韧性与材料组织有密切关系。如碳质量分数为 0.45% 的铁碳合金,正火后组织为索氏体+铁素体,a_k 值为 500～800 kJ/m^2,而调质处理后组织为回火索氏体,a_k 值提高到 800～1200 kJ/m^2。铸铁的冲击韧度很低。

新标准 GB/T 229—2007 中规定冲击吸收能量用 K 表示。用字母 U 和 V 表示缺口几何形状,用下标数字 2 或 8 表示摆锤刀刃半径,例如 KV_2。

5. 疲劳强度

轴、齿轮、轴承、叶片、弹簧等零件,在工作过程中各点的应力随时间作周期性的变化,这种随时间作周期性变化的应力称为交变应力(也称循环应力)。在交变应力作用下,虽然零件所承受的应力低于材料的屈服点,但经过较长时间的工作而产生裂纹或突然发生完全断裂的过程称为金属的疲劳。材料承受的交变应力(σ)与材料断裂前承受交变应力的循环次数(N)之间的关系可用疲劳曲线来表示[图 1-33(a)]。金属承受的交变应力越大,则断裂时应力循环次数 N 越少。当应力低于一定值时,试样可以经受无限周期循环而不破坏,此应力值称为材料的疲劳极限(亦叫疲劳强度)。对于对称循环交变应力[图 1-33(b)]疲劳强度用 σ_{-1} 表示。实际上,金属材料不可能作无限次交变载荷试验。对于黑色金属,一般规定应力循环 10^7 周次而不断裂的最大应力称为疲劳极限。有色金属、不锈钢取 10^8 周次。

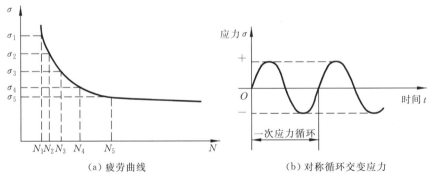

(a) 疲劳曲线　　　　　　　(b) 对称循环交变应力

图 1-33　疲劳曲线和对称循环交变应力图

金属的疲劳极限受到很多因素的影响。主要有工作条件、表面状态、材质、残余内应力等。改善零件的结构形状、降低零件表面粗糙度以及采取各种表面强化的方法,都能提高零件的疲劳极限。

6. 断裂韧性

桥梁、船舶、大型轧辊、转子等有时会发生低应力脆断,这种断裂的名义断裂应力低于材料的屈服强度。尽管在设计时保证了足够的伸长率、韧性和屈服强度,但仍不免破坏。究其原因是构件或零件内部存在着或大或小、或多或少的裂纹和类似裂纹的缺陷造成的。裂纹在应力作用下可失稳而扩展,导致机件断裂。材料抵抗裂纹失稳扩展断裂的能力叫断裂韧性。

设有一很大的板件,内有一长为 $2a$ 的贯通裂纹,受垂直裂纹面的外力拉伸时(图 1-34),按线弹性断裂力学的分析,裂纹尖端的应力场大小可用应力场强度因子 K_I 来描述。

$$K_I = Y\sigma\sqrt{a} \quad (\mathrm{MN \cdot m^{-3/2}})$$

式中:Y 是与裂纹形状、加载方式及试样几何尺寸有关的量,可查手册得到(本例情况下 $Y=\sqrt{\pi}$);σ 为外加名义应力(MPa);a 为裂纹的半长(m)。

拉伸时,随着外应力 σ 的增大,应力场强度因子 K_I 不断增大,裂纹前沿的内应力 σ_y 也随之增大(图 1-35)。当 K_I 增大到某一临界值时,就能使裂纹前沿某一区域内的内应力 σ_y 大到足以使材料分离,导致裂纹扩展,可使试样断裂。裂纹扩展的临界状态所对应的应力场强度因子称为临界应力场强度因子,用 K_{IC} 表示,单位为 $\mathrm{MN \cdot m^{-3/2}}$,它就代表了材料的断裂韧性。

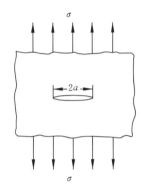

图 1-34 含中心穿透裂纹的无限
大板的拉伸

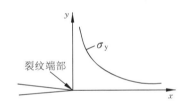

图 1-35 裂纹尖端延长线上的应力 σ_y
与 x 的关系曲线

断裂韧性 K_{IC} 是材料本身的特性,由材料的成分、组织状态决定,与裂纹的尺寸、形状以及外加应力的大小无关。而应力场强度因子 K_I 则与外应力大小有关,也同裂纹尺寸有关。当 $K_I > K_{IC}$ 时,裂纹失稳扩展,可导致断裂发生。由此可知,当裂纹尺寸 $2a$ 一定时,外应力 $\sigma > \dfrac{K_{IC}}{Y\sqrt{a}}$ 时,裂纹将失稳扩展。而当外应力 σ 一定时,则裂纹半长 $a > \left(\dfrac{K_{IC}}{Y\sigma}\right)^2$ 时,裂纹也将失稳扩展。

常用材料的断裂韧性值见表 1-8。

1.2.3 金属材料的理化性能

1. 金属材料的物理性能

(1)密度

单位体积物质的质量称为该物质的密度:

$$\rho = \frac{m}{V}$$

式中:ρ 为物质的密度($\mathrm{kg/m^3}$);m 为物质的质量(kg);V 为物质的体积($\mathrm{m^3}$)。

表 1-8　常用材料的断裂韧性值

材　料	$K_{IC}/(MN\cdot m^{-3/2})$	材　料	$K_{IC}/(MN\cdot m^{-3/2})$
纯塑性金属(Cu, Ni, Al 等)	96～340	木材(纵向)	11～14
		聚丙烯	～2.9
转子钢	192～211	聚乙烯	0.9～1.9
压力容器钢	～155	尼龙	～2.9
高强钢	47～149	聚苯乙烯	～1.9
低碳钢	～140	聚碳酸酯	0.9～2.8
钛合金(Ti6Al4V)	50～118	有机玻璃	0.9～1.4
玻璃纤维复合材料	19～56	聚酯	～0.5
铝合金	22～43	木材(横向)	0.5～0.9
碳纤维复合材料	31～43	Si_3N_4	3.7～4.7
中碳钢	～50	SiC	～2.8
铸铁	6～19	MgO 陶瓷	～2.8
高碳工具钢	～19	Al_2O_3 陶瓷	2.8～4.7
钢筋混凝土	9～16	水泥	～0.1
硬质合金	12～16	钠玻璃	0.6～0.8

密度小于 5×10^3 kg/m³（即 5 g/cm³）的金属称为轻金属，如铝、镁、钛及它们的合金。密度大于 5×10^3 kg/m³ 的金属称为重金属，如铁、铅、钨等。金属材料的密度直接关系到由它们所制构件和零件的自重。轻金属多用于航天航空器上。

（2）熔点

金属从固态向液态转变时的温度称为熔点，纯金属都有固定的熔点。熔点高的金属称为难熔金属，如钨、钼、钒等，可以用来制造耐高温零件，如在火箭、导弹、燃气轮机和喷气飞机等方面得到广泛应用。熔点低的金属称为易熔金属如锡、铅等，可用于制造保险丝和防火安全阀零件等。

（3）导热性

导热性通常用热导率来衡量。热导率的符号是 λ，单位是 W/m·K。热导率越大，导热性越好。金属的导热性以银为最好，铜、铝次之。合金的导热性比纯金属差。在热加工和热处理时，必须考虑金属材料的导热性，防止材料在加热或冷却过程中形成过大的内应力，以免零件变形或开裂。导热性好的金属散热也好，在制造散热器、热交换器与活塞等零件时，要选用导热性好的金属材料。

（4）导电性

传导电流的能力称导电性，用电阻率 ρ 来衡量，电阻率的单位是 $\Omega\cdot m$。电阻率越小，金属材料导电性越好，金属导电性以银为最好，铜、铝次之。合金的导电性比纯金属差。电阻率小的金属（纯铜、纯铝）适于制造导电零件和电线。电阻率大的金属或合金（如钨、钼、铁铬铝合金）适于制造电热元件。

（5）热膨胀性

金属材料随着温度变化而膨胀、收缩的特性称为热膨胀性。一般来说，金属受热时膨胀，体积增大，冷却时收缩，体积缩小。热膨胀性用线胀系数 α_l 和体胀系数 α_v 来表示。

$$\alpha_l=\frac{l_2-l_1}{l_1\Delta t},\quad \alpha_v=3\alpha_l$$

式中：$α_l$ 为线胀系数(1/K 或 1/℃)；l_1 为膨胀前长度(m)；l_2 为膨胀后长度(m)；Δt 为温度变化量(K 或 ℃)。

由膨胀系数大的材料制造的零件，在温度变化时，尺寸和形状变化较大。轴和轴瓦之间要根据其膨胀系数来控制其间隙尺寸；在热加工和热处理时也要考虑材料的热膨胀影响，以减少工件的变形和开裂。

(6) 磁性

金属材料可分为铁磁性材料(在外磁场中能强烈地被磁化，如铁、钴等)、顺磁性材料(在外磁场中只能微弱地被磁化，如锰、铬等)和抗磁性材料(能抗拒或削弱外磁场对材料本身的磁化作用，如铜、锌等)三类。铁磁性材料可用于制造变压器、电动机、测量仪表等。抗磁性材料则用于要求避免电磁场干扰的零件和结构材料，如航海罗盘。

当温度升高到一定数值时，铁磁性材料磁畴被破坏，可变为顺磁体，这个转变温度称为居里点，如铁的居里点是 770℃。

一些金属的物理性能及力学性能见表 1-9。

表 1-9 一些金属的物理性能及力学性能

金属	铝	铜	镁	镍	铁	钛	铅	锡	锑
元素符号	Al	Cu	Mg	Ni	Fe	Ti	Pb	Sn	Sb
密度/(g/cm³)	2.70	8.94	1.74	8.9	7.86	4.51	11.34	7.3	6.69
熔点/℃	660	1083	650	1455	1539	1660	327	232	631
线胀系数/[(1/℃)×10⁻⁶]	23:1	16.6	25.7	13.5	11.7	9.0	29	23	11.4
相对电导率/%*	60	95	34	23	16	3	7	14	4
热导率/(W/(m·K))	2.09	3.85	1.46	0.59	0.84	0.17	—	—	—
磁化率 χ_m	21	抗磁	12	铁磁	铁磁	182	抗磁	2	—
弹性模量 E/MPa	72 400	130 000	43 600	210 000	200 000	112 500	—	—	—
抗拉强度 $σ_b$/MPa	80~110	200~240	200	400~500	250~330	250~300	18	20	4~10
断后伸长率 δ/%	32~40	45~50	11.5	35~40	25~55	50~70	45	40	0
断面收缩率 ψ/%	70~90	65~75	12.5	60~70	70~85	76~88	90	90	0
硬度/HB	20	40	36	80	65	100	4	5	30
色泽	银白	玫瑰红	银白	白	灰白	暗灰	灰	银白	银白

* %或%IACS 为百分电导率或国际标准电导率。国际电工学会规定，退火工业纯铜在 20℃时的电阻率等于 0.017 241 Ω·mm²/m，以其电导率为 100%IACS 作为国际比较标准。

2. 金属材料的化学性能

(1) 耐腐蚀性

金属材料在常温下抵抗氧、水蒸气及其他化学介质腐蚀破坏作用的能力称耐腐蚀性。碳钢、铸铁的耐腐蚀性较差；钛及其合金、不锈钢的耐腐蚀性好。在食品、制药、化工工业中不锈钢是重要的应用材料。铝合金和铜合金亦有较好的耐腐蚀性。

(2) 抗氧化性

金属材料在加热时抵抗氧化作用的能力称抗氧化性。碳钢的抗氧化性较低。加入 Cr、

Si 等合金元素，可提高钢的抗氧性。如合金钢 42Cr9Si2(4Cr9Si2)中含有质量分数为 9% 的 Cr 和 2% 的 Si，可在高温下使用，制造内燃机排气阀及加热炉底板、料盘等。

钛合金、铜合金的抗氧化性高。

金属材料的耐腐蚀性和抗氧化性统称化学稳定性。在高温下的化学稳定性称为热稳定性。在高温条件下工作的设备，如锅炉、汽轮机、喷气发动机等部件和零件应选择热稳定性好的材料来制造。

综上所述，金属材料的性能特点是：强度高，韧性好，塑性变形能力强，综合力学性能好，通过热处理可以大幅度改变力学性能。金属材料导电、导热性好。不同的金属材料耐蚀性相差很大，钛合金、不锈钢、铜合金耐蚀性好。碳钢、铸铁耐蚀性较差。

1.3　高分子材料的结构与性能特点

高分子材料又称为高分子化合物或高分子聚合物(简称高聚物)，是以有机高分子化合物为主要组分的材料。自然界中存在许多天然高分子材料，如蚕丝、羊毛、纤维素、天然橡胶、淀粉和蛋白质等，工程上使用的主要是从石油、天然气、煤中提炼和合成的人工高分子材料，包括塑料、合成橡胶、合成纤维、胶粘剂和涂料等。

高分子化合物是相对分子质量很大的化合物。其相对分子质量一般在 5000 以上，有的甚至高达几百万。高分子化合物具有较好的弹性、塑性和强度。低分子化合物这些性能较差。高分子材料主要由 C、H、O、N、P、S 等原子以共价键方式构成的大分子链组成，大分子之间结合力为范德瓦耳斯力。

高分子化合物由一种或多种低分子化合物通过聚合反应获得。构成高分子化合物的低分子化合物称做单体。高分子化合物是由单体合成的。例如聚乙烯由乙烯(CH_2=CH_2)单体聚合而成，聚氯乙烯由单体氯乙烯(CH_2=$CHCl$)聚合而成。

高分子化合物的相对分子质量很大，主要呈长链形，因此常称为大分子链。大分子链极长，长度可达几百纳米以上，而截面直径一般小于 1 nm。大分子链由许许多多结构相同的基本单元重复连接而成，组成大分子链的这种结构单元称做链节。例如，聚乙烯大分子链的结构式为

$$\cdots-CH_2-CH_2-CH_2-CH_2-CH_2-\cdots$$

可以简写为 $[-CH_2-CH_2-]_n$。它是由许多 $-CH_2-CH_2-$ 结构单元重复连接构成的，这个结构单元就是聚乙烯的链节。

同样，聚氯乙烯的结构式为

$$\cdots-CH_2-\underset{|}{\underset{Cl}{CH}}-CH_2-\underset{|}{\underset{Cl}{CH}}-CH_2-\underset{|}{\underset{Cl}{CH}}\cdots$$

或简写为 $[-CH_2-\underset{|}{\underset{Cl}{CH}}-]_n$

$-CH_2-\underset{|}{\underset{Cl}{CH}}-$ 即为聚氯乙烯的链节。

大分子链中链节的重复次数称为聚合度，以 n 表示。一个大分子链的相对分子质量 M 等于它的链节质量 m 和聚合度 n 的乘积。聚合度反映了大分子链的长短和相对分子质量的大小。

高分子化合物是由大量的大分子链构成的,各个大分子链的链节数各不相同,长短不一,相对分子质量不等,这种现象称为高分子化合物的相对分子质量的多分散性。高分子化合物的多分散性决定了它的物理和力学性能的大分散度。高分子化合物的相对分子质量只是一个平均值。

常用的聚合反应有加成聚合反应(简称加聚反应)和缩合聚合反应(简称缩聚反应)两种。加聚反应是指一种或几种单体相互加成而连接成聚合物的反应。反应过程中没有副产物生成,因此生成物与其单体具有相同的成分。如乙烯单体 $CH_2=CH_2$ 在一定条件下进行加聚反应,生成聚乙烯:

$$n(\underset{乙烯}{CH_2=CH_2}) \xrightarrow{加聚} \underset{聚乙烯}{[CH_2-CH_2]_n}$$

约有 80% 的高分子材料是利用加聚反应生产的,如聚乙烯、聚丙烯、聚氯乙烯、聚苯乙烯和合成橡胶等,都是加聚反应的产品。

缩聚反应是指具有两个或两个以上官能团的单体,相互反应生成高分子化合物,同时产生简单分子(如水、氨、醇、卤化氢等)的化学反应。反应生成物成分与单体不同,反应也较复杂。如甲醛跟过量苯酚在酸性条件下生成酚醛树脂,同时生成水:

$$nH-\overset{O}{\underset{H}{C}} + n\underset{}{\text{C}_6\text{H}_5\text{OH}} \xrightarrow{H^+} [\underset{}{\text{C}_6\text{H}_3(\text{OH})}-CH_2]_n + nH_2O$$

涤纶、尼龙、聚碳酸酯、聚氨酯、环氧树脂、酚醛树脂、有机硅树脂等高聚物都是由缩聚反应合成的。

1.3.1 高分子材料的结构

高分子化合物的结构包括大分子链结构和聚集态结构。链结构是指单个大分子的化学组成、键接方式、立体构型、分子的大小和形态。聚集态结构是高分子化合物中大分子之间的结构形式,包括非晶态结构、晶态结构、取向态结构和液晶态结构等。

1. 大分子链结构

(1) 大分子链的化学组成

根据组成元素的不同,大分子链可分为碳链大分子、杂链大分子和元素链大分子三类。

① 碳链大分子:主链全部由碳原子相连接,如聚乙烯、聚四氟乙烯等。

② 杂链大分子:主链除碳原子外,还有 O、N、P、S 等原子,它们以共价键相连接,如聚醚、聚酯、聚酰胺等。

③ 元素链大分子:当大分子主链不含碳原子,而是由硅、氧、硼、硫、磷等元素组成,即 —Si—O—,—Si—Si—Si— 等,称为元素链大分子。它的侧基一般为有机基团,这些有机基团使高分子化合物具有较高的强度和弹性,如有机硅树脂、有机硅橡胶等。

(2) 大分子链的结合键

大分子链中原子间及链间均为共价键结合。不同的化学组成,其键长与键能不同,这种结合力称为高分子化合物的主价力。主价力的大小对高分子化合物的性能,特别是熔点、强度等具有重要的影响。

(3) 大分子链的形态

大分子链形态有线型、支化型和体型(或网型)三类。

① 线型分子链

各链节以共价键连接成线型长链分子，其直径小于 1 nm，而长度可达几百甚至几千纳米，像一根长线[见图 1-36(a)]，也可呈卷曲状或线团状。

② 支化型分子链

在主链的两侧以共价键连接相当数量的支链，其形状有树枝形、梳形[见图 1-36(b)]。由于存在支链，分子链之间不易形成规则排列，难于完全结晶为晶体，同时支链可形成缠结，使塑性变形难以进行，因而影响高分子材料的性能。例如低密度聚乙烯的分子带有很多支链，而高密度聚乙烯分子几乎全部是线型。前者的熔点为 105℃，结晶度(即结晶的程度)为 60%～70%，后者的熔点为 135℃，结晶度达 95%。

③ 体型(网型或交联型)分子链

在线型或支化型分子链之间，沿横向通过链节以共价键连接起来，形成的三维网状大分子[见图 1-36(c)]。由于网状分子链的形成，使聚合物分子之间不易相互滑动，因而提高了聚合物的强度、耐热性及化学稳定性。

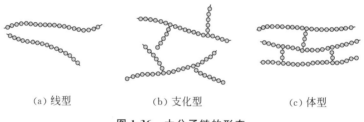

(a) 线型　　　　(b) 支化型　　　　(c) 体型

图 1-36　大分子链的形态

分子链的形态对聚合物性能有显著影响。线型和支化型分子链构成的聚合物具有高弹性和热塑性，即可以通过加热和冷却的方法使其重复地软化(或熔化)和硬化(或固化)，故称为热塑性聚合物，例如涤纶、尼龙、生橡胶等。体型分子链构成的聚合物具有较高的强度和热固性，即加热加压成形固化后，不能再加热熔化或软化，称为热固性聚合物，例如酚醛塑料、环氧树脂、硫化橡胶等。

(4) 大分子链的空间构型

大分子链的空间构型是指大分子链中原子或原子团在空间的排列方式。

分子链的侧基如为氢原子时，如聚乙烯分子链，因氢原子沿主链的排列方式只有一种，所以其排列顺序不影响分子链的空间构型。即

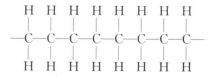

但是，若分子链的侧基中有其他原子或原子团，则排列方式可能不止一种，以乙烯聚合物为例，这类聚合物的分子通式可以写成：

$$\left[\begin{array}{cc} H & H \\ | & | \\ -C-C^*- \\ | & | \\ H & R \end{array}\right]_n$$

式中 R 表示其他原子或原子团,即为不对称取代基。若 R 为氯(Cl),则为聚氯乙烯;若 R 为苯环(◯)则为聚苯乙烯。C^* 即为带有不对称取代基的碳原子。取代基 R 沿主链的排列位置不同,分子链可有不同的空间构型。化学成分相同而不对称取代基沿分子主链占据位置不同,因而具有不同链结构的现象称为立体异构(类似于金属中的同素异构)。图 1-37 为乙烯聚合物常见的三种空间构型。取代基 R 有规律地位于碳链平面同一侧,称为全同立构[见图 1-37(a)];取代基 R 交替地排列在碳链平面两侧,称为间同立构[见图 1-37(b)];取代基 R 无规律地排列在碳链平面两侧,称为无规立构[见图 1-37(c)]。

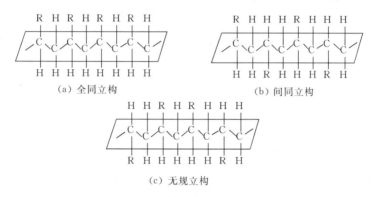

图 1-37 乙烯聚合物的立体异构

分子链的构型对聚合物的性能有显著影响。成分相同的聚合物,全同立构和间同立构者容易结晶,具有较好性能,其硬度、相对密度、软化温度及熔点都较高;而无规立构者不容易结晶,性能较差,易软化。例如全同聚丙烯容易结晶,熔点为 165℃,可纺成丝,称丙纶丝;而无规聚丙烯的软化温度低达 80℃。

(5) 大分子链的构象及柔性

聚合物大分子链在不停地运动,这种运动是由单键内旋转引起的。以单键连接的原子在保持键角、键长不变的情况下作旋转,称为内旋转。图 1-38 为碳链大分子链的单键内旋转的示意图。在保持键角(109°28′)和键长(0.154 nm)不变的情况下,b_1、b_2、b_3 键旋转,导致出现了许多空间形象。这种由于单键内旋转所产生的大分子链的空间形象称为大分子链的构象。正是这种极高频率的单键内旋转随时改变着大分子链的构象,使线型大分子链在空间很容易呈卷曲状或线团状。在拉力作用下,呈卷曲状或线团状的线型大分子链可以伸展拉直,外力去除后,又缩回到原来的卷曲状和线团状。这种能拉伸、回缩的性能称为分子链的柔性,这是聚合物具有弹性的原因。

由于不同元素原子间共价键的键长和键能不同,故不同元素组成的大分子链内旋转能力不同,其柔性也不同。

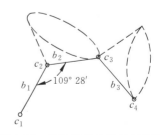

图 1-38 分子链的内旋转示意图

如 C—O 键、C—N 键、Si—O 键内旋转比 C—C 键容易得多,当主链全部由单键组成时,以碳链柔性最差;当分子链上带有庞大的原子团侧基(如甲基 CH_3、苯环 ⬡ 等)或支链时,内旋转困难,链的柔性很差,例如聚苯乙烯分子链的柔性不如聚乙烯链,因此聚苯乙烯硬而脆,聚乙烯软而韧。同一种分子链,分子链愈长,链节数愈多,参与内旋转的单键愈多,柔性愈好。温度升高时,分子热运动增加,内旋转变得容易,柔性增加。

柔性分子链聚合物的强度、硬度和熔点较低,但弹性和韧性较好;刚性分子链聚合物则相反,其强度、硬度和熔点较高,而弹性和韧性较差。

2. 大分子的聚集态结构

大分子聚集在一起形成高分子材料。大分子之间的相互作用是范德瓦耳斯力和氢键。这类结合力为次价力,只有主价力的 1%～10%。但是因为高分子化合物的分子链特别长,所以其受到的总的次价力常常要超过主价力,以致高分子化合物受拉时不是分子间首先滑动,而是分子链先断裂。因此,分子间力对高分子化合物的强度起重要作用。例如随聚合度增加聚乙烯强度迅速提高,而当分子质量超过百万时,强度可以高达 40 MPa。次价力的大小对高分子化合物的熔点、粘度、溶解度等物理和力学性能也有很大影响,如橡胶材料,当分子间力小时,就表现出很大的弹性;当分子间力大时,就表现出较高的强度和硬度;当高分子化合物的分子间力很大,分子排列比较规整时,就会具有很高的强度,是很好的纤维材料。

根据大分子链空间几何排列的特点,固态高聚物的结构主要有非晶态和晶态两类。

(1) 非晶态高聚物的结构

线型大分子因其分子链很长,凝固时黏度很大,很难进行有规则的排列,因而多为混乱无序的排列,形成无规线团的非晶态结构(图 1-39),如聚苯乙烯、聚甲基丙烯酸甲酯(有机玻璃)等都是非晶态结构。即使在结晶高聚物中也包含非晶区。体型大分子的高聚物,因其链间有大量的交联,难以实现分子的有序排列,也多呈无序排列的非晶态结构。在大分子无规线团结构间,存在着一些排列比较规整的大分子链折叠区。

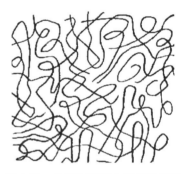

图 1-39 非晶态高聚物结构示意图

(2) 晶态高聚物的结构

线型、支化型和交联少的体型高聚物在一定条件下,可以固化为晶态结构,大分子链排列规则、紧密。但是由于分子链的运动较困难,不可能进行完全晶化。在实际生产中获得完全晶态的聚合物是很困难的,通常用聚合物中结晶区域所占的百分数即结晶度来表示聚合物的结晶程度。典型的晶态高聚物,如聚乙烯、聚四氟乙烯、聚偏二氯乙烯等,一般都只有 50%～80% 的结晶度,而有相当一部分处于非晶态,所以晶态高聚物实际为晶态和非晶态的集合结构,如图 1-40 所示。

(3) 聚集态结构对性能的影响

聚合物的性能与其聚集态有密切的联系。晶态聚合物,由于分子链规则排列而紧密,分子间吸力大,分子链运动困难,故其熔点、相对密度、强度、刚度、耐热性和抗熔性等性能好;

非晶态聚合物，由于分子链无规则排列，分子链的活动能力大，故其弹性、伸长率和韧性等性能好；部分晶态聚合物性能介于上述二者之间，且随结晶度增加，熔点、相对密度、强度、刚度、耐热性和抗熔性均提高，而弹性、伸长率和韧性则降低。表 1-10 列举的是不同结晶度的聚乙烯的性能。

高聚物的实际结晶度取决于具体的结晶条件，和低分子化合物结晶过程一样，主要受结晶温度（或过冷度）、冷却速度、杂质和应力状态等因素影响。实际生产中控制上述影响结晶的诸因素，可以得到不同聚集态的聚合物，满足所需的性能要求。

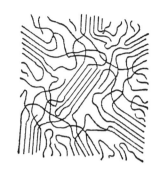

图 1-40 晶态高聚物结构示意图

表 1-10 不同结晶度的聚乙烯的性能比较

性　　能	低密度聚乙烯	高密度聚乙烯
结晶度/%	40～53	60～80
相对密度($\rho_水=1$)	0.91～0.93	0.94～0.97
抗拉弹性模量/MPa	110～250	240～1100
抗拉强度/MPa	7～16	22～39
断后伸长率/%	90～800	15～100
热变形温度(1.85 MPa)/℃	32～40	43～54
耐有机溶剂	60℃以下	80℃以下
24 h 吸水率	<0.015	<0.01

1.3.2 高分子材料的性能特点

1. 高分子材料的工艺性

高分子材料的加工工艺路线如图 1-41 所示。

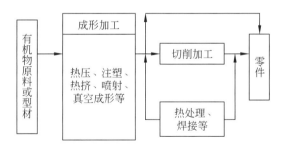

图 1-41 高分子材料的加工工艺路线

从图 1-41 中可以看出，工艺路线比较简单，其中变化较多的是成形工艺。主要成形工艺的比较见表 1-11。

表 1-11 高分子材料主要成形工艺的比较

工 艺	适用材料	形 状	表面粗糙度	尺寸精度	模具费用	生产效率
热压成形	范围较广	复杂形状	很低	好	高	中等
喷射成形	热塑性塑料	复杂形状	很低	非常好	很高	高
热挤成形	热塑性塑料	棒类	低	一般	低	高
真空成形	热塑性塑料	棒类	一般	一般	低	低

高分子材料的切削加工性能较好,与金属基本相同。不过要注意,它的导热性差,在切削过程中不易散热,易使工件温度急剧升高,使其变焦(热固性塑料)或变软(热塑性塑料)。

2. 高分子材料的力学性能特点

(1) 高聚物的力学状态

① 线型非晶态高聚物的力学状态

线型非晶态高聚物在不同温度下表现出三种物理状态:玻璃态、高弹态和粘流态。在恒定载荷作用下,其变形度-温度曲线如图 1-42 所示,图中 T_b 为脆化温度、T_g 为玻璃化温度、T_f 为粘流温度,T_d 为分解温度。

a. 玻璃态:在 T_g 温度以下曲线基本上是水平的,变形度小,而弹性模量较高,高聚物较刚硬,处于所谓玻璃态。此时由于温度较低时,分子动能较小,整个分子链或链段不能发生运动,分子处于"冻结"状态,只有比链段更小的结构部分(链节、侧基、原子等)在其平衡位置附近作小范围的振动。受外力作用时,链段进行瞬时的微量伸缩和微小的键角变化,外力一经去

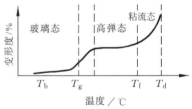

图 1-42 线型非晶态高聚物的变形度-温度曲线示意图

除,变形旋即消失。此时,高聚物受力的变形符合胡克定律,应变与应力成直线关系,高聚物保持为无定形的玻璃态。处于玻璃态的高聚物适于制造塑料制品,其使用温度的下限为脆化温度 T_b。

b. 高弹态:T_g 温度之后曲线急剧变化,但很快即稳定而趋于水平。在这个阶段,变形度很大,而弹性模量显著降低,外力去除后变形可以恢复,弹性是可逆的。高聚物表现为柔软而富有弹性,具有橡胶的特性,处于所谓高弹态或橡胶态。这是因为温度较高时,分子的动能增大,足以使大分子链段运动,但还不能使整个分子链运动,但分子链的柔性已大大增加,此时分子链呈卷曲状态,这就是高弹态,它是高聚物所独有的状态。高弹态高聚物受力时,卷曲链沿外力方向逐渐舒展拉直,产生很大的弹性变形。外力去除后分子链又逐渐地回缩到原来的卷曲状态,弹性变形逐渐消失。由于大分子链的舒展和卷曲需要时间,所以这种高弹性变形的产生和回复不是瞬时完成的,而是随时间逐渐变化。处于高弹态的高聚物适于制造橡胶制品。

c. 粘流态:温度高于 T_f 后,变形度迅速增加,弹性模量再次很快下降,高聚物开始产生粘性流动,处于所谓粘流态,此时变形已变为不可逆。这是由于温度超过 T_f 后,分子的动能大大增加,不仅使链段运动,而且能使整个分子链运动,因此,受力时极易发生分子链间的相

对滑动,产生很大的不可逆的流动变形,出现高聚物的粘性流动。所以粘流态主要与大分子链的运动有关。

② 晶态高聚物的力学状态

对于完全晶态的线型高聚物,则和低分子晶体材料一样,没有高弹态;对于部分晶态的线型高聚物,非晶态区在 T_g 温度以上和晶态区在熔点 T_m 温度以下存在一种即韧又硬的皮革态。此时,非晶态区处于高弹态,具有柔韧性,晶态区则具有较高的强度和硬度,两者复合组成皮革态。因此结晶度对高分子材料的物理状态和性能有显著影响。

③ 体型高聚物的力学状态

对于体型非晶态高聚物,具有网状分子链,其交联点的密度对高聚物的物理状态有重要影响。若交联点密度较小,链段仍可以运动,具有高弹态,弹性好,如轻度硫化的橡胶。若交联点密度很大,则链段不能运动,此时材料的 $T_g = T_f$,高弹态消失,高聚物就与低分子非晶态固体(如玻璃)一样,其性能硬而脆,如酚醛塑料。

高分子材料的物理状态除受化学成分、分子链结构、相对分子质量、结晶度等内在因素影响外,对应力、温度、环境介质等外界条件也很敏感,因而其性能会发生明显变化,这在使用高分子材料时应予以足够的重视。

(2) 高分子材料的力学性能特点

与金属材料比较,高分子材料的力学性能具有下述特点。

① 强度低

强度受温度和变形速度的影响大。

高聚物的强度平均为 100 MPa,比金属低得多,但由于其重量轻、密度小(一般为 $1.0 \sim 2.0 \text{ g/cm}^3$)。许多高聚物的比强度还是很高的,某些工程塑料的比强度高于钢铁材料。

对于粘弹性的高聚物,其强度主要受温度和变形速度的影响。

随着温度的升高,高聚物的力学状态发生变化。高聚物的性能由硬脆到柔韧逐步发生变化。其应力-应变曲线如图 1-43 所示。有机玻璃等具有这样的变化规律。

高聚物的性能也受加载速度的影响。加载速度较慢时,分子链来得及位移,呈韧性状态;速度较高时,链段来不及运动,表现出脆性行为。图 1-44 示出高聚物在不同加载速度时的应力-应变曲线。低速拉伸时强度较低,伸长率较大,发生韧性断裂;加载速度高时强度高而伸长率小。

由上可见,增大加载速度和降低工作温度,对高聚物的力学性能的影响具有相似的效果。

② 弹性高、弹性模量低

高聚物的弹性变形度大,可达到 $100\% \sim 1000\%$,而一般金属材料只有 $0.1\% \sim 1.0\%$。高聚物的弹性模量低,为 $2 \sim 20$ MPa,而一般金属材料为 $1 \times 10^3 \sim 2 \times 10^5$ MPa。

高聚物具有远高于金属材料的高弹性,是由于高聚物的结构与金属材料具有本质上的不同。高聚物的高弹性源自大分子链的柔顺性,与相对分子质量和分子间交联密度紧密相关。相对分子质量愈大,则高弹态区范围愈宽;同时,适度的交联可防止分子链间的滑动,保证了高弹性变形,不至发生过早的塑性变形。

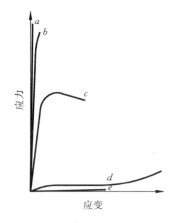

图 1-43 非晶态高聚物在不同温度时的应力-应变曲线

a. $<T_b$；b. $T_b \sim T_g$；c. 略高于 T_g；
d. 比 T_g 高得多；e. 接近于 T_f

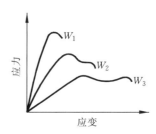

图 1-44 高聚物在不同加载速度(W)时的应力-应变曲线($W_1>W_2>W_3$)

③ 粘弹性

大多数高聚物的高弹性基本上是"平衡弹性"，即应变与应力即时达到平衡，如图 1-45(a)所示。但还有一些高聚物(如橡胶)高弹性表现出强烈的时间依赖性。应变相对于应力有所滞后，如图 1-45(b)所示。这就是粘弹性，它是高聚物的又一重要特性。

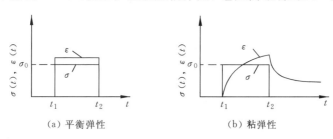

(a) 平衡弹性　　　　　(b) 粘弹性

图 1-45 应力-应变与时间的关系

粘弹性产生的原因是：链段的运动遇到困难，需要时间来调整构象以适应外力的作用。所以，应力作用的速度愈快，链段愈来不及作出反应，则粘弹性愈显著。粘弹性的主要表现有蠕变、应力松弛和内耗等。

a. 蠕变：蠕变是在应力保持恒定的情况下，应变随时间的增长而增加的现象。高聚物在室温下承受力的长期作用时，发生不可回复的塑性变形，例如，架空的聚氯乙烯电线套管，在电线和自身重量的作用下发生缓慢的挠曲变形，就属于蠕变。它是分子链在外力的持久作用下，逐渐产生构象的变化和位移，由原卷曲、缠结的状态，改变为较伸直的形态，而使外形发生伸长变形。

高聚物的蠕变远比其他材料严重。金属在高温时才发生明显的蠕变，而高聚物在室温下蠕变就很明显。图 1-46 为几种工程塑料的蠕变曲线。改性聚苯醚、聚碳酸酯、聚苯醚、聚砜具有较好的抗蠕变性能。蠕变实际上反映了材料在一定外力作用下的尺寸稳定性，对于尺寸精度要求高的聚合物零件，应选用蠕变抗力高的材料。

b. 应力松弛：高聚物受力变形后所产生的应力随时间而逐渐衰减的现象称为应力松弛。

例如,连接管道的法兰盘中的密封垫圈,经过较长时间工作后发生渗漏现象,就是应力松弛的表现。它也是由大分子链在力的长时间作用下,逐渐改变构象和发生了位移所引起的。

c. 内耗:高聚物受周期载荷时,产生伸-缩的循环应变。如图1-47所示,受载伸张时,应力与应变沿 ACB 线变化,卸载回缩时沿 BDA 线变化。由于应变对应力的滞后,在重复加载时,就会出现上一次形变还未来得及恢复时又施加了下一次载荷,于是造成分子间的内摩擦,产生内耗,弹性储能转变为热能。内耗导致高聚物温度升高,加速老化。但内耗能吸收振动波,是高聚物具有良好减振性能的原因。有利于橡胶轮胎、减振器工作。

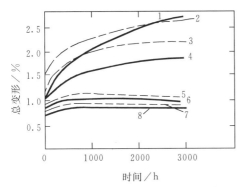

图1-46 几种工程塑料的蠕变曲线(23℃)

1—ABS;2—尼龙;3—聚甲醛;4—ABS(耐热级);
5—改性聚苯醚;6—聚碳酸酯;7—聚苯醚;8—聚砜

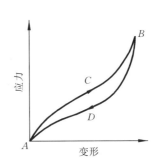

图1-47 橡胶在一个承载周期中的应力-应变曲线

④ 塑性

高聚物由许多很长的大分子链组成,加热时分子链的一部分受热,其他部分不受或少受热,因此材料不会立即熔化,而先有一软化过程,所以塑性很好。

多数高聚物,如聚乙烯等热塑性塑料、高弹态的橡胶等,具有如图1-48所示的应力-应变曲线。B点为屈服点,C点为断裂点。屈服应变比金属大得多。大多数金属材料的屈服应变约为1%,甚至更小,而高聚物的可达20%以上。冷拉变形以细颈扩展的方式进行,颈缩变形阶段很长。高聚物缓慢拉伸时,颈缩部分变形大,分子链趋于沿受力方向被拉伸并定向分布,使强度提高,即产生取向强化,因此继续受拉时细颈不会变细或被拉断,而是向两端逐渐扩展。

⑤ 韧性

冲击韧度与抗拉强度和断后伸长率都有直接关系。在非金属材料中,高聚物的韧性是比较好的。例如,热塑性塑料的冲击韧度一般为 $2\sim15\,kJ/m^2$;热固性塑料较低,为 $0.5\sim5\,kJ/m^2$。但是与金属相比,高聚物的冲击韧度仍然过小,仅为金属的百分之一数量级。通过提高高聚物的强

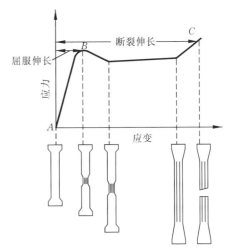

图1-48 高聚物的应力-应变曲线
及其试样变形的示意图

度,可以提高其韧性。例如,不饱和聚酯树脂用玻璃纤维增强成为玻璃钢,将强度由 40～88 MPa 提高到 204～340 MPa 时,冲击韧度可由 1.08～2.16 kJ/m² 提高到 27～162 kJ/m²。也可以采用提高断裂伸长量的办法。例如,用橡胶与塑料机械共混,得到所谓橡胶塑料,即能使冲击韧度大幅度提高。

⑥ 减摩、耐磨性

摩擦力是接触表面之间的机械粘结和分子粘着所引起的。大多数塑料对金属和对塑料的摩擦因数值一般在 0.2～0.4 范围内,但有一些塑料的摩擦因数很低。例如,聚四氟乙烯对聚四氟乙烯的摩擦因数只有 0.04,几乎是所有固体中最低的(见表 1-12)。这是由于聚四氟乙烯的分子链长而且键结合力高,碳原子有效地被周围的氟原子所屏蔽,使分子间的实际粘着力变得很低,因而表面上的分子能够很容易地相互滑动或滚动。另外,分子彼此之间机械连锁,提高了材料的硬度和抗剪强度,也使摩擦抗力大大提高。

表 1-12 几种摩擦副的静摩擦因数

摩 擦 副 材 料	摩 擦 因 数	摩 擦 副 材 料	摩 擦 因 数
软钢-软钢	0.30	软钢-软钢(油润滑)	0.08
硬钢-硬钢	0.15	聚四氟乙烯-聚四氟乙烯	0.04

许多塑料除了摩擦因数低以外,自润滑性能好,磨损率低,消音、吸振能力强;同时,对工作条件及磨粒的适应性、就范性和埋嵌性好,所以是很好的轴承材料及其他耐磨件材料。在无润滑和少润滑的摩擦条件下,它们的耐磨、减摩性能是金属材料无法比拟的。

3. 高分子材料的物理和化学性能特点

同金属相比,高分子材料的物理、化学性能有如下特点。

(1) 绝缘性及隔热隔声性

高聚物分子的化学键为共价键,没有自由电子和可移动的离子,因此是良好的绝缘体,绝缘性能与陶瓷相当。另外,由于高聚物的分子细长、卷曲,在受热、受声之后振动困难,所以对热、声也有良好的隔离性能,例如,塑料的导热性就只有金属的百分之一。

(2) 耐热性

高聚物的耐热性是指它对温度升高时抵抗性能降低的能力。耐热性实际常用高聚物开始软化或变形的温度来表示,也就是高聚物的使用温度的上限值。

塑料的耐热性常采用马丁耐热温度表达。将标准试样(120 mm×15 mm×10 mm)置于马丁耐热仪中,施加一定的静弯应力(5 MPa),缓慢加热,使试样末端弯曲到指定大小(6 mm)时的温度,即为该塑料的马丁耐热温度(℃)。

热固性塑料的耐热性比热塑性塑料高。常用热塑性塑料如聚乙烯、聚氯乙烯、尼龙等,长期使用温度一般在 100℃ 以下;热固性塑料如酚醛塑料为 130～150℃;耐高温塑料如有机硅塑料等,可在 200～300℃ 使用,聚酰亚胺的耐热温度可以高达 400℃。同金属相比,高聚物的耐热性是较低的,这是高聚物的一大不足。

(3) 耐蚀性

高聚物的化学稳定性很高,耐蚀性好。它们耐水和无机试剂、耐酸和碱的腐蚀。尤其是被誉为塑料王的聚四氟乙烯,不仅耐强酸、强碱等强腐蚀剂,甚至在沸腾的王水中也很稳定。

(4) 老化

老化是指高聚物在长期使用和存放过程中,由于受各种因素的作用,性能随时间不断恶化,逐渐丧失使用价值的过程。其主要表现：橡胶变脆,龟裂或变软,发粘；塑料退色,失去光泽和开裂。这些现象是不可逆的,所以老化是高聚物的一个主要缺点。

老化的原因主要是分子链的结构发生了降解和交联。降解是大分子发生断链或裂解的过程。碎断为许多小分子,甚至分解成单体,因而使机械强度、弹性、熔点、溶解度、粘度等降低。交联是分子链之间生成化学键,形成网状结构,变硬,变脆。

影响老化的内在因素主要是化学结构、分子链结构和聚集态结构中的各种弱点。外在因素有热、光、辐射、应力等物理因素；氧和臭氧、水、酸、碱等化学因素；微生物、昆虫等生物因素。

改进高聚物的抗老化能力主要措施有三个方面：① 表面防护。在表面涂镀一层金属或防老化涂料,以隔离或减弱外界中的老化因素的作用；② 改进高聚物的结构,减少高聚物各层次结构上的弱点,提高稳定性,推迟老化过程；③ 加入防老化剂,消除在外界因素影响下高聚物中产生的游离基,或使活泼的游离基变成比较稳定的游离基,以抑制其链式反应,阻碍分子链的降解和交联,达到防止老化的目的。为了防止白色污染,保护环境,人们也研制出了许多可降解的高聚物。

综上所述,高分子材料的性能特点是质量轻,具有高弹性和粘弹性。粘弹性的主要表现形式是蠕变、应力松弛和内耗。高分子材料强度不高,刚度小,韧性较低,塑性很好。温度和变形速度对材料强度有很大影响。高分子材料耐磨、减摩性能好,绝缘、绝热,隔声,耐蚀性能好,但耐热性不高,存在老化问题。

1.4 陶瓷材料的结构与性能特点

1.4.1 陶瓷材料的结构

与金属材料不同,陶瓷材料的组织结构要复杂得多。这是由于陶瓷在生产过程中,各种物理和化学转变通常不能充分进行,总得不到平衡组织,使组织很不均匀。

按照组织形态,陶瓷材料通常可以分为三大类：无机玻璃、微晶玻璃和陶瓷。

① 无机玻璃：即硅酸盐玻璃,是室温下具有确定形状,但其粒子在空间成不规则排列的非晶结构类陶瓷材料。

② 微晶玻璃：即玻璃陶瓷,是单个晶体分布在非晶态的玻璃基体上的一类陶瓷材料。

③ 陶瓷：也叫晶体陶瓷,如具有单相晶体结构的氧化铝特种陶瓷,但更典型的是具有复杂结构的普通陶瓷等。这类陶瓷材料是最常用的结构材料和工具材料。

下面根据普通陶瓷的制备过程说明陶瓷的典型组织结构。

普通陶瓷的原料通常是由粘土、石英和长石三部分组成。在加热烧成或烧结和冷却过程中,由这三部分组成的坯料相继发生四个阶段的变化。

① 低温阶段(室温~300℃)：残余水分的排除。

② 分解及氧化阶段(300~950℃)：粘土等矿物中结构水的排除；有机物、碳素和无机物等的氧化；碳酸盐、硫化物等的分解；石英由低温晶型转变为高温晶型。

③ 高温阶段(950℃~烧成温度)：上述氧化、分解反应继续进行；长石-石英-高岭石(高岭土)三元共熔体、长石-石英和长石-高岭石二元共熔体、石英熔体(石英块周边的熔蚀液)以及杂质形成的碱和碱土金属的低铁硅酸盐共熔体等液相相继出现,同时,各组成物逐渐溶

解;在原粘土区域反应生成粒状或片状一次莫来石($3Al_2O_3 \cdot 2SiO_2$)晶体;在原长石区域结晶出针状二次莫来石晶体并显著长大;原石英块被溶解成残留小块;晶体被液相黏结,发生烧结过程,体积收缩,致密度提高,产生机械强度而成瓷。

④ 冷却阶段(烧成温度~室温):主要是原长石区域析出或长大成粗大针状二次莫来石晶体,但量不多;液相因黏度大不发生结晶,而在 $550\sim750℃$ 之间转变为固态玻璃;残留石英发生由高温向低温晶型的转变。

经过上述转变,陶瓷在室温下的组织如图 1-49 所示。其中包括粒状一次莫来石、针状二次莫来石、块状残留石英、小黑洞气孔。一次莫来石所在基体为长石-高岭石玻璃,二次莫来石的基体为长石玻璃,石英周边为高硅氧玻璃,石英-长石-高岭石的交接处为三元共熔体玻璃。所以,陶瓷的典型组织由晶体相(莫来石和石英)、玻璃相和气相组成。

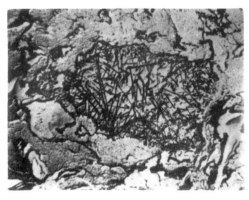

图 1-49　陶瓷的组织(电子显微照片)

1. 晶体相

晶体相是陶瓷的主要组成相,其结构、数量、形态和分布,决定陶瓷的主要性能和应用。例如,氧化铝陶瓷是很好的工具材料和耐火材料;钛酸钡、钛酸铝材料是很好的介电陶瓷等。当陶瓷中有几种晶体时,数量最多、作用最大的为主晶体相,其他次晶体相的影响也是不可忽视的。日用陶瓷中主晶体相为莫来石,残留石英和可能残存的长石、云母等为次晶体相。陶瓷中的晶体相主要有硅酸盐、氧化物和非氧化物等三种。

(1) 硅酸盐

硅酸盐是普通陶瓷的主要原料,同时也是陶瓷组织中重要的晶体相,例如莫来石、长石等。硅酸盐的结合键为离子键与共价键的混合键。它的结构细节很复杂,但基本结构有比较重要的规律。

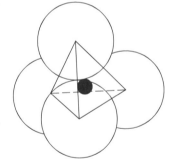

图 1-50　硅氧四面体结构

构成硅酸盐的基本单元是[SiO_4]四面体,图 1-50 为其示意图。

硅氧四面体相互连接时优先采取比较紧密的结构。硅氧四面体可以构成岛状(包括环状在内)、链状、层状和骨架状等硅酸盐结构,部分结构如图 1-51 所示;并据此将硅酸盐进行分类,见表 1-13。

(2) 氧化物

氧化物是大多数陶瓷特别是特种陶瓷的主要组成和晶体相。它们主要由离子键结合,有时也有共价键。氧化物晶体相有 AO、AO_2、A_2O_3、ABO_3 和 AB_2O_4 等(A、B 表示阳离子)。它们的结构的共同特点是:氧离子(一般比阳离子大)进行紧密排列,金属阳离子位于一定的间隙之中。四面体和八面体间隙是最主要的间隙。

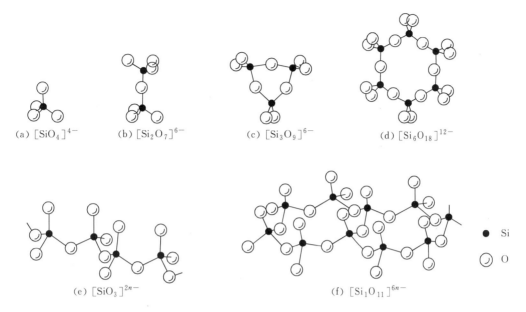

图 1-51 硅酸盐结构示意图(部分)

岛状结构：(a) 单个四面体；(b) 成对四面体；(c) 三节单环；(d) 六节单环

链状结构：(e) 单链；(f) 双链

表 1-13 硅酸盐结构分类及举例

硅酸盐类型		结构特点	维数	含硅阴离子	氧硅原子数的比值	实例	
						名称	分子式
岛状	单四面体	单个四面体	0	$[SiO_4]^{4-}$	4.0	镁橄榄石	$Mg[SiO_4]$
		成对四面体	0	$[Si_2O_7]^{6-}$	3.5	硅钙石	$Ca_3[Si_2O_7]$
	环状	三节四面体单环	0	$[Si_3O_9]^{6-}$	3.0	蓝锥石	$BaTi[Si_3O_9]$
		六节四面体单环	0	$[Si_6O_{18}]^{12-}$	3.0	绿柱石	$Al_2Be_3[Si_6O_{18}]$
		六节四面体双环	0	$[Si_{12}O_{30}]^{12-}$	2.5	整柱石	$KCa_2AlBe_2[Si_{12}O_{30}]\frac{1}{2}H_2O$
链状		四面体单链	1	$[SiO_3]^{2-}$	3.0	顽火辉石	$Mg[SiO_3]$
		四面体双链	1	$[Si_4O_{11}]^{6-}$	2.75	透闪石	$Ca_2Mg_5[Si_4O_{11}]_2(OH)_2$
层状		单四面体层	2	$[Si_4O_{10}]^{4-}$	2.5	高岭石	$Al_4[Si_4O_{10}](OH)_8$
骨架状		—	3	$[SiO_2]$	2.0	石英	SiO_2

AO 类型的氧化物，例如 MgO 等具有岩盐结构，如图 1-52(a)所示。金属离子和氧离子数量相等。氧离子作面心立方排列，金属离子填充在其所有八面体间隙之中，形成完整的立方晶格。

AO_2 类型的氧化物有几种情况：典型萤石结构的氧化物 ThO_2 等，阳离子位于顶角和面心位置，呈面心立方排列，氧离子填充在四面体间隙中，如图 1-52(b)所示。碱金属氧化物 Li_2O 等具有反萤石结构，其正负离子排列的位置正好与萤石相反。

A_2O_3 类型的氧化物，如 Al_2O_3 等为典型刚玉结构，如图 1-52(c)所示。氧离子作近似

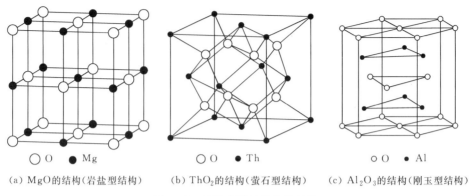

(a) MgO 的结构（岩盐型结构）　　(b) ThO₂ 的结构（萤石型结构）　　(c) Al₂O₃ 的结构（刚玉型结构）

图 1-52　几种典型氧化物的结构

紧密六方排列，其中 2/3 的八面体间隙为铝离子所填充。

陶瓷氧化物结构中，氧离子主要作密排立方或密排六方排列，构成骨架，而金属离子规则地分布在四面体和八面体的间隙之中，依靠强大的离子键，形成非常稳定的离子晶体。

（3）非氧化物

非氧化物是指不含氧的金属碳化物、氮化物、硼化物和硅化物。它们是特种陶瓷特别是金属陶瓷的主要组成和晶体相，主要由强大的共价键结合，但也有一定成分的金属键和离子键。

金属碳化物大多数是共价键和金属键之间的过渡键，以共价键为主。结构主要有两类。一类是间隙相，碳原子填入密排立方或六方金属晶格的八面体间隙之中 [见图 1-53(a)]，如 TiC、ZrC、HfC、VC、NbC 和 TaC 等。另一类是复杂碳化物，由碳原子或碳原子链与金属构成各种复杂的结构，如斜方结构的 Fe_3C、Mn_3C、Co_3C、Ni_3C 和 Cr_3C_2，立方结构的 $Cr_{23}C_6$、$Mn_{23}C_6$，六方结构的 WC、MoC 和 Cr_7C_3、Mn_7C_3 以及复杂结构的 Fe_3W_3C 等。

氮化物的结合键与碳化物相似，但金属性弱些，并且有一定程度的离子键。氮化硼（BN）具有六方晶格，如图 1-53(b) 所示，与石墨的结构类似。氮化硅 Si_3N_4 和氮化铝 AlN 的结构都属于六方晶系。

硼化物和硅化物的结构比较相近。硼原子间、硅原子间都是较强的共价键结合，能连接成链（形成无机大分子链）、网和骨架，构成独立的结构单元，而金属原子位于单元之间。典型的硼化物和硅化物的结构见图 1-53(c)、(d)。

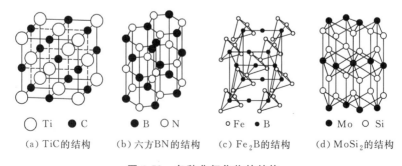

(a) TiC 的结构　　(b) 六方 BN 的结构　　(c) Fe₂B 的结构　　(d) MoSi₂ 的结构

图 1-53　各种非氧化物的结构

2. 玻璃相

陶瓷中玻璃相的作用是：

① 将晶体相粘连起来，填充晶体相之间空隙，提高材料的致密度；
② 降低烧成温度，加快烧结过程；
③ 阻止晶体转变，抑制晶体长大；
④ 获得一定程度的玻璃特性，如透光性等。

玻璃相对陶瓷的机械强度、介电性能、耐热耐火性等是不利的，所以不能成为陶瓷的主导相，一般质量分数为20%～40%。

陶瓷坯体在烧成过程中，由于复杂的物理化学反应，产生不均匀(不平衡)的酸性和碱性氧化物的熔融液相。这些液相的粘度较大，并且在冷却过程中很快地增大。熔体硬化，转变为玻璃，呈现固体性质。

当玻璃由熔融液态转变为无定形固态时，液态所特有的无规则结构被冻结下来。玻璃结构的特点是：硅氧四面体组成不规则的空间网，形成玻璃的骨架。图1-54(a)显示出石英玻璃的这种网格，图1-54(b)为石英的晶体结构。若玻璃中含有氧化铝或氧化硼，则四面体中的硅被铝或硼部分取代，形成铝硅酸盐$[Si_xAlO_4]^{2-}$或硼硅酸盐$[Si_xBO_4]^{2-}$的结构网格。玻璃中存在有碱金属(Na、K)和碱土金属(Ca、Mg、Ba)的离子时，它们在结构中分布在四面体群的网格里，如图1-55所示。Na_2O等类氧化物的存在，会使很强的Si—O—Si键破坏，因而降低玻璃的强度、热稳定性和化学稳定性，但有利于生产工艺。大部分玻璃的结构比较松散，不均匀，存在缺陷。

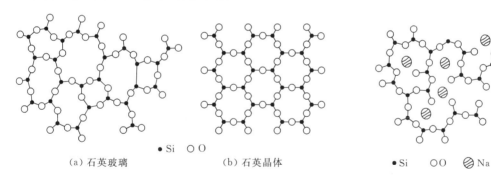

图1-54 石英玻璃和石英晶体结构示意图　　图1-55 钠硅酸盐玻璃的结构示意图

3. 气相

气相是陶瓷组织内部残留下来的孔洞。它的形成原因比较复杂，几乎与原料和生产工艺的各个过程都有密切的联系，影响因素也比较多。根据气孔情况，陶瓷分致密陶瓷、无开孔陶瓷和多孔陶瓷。除了多孔陶瓷以外，气孔的存在对陶瓷的性能都是不利的，它降低了陶瓷的强度，常常是造成裂纹的根源，所以都尽量使其气孔率降低。一般来说，普通陶瓷的气孔率为5%～10%，特种陶瓷的在5%以下，金属陶瓷则要求低于0.5%。

1.4.2 陶瓷材料的性能特点

1. 陶瓷材料的工艺性能

陶瓷材料的加工工艺路线如图 1-56 所示。

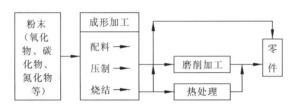

图 1-56 陶瓷材料的加工工艺路线

从图中可以看出,工艺路线比较简单,主要工艺就是成形,其中包括粉浆成形、压制成形、挤压成形、可塑成形等。它们的比较见表 1-14。陶瓷材料除了可以用碳化硅或金刚石砂轮磨削加工外,几乎不能进行其他加工。

表 1-14 陶瓷材料各种成形工艺比较

工 艺	优 点	缺 点
粉浆成形	可做形状复杂件、薄壁件,成本低	收缩大,尺寸精度低,生产效率低
压制成形	可做形状复杂件,有高密度和高强度,精度较高	设备较复杂,成本高
挤压成形	成本低,生产效率高	不能做薄壁件,零件形状需对称
可塑成形	尺寸精度高,可做形状复杂件	成本高

2. 陶瓷的力学性能

(1) 刚度

刚度由弹性模量衡量,弹性模量反映结合键的强度,所以具有强大化学键的陶瓷都有很高的弹性模量,是各类材料中最高的(见表 1-15):比金属高若干倍,比高聚物高 2～4 个数量级。几种典型陶瓷的弹性模量见表 1-16。

表 1-15 常见材料的弹性模量和硬度

材 料	弹性模量/MPa	硬度/HV	材 料	弹性模量/MPa	硬度/HV
橡胶	6.9	很低	钢	207 000	300～800
塑料	1380	～17	氧化铝	400 000	～1500
镁合金	41 300	30～40	碳化钛	390 000	～3000
铝合金	72 300	～170	金刚石	1 171 000	6000～10 000

弹性模量对组织(包括晶粒大小和晶体形态等)不敏感,但受气孔率的影响很大,气孔降低材料的弹性模量;随温度的升高弹性模量也降低。

(2) 硬度

和刚度一样,硬度也决定于键的强度,所以陶瓷也是各类材料中硬度最高的,这是它的最大特点。例如,各种陶瓷的硬度多为1000～5000 HV,淬火钢仅为500～800 HV,高聚物最硬不超过20 HV(见表1-15)。

表1-16 几种典型陶瓷的弹性模量和强度

材　　料	弹性模量/MPa	强度/MPa
滑石瓷	69×10^3	138
莫来石瓷	69×10^3	69
氧化硅玻璃	72.4×10^3	107
氧化铝瓷($w(Al_2O_3)$:90%～95%)	365.5×10^3	345
烧结氧化铝(约5%气孔率)	365.5×10^3	207～345
烧结尖晶石(约5%气孔率)	237.9×10^3	90
烧结碳化钛(约5%气孔率)	310.3×10^3	1103
烧结硅化钼(约5%气孔率)	406.9×10^3	690
热压碳化硼(约5%气孔率)	289.7×10^3	345
热压氮化硼(约5%气孔率)	82.8×10^3	48～103

(3) 强度

按照理论计算,陶瓷的强度应该很高,即约为弹性模量的1/10～1/5。但实际上一般只为1/1000～1/100,甚至更低。例如,窗玻璃的强度约为70 MPa,高铝瓷的约为350 MPa,均比其弹性模量低约3个数量级。表1-16中给出了一些典型数据。陶瓷实际强度比理论值低得多的原因是组织中存在晶界。它的破坏作用比在金属中更大。陶瓷的晶界上存在空隙(图1-57)。晶界上原子间键被拉长,键强度被削弱。相同电荷离子的靠近产生斥力,可能造成裂缝。所以,消除晶界的不良作用,是提高陶瓷强度的基本途径。

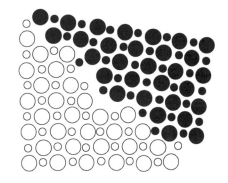

图1-57 陶瓷晶界结构示意图

陶瓷的实际强度受致密度、杂质和各种缺陷的影响也很大。热压氮化硅陶瓷,在致密度增大、气孔率近于零时,强度可接近理论值;刚玉陶瓷纤维,因为缺陷减少,强度提高了1～2个数量级(见表1-17);而微晶刚玉由于组织细化,强度比一般刚玉高许多倍(见表1-18)。

表1-17 陶瓷纤维和晶须的强度

陶瓷材料	抗拉强度/MPa		
	陶瓷块	陶瓷纤维	陶瓷晶须
Al_2O_3	280	2100	2100
BeO	140(稳定化)		133 000
ZrO_2	140(稳定化)	2100	
Si_3N_4	120～140(反应烧结)		144 000

表 1-18　刚玉陶瓷晶粒尺寸与机械强度的关系

晶粒平均尺寸/μm	抗弯强度/MPa	晶粒平均尺寸/μm	抗弯强度/MPa
193.7	75	8.7	484
90.5	140	6.7	485
54.3	209	3.2	552
25.1	311	2.1	579
11.5	431	1.8	581

陶瓷强度对应力状态特别敏感；同时强度具有统计性质，与受力的体积或表面有关，所以它的抗拉强度很低，抗弯强度较高，而抗压强度非常高（一般比抗拉强度高一个数量级）。

(4) 塑性

陶瓷在室温下几乎没有塑性，塑性变形是在切应力作用下由位错运动所引起的密排原子面间的滑移变形（详见2.3节）。陶瓷晶体的滑移系很少，比金属少得多。位错运动所需要的切应力很大，接近于晶体的理论剪切强度。另外，共价键有明显的方向性和饱和性，而离子键的同号离子接近时斥力很大，所以主要由离子晶体和共价晶体构成的陶瓷的塑性极差。不过在高温慢速加载的条件下，由于滑移系的增多，原子的扩散能促进位错的运动，以及晶界原子的迁移，特别是组织中存在玻璃相时，陶瓷也能表现出一定的塑性。塑性开始的温度约为$0.5T_m$（T_m为熔点，K），如Al_2O_3为1237℃，TiO_2为1038℃。由于开始塑性变形的温度很高，所以陶瓷都具有较高的高温强度。

(5) 韧性

陶瓷材料是非常典型的脆性材料，受载时不发生塑性变形就在较低的应力下断裂，因此韧性极低，脆性极高。冲击韧度常在$10 kJ/m^2$以下，断裂韧性值也很低（见表1-19），大多比金属低一个数量级以上。

表 1-19　几种陶瓷的断裂韧性

陶　瓷	断裂韧性/$MPa \cdot m^{1/2}$	陶　瓷	断裂韧性/$MPa \cdot m^{1/2}$
Si_3N_4	3.72～4.65	Al_2O_3	2.79～4.65
SiC	2.79	水泥	0.186
MgO	2.79	钠玻璃	0.62～0.78

陶瓷的脆性对表面状态特别敏感。陶瓷的表面和内部由于各种原因，如表面划伤、化学侵蚀、冷热胀缩不均等，很容易产生细微裂纹。受载时，裂纹尖端产生很高的应力集中，由于不能由塑性变形使高的应力松弛，所以裂纹很快扩展，表现出很高的脆性。

脆性大是陶瓷的最大缺点，是其作为结构材料的主要障碍。为了改善陶瓷韧性，可以从以下几个方面去改善：第一，预防在陶瓷中特别是表面上产生缺陷；第二，在陶瓷表面形成压应力；第三，消除陶瓷表面的微裂纹。目前，在这些方面已经取得了一定的结果。例如，在表面加预压应力，能降低工作中承受的拉应力，而可做成抗裂陶瓷。

3. 陶瓷的物理和化学性能

(1) 热膨胀性能

热膨胀系数的大小与晶体结构和结合键强度密切相关。键强度高的材料热膨胀系数低;结构较紧密的材料的热膨胀系数较大,所以陶瓷的线胀系数[$\alpha=(7\sim300)\times10^{-7}/℃$]比高聚物[$\alpha=(5\sim15)\times10^{-5}/℃$]的低,比金属[$\alpha=(15\sim150)\times10^{-5}/℃$]的更低。

(2) 导热性

陶瓷的热传导主要依靠原子的热振动,由于没有自由电子的传热作用,陶瓷的导热性比金属小。受其组成和结构的影响,一般热导率 $\lambda=10^{-5}\sim10^{-2}$ W/(m·K)。陶瓷中的气孔对传热不利。所以,陶瓷多为较好的绝热材料。

(3) 热稳定性

热稳定性为陶瓷在不同温度范围波动时的寿命,一般用急冷到水中不破裂所能承受的最高温度来表达。例如,日用陶瓷的热稳定性为 220℃。它与材料的线膨胀系数和导热性等有关。线膨胀系数大和导热性低的材料的热稳定性低;韧性低的材料的热稳定性也不高。所以陶瓷的热稳定性很低,比金属低得多。这是陶瓷的另一个主要缺点。

(4) 化学稳定性

陶瓷的结构非常稳定。陶瓷对酸、碱、盐等腐蚀性很强的介质均有较强的抵抗能力,与许多金属的熔体也不发生作用,所以也是很好的坩埚材料。

(5) 导电性

陶瓷的导电性变化范围很广。由于缺乏电子导电机制,大多数陶瓷是良好的绝缘体;但不少陶瓷既是离子导体,又有一定的电子导电性;许多氧化物,例如 ZnO、NiO、Fe_3O_4 等实际上是重要的半导体材料。

总之,陶瓷的性能特点是脆性很高,温度急变抗力很低,抗拉、抗弯性能差,不易加工等。具有高耐热性、高化学稳定性、不老化性、高的硬度和良好的抗压能力。一些陶瓷具有很高的耐蚀性、耐磨性。

下面将对各类材料进行介绍,重点介绍当前应用最广的金属材料,特别是黑色金属钢铁。金属材料是最主要的工程材料。

第2章 金属材料组织和性能的控制

2.1 纯金属的结晶

金属材料冶炼后,浇铸到锭模或铸模中,通过冷却,液态金属转变为固态金属,获得一定形状的铸锭或铸件。固态金属一般具有晶体结构,因此金属从液态转变为固体晶态的过程称为结晶过程。广义上讲,金属从一种原子排列状态转变为另一种原子规则排列状态(晶态)的过程均属于结晶过程。通常把金属从液态转变为固体晶态的过程称为一次结晶,而把金属从一种固体晶态转变为另一种固体晶态的过程称为二次结晶或重结晶。

2.1.1 纯金属的结晶

1. 纯金属结晶的条件

通过实验测得液体金属在结晶时的温度-时间曲线,称为冷却曲线。绝大多数纯金属(如铜、铝、银等)的冷却曲线如图 2-1 所示。

图中 T_0 为纯铜的熔点(又称理论结晶温度),T_n 为开始结晶温度。曲线中 ab 段为液态金属逐渐冷却,bc 段温度低于理论结晶温度,这种现象称为过冷现象。理论结晶温度 T_0 与开始结晶温度 T_n 之差叫做过冷度,用 ΔT 表示,即

$$\Delta T = T_0 - T_n$$

冷却速度越大,则开始结晶温度越低,过冷度也就越大。cde 段表示金属正在结晶,此时金属液体和金属晶体共存。ef 段表示金属全部转变为固态晶体后,金属晶体逐渐冷却。

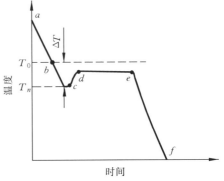

图 2-1 纯铜的冷却曲线

结晶过程不是在任何情况下都能自发进行的。热力学定律指出,自然界的一切自发转变过程,总是由一种较高能量状态趋向于能量最低的稳定状态,就像小球由高处滚向低处,势能降低一样。所以,在恒温条件下,只有那些引起体系自由能(即能够对外做功的那部分能量)降低的过程才能自发进行。

在一般情况下,金属在聚集状态的自由能随温度的提高而降低。由于液态金属中原子排列的规则性比固态金属中的差,所以液态金属和固态金属的自由能随温度变化的情况不

同。在自由能-温度关系曲线上,液态的自由能变化曲线比固态的更陡(图2-2),于是它们必然要相交。在交点所对应的温度 T_0 时,液态和固态的自由能相等,液态和固态可长期共存,处于动平衡状态。高于 T_0 温度时,液态比固态的自由能低,金属处于液态才是稳定的;低于 T_0 温度时,金属稳定的状态为固态。T_0 即为理论结晶温度或熔点。

因此,液态金属要结晶,就必须处于 T_0 温度以下。换句话说,金属必须过冷。过冷就是指液态金属实际冷却到结晶温度以下而暂不结晶的现象。出现过冷就存在一个过冷度。它表明金属在液态和固态之间存在一个自由能差(ΔF)。

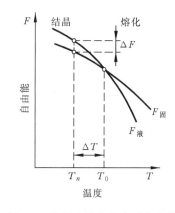

图 2-2 金属在聚集状态时自由能与温度的关系的示意图

$$\Delta F = F_{固} - F_{液} < 0$$

这个能量差就是促使液体结晶的动力。结晶时从液体中生出晶体,必须建立同液体相隔开的晶体界面而产生表面能 A。所以,只有当液体的过冷度达到一定的大小,ΔF 绝对值大于建立界面所增加的表面能 A 时,结晶过程才能开始进行。

纯金属在缓慢冷却时,冷却曲线中出现一个平台(略低于理论结晶温度),温度保持不变,表明纯金属结晶为恒温过程。这是由于液态原子无序状态转变为晶态原子有序状态时放出结晶潜热,抵消了向外界散发的热量,而保持结晶过程温度不变。在非常缓慢冷却的条件下,平台温度与理论结晶温度相差很小。如果冷却速度较快,则纯金属结晶时是不能保持恒温的。

2. 纯金属的结晶过程

液态金属结晶是由形核和长大两个密切联系的基本过程来实现的。液态金属结晶时,首先在液体中形成一些极微小的晶体(称为晶核),然后再以它们为核心不断地长大。在这些晶体长大的同时,又出现新的晶核并逐渐长大,直至液体金属消失。金属的结晶过程可用图 2-3 来表示。

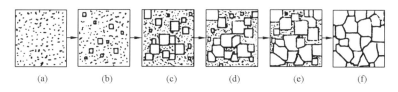

图 2-3 金属结晶过程示意图

(1) 晶核的形成

晶核的形成有自发形核和非自发形核两种方式。

① 自发形核

在液态下,金属中存在有大量尺寸不同的短程有序的原子集团。在高于结晶温度时,它们是不稳定的,但是当温度降低到结晶温度以下,并且过冷度达到一定的大小之后,液体中那些大于临界晶核尺寸的短程有序原子集团开始变得稳定,不再消失,而成为结晶核心。

这种形核方式叫做自发形核。从液体内部由金属原子本身自发长出的结晶核心叫做自发晶核。在一定过冷度下能成为结晶核心的短程有序原子集团的最小半径 r_k 叫临界晶核尺寸。过冷度越大,临界晶核尺寸 r_k 越小。

② 非自发形核

实际液态金属往往含有某些杂质。杂质的存在常常能够促进晶核形成。金属原子依附于杂质生成晶核的形核方式叫做非自发形核。依附于杂质而生成的晶核叫做非自发晶核。

能起非自发形核作用的杂质,必须符合于"结构相似、尺寸相当"的原则。当杂质的晶体结构和晶格参数与金属的相似和相当时,容易在其上生长出晶核。但是,有一些难熔杂质,虽然其晶体结构与金属的相差甚远,由于表面的微细凹孔有时能残留未熔金属,也能强烈地促进非自发核心的生成。

自发形核和非自发形核是同时存在的,在实际金属和合金中,非自发形核比自发形核更重要,往往起优先、主导的作用。

(2) 晶体的长大

晶体的长大有平面长大和树枝状长大两种方式。

① 平面长大

在过冷度较小的情况下,较纯金属晶体主要以其表面向前平行推移的方式长大,即进行平面式的长大。晶体沿不同方向长大的速度是不一样的,即不同晶面的垂直长大速度不同。晶体的长大服从表面能最小的原则。以沿原子最密面的垂直方向的长大速度最慢,而非密排面的长大速度较快。所以,平面式长大的结果,晶体获得表面为密排面的规则形状(图 2-4)。在长大的过程中,晶体一直保持规则的形状,只是在许多晶体彼此接触之后,规则的外形才遭到破坏。晶体的平面长大方式在实际金属的结晶中是较少见到的。

② 树枝状长大

当过冷度较大,特别是存在有杂质时,金属晶体往往以树枝状的形式长大。开始时,晶核可以生长为很小的但形状规则的晶体。在晶体继续长大的过程中,优先沿一定方向生长出空间骨架。这种骨架形同树干,称为一次晶轴。在一次晶轴增长和变粗的同时,在其侧面生出新的枝芽,枝芽发展成枝干,此为二次晶轴。随着时间的推移,二次晶轴成长的同时又可长出三次晶轴等等。如此不断成长和分枝下去,直至液体全部消失。结果,结晶得到一个具有树枝形状的晶粒(树枝晶),形成的树枝晶是单晶体(图 2-5)。多晶体金属的每个晶粒一般都是由一个晶核采取树枝状长大的方式形成的。

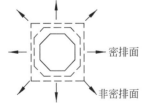

图 2-4 晶体平面长大示意图

图 2-5 晶体树枝状长大示意图

金属形成树枝状晶体的原因是:晶核长大过程中有潜热放出,晶体尖角处的散热较快因而长大较快,成为伸入到液体中去的晶枝,同时尖角处的缺陷较多,从液体中转移来的原子容易在这些地方固定,有利于晶体的长大而获得树枝晶。在结晶过程中,如果金属液体的供应不充分,那么金属最后凝固的树枝晶之间的间隙不会被填满,可保留树枝状晶体的形态,在一些金属铸锭表面可见到呈浮雕状的树枝晶,在大钢锭的缩孔中也能发现树枝状晶体。

由于金属容易过冷,因此实际金属结晶时,一般均以树枝状长大方式结晶,得到树枝晶结构。

2.1.2 同素异构转变

许多金属在固态下只有一种晶体结构,如铝、铜、银等金属在固态时无论温度高低,均为面心立方晶格。钨、钼、钒等金属则为体心立方晶格。这些金属结晶时具有如图2-1所示的冷却曲线。但有些金属在固态下存在两种或两种以上的晶格形式,如铁、钴、钛等。这类金属在冷却或加热过程中,其晶格形式会发生变化。金属在固态下随温度的改变,由一种晶格转变为另一种晶格的现象,称为同素异构转变。图2-6为纯铁在结晶时的冷却曲线。

液态纯铁在1538℃进行结晶,得到具有体心立方晶格的δ-Fe。继续冷却到1394℃时发生同素异构转变,成为面心立方晶格的γ-Fe。再冷却到912℃时又发生一次同素异构转变,成为体心立方晶格的α-Fe。

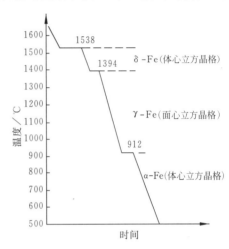

图2-6 纯铁的冷却曲线

$$\delta\text{-Fe} \underset{}{\overset{1394℃}{\rightleftharpoons}} \gamma\text{-Fe} \underset{}{\overset{912℃}{\rightleftharpoons}} \alpha\text{-Fe}$$
（体心立方晶格）　　　（面心立方晶格）　　　（体心立方晶格）

同一种金属的不同晶体结构的晶体称为该金属的同素异构晶体。δ-Fe、γ-Fe、α-Fe 均是纯铁的同素异构晶体。

金属的同素异构转变与液态金属的结晶过程相似,故称为二次结晶或重结晶。在发生同素异构转变时金属也有过冷现象,也会放出潜热,并具有固定的转变温度。新同素异晶体的形成也包括形核和长大两个过程。同素异构转变是在固态下进行,因此转变需要较大的过冷度。由于晶格的变化导致金属的体积发生变化,转变时会产生较大的内应力。例如γ-Fe转变为α-Fe时,铁的体积会膨胀约1%。它可引起钢淬火时产生应力,严重时会导致工件变形和开裂。但适当提高冷却速度,可以细化同素异构转变后的晶粒,从而提高金属的力学性能。

2.1.3 铸锭的结构

1. 铸锭结构

金属铸件凝固时,由于表面和中心的结晶条件不同,铸件的结构是不均匀的。铸锭具有最典型的铸造结构,整个铸锭分为三个各具特征的晶区(图2-7)。

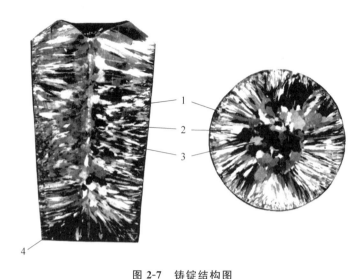

图 2-7 铸锭结构图
1—细等轴晶区；2—柱状晶区；3—粗等轴晶区；4—弱面

(1) 细等轴晶区：液体金属注入锭模时，由于锭模温度不高，传热快，外层金属受到激冷，过冷度大，生成大量的晶核。同时模壁也能起非自发晶核的作用。结果，在金属的表层形成一层厚度不大、晶粒很细、三维方向尺寸相近的细等轴晶区。

(2) 柱状晶区：细等轴晶区形成的同时，锭模温度升高，液体金属的冷却速度降低，过冷度减小，形核速率降低，但此时长大速度受到的影响较小。结晶时，优先长大方向（即一次晶轴方向）与散热最快方向（一般为往外垂直模壁的方向）的反方向一致的晶核向液体内部平行长大，结果形成一维方向尺寸较大的柱状晶区。

(3) 粗等轴晶区：随着柱状晶区的发展，液体金属的冷却速度很快降低，过冷度大大减小，温度差不断降低，趋于均匀化；散热逐渐失去方向性。剩余液体中被推来的杂质及从柱状晶上被冲下的晶枝碎块，可能成为晶核，向各个方向均匀长大，最后形成粗大的等轴晶区。

2. 铸锭晶粒形状的影响因素

柱状晶是由外往里顺序结晶的，晶质较致密。但柱状晶的接触面由于常有非金属夹杂或低熔点杂质而成为弱面（图 2-7），在热轧、锻造时容易开裂，所以对于熔点高和杂质多的金属，例如铁、镍及其合金，不希望生成柱状晶；但对于熔点低、不含易熔杂质、塑性较好的金属，即使全部为柱状晶，也能顺利地进行热轧、热锻，所以铝、铜等有色金属及合金，希望铸锭得到柱状晶结构。此外，柱状晶的性能具有明显的方向性，沿柱状晶长轴方向的强度较高。主要受单向载荷的机器零件（如汽轮机叶片）柱状晶结构是非常理想的。

金属加热温度高，冷却速度大，铸造温度高和浇注速度大等，有利于在铸锭或铸件的截面上保持较大的温度梯度，获得较发达的柱状晶。结晶时单向散热，有利于柱状晶的生成。

等轴晶没有弱面，其晶枝彼此嵌入，结合较牢，性能均匀，无方向性，是一般情况下的金属特别是钢铁铸件所要求的结构。铸造温度低，冷却速度小等，有利于截面温度的均匀性，促进等轴晶的形成。

采用机械振动、电磁搅拌等方法，可破坏柱状晶的形成，有利于等轴晶的形成。若冷却速度很快,可全部获得细小的等轴晶。若用砂型铸造往往得到较粗的等轴晶。

3. 铸锭的缺陷

(1) 缩孔

金属凝固时体积要收缩,最后凝固的地方如果得不到液体的补充即形成缩孔。这种缩孔为集中缩孔,它的附近杂质较多,一般都将其切除。

(2) 疏松

疏松即分散缩孔,是结晶时不能保证液体的补给而在枝晶间和枝晶内形成的细小分散的缩孔。铸件中心等轴晶区最容易生成这种缩孔。中心的分散缩孔叫做中心疏松。在集中缩孔附近也很容易见到疏松。为了减少疏松,可提高浇注时的液面,以改善液体的补给条件。铸锭中的疏松在热轧过程中可以压合。

(3) 气孔

液体金属比固体金属溶解的气体多,凝固时要析出气体;铸型中的水分、铸模表面的锈皮等与液体作用时可能产生气体;浇注时液体流动过程也可能卷进气体,等等。如果气体在凝固时来不及逸出,就会保留在金属内部,形成气孔。如果表面凝固快,气体停留在表面附近,则形成所谓皮下气孔。在铸锭轧制过程中气孔大多可以压合,但孔面氧化的气孔,特别是皮下气孔,能造成微细裂纹和表面起皱现象,严重影响金属的质量,所以在冶炼和注锭过程中,应严格控制可能产生气体的各种因素。

2.1.4 结晶理论的工程应用

1. 细化铸态金属晶粒

金属结晶后,获得由大量晶粒组成的多晶体。一个晶粒是由一个晶核长成的晶体,实际金属的晶粒在显微镜下呈颗粒状。晶粒大小可用晶粒度来表示,常用晶粒度为 1~8 级(表 2-1),晶粒度的级数越大晶粒越细。

表 2-1 晶粒度

晶粒度/级	1	2	3	4	5	6	7	8
单位面积晶粒数/(个/mm^2)	16	32	64	128	256	512	1024	2048
晶粒平均直径/mm	0.250	0.177	0.125	0.088	0.062	0.044	0.031	0.022

金属的晶粒越小,金属的强度、塑性和韧性越好。使晶粒细化,是提高金属力学性能的重要途径之一。这种方法称为细晶强化。

细化铸态金属晶粒有以下措施。

(1) 增大金属的过冷度

从金属的结晶过程可知,一定体积的液态金属中,若形核速率 N(单位时间、单位体积形成的晶核数,个/($m^3 \cdot s$))越大,则结晶后的晶粒越多,晶粒就越细;晶体长大速度 G(单位时间晶体长大的长度,m/s)越快,则晶粒越粗。形核速率和长大速度与过冷度密切相关(图 2-8)。随着过冷度的增加,形核速率和长大速度均会增大。但当过冷度超过一定值后,形核速率和长大速度都会下降。这是由于液体金属结晶时形核和长大均需原子扩散

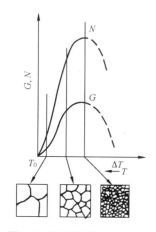

图 2-8 形核速率、长大速度与过冷度的关系

才能进行。当温度太低时,原子扩散能力减弱了,因而形核速率和长大速度都降低。对于液体金属,一般条件下不会得到如此大的过冷度,通常处于曲线的左边上升部分。所以,随着过冷度的增大,形核速率和长大速度都增大,但前者的增大更快,因而比值 N/G 也增大,结果使晶粒细化。

增大过冷度的主要办法是采用冷却能力较强的模子,提高液态金属的冷却速度。例如采用金属型铸模比采用砂型铸模获得的铸件晶粒要细小。

超高速($10^5 \sim 10^{11}$ K/s)急冷技术的发展,可获得超细化晶粒的金属、亚稳态结构的金属和非晶态结构的金属。非晶态金属具有特别高的强度和韧性、优异的软磁性能、高的电阻率、良好的抗蚀性等。将液态金属连续流入旋转的冷却轧辊之间,急冷后可获得几毫米宽的非晶态金属材料薄带。

(2)变质处理

对于形状复杂的铸件,为防止快速冷却使内应力过大产生开裂,常常不允许过多地提高冷却速度。生产上为了得到细晶粒铸件,多采用变质处理。

变质处理就是在液体金属中加入孕育剂或变质剂,增加非自发晶核的数量或者阻碍晶核的长大,以细化晶粒和改善组织。有一类物质符合作为非自发晶核的条件,可以大大增加晶核的数目。例如,在铝合金液体中加入钛、锆;钢水中加入钛、钒、铝等,都可使晶粒细化。在铁水中加入硅铁、硅钙合金时,能使铸铁组织中的石墨变细。还有一类物质能附着在晶体的前缘,强烈地阻碍晶粒长大。例如,在铝硅合金中加入钠盐,钠能富集在硅的表面,降低硅的长大速度,阻碍粗大的硅晶体的形成,使合金的组织细化。

(3)振动

在金属结晶的过程中采用机械振动、超声波振动等方法,可以破碎正在生长中的树枝状晶体,形成更多的结晶核心,获得细小的晶粒。

(4)电磁搅拌

将正在结晶的金属置于一个交变的电磁场中,由于电磁感应现象,液态金属会翻滚,冲断正在结晶的树枝状晶体的晶枝,增加了结晶的核心,从而可细化晶粒。

2. 定向结晶

工程上采用定向结晶的方法获得柱状晶结构(图 2-9)。将预热至一定温度的砂模置于一个结晶器上。结晶器内通水冷却。当金属液体倒入砂模后,由于结晶器的铜板导热性很好,冷却速度极快,形成许多细小的晶核。又由于散热具有强烈的方向性。因此晶体自下而上长大成细长的柱状晶。铝镍钴永磁合金即是用这种方法生产的。此外,还用这种方法可以生产具有细长的柱状晶结构的汽轮机叶片。

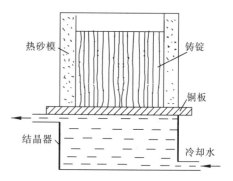

图 2-9 定向结晶示意图

3. 单晶的制取

单晶是电子元件和激光元件的重要原料。金属单晶也开始应用于某些特殊场合如喷气发动机叶片等。根据结晶理论,制备单晶的基本要求是液体结晶时只存在一个晶核,要严格防止另外形核。单晶可用下列两种方法制取。

(1) 尖端形核法

将原料放入一个尖底的圆柱形坩埚中加热熔化,然后让坩埚缓慢地向冷却区下降,底部尖端的液体首先达到过冷状态,开始形核[图 2-10(a)]。恰当控制各种因素,就可能形成一个晶核。随着坩埚的继续缓慢下降,晶体不断长大而获得单晶。

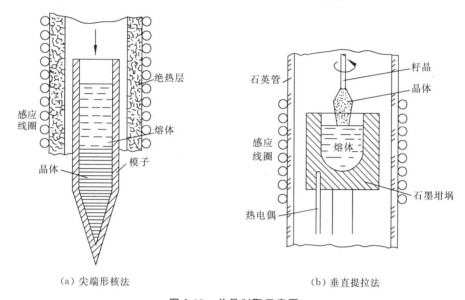

(a) 尖端形核法　　　　(b) 垂直提拉法

图 2-10　单晶制取示意图

(2) 垂直提拉法

先将坩埚中原料加热熔化,并使其温度保持在稍高于材料的熔点之上。将籽晶夹在籽晶杆上。然后让籽晶与熔体接触。将籽晶一面转动一面缓慢地拉出,即长成一个单晶[图 2-10(b)]。这种方法广泛地用于制取电子工业中应用的单晶硅。

2.2　合金的结晶

合金的结晶过程较为复杂,通常运用合金相图来分析合金的结晶过程。相图是在各种成分合金结晶过程的测试基础上建立的。相图是表明合金系中各种合金相的平衡条件和相与相之间关系的一种简明示意图,也称为平衡图或状态图。所谓平衡是指在一定条件下合金系中参与相变过程的各相的成分和质量分数不再变化所达到的一种状态。合金在极其缓慢冷却条件下的结晶过程,一般可以认为是平衡的结晶过程。在常压下,二元合金的相状态决定于温度和成分。因此二元合金相图可用温度-成分坐标系的平面图来表示。图 2-11 为铜镍二元合金相图,它是一种最简单的基本相图。图中的每一点表示一定成分的合金在一定温度时的稳定相状态。例如，A 点表示 Ni 质量分数为 30% 的铜镍合金在 1200℃ 时处于液相（L）+ 固相（α）的两相状态；B 点表示 Ni 质量分数为 60% 的铜镍合金在 1000℃ 时处于单一固相（α 相）状态。

2.2.1 二元合金的结晶

根据结晶过程中出现的不同类型的结晶反应，可把二元合金的结晶过程分为下列几种基本类型。

1. 发生匀晶反应的合金的结晶

Cu-Ni 相图为典型的匀晶相图。图 2-12

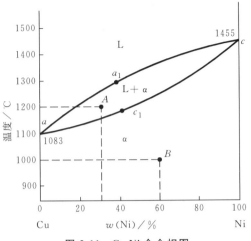

图 2-11　Cu-Ni 合金相图

中 aa_1c 线为液相线，该线以上合金处于液相；ac_1c 为固相线，该线以下合金处于固相。液相线和固相线分别表示合金系在平衡状态下冷却时结晶的始点和终点温度以及加热时熔化的终点和始点温度。L 为液相，是 Cu 和 Ni 形成的液溶体；α 为固相，是 Cu 和 Ni 组成的无限固溶体。图中有两个单相区：L 相区和 α 相区。图中还有一个双相区：L+α 相区。

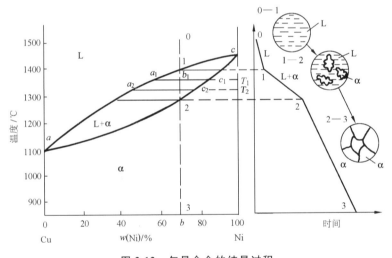

图 2-12　匀晶合金的结晶过程

Fe-Cr、Au-Ag 合金也具有匀晶相图。

以 b 点成分的 Cu-Ni 合金（Ni 质量分数为 b%）为例分析结晶过程，该合金的冷却曲线和结晶过程如图 2-12 所示。在 1 点温度以上，合金为液相 L。缓慢冷却至 1—2 温度之间时，合金发生匀晶反应：L→α，从液相中逐渐结晶出固溶体 α。到 2 点温度时，合金全部结晶为固溶体 α。2 点温度以下，固溶体 α 自然冷却。其他成分合金的结晶过程与其类似。

匀晶结晶有下列特点：

（1）与纯金属一样，固溶体从液相中结晶出来的过程中，也包括形核与长大两个过程，但固溶体更趋于呈树枝状长大。

(2) 固溶体结晶在一个温度区间内进行，即为一个变温结晶过程。

(3) 在两相区内，温度一定时，两相的成分(即 Ni 质量分数)是确定的。确定相成分的方法是：过指定温度 T_1 作水平线，分别交液相线和固相线于 a_1 点、c_1 点(见图 2-12)，则 a_1 点、c_1 点在成分轴上的投影点相应为 L 相和 α 相的成分。随着温度的下降，液相成分沿液相线变化，固相成分沿固相线变化。到 T_2 温度时，L 相成分及 α 相成分分别为 a_2 点、c_2 点在成分轴上的投影。

(4) 在两相区内，温度一定时，两相的质量比是一定的，如在温度 T_1 时，两相的质量比可用下式表达：

$$\frac{Q_L}{Q_\alpha} = \frac{b_1 c_1}{a_1 b_1}$$

式中，Q_L 为 L 相的质量，Q_α 为 α 相的质量，$b_1 c_1$、$a_1 b_1$ 为线段长度，可用其成分坐标上的数字来度量。

上式可写成 $Q_L \cdot a_1 b_1 = Q_\alpha \cdot b_1 c_1$。它可证明如下：由图 2-13，设合金的质量为 $Q_{合金}$，其中 Ni 质量分数为 b，在 T_1 温度时，L 相中的 Ni 质量分数为 a，α 相中的 Ni 质量分数为 c，则有

合金中含 Ni 的总质量 ＝ L 相中含 Ni 的质量 ＋ α 相中含 Ni 的质量

即

$$Q_{合金} b = Q_L a + Q_\alpha c$$

因为

$$Q_{合金} = Q_L + Q_\alpha$$

所以

$$(Q_L + Q_\alpha) b = Q_L a + Q_\alpha c$$

化简后得

$$\frac{Q_L}{Q_\alpha} = \frac{c - b}{b - a}$$

其中 $c - b$ 为线段 bc 的长度；$b - a$ 为线段 ab 的长度，故得

$$\frac{Q_L}{Q_\alpha} = \frac{bc}{ab}$$

或

$$Q_L \cdot ab = Q_\alpha \cdot bc$$

这个式子与力学中的杠杆定律相似，因而亦称做杠杆定律。由杠杆定律不难算出合金中液相和固相在合金中所占的相对质量(即质量分数 w)分别为

$$w(L) = \frac{Q_L}{Q_{合金}} = \frac{bc}{ac}, \quad w(\alpha) = \frac{Q_\alpha}{Q_{合金}} = \frac{ab}{ac}$$

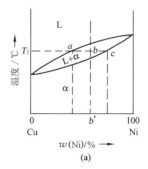
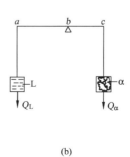

图 2-13 杠杆定律的证明和力学比喻

运用杠杆定律时要注意，它只适用于相图中的两相区，并且只能在平衡状态下使用。杠杆的两个端点为给定温度时两相的成分点，而支点为合金的成分点。

（5）固溶体结晶时成分是变化的，缓慢冷却时由于原子的扩散能充分进行，形成的是成分均匀的固溶体。如果冷却较快，原子扩散不能充分进行，则形成成分不均匀的固溶体。先结晶的树枝晶轴含高熔点组元较多，后结晶的树枝晶枝干含低熔点组元较多。结果造成在一个晶粒内化学成分分布不均。这种现象称为枝晶偏析（图 2-14）。枝晶偏析对材料的力学性能、抗腐蚀性能、工艺性能都不利。生产上为了消除其影响，常把合金加热到高温（低于固相线 100℃左右），并进行长时间保温，使原子充分扩散，获得成分均匀的固溶体，这种处理称为扩散退火。

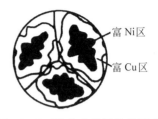

图 2-14　Cu-Ni 合金枝晶偏析示意图

2. 发生共晶反应的合金的结晶

Pb-Sn 合金相图（图 2-15）中，adb 为液相线，$acdeb$ 为固相线。合金系有三种相：Pb 与 Sn 形成的液溶体 L 相，Sn 溶于 Pb 中的有限固溶体 α 相，Pb 溶于 Sn 中的有限固溶体 β 相。相图中有三个单相区：L、α、β。三个双相区：L+α、L+β、α+β。一条 L+α+β 的三相共存线（水平线 cde）。这种相图称为共晶相图。Al-Si、Ag-Cu 合金也具有共晶相图。

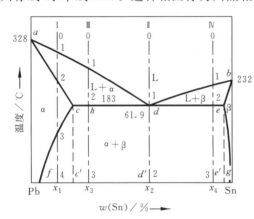

图 2-15　Pb-Sn 合金相图

d 点为共晶点，表示此点成分（共晶成分）的合金冷却到此点所对应的温度（共晶温度）时，共同结晶出 c 点成分的 α 相和 e 点成分的 β 相：

$$L_d \xrightleftharpoons{\text{恒温}} \alpha_c + \beta_e$$

这种由一种液相在恒温下同时结晶出两种固相的反应叫做共晶反应。所生成的两相混合物叫共晶体。发生共晶反应时有三相共存，它们各自的成分是确定的，反应在恒温下平衡地进行。水平线 cde 为共晶反应线，成分在 ce 之间的合金平衡结晶时都会发生共晶反应。

cf 线为 Sn 在 Pb 中的溶解度线（或 α 相的固溶线）。温度降低，固溶体的溶解度下降。Sn 含量大于 f 点的合金从高温冷却到室温时，从 α 相中析出 β 相以降低 α 相中 Sn 含量。从固态 α 相中析出的 β 相称为二次 β，常写作 $β_{II}$。这种二次结晶可表达为 α→$β_{II}$。

eg 线为 Pb 在 Sn 中溶解度线（或 β 相的固溶线）。Sn 含量小于 g 点的合金，冷却过程中同样发生二次结晶，析出二次 α，表达为 β→$α_{II}$。

（1）合金 I 的平衡结晶过程（图 2-16）

液态合金冷却到 1 点温度以后，发生匀晶结晶过程，至 2 点温度合金完全结晶成 α 固溶体，随后的冷却中（2—3 的温度），α 相不变。从 3 点温度开始，由于 Sn 在 α 中的溶解度

沿 cf 线降低,从 α 中析出 $β_{II}$,到室温时 α 中 Sn 含量逐渐变为 f 点。最后合金得到的组织为 $α+β_{II}$。其组成相是 f 点成分的 α 相和 g 点成分的 β 相。运用杠杆定律,两相的质量分数 $w(α)$ 和 $w(β)$ 分别为

$$\begin{cases} w(α) = \dfrac{x_1 g}{fg} \times 100\% \\ w(β) = \dfrac{fx_1}{fg} \times 100\% [\text{或 } w(β) = 1 - w(α)] \end{cases}$$

合金室温组织由 α 和 $β_{II}$ 组成,α、$β_{II}$ 即为组织组成物。组织组成物是指合金组织中具有确定本质、一定形成机制的特殊形态的组成部分。组织组成物可以是单相,或是两相混合物。

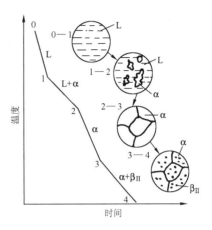

图 2-16　合金 I 的结晶过程

合金 I 的室温组织组成物 α 和 $β_{II}$ 皆由单相组成,所以它的组织组成物的质量分数与组成相的质量分数相等。

(2) 合金 II 的结晶过程(图 2-17)

合金 II 为共晶合金。合金从液态冷却到 1 点温度后,发生共晶反应:$L_d \xrightarrow{\text{恒温}} (α_c + β_e)$,经一定时间到 $1'$ 时反应结束,全部转变为共晶体 $(α+β)$。从共晶温度冷却至室温时,共晶体中的 α 和 β 均发生二次结晶,从 α 中析出 $β_{II}$,从 β 中析出 $α_{II}$。α 的成分由 c 点变为 f 点,β 的成分由 e 点变为 g 点,两种相的质量分数依杠杆定律变化。由于析出的 $α_{II}$ 和 $β_{II}$ 都相应地同 α 相和 β 相连在一起,共晶体的形态和成分不发生变化。合金的室温组织全部为共晶体(图 2-18),即只含一种组织组成物(即共晶体);而其组成相仍为 α 相和 β 相。

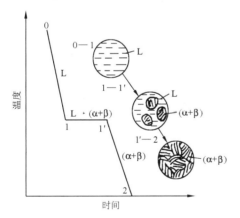

图 2-17　共晶合金的结晶过程示意图

图 2-18　共晶合金组织的形态

(3) 合金 III 的结晶过程(图 2-19)

合金 III 是亚共晶合金,合金冷却到 1 点温度后,由匀晶反应生成 α 固溶体,叫初生 α 固溶体。从 1 点到 2 点温度的冷却过程中,按照杠杆定律,初生 α 的成分沿 ac 线变化,液相成分沿 ad 线变化;初生 α 逐渐增多,液相逐渐减少。当刚冷却到 2 点温度时,合金由 c 点成分的初生 α 相和 d 点成分的液相组成。然后液相进行共晶反应,但此时初生 α 相不变化。经一定时间到 $2'$ 点共晶反应结束时,合金转变为 $α_c + (α_c + β_e)$。从共晶温度继续往下

冷却，初生 α 中不断析出 β_{II}，成分由 c 点降至 f 点；此时共晶体如前所述，形态、成分和总量保持不变。合金的室温组织为初生 α＋β_{II}＋(α＋β)，见图 2-20，合金的组成相为 α 和 β，它们各自的质量分数 $w(α)$ 和 $w(β)$ 分别为

$$\begin{cases} w(α) = \dfrac{x_3 g}{fg} \times 100\% \\ w(β) = \dfrac{fx_3}{fg} \times 100\% \end{cases}$$

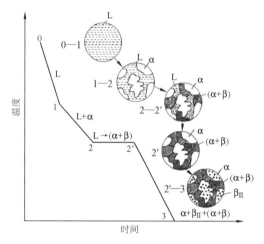

图 2-19 亚共晶合金的结晶过程示意图

图 2-20 亚共晶合金组织

合金的组织组成物为初生 α、β_{II} 和共晶体(α＋β)。它们的质量分数可两次应用杠杆定律求得。根据结晶过程分析，先求合金在刚冷到 2 点温度而尚未发生共晶反应时 $α_c$ 和 L_d 相的质量分数。

其中，液相在共晶反应后全部转变为共晶体(α＋β)，因此这部分液相的质量分数就是室温组织中共晶体(α＋β)的质量分数。

初生 $α_c$ 在冷却过程中不断析出 β_{II}，到室温后转变为 $α_f$ 和 β_{II}。按照杠杆定律，可求出 $α_f$、β_{II} 相对于 $α_f+\beta_{\mathrm{II}}$ 的质量分数（注意，杠杆支点在 c' 点），再乘以初生 $α_c$ 在合金中的质量分数，求得 $α_f$、β_{II} 的质量分数。

合金Ⅲ在室温下的三种组织组成物的质量分数为（读者自行推导）

$$\begin{cases} w(α) = \dfrac{c'g}{fg} \cdot \dfrac{hd}{cd} \times 100\% \\ w(\beta_{\mathrm{II}}) = \dfrac{fc'}{fg} \cdot \dfrac{hd}{cd} \times 100\% \\ w(α+β) = \dfrac{hc}{cd} \times 100\% \end{cases}$$

成分在 cd 之间的所有亚共晶合金的结晶过程与合金Ⅲ相同，仅组织组成物和组成相的质量分数不同，成分越靠近共晶点，合金中共晶体的含量越多。

位于共晶点右边，成分在 de 之间的合金为过共晶合金（例如图 2-15 中的合金Ⅳ）。它们的结晶过程与亚共晶合金相似，也包括匀晶反应、共晶反应和二次结晶三个转变阶段；

不同之处是初生相为β固溶体，二次结晶过程为β→α_Ⅱ。所以室温组织为β+α_Ⅱ+(α+β)（见图2-21）。

3. 发生包晶反应的合金的结晶

Pt-Ag、Ag-Sn、Sn-Sb合金具有包晶相图。Pt-Ag合金相图（图2-22）中存在三种相：Pt与Ag形成的液溶体L相；Ag溶于Pt中的有限固溶体α相；Pt溶于Ag中的有限固溶体β相。e点为包晶点，e点成分的合金冷却到e点所对应的温度（包晶温度）时发生以下包晶反应：

$$\alpha_c + L_d \xrightleftharpoons[]{\text{恒温}} \beta_e$$

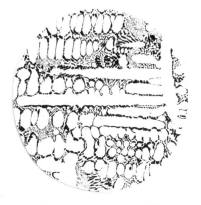

图2-21 过共晶合金组织

发生包晶反应时三相共存，它们的成分确定，反应在恒温下平衡地进行。水平线 ced 为包晶反应线，cf 为Ag在α中的溶解度线，eg 为Pt在β中的溶解度线。

合金Ⅰ的结晶过程如图2-23所示。

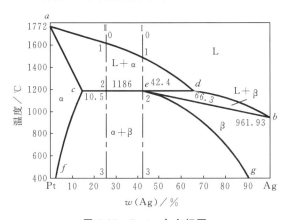

图2-22 Pt-Ag合金相图

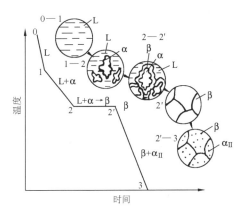

图2-23 合金Ⅰ的结晶过程示意图

合金冷却到1点温度以下时结晶出α固溶体，L相成分沿 ad 线变化，α相成分沿 ac 线变化。合金刚冷却到2点温度而尚未发生包晶反应前，由 d 点成分的L相与 c 点成分的α相组成。此两相在 e 点温度时发生包晶反应，β相包围α相而形成。反应结束后，L相与α相恰好全部反应耗尽，形成 e 点成分的β固溶体。温度继续下降，从β中析出α_Ⅱ。最后室温组织为β+α_Ⅱ。其组成相和组织组成物的成分和质量分数可根据杠杆定律来确定。

在合金结晶过程中，如果冷速较快，包晶反应时原子扩散不能充分进行，则生成的β固溶体中会发生较大的偏析。原α处Pt含量较高，而原L区含Pt量较低。这种现象称为包晶偏析，包晶偏析可通过扩散退火来消除。

4. 发生共析反应的合金的结晶

图2-24的下半部为共析相图，其形状与共晶相图类似。d点成分（共析成分）的合金从液相经匀晶反应生成γ相后，继续冷却到 d 点温度（共析温度）时，在此恒温下发生共析反应，同时析出 c 点成分的α相和 e 点成分的β相：

$$\gamma_d \xrightleftharpoons{\text{恒温}} \alpha_c + \beta_e$$

即由一种固相转变成完全不同的两种相互关联的固相，此两相混合物称为共析体。共析相图中各种成分合金的结晶过程的分析与共晶相图相似，但因共析反应是在固态下进行的，所以共析产物比共晶产物要细密得多。

5. 含有稳定化合物的合金的结晶

在某些二元合金中，常形成一种或几种稳定化合物。这些化合物具有一定的化学成分、固定的熔点，且熔化前不分解，也不发生其他化学反应。例如 Mg-Si 合金，就能形成稳定化合物 Mg_2Si。图 2-25 为 Mg-Si 合金相图，属于含有稳定化合物的相图。在分析这类相图时，可把稳定化合物看成为一个独立的组元，并将整个相图分割成几个简单相图。因此，Mg-Si 相图可分为 Mg-Mg_2Si 和 Mg_2Si-Si 两个相图来进行分析。

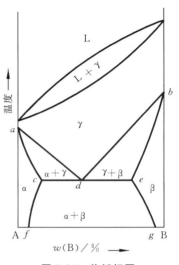

图 2-24 共析相图

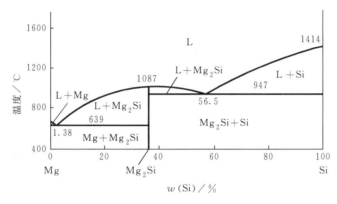

图 2-25 Mg-Si 合金相图

2.2.2 合金的性能与相图的关系

合金的性能取决于它的成分和组织，相图则可反映不同成分的合金在室温时的平衡组织。因此，具有平衡组织的合金的性能与相图之间存在着一定的对应关系。

1. 合金的使用性能与相图的关系

图 2-26 表示具有匀晶相图、共晶相图的合金的力学性能和物理性能随成分而变化的一般规律。固溶体的性能与溶质元素的溶入量有关，溶质的溶入量越多，晶格畸变越大，则合金的强度、硬度越高，电阻越大。当溶质的原子分数大约为 50% 时，晶格畸变最大，上述性能达到极大值。两相组织合金的力学性能和物理性能与成分呈直线关系变化，两相单独的性能已知后，合金的某些性能可按组成相性能依百分含量的关系叠加的方法求出。

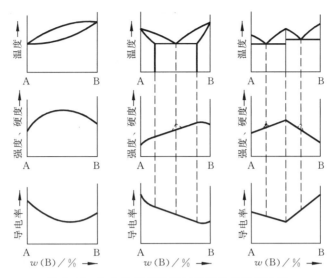

图 2-26 合金的使用性能与相图的关系示意图

例如硬度：$HB^* = HB_\alpha \cdot w(\alpha) + HB_\beta \cdot w(\beta)$

对组织较敏感的某些性能如强度等，与组成相或组织组成物的形态有很大关系。组成相或组织组成物越细密，强度越高（见图中虚线）。当形成化合物时，则在性能-成分曲线上于化合物成分处，出现极大值或极小值。

2. 合金的工艺性能与相图的关系

合金的铸造性能与相图有一定关系。纯组元和共晶成分的合金的流动性最好，缩孔集中，铸造性能好。相图中液相线和固相线之间距离越小，液体合金结晶的温度范围越窄，对浇注和铸造质量越有利。合金的液相线、固相线温度间隔大时，形成枝晶偏析的倾向性大；同时先结晶出的枝晶阻碍未结晶液体的流动，而降低其流动性，增多分散缩孔。所以，铸造合金常选共晶或接近共晶的成分。

单相合金的锻造性能好。合金为单相组织时变形抗力小，变形均匀，不易开裂，因而变形能力大。双相组织的合金变形能力差一些，特别是组织中存在有较多的化合物相时，因为化合物相都很脆。

2.2.3 铁碳合金的结晶

碳钢和铸铁是现代工农业生产中使用最广泛的金属材料，都是主要由铁和碳两种元素组成的合金。钢铁的成分不同，则组织和性能不同，因而它们在实际工程上的应用也不一样。下面将根据铁碳相图及对典型铁碳合金结晶过程的分析，来研究铁碳合金的成分、组织、性能之间的关系。

1. 铁碳相图

铁碳相图是研究钢和铸铁的基础，对于钢铁材料的应用以及热加工和热处理工艺的制

---

* 硬度记为斜体 HB 时代表量的符号，记为正体 HB 时代表量的单位，余同。

定具有重要的指导意义。铁和碳可以形成一系列化合物，如 Fe_3C、Fe_2C、FeC 等，因此整个 Fe-C 相图包括 Fe-Fe_3C、Fe_3C-Fe_2C、Fe_2C-FeC、FeC-C 等几个部分。

Fe_3C 的碳质量分数为 6.69%。碳质量分数超过 6.69% 的铁碳合金脆性很大，没有使用价值，所以有实用意义并被深入研究的只是相图中 Fe-Fe_3C 部分。通常称其为 Fe-Fe_3C 相图（图 2-27），此时相图的组元为 Fe 和 Fe_3C。该相图中各点温度、碳质量分数及含义见表 2-2。

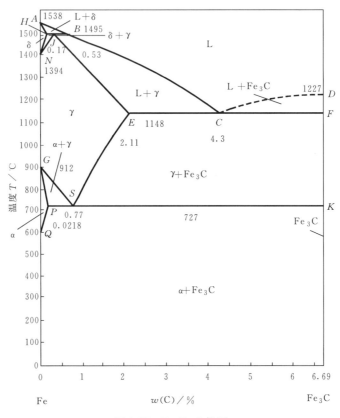

图 2-27　Fe-Fe_3C 相图

表 2-2　Fe-Fe_3C 相图中各点的温度、碳质量分数及含义

符　号	温度 T/℃	$w(C)/\%$（质量分数）	含　义
A	1538	0	纯铁的熔点
B	1495	0.53	包晶转变时液态合金的成分
C	1148	4.30	共晶点 $L_C \rightleftharpoons A_E + Fe_3C$
D	1227	6.69	Fe_3C 的熔点
E	1148	2.11	碳在 γ-Fe 中的最大溶解度
F	1148	6.69	Fe_3C 的成分
G	912	0	γ-Fe $\rightleftharpoons$ α-Fe 同素异构转变点（A_3）
H	1495	0.09	碳在 δ-Fe 中的最大溶解度
J	1495	0.17	包晶点 $L_B + \delta_H \rightleftharpoons A_J$
K	727	6.69	Fe_3C 的成分

续表

符 号	温度 T/℃	$w(C)$/%（质量分数）	含 义
N	1394	0	δ-Fe ⇌ γ-Fe 同素异构转变点（A_4）
P	727	0.0218	碳在 α-Fe 中的最大溶解度
S	727	0.77	共析点（A_1） A_s ⇌ F_P + Fe_3C
Q	600	0.0057	600℃时碳在 α-Fe 中的溶解度
	（室温）	(0.0008)	

Fe-Fe_3C 相图看上去较复杂，但实际上是由三个基本相图（包晶相图、共晶相图和共析相图）组成。

(1) 铁碳合金的组元

Fe 铁是过渡族元素，熔点为 1538℃，密度是 7.87 g/cm^3。纯铁的冷却曲线如图 2-6 所示。

纯铁从液态结晶为固态后，继续冷却到 1394℃ 及 912℃ 时，先后发生两次同素异构转变。

工业纯铁的力学性能特点是强度低、硬度低、塑性好。主要力学性能如下：

抗拉强度（σ_b）：180～230 MPa

屈服强度（$\sigma_{0.2}$）：100～170 MPa

断后伸长率（δ）：30%～50%

断面收缩率（ψ）：70%～80%

冲击韧度（a_k）：1600～2000 kJ/m^2

硬度：50～80 HB

Fe_3C Fe_3C 是 Fe 与 C 的一种具有复杂结构（图 1-25）的间隙化合物，通常称为渗碳体。渗碳体的力学性能特点是硬而脆，大致性能如下：

抗拉强度极限（σ_b）：30 MPa

断后伸长率（δ）：0

断面收缩率（ψ）：0

冲击韧度（a_k）：0

硬度：800 HB

(2) 铁碳合金中的相

Fe-Fe_3C 相图中存在五种相。

液相 L 液相 L 是铁与碳的液溶体。

δ 相 δ 相又称高温铁素体，是碳在 δ-Fe 中的间隙固溶体，呈体心立方晶格，温度在 1394～1538℃ 时存在，在 1495℃ 时溶碳量最大，碳的质量分数为 0.09%。

α 相 α 相也称铁素体，用符号 F 或 α 表示，是碳在 α-Fe 中的间隙固溶体，呈体心立方晶格。铁素体中碳的固溶度极小，室温时约为 0.0008%，600℃ 时为 0.0057%，在 727℃ 时溶碳量最大，碳的质量分数为 0.0218%。铁素体的性能特点是强度低、硬度低、塑性好。其力学性能与工业纯铁大致相同。

γ 相 γ 相常称奥氏体，用符号 A 或 γ 表示，是碳在 γ-Fe 中的间隙固溶体，呈面心立方晶格。奥氏体中碳的固溶度较大，在1148℃时溶碳量最大，其碳质量分数达2.11%。奥氏体的强度较低，硬度不高，易于塑性变形。

Fe_3C 相 Fe_3C 相是一个化合物相，其晶体结构和性能已于前述。渗碳体根据生成条件不同有条状、网状、片状、粒状等形态，对铁碳合金的力学性能有很大影响。

(3) 相图中重要的点和线

图 2-27 中 J、C、S 为三个最重要的点。

J 点为包晶点。合金在平衡结晶过程中冷却到 1495℃ 时，B 点成分的 L 与 H 点成分的 $δ$ 发生包晶反应，生成 J 点成分的 A。包晶反应在恒温下进行，反应过程 L、$δ$、A 三相共存，反应式为

$$L_B + δ_H \xrightleftharpoons{1495℃} A_J \quad 即 \quad L_{0.53} + δ_{0.09} \xrightleftharpoons{1495℃} A_{0.17}$$

C 点为共晶点。合金在平衡结晶过程中冷却到 1148℃ 时，C 点成分的 L 发生共晶反应，生成 E 点成分的 A 和 Fe_3C。共晶反应在恒温下进行，反应过程中 L、A、Fe_3C 三相共存，反应式为

$$L_C \xrightleftharpoons{1148℃} A_E + Fe_3C \quad 即 \quad L_{4.3} \xrightleftharpoons{1148℃} A_{2.11} + Fe_3C$$

共晶反应的产物是奥氏体与渗碳体的共晶混合物，称莱氏体，以符号 Le 表示，因而共晶反应式可表达为

$$L_{4.3} \xrightleftharpoons{1148℃} Le_{4.3}$$

莱氏体中的渗碳体称共晶渗碳体。在显微镜下莱氏体的形态是块状或粒状 A（室温时转变成珠光体）分布在渗碳体基体上。

S 点为共析点。合金在平衡结晶过程中冷却到 727℃ 时，S 点成分的 A 发生共析反应，生成 P 点成分的 F 和 Fe_3C。共析反应在恒温下进行，反应过程中，A、F、Fe_3C 三相共存，反应式为

$$A_S \xrightleftharpoons{727℃} F_P + Fe_3C \quad 即 \quad A_{0.77} \xrightleftharpoons{727℃} F_{0.0218} + Fe_3C$$

共析反应的产物是铁素体与渗碳体的共析混合物，称珠光体，以符号 P 表示，因而共析反应可简单表示为

$$A_{0.77} \xrightleftharpoons{727℃} P_{0.77}$$

珠光体中的渗碳体称共析渗碳体。在显微镜下珠光体的形态呈层片状。在放大倍数很高时，可清楚看到相间分布的渗碳体片（窄条）与铁素体片（宽条）。

珠光体的强度较高，塑性、韧性和硬度介于渗碳体和铁素体之间，其力学性能如下：

抗拉强度（$σ_b$）：770 MPa

断后伸长率（$δ$）：20%～35%

冲击韧度（a_k）：300～400 kJ/m²

硬度：180 HB

相图中的 $ABCD$ 为液相线；$AHJECF$ 为固相线。

水平线 HJB 为包晶反应线。碳质量分数为 0.09%～0.53% 的铁碳合金在平衡结晶过程中均发生包晶反应。

水平线 ECF 为共晶反应线。碳质量分数为在 2.11%～6.69% 之间的铁碳合金，在平

衡结晶过程中均发生共晶反应。

水平线 PSK 为共析反应线。碳质量分数为 0.0218%～6.69% 的铁碳合金，在平衡结晶过程中均发生共析反应。PSK 线亦称 A_1 线。

相图中的 GS 线是合金冷却时自 A 中开始析出 F 的临界温度线，通常称 A_3 线。

ES 线是碳在 A 中的固溶线，通常叫做 A_{cm} 线。由于在 1148℃ 时 A 中溶碳量最大，碳质量分数可达 2.11%，而在 727℃ 时仅为 0.77%，因此碳质量分数大于 0.77% 的铁碳合金自 1148℃ 冷却至 727℃ 的过程中，将从 A 中析出 Fe_3C。析出的渗碳体称为二次渗碳体（Fe_3C_{II}）。A_{cm} 线亦为从 A 中开始析出 Fe_3C_{II} 的临界温度线。

PQ 线是碳在 F 中固溶线。在 727℃ 时 F 中溶碳量最大，碳质量分数可达 0.0218%，室温时仅为 0.0008%，因此碳质量分数大于 0.0008% 的铁碳合金自 727℃ 冷至室温的过程中，将从 F 中析出 Fe_3C。析出的渗碳体称为三次渗碳体（Fe_3C_{III}）。PQ 线亦为从 F 中开始析出 Fe_3C_{III} 的临界温度线。Fe_3C_{III} 数量极少，往往予以忽略。下面分析铁碳合金平衡结晶过程时，均可忽略这一析出过程。

2. 典型铁碳合金的平衡结晶过程

根据 $Fe-Fe_3C$ 相图，铁碳合金可分为三类：

工业纯铁 [$w(C) \leqslant 0.0218\%$]

钢 [$0.0218\% < w(C) \leqslant 2.11\%$] $\begin{cases} 亚共析钢 [0.0218\% < w(C) < 0.77\%] \\ 共析钢 [w(C) = 0.77\%] \\ 过共析钢 [0.77\% < w(C) \leqslant 2.11\%] \end{cases}$

白口铸铁 [$2.11\% < w(C) < 6.69\%$] $\begin{cases} 亚共晶白口铸铁 [2.11\% < w(C) < 4.3\%] \\ 共晶白口铸铁 [w(C) = 4.3\%] \\ 过共晶白口铸铁 [4.3\% < w(C) < 6.69\%] \end{cases}$

表 2-3 是几种碳钢的钢号和碳质量分数。

表 2-3　几种碳钢的钢号和碳质量分数

类　　型	亚共析钢			共析钢	过共析钢	
钢号	20	45	60	T8	T10	T12
碳质量分数 $w(C)/\%$	0.20	0.45	0.60	0.80	1.00	1.20

下面分别对图 2-28 中七种典型铁碳合金的结晶过程进行分析。

（1）工业纯铁（$w(C) \leqslant 0.0218\%$）

以碳质量分数 $w(C)$ 为 0.01% 的铁碳合金为例，对其冷却曲线和平衡结晶过程（图 2-29）分析如下。

合金在 1 点温度以上为液相 L。冷却至稍低于 1 点时，开始从 L 中结晶出 δ，至 2 点合金全部结晶为 δ。从 3 点起，δ 逐渐转变为 A，至 4 点 δ 全部转变完成。4—5 点 A 冷却不变，自 5 点始，从 A 中析出 F。F 在 A 晶界处生核并长大，至 6 点时 A 全部转变为 F。在 6—7 点 F 冷却不变。在 7—8 点，从 F 晶界析出 Fe_3C_{III}。因此合金的室温平衡组织为 F+ Fe_3C_{III}。F 呈白色块状；Fe_3C_{III} 量极少，呈小白片状分布于 F 晶界处 [图 1-26(a)]。若

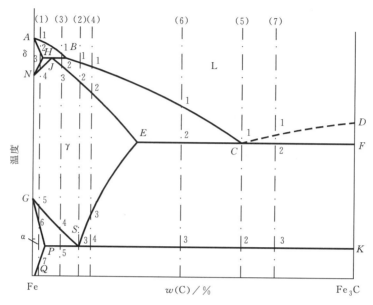

图 2-28 典型铁碳合金在 Fe-Fe₃C 相图中的位置

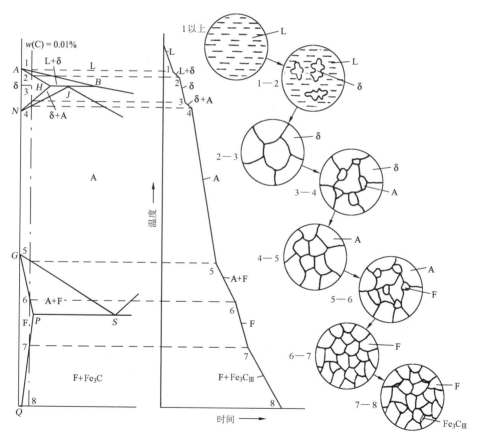

图 2-29 工业纯铁结晶过程示意图

忽略 Fe_3C_{III}，则组织全为 F。

(2) 共析钢（$w(C)=0.77\%$）

$w(C)$ 为 0.77% 的钢为共析钢，其冷却曲线和平衡结晶过程如图 2-30 所示。

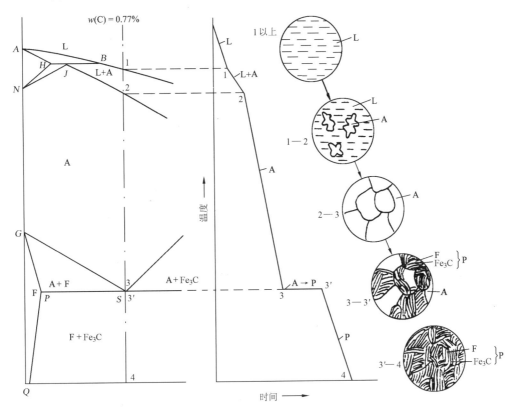

图 2-30 共析钢结晶过程示意图

合金冷却时，从 1 点温度起自 L 中结晶出 A，至 2 点时结晶全部完成。在 2—3 点 A 冷却不变。至 3 点时，A 发生共析反应生成 P。从 3′ 继续冷却至 4 点，P 不发生转变。因此共析钢的室温平衡组织全部为 P。P 呈层片状[图 1-26(c)、图 2-31]。

共析钢的室温组织组成物全部是 P，而组成相为 F 和 Fe_3C，它们的质量分数为

$$w(F)=\frac{6.69-0.77}{6.69}\times 100\%=88\%$$

$$w(Fe_3C)=1-88\%=12\%$$

(3) 亚共析钢（$0.0218\%<w(C)<0.77\%$）

以 $w(C)$ 为 0.4% 的铁碳合金为例，其冷却曲线和平衡结晶过程如图 2-32 所示。

合金冷却时，从 1 点温度起自 L 中结晶出 δ，至 2 点时，L 的 $w(C)$ 变为 0.53%，δ 的 $w(C)$ 变为 0.09%，发生包晶反应生成 $A_{0.17}$。反应结束后尚

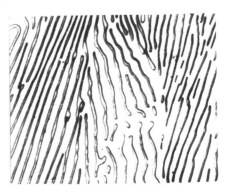

图 2-31 共析钢室温平衡状态
显微组织（2000×）

有多余的 L。2′点以下，自 L 中不断结晶出 A，至 3 点合金全部转变为 A。在 3—4 点 A 冷却不变，从 4 点起，冷却时由 A 中析出 F，F 在 A 晶界处优先生核并长大，而 A 和 F 的成分分别沿 GS 和 GP 线变化。

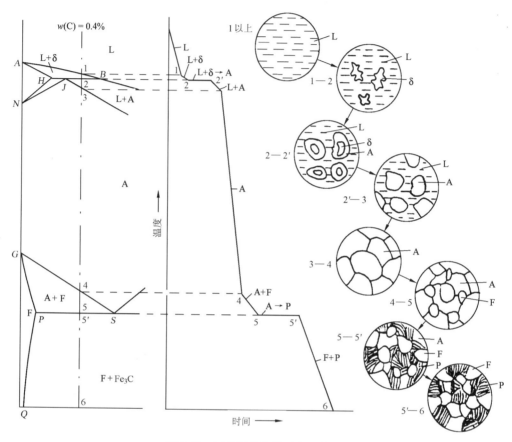

图 2-32 亚共析钢结晶过程示意图

至 5 点时，A 的 $w(C)$ 变为 0.77%，F 的 $w(C)$ 变为 0.0218%。此时 A 发生共析反应，转变为 P，F 不变化。从 5′点继续冷却至 6 点，合金组织不发生变化，因此室温平衡组织为 F+P。F 呈白色块状；P 呈层片状，放大倍数不高时呈黑色块状[图 1-26(b)]。碳质量分数大于 0.6% 的亚共析钢，室温平衡组织中的 F 常呈白色网状，包围在 P 周围。

$w(C)=0.4\%$ 的亚共析钢的组织组成物为 F 和 P，它们的质量分数为

$$w(P) = \frac{0.4-0.02}{0.77-0.02} \times 100\% = 51\%$$

$$w(F) = 1 - 51\% = 49\%$$

此种钢的组成相为 F 和 Fe_3C，它们的质量分数为

$$w(F) = \frac{6.69-0.4}{6.69} \times 100\% = 94\%$$

$$w(Fe_3C) = 1 - 94\% = 6\%$$

亚共析钢的碳质量分数可由其室温平衡组织来估算。若将 F 中的碳质量分数忽略不

计,则钢中的碳质量分数全部在 P 中,因此由钢中 P 的质量分数可求出钢的碳质量分数:

$$w(C) = w(P) \times 0.77\%$$

式中:$w(C)$ 表示钢的碳质量分数,$w(P)$ 表示钢中 P 的质量分数。由于 P 和 F 的密度相近,钢中 P 和 F 的质量分数可以近似用金相磨面上 P 和 F 的面积分数来估算。

(4) 过共析钢($0.77\% < w(C) \leqslant 2.11\%$)

以 $w(C)$ 为 1.2% 的铁碳合金为例,其冷却曲线和平衡结晶过程如图 2-33 所示。

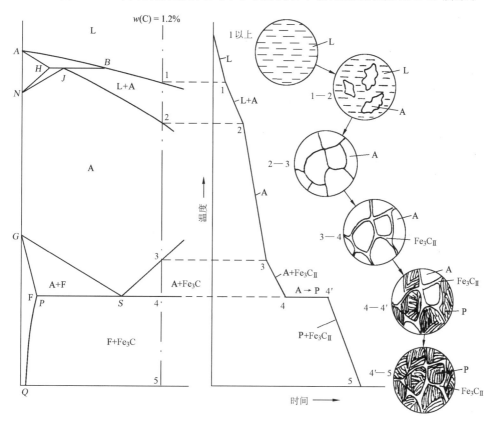

图 2-33 过共析钢结晶过程示意图

合金冷却时,从 1 点温度起自 L 中结晶出 A,至 2 点全部结晶完成。在 2—3 点 A 冷却不变,从 3 点起,由 A 中析出 Fe_3C_{II},Fe_3C_{II} 呈网状分布在 A 晶界上。至 4 点时 A 的碳质量分数降为 0.77%,4—4′ 发生共析反应 A 转变为 P,而 Fe_3C_{II} 不变化。在 4′—5 点冷却时组织不发生转变。因此室温平衡组织为 $Fe_3C_{II} + P$。在显微镜下,Fe_3C_{II} 呈网状分布在层片状 P 周围[见图 1-26(d)]。

含 1.2%C 的过共析钢的组成相为 F 和 Fe_3C;组织组成物为 Fe_3C_{II} 和 P,它们的质量分数为

$$w(Fe_3C_{II}) = \frac{1.2 - 0.77}{6.69 - 0.77} \times 100\% = 7\%$$

$$w(P) = 1 - 7\% = 93\%$$

(5) 共晶白口铸铁（$w(C)=4.3\%$）

合金在 1 点温度发生共晶反应（图 2-34），由 L 转变为高温莱氏体 Le[即（$A+Fe_3C$）]。$1'-2$ 点，Le 中的 A 不断析出 Fe_3C_{II}。Fe_3C_{II} 与共晶 Fe_3C 相连，在显微镜下无法分辨，但此时的莱氏体由 $A+Fe_3C_{II}+Fe_3C$ 组成。由于 Fe_3C_{II} 的析出，至 2 点时 A 的碳质量分数降为 0.77%，并发生共析反应转变为 P；高温莱氏体 Le 转变成低温莱氏体 Le'（$P+Fe_3C_{II}+Fe_3C$）。从 $2'$ 至 3 点组织不变化。所以室温平衡组织仍为 Le'，由黑色条状或粒状 P 和白色 Fe_3C 基体组成（图 2-35）。

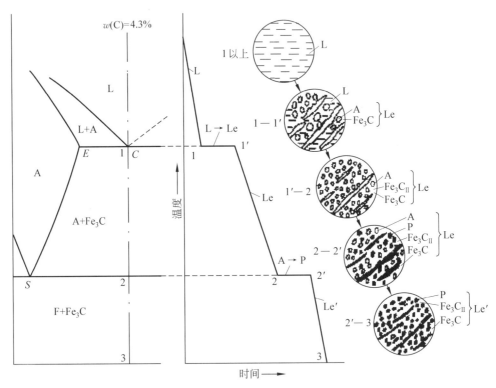

图 2-34 共晶白口铸铁结晶过程示意图

共晶白口铸铁的组织组成物全部为 Le'，而组成相还是 F 和 Fe_3C。

(6) 亚共晶白口铸铁（$2.11\%<w(C)<4.3\%$）

以 $w(C)$ 为 3% 的铁碳合金为例（图 2-36）。

合金自 1 点温度起，从 L 中结晶出初生 A，至 2 点时 L 的碳质量分数变为 4.3%，A 的碳质量分数变为 2.11%，L 发生共晶反应转变为 Le，而 A 不参与反应，在 $2'-3$ 点继续冷却时，初生 A 不断在其晶界上析出 Fe_3C_{II}，同时 Le 中的 A 也析出 Fe_3C_{II}。至 3 点温度时，所有 A 的碳质量

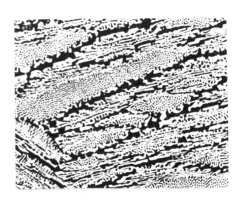

图 2-35 共晶白口铸铁室温平衡状态显微组织（130×）

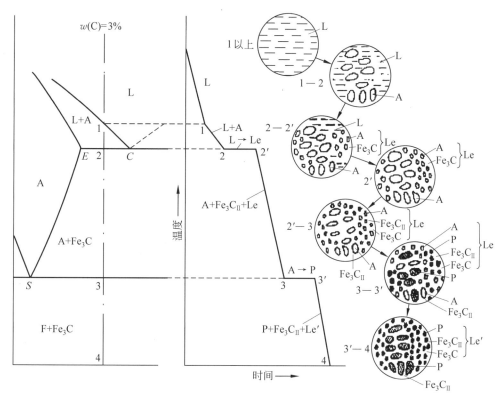

图 2-36 亚共晶白口铸铁结晶过程示意图

分数均变为 0.77%，初生 A 发生共析反应转变为 P；高温莱氏体 Le 也转变为低温莱氏体 Le′。在 3′点以下到 4 点，冷却不引起转变。因此室温平衡组织为 P+ $Fe_3C_Ⅱ$ +Le′。网状 $Fe_3C_Ⅱ$ 分布在粗大块状 P 的周围，Le′则由条状或粒状 P 和 Fe_3C 基体组成（图 2-37）。

亚共晶白口铸铁的组成相为 F 和 Fe_3C；组织组成物为 P、$Fe_3C_Ⅱ$ 和 Le′。组织组成物的质量分数可以二次利用杠杆定律求出。

先求在 2′温度共晶反应结束后初生 $A_{2.11}$ 和高温莱氏体（Le）的质量分数 $w(A)$、$w(Le)$：

$$w(A) = \frac{4.3-3}{4.3-2.11} \times 100\% = 59\%$$

$$w(Le) = 1 - 59\% = 41\%$$

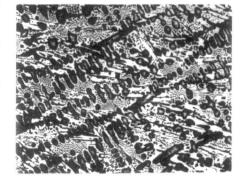

图 2-37 亚共晶白口铸铁室温平衡状态显微组织（130×）

在 2′温度以下的冷却过程中，高温 Le 全部转变为低温莱氏体（Le′），所以 Le′的质量分数也是 41%。

再求 3 点温度时（共析反应前）由初生 $A_{2.11}$ 析出的 $Fe_3C_Ⅱ$ 和转变来的 $A_{0.77}$ 的质量分数 $w(Fe_3C_Ⅱ)$ 和 $w(A_{0.77})$：

$$w(\mathrm{Fe_3C_{II}}) = \frac{2.11-0.77}{6.69-0.77} \times 59\% = 13\%$$

$$w(\mathrm{A_{0.77}}) = \frac{6.69-2.11}{6.69-0.77} \times 59\% = 46\%$$

在 3′点共析反应完成之后，$\mathrm{A_{0.77}}$ 转变为 P。所以 P 的质量分数是 46%。$\mathrm{Fe_3C_{II}}$ 没有变化，其质量分数为 13%。

(7) 过共晶白口铸铁（$4.3\% < w(\mathrm{C}) < 6.69\%$）

过共晶白口铸铁冷却时先从 L 中结晶出 $\mathrm{Fe_3C_I}$（图 2-38）。冷却到共晶温度时剩余的 L

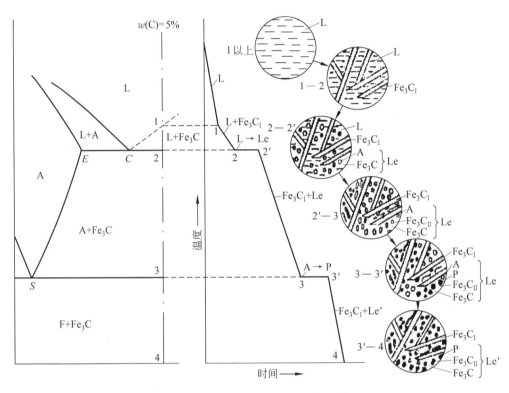

图 2-38 过共晶白口铸铁结晶过程示意图

发生共晶反应，转变为 Le。到共析温度时 Le 转变为 Le′。所以过共晶白口铸铁的室温平衡组织为 $\mathrm{Fe_3C_I + Le'}$。$\mathrm{Fe_3C_I}$ 呈长条状，Le′的形貌则如前述（图 2-39）。

根据以上对铁碳合金结晶过程的分析可将组织标注在铁碳相图中，如图 2-40 所示。

3. 铁碳合金的成分-组织-性能关系

按照铁碳相图，铁碳合金在室温下的组织皆由 F 和 $\mathrm{Fe_3C}$ 两相组成，两相的质量分数由杠杆定律确定。随碳质量分数的增加，F 的量逐渐变少，由 100% 按直线关系变至 0% [$w(\mathrm{C}) =$

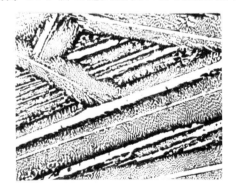

图 2-39 过共晶白口铸铁的显微组织（130×）

6.69%时]；Fe_3C 的量则逐渐增多，相应地由 0% 按直线关系变至 100%[图 2-41(c)]。

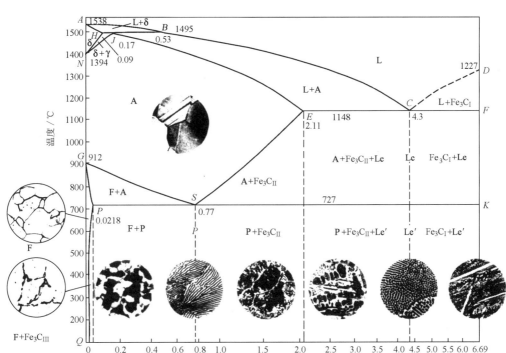

图 2-40 标注组织的 $Fe-Fe_3C$ 相图

根据分析结果，由图 2-40 可知，在室温下，碳质量分数不同时，不仅 F 和 Fe_3C 的质量分数变化，而且两相相互组合的形态即合金的组织也在变化。随碳质量分数增大，组织按下列顺序变化：

$$F、F+P、P、P+Fe_3C_{II}、P+Fe_3C_{II}+Le'、Le'、Le'+Fe_3C_I、Fe_3C$$

各个区间的组织组成物的质量分数用杠杆定律求出，其数量关系如图 2-41(b)中相应垂直高度所示。$w(C)$ 小于 0.0218% 的合金的组织全部为 F；$w(C)$ 为 0.77% 时全部为 P；$w(C)=4.3\%$ 时全部为 Le'；$w(C)$ 为 6.69% 时全部为 Fe_3C。在上述碳质量分数之间，则为相应组织组成物的混合物。

相图的形状与合金的性能之间存在一定的对应关系。铁碳合金的性能与成分的关系如图 2-41(d)所示。

硬度主要决定于组织中组成相或组织组成物的硬度和相对数量，而受它们的形态的影响相对较小，随碳质量分数的增加，由于硬度高的 Fe_3C 增多，硬度低的 F 减少，所以合金的硬度呈直线增大，由全部为 F 的硬度约 80 HB 增大到全部为 Fe_3C 时的约 800 HB。

强度是一个对组织形态很敏感的性能。随碳质量分数的增加，亚共析钢中 P 增多而 F 减少。P 的强度比较高，其大小与细密程度有关。组织越细密，则强度值越高。F 的强度较低。所以亚共析钢的强度随碳质量分数的增大而增大。但当碳质量分数超过共析成分之后，由于强度很低的 Fe_3C_{II} 沿晶界出现，合金强度的增高变慢，到 $w(C)$ 约 0.9% 时，

Fe_3C_{II} 沿晶界形成完整的网,强度迅速降低,随着碳质量分数的进一步增加,强度不断下降,到 $w(C)$ 为 2.11%,合金中出现 Le' 时,强度已降到很低的值。再增加碳质量分数时,由于合金基体都为脆性很高的 Fe_3C,强度变化不大且值很低,趋于 Fe_3C 的强度(20~30 MPa)。

铁碳合金中 Fe_3C 是极脆的相,没有塑性。合金的塑性变形全部由 F 提供。所以随碳质量分数的增大,F 量不断减少时,合金的塑性连续下降。到合金成为白口铸铁时,塑性就降到近于零了。

对于应用最广的结构材料亚共析钢,合金的硬度、强度和塑性可根据成分或组织作如下的估算:

硬度 $\approx 80 \times w(F) + 180 \times w(P)$ (HB)

或硬度 $\approx 80 \times w(F) + 800 \times w(Fe_3C)$ (HB);

强度 $(\sigma_b) \approx 230 \times w(F) + 770 \times w(P)$ (MPa);

断后伸长率 $(\delta) \approx 50 \times w(F) + 20 \times w(P)$ (%)。

式中的数字相应为 F、P 或 Fe_3C 的大致硬度、强度和伸长率;符号 $w(F)$、$w(P)$、$w(Fe_3C)$ 相应表示组织中 F、P 或 Fe_3C 的质量分数。

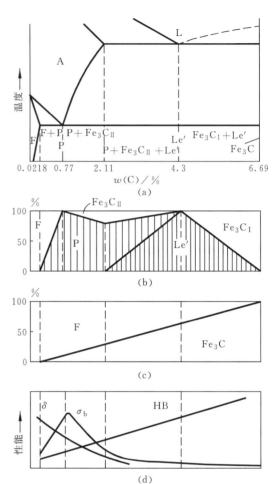

图 2-41 铁碳合金的成分-组织-性能的对应关系

4. 铁碳相图的工程应用

$Fe-Fe_3C$ 相图在生产中具有巨大的实际意义,主要应用在钢铁材料的选用和加工工艺的制定两个方面。

(1) 在钢铁材料选用方面的应用

$Fe-Fe_3C$ 相图所表明的成分-组织-性能的规律,为钢铁材料的选用提供了根据。建筑结构和各种型钢需用塑性、韧性好的材料,因此选用碳质量分数较低的钢材。各种机械零件需要强度、塑性及韧性都较好的材料,应选用碳质量分数适中的中碳钢。各种工具要用硬度高和耐磨性好的材料,则选碳质量分数高的钢种。纯铁的强度低,不宜用作结构材料,但由于其磁导率高,矫顽力低,可作软磁材料使用,例如作电磁铁的铁芯等。白口铸铁硬度高、脆性大,不能切削加工,也不能锻造,但其耐磨性好,铸造性能优良,适用于作要求耐磨、不受冲击、形状复杂的铸件,例如拔丝模、冷轧辊、货车轮、铧犁、球磨机的磨球等。

(2) 在铸造工艺方面的应用

根据 Fe-Fe₃C 相图可以确定合金的浇铸温度。浇铸温度一般在液相线以上 50~100℃。从相图上可看出，纯铁和共晶白口铸铁的铸造性能最好，它们的凝固温度区间最小，因而流动性好，分散缩孔少，可以获得致密的铸件，所以铸铁在生产上总是选在共晶成分附近。在铸钢生产中，碳质量分数规定在 0.15%~0.6% 之间，因为这个范围内钢的结晶温度区间较小，铸造性能较好。

(3) 在热锻、热轧工艺方面的应用

钢处于奥氏体状态时强度较低，塑性较好，因此锻造或轧制选在单相奥氏体区内进行。一般始锻、始轧温度控制在固相线以下 100~200℃ 范围内，温度高时，钢的变形抗力小，节约能源，设备要求的吨位低，但温度不能过高，防止钢材严重烧损或发生晶界熔化（过烧）。终锻、终轧温度不能过低，以免钢材因塑性差而发生锻裂或轧裂。亚共析钢热加工终止温度多控制在 GS 线以上一点，避免变形时出现大量铁素体，形成带状组织而使韧性降低。过共析钢变形终止温度应控制在 PSK 线以上一点，以便把呈网状析出的二次渗碳体打碎。终止温度不能太高，否则再结晶后奥氏体晶粒粗大，使热加工后的组织也粗大。一般始锻温度为 1150~1250℃，终锻温度为 750~850℃。

(4) 在热处理工艺方面的应用

Fe-Fe₃C 相图对于制定热处理工艺有着特别重要的意义。一些热处理工艺如退火、正火、淬火的加热温度都是依据 Fe-Fe₃C 相图确定，将在钢的热处理一节中详细阐述。

在运用 Fe-Fe₃C 相图时应注意以下两点：

① Fe-Fe₃C 相图只反映铁碳二元合金中相的平衡状态，如含有其他元素，相图将发生变化。

② Fe-Fe₃C 相图反映的是平衡条件下铁碳合金中相的状态，若冷却或加热速度较快时，其组织转变就不能只用相图来分析了。

2.3 金属的塑性加工

金属材料通过冶炼、铸造，获得铸锭后，可通过塑性加工的方法获得具有一定形状、尺寸和力学性能的型材、板材、管材或线材，以及零件毛坯或零件。塑性加工包括锻压、轧制、挤压、拉拔、冲压等方法（图 2-42）。金属在承受塑性加工时，产生塑性变形，这对金属的组织结构和性能会产生重要的影响。

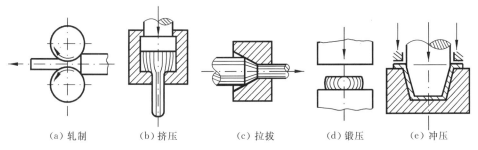

图 2-42　压力加工方法示意图

2.3.1 金属的塑性变形

1. 单晶体的塑性变形

单晶体塑性变形的方式有滑移和孪生两种。
(1) 滑移

在切应力的作用下,晶体的一部分沿一定的晶面(滑移面)上的一定方向(滑移方向)相对于另一部分发生滑动的过程叫做滑移。

滑移有如下特点:

① 滑移只能在切应力作用下才会发生,不同金属产生滑移的最小切应力(称滑移临界切应力)大小不同。钨、钼、铁的滑移临界切应力比铜、铝的要大。

② 滑移是晶体内部位错在切应力作用下运动的结果。滑移并非是晶体两部分沿滑移面作整体的相对滑动,而是通过位错的运动来实现的。如图 2-43 所示,在切应力作用下,一个多余半原子面从晶体一侧运动到晶体的另一侧,晶体产生滑移。

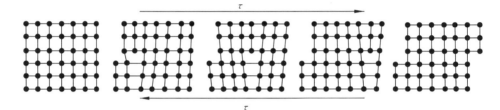

图 2-43 位错运动造成滑移

③ 由于位错每移出晶体一次即造成一个原子间距的变形量,因此晶体发生的总变形量一定是这个方向上的原子间距的整数倍。

④ 滑移一般是在晶体的密排面上并沿其上的密排方向进行。这是由于密排面之间的面间距最大,结合力最弱,因此滑移在密排面上进行,该密排面称为滑移面。又由于密排方向上的原子间距最小,原子在密排方向上移动距离最短,因此滑移在密排方向上进行,该密排方向称为滑移方向。一个滑移面与其上的一个滑移方向组成一个滑移系。如体心立方晶格中,(110)和[$\bar{1}$11]即组成一个滑移系。三种常见的晶格的滑移系见表 2-4。滑移系越多,金属发生滑移的可能性越大,塑性就越好。滑移方向对滑移所起的作用比滑移面大,所以面心立方晶格金属比体心立方晶格金属的塑性更好。

表 2-4 金属三种常见晶格的滑移系

晶格	体心立方晶格	面心立方晶格	密排六方晶格
滑移面	{110}×6	{111}×4	{0001}×1
一个滑移面上的滑移方向	⟨111⟩×2	⟨110⟩×3	⟨11$\bar{2}$0⟩×3
滑移系	6×2=12	4×3=12	1×3=3

⑤ 滑移时晶体伴随有转动。如图 2-44 所示，在拉伸时，单晶体发生滑移，外力将发生错动，产生一力偶，迫使滑移面向拉伸轴平行方向转动。同时晶体还会以滑移面的法线为转轴转动，使滑移方向趋于最大切应力方向（图 2-45）。

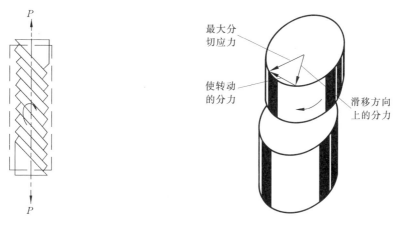

图 2-44 滑移面的转动　　　　　　　　图 2-45 滑移方向的转动

（2）孪生

在切应力作用下晶体的一部分相对于另一部分沿一定晶面（孪生面）和晶向（孪生方向）发生切变的变形过程称孪生（图 2-46）。发生切变而位向改变的这一部分晶体称为孪晶。孪晶与未变形部分晶体原子分布形成对称。孪生所需的临界切应力比滑移的大得多。孪生只在滑移很难进行的情况下才发生。体心立方晶格金属（如铁）在室温或受冲击时才发生孪生。滑移系较少的密排六方晶格金属如镁、锌、镉等，则容易发生孪生。

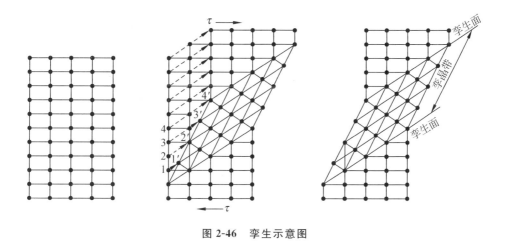

图 2-46 孪生示意图

2. 多晶体的塑性变形

工程上使用的金属绝大部分是多晶体。多晶体中每个晶粒的变形基本方式与单晶体相同。但由于多晶体材料中，各个晶粒位向不同，且存在许多晶界，因此变形要复杂得多（图 2-47）。

多晶体中，由于晶界上原子排列不很规则，阻碍位错的运动，使变形抗力增大。金属晶粒越细，晶界越多，变形抗力越大，金属的强度就越大。

多晶体中每个晶粒位向不一致。一些晶粒的滑移面和滑移方向接近于最大切应力方向（称晶粒处于软位向），另一些晶粒的滑移面和滑移方向与最大切应力方向相差较大（称晶粒处于硬位向）。在发生滑移时，软位向晶粒先开始。当位错在晶界受阻逐渐堆积时，其他晶粒发生滑移。因此多晶体变形时晶粒分批地、逐步地变形，变形分散在材料各处。晶粒越细，金属的变形越分散，减少了应力集中，推迟裂纹的形成和发展，使金属在断裂之前可发生较大的塑性变形，因此使金属的塑性提高。

图 2-47　多晶体的塑性变形

由于细晶粒金属的强度较高，塑性较好，所以断裂时需要消耗较大的功，韧性也较好，因此细晶强化是金属的一种很重要的强韧化手段。

3. 合金的塑性变形

合金的组成相为固溶体时，溶质原子会造成晶格畸变，增加滑移抗力，产生固溶强化。溶质原子还常常分布在位错附近（图 2-48），降低了位错附近的晶格畸变，使位错易动性减小，形变抗力增加，强度升高。

合金的组织由固溶体和弥散分布的金属化合物（称第二相）组成时，第二相硬质点成为位错移动的障碍物。在外力作用下，位错线遇到第二相质点时发生弯曲（图 2-49），位错通过后在第二相质点周围留下一个位错环。第二相硬质点的存在增加了位错移动的阻力，使滑移抗力增加，从而提高了合金的强度。这种强化方式叫第二相强化，也叫弥散强化。

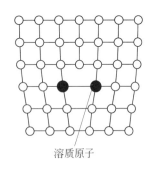

图 2-48　位错周围的溶质原子

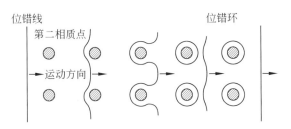

图 2-49　位错线与第二相质点

4. 塑性变形（冷加工）对金属组织和性能的影响

（1）塑性变形对金属组织结构的影响

① 晶粒变形，形成纤维组织

晶粒发生变形,沿形变方向被拉长或压扁。当拉伸变形量很大时,晶粒变成细条状,有些夹杂物也被拉长,分布在晶界处,形成纤维组织(图 2-50)。

② 亚结构形成,细化晶粒

金属经大的塑性变形时,由于位错的密度增大和发生交互作用,大量位错堆积在局部区域,使晶粒分化成许多位向略有不同的小晶块,在晶粒内产生亚晶粒,如图 2-51 所示。

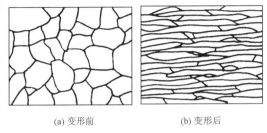

图 2-50 变形前、后晶粒形状变化示意图

③ 形成形变织构

金属塑性变形很大(变形量达到 70% 以上)时,由于晶粒发生转动,使各晶粒的位向趋于一致,这种结构叫做形变织构。形变织构有两种:一种是各晶粒的一定晶向平行于拉拔方向,称为丝织构。例如低碳钢经大变形量冷拔后,⟨100⟩方向平行于拔丝方向[图 2-52(a)];另一种是各晶粒的一定晶面和晶向平行于轧制方向,称为板织构,低碳钢的板织构为 {001}⟨110⟩[图 2-52(b)]。

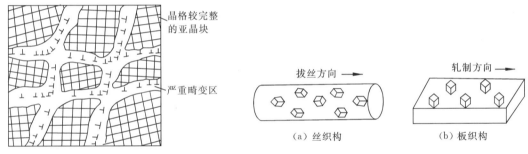

图 2-51 金属经变形后的亚结构(亚晶粒)

图 2-52 形变织构示意图

(2) 塑性变形对金属性能的影响

① 加工硬化

金属发生塑性变形,随变形度的增大,金属的强度和硬度显著提高,塑性和韧性明显下降。这种现象称为加工硬化,也叫形变强化(图 2-53)。一方面金属发生塑性变形时,位错密度增加,位错间的交互作用增强,相互缠结,造成位错运动阻力的增大,引起塑性变形抗力提高。另一方面由于晶粒破碎细化,使强度得以提高。在生产中可通过冷轧、冷拔提高钢板或钢丝的强度。

② 产生各向异性

由于纤维组织和形变织构的形成,使金属的性能产生各向异性。如沿纤维方向的强度和塑性明显高于垂直方向的。用有织构的板材冲制筒形零件时,由于在不同方向上塑性差别很大,零件的边缘出现"制耳"(图 2-54)。

在工程中,织构的各向异性也得到应用。制造变压器铁芯的硅钢片,沿[100]方向最易磁化,采用这种织构可使铁损大大减小,变压器的效率提高。

③ 金属的物理、化学性能变化

电阻增大,耐腐蚀性降低。

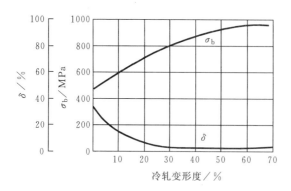

图 2-53 低碳钢的加工硬化现象

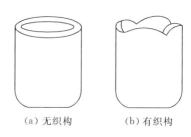

图 2-54 因形变织构造成深冲制品的制耳示意图

④ 产生残余内应力

由于金属在发生塑性变形时,金属内部变形不均匀,位错、空位等晶体缺陷增多,金属内部会产生残余内应力,即外力去除后,金属内部会残留下来应力。残余内应力会使金属的耐腐蚀性能降低,严重时可导致零件变形或开裂。

2.3.2 金属的再结晶

金属经塑性变形(冷加工)后,组织结构和性能发生很大的变化。如果对变形后的金属进行加热,金属的组织结构和性能又会发生变化。随着加热温度的提高,变形金属将相继发生回复、再结晶和晶粒长大过程(图 2-55)。

1. 回复

变形后的金属在较低温度进行加热,会发生回复过程。产生回复的温度 $T_{回复}$ 为

$$T_{回复} = (0.25 \sim 0.3)T_{熔点}$$

式中 $T_{熔点}$ 表示该金属的熔点,单位为热力学温度(K)。由于加热温度不高,原子扩散能力不很大,只是晶粒内部位错、空位、间隙原子等缺陷通过移动、复合消失而大大减少,而晶粒仍保持变形后的形态,变形金属的显微组织不发生明显的变化。此时材料的强度和硬度只略有降低,塑性有增高,但残余应力则大大降低。工业上常利用回复过程对变形金属进行去应力退火,以降低残余内应力,保留加工硬化效果。

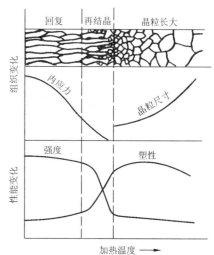

图 2-55 变形金属加热时组织和性能变化示意图

2. 再结晶

(1) 再结晶过程及其对金属组织、性能的影响

变形后的金属在较高温度加热时,由于原子扩散能力增大,被拉长(或压扁)、破碎的晶

粒通过重新形核和长大变成新的均匀、细小的等轴晶,这个过程称为再结晶。再结晶生成的新的晶粒的晶格类型与变形前、后的晶格类型均一样。变形金属进行再结晶后,金属的强度和硬度明显降低,而塑性和韧性大大提高,加工硬化现象被消除,此时内应力全部消失,物理、化学性能基本上恢复到变形以前的水平。

(2) 再结晶温度

变形后的金属发生再结晶的温度是一个温度范围,并非某一恒定温度。一般所说的再结晶温度指的是最低再结晶温度($T_{再}$),通常用经过大变形量(70%以上)的冷塑性变形的金属,经一小时加热后能完全再结晶的最低温度来表示。最低再结晶温度与该金属的熔点有如下关系:

$$T_{再} = (0.35 \sim 0.4) T_{熔点}$$

式中的温度单位为热力学温度(K)。

最低再结晶温度与下列因素有关:

① 预先变形度

金属再结晶前塑性变形的相对变形量称为预先变形度。预先变形度越大,金属的晶体缺陷就越多,组织越不稳定,最低再结晶温度也就越低。当预先变形度达到一定大小后,金属的最低再结晶温度趋于某一稳定值(图2-56)。

② 金属的熔点

熔点越高,最低再结晶温度也就越高。

③ 杂质和合金元素

由于杂质和合金元素特别是高熔点元素,阻碍原子扩散和晶界迁移,可显著提高最低再结晶温度。例如高纯度铝(99.999%)的最低再结晶温度为80℃,而工业纯铝(99.0%)的最低再结晶温度提高到了290℃。

④ 加热速度和保温时间

再结晶是一个扩散过程,需要一定时间才能完成。提高加热速度会使再结晶在较高温度下发生,而保温时间越长,再结晶温度越低。

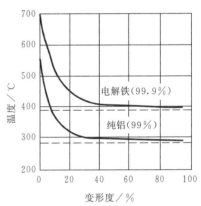

图 2-56 预先变形度对金属再结晶温度的影响

(3) 再结晶后晶粒的晶粒度

晶粒大小影响金属的强度、塑性和韧性,因此生产上非常重视控制再结晶后的晶粒度,特别是对那些无相变的钢和合金。

影响再结晶后晶粒度的主要因素是加热温度和预先变形度。

① 加热温度

加热温度越高,原子扩散能力越强,则晶界越易迁移,晶粒长大也越快(图2-57)。

② 预先变形度

预先变形度的影响主要与金属变形的均匀度有关。其影响规律如图2-58所示。预先变形度很小时,不足以引起再结晶,晶粒不变化。当预先变形度达到2%~10%时,金属中少数晶粒变形,再结晶时生成的晶核少,得到极粗大的晶粒。再结晶时使晶粒发生异常长大的预先变形度称做临界变形度。一般情况下生产上应尽量避免临界变形度的塑性变形加工。超过临界变形度之后,随变形度的增大,晶粒的变形强烈而均匀,再结晶核心增加,因此再结晶后的晶粒越来越细小。但是当变形度过大(≥90%)时,晶粒可能再次出现异常长大,这是由形变织构造成的。

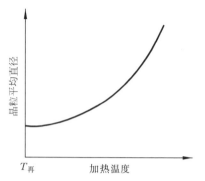 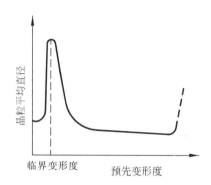

图 2-57　再结晶退火加热温度对晶粒度的影响　　图 2-58　预先变形度与再结晶晶粒平均直径的关系

3. 晶粒长大

再结晶完成后的晶粒是细小的,但如果加热温度过高或保温时间过长时,晶粒会明显长大,最后得到粗大的晶粒。当金属变形较大,产生织构,加热时只有少数处于优越条件的晶粒(例如尺寸较大,取向有利等)优先长大,迅速吞食周围的大量小晶粒,最后获得晶粒异常粗大的组织。这种不均匀的长大过程称为二次再结晶,它使金属的强度、硬度、塑性、韧性等力学性能都显著降低。一般情况下应当避免晶粒长大。

2.3.3　塑性变形和再结晶的工程应用

塑性变形在生产上作为一种重要的加工工艺应用于金属的成形加工。金属塑性加工方法有热加工和冷加工两种。热加工和冷加工不是根据变形时是否加热来区分,而是根据变形时的温度是高于还是低于被加工金属的再结晶温度来划分的。

1. 金属的热加工

在金属的再结晶温度以上的塑性变形加工称为热加工,例如钢材的热锻和热轧。熔点高的金属,再结晶温度高,热加工温度也应高。如钨的最低再结晶温度约为1200℃,它的热加工温度要比这个温度高。而铅、锡等低熔点金属,再结晶温度低于室温,它们在室温进行塑性变形已属于热加工。

热加工时温度处于再结晶温度以上,金属材料发生塑性变形后,随即发生再结晶过程。因此塑性变形引起的加工硬化效应随即被再结晶过程的软化作用所消除,使材料保持良好的塑性状态。

再结晶属于热扩散过程。金属热加工时,往往会由于变形速度较大而来不及再结晶。为了保证热加工能够充分进行,生产中实际采用的热加工温度常常比再结晶温度高得多。

热锻和热轧加工对金属的组织和性能有重要影响。

① 使铸态金属中的气孔、疏松、微裂纹压合,提高金属的致密度,减轻甚至消除树枝晶偏析和改善夹杂物、第二相的分布等。明显提高金属的强度、韧性和塑性。

② 破碎铸态金属中的粗大树枝晶和柱状晶，并通过再结晶获得等轴细晶粒（图 2-59），使金属的力学性能全面提高。但这与热加工的变形量和加工终了温度关系很大，一般来说变形量应大一些，加工终了温度不能太高。

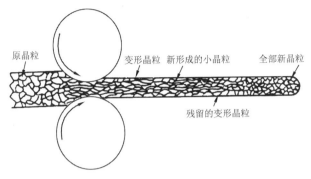

图 2-59　金属在热轧时变形和再结晶的示意图

③ 使金属中可变形夹杂物或第二相沿金属流动方向被拉长或分布，形成纤维组织（称流线），使金属的力学性能具有明显的方向性，纵向上的强度、塑性和韧性显著大于横向上的（表 2-5）。因此热加工时应使工件流线分布合理。图 2-60（a）表示锻造曲轴的合理流线分布，曲轴不易断裂。图 2-60（b）表示切削加工制成的曲轴，其流线分布不合理，易沿轴肩发生断裂。

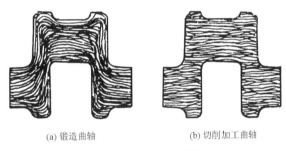

图 2-60　曲轴流线分布

由于热加工可使金属的组织和性能得到显著改善，所以受力复杂、载荷较大的重要工件，一般都采用热加工方法来制造。

表 2-5　纤维方向对 45 钢力学性能的影响

试　样	σ_b/MPa	$\sigma_{0.2}$/MPa	δ/%	ψ/%	a_k/(kJ/m²)
纵向试样	715	470	17.5	62.8	620
横向试样	675	440	10.0	31.0	300

2. 金属的冷加工

在金属的再结晶温度以下的塑性变形加工称为冷加工，如低碳钢的冷轧、冷拔、冷冲等。由于加工温度处于再结晶温度以下，金属材料发生塑性变形时不会伴随再结晶过程。

冷加工对金属组织和性能的影响即是前面所述塑性变形对金属组织、性能的影响规律。与冷加工前相比，金属材料的强度和硬度升高，塑性和韧性下降，即产生加工硬化的现象。加工硬化具有极重要的实际意义，它可以提高金属的强度，故也叫形变强化。

形变强化是实际生产中一种非常重要的强化手段。金属材料通过冷轧、冷拔有效提高强度。如退火态的纯铁的抗拉强度为 230 MPa,经过冷拔成为铁丝,抗拉强度可提高到 500 MPa。一些金属材料如铁素体不锈钢、单相黄铜等,不能用热处理方法进行强化。形变强化则是提高这些合金强度的非常重要的方法。

加工硬化有利于金属进行均匀变形,因为金属已变形部分得到强化,继续变形时将在未变形部分进行。这对深冲件的成形十分重要。

钢材的切削加工也属于冷加工,由于切削力的作用在材料表面产生塑性变形而加工硬化。由于加工硬化而使奥氏体不锈钢的切削较为困难。

3. 喷丸强化

由于金属材料塑性变形后强度提高,同时产生残余应力,因此在齿轮、弹簧等零件生产过程中采用喷丸处理,即用高速气流把细小的铁砂或陶瓷细粒喷射到零件表面,零件表面强度、硬度提高,同时产生较大的残余压应力,可提高疲劳强度。

4. 再结晶退火

由于塑性变形后的金属加热发生再结晶后,可消除加工硬化现象,恢复金属的塑性和韧性,因此生产中常用再结晶退火工艺来恢复金属塑性变形的能力,以便继续进行形变加工。例如生产铁铬铝电阻丝时,在冷拔到一定的变形度后,要进行氢气保护再结晶退火,以继续冷拔获得更细的丝材。

为了缩短处理时间,实际采用的再结晶退火温度比该金属的最低再结晶温度要高 100~200℃。

2.4 钢的热处理

热处理是将固态金属或合金在一定介质中加热、保温和冷却,以改变材料整体或表面组织,从而获得所需性能的工艺(图 2-61)。热处理可大幅度地改善金属材料的工艺性能和使用性能。如 T10 钢经球化退火后,切削性能大大改善;而经淬火处理后,其硬度可从处理前的 20 HRC 提高到 62~65 HRC。因此热处理是一种非常重要的加工方法,绝大部分机械零件必须经过热处理。

2.4.1 钢在加热时的转变

大多数热处理工艺(如淬火、正火、退火等)都要将钢加热到临界温度以上,获得全部或部分奥氏体组织,即进行奥氏体化。加热时形成的奥氏体的成分均匀性及晶粒大小等对冷却转变过程及组织、性能有极大的影响。

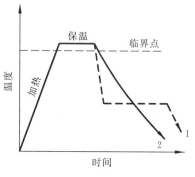

图 2-61 热处理工艺曲线示意图
1—等温处理;2—连续冷却

1. 奥氏体的形成

根据 Fe-Fe₃C 相图，共析钢加热超过 PSK 线（A_1）时，完全转变为奥氏体；而亚共析钢和过共析钢必须加热到 GS 线（A_3）和 ES 线（A_{cm}）以上才能全部获得奥氏体。实际热处理加热和冷却时的相变是在不完全平衡的条件下进行的，相变温度与平衡相变点之间有一定差异。加热时相变温度偏向高温，冷却时偏向低温，而且加热和冷却速度愈大偏差愈大。图 2-62 表示加热和冷却速度（0.125℃/min）对临界点 A_1、A_3、A_{cm} 的影响。通常将加热时的临界温度标为 A_{c1}、A_{c3}、A_{ccm}；冷却时标为 A_{r1}、A_{r3}、A_{rcm}。实际的临界温度不是固定的，手册中给出的数据仅供参考。

共析钢（T8 钢）的室温平衡组织为珠光体，当加热到 A_{c1} 以上时，珠光体转变为奥氏体。这包括奥氏体晶核的形成、奥氏体晶核的长大、剩余渗碳体的溶解及奥氏体成分的均匀化四个基本过程。

亚共析钢（如 45 钢）和过共析钢（如 T10 钢）的奥氏体形成过程与共析钢基本相同，但其完全奥氏体化的过程有所不同。亚共析钢加热到 A_{c1} 以上时还存在有铁素体，这部分铁素体只有继续加热到 A_{c3} 以上时才能全部转变为奥氏体；过共析钢则只有加热温度高于 A_{ccm} 时才获得单一的奥氏体组织。

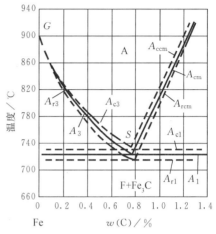

图 2-62 加热和冷却速度对临界点 A_1、A_3、A_{cm} 的影响

2. 影响奥氏体转变速度的因素

（1）加热温度

随加热温度的提高，碳原子扩散速度增大，奥氏体化速度加快。

（2）加热速度

在实际热处理条件下，加热速度越快，过热度越大，发生转变的温度就越高，转变所需的时间就越短。

（3）钢中碳质量分数

碳质量分数增加时，渗碳体量增多，铁素体和渗碳体的相界面增大，因而奥氏体的核心增多，转变速度加快。

（4）合金元素

钴、镍等增大碳在奥氏体中的扩散速度，因而加快奥氏体化过程；铬、钼、钒等与碳形成较难溶解的碳化物，显著降低碳的扩散能力，所以减慢奥氏体化过程；硅、铝、锰等对碳的扩散速度影响不大，不影响奥氏体化过程。由于合金元素的扩散速度比碳的扩散速度慢得多，所以合金钢的热处理加热温度一般都高一些，保温时间更长一些。

（5）原始组织

原始组织中渗碳体为片状时奥氏体形成速度快，因为它的相界面积较大。渗碳体间距越小，相界面越大，同时奥氏体晶粒中碳浓度梯度也大，所以长大速度更快。

3. 奥氏体的晶粒度及其影响因素

钢的奥氏体晶粒大小直接影响冷却所得组织和性能。奥氏体晶粒细时,退火后所得组织亦细,则钢的强度、塑性、韧性较好。奥氏体晶粒细,淬火后得到的马氏体也细小,因而韧性得到改善。

(1) 奥氏体晶粒度

生产中一般采用标准晶粒度等级图(图 2-63)用比较的方法来测定钢的奥氏体晶粒大小。晶粒度通常分 8 级,1~4 级为粗晶粒,5~8 级为细晶粒。

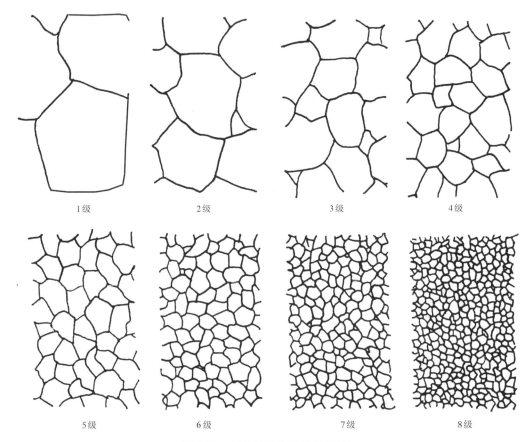

图 2-63 标准晶粒度等级(100×)

某一具体热处理或热加工条件下的奥氏体的晶粒度叫做实际晶粒度,它决定钢的性能。

钢在加热时奥氏体晶粒长大的倾向用本质晶粒度来表示。钢加热到(930±10)℃,保温 8 h,冷却后测得的晶粒度叫做本质晶粒度。如果测得的晶粒细小,则该钢称为本质细晶粒钢,反之叫做本质粗晶粒钢。本质细晶粒钢在 930℃ 以下加热时晶粒长大的倾向小,容易进行热处理。本质粗晶粒钢进行热处理时,需严格控制加热温度。

(2) 影响奥氏体晶粒度的因素

① 加热温度和保温时间

奥氏体刚形成时晶粒是细小的,但随着温度升高晶粒将逐渐长大。温度愈高,晶粒长大愈明显。在一定温度下,保温时间越长,奥氏体晶粒也越粗大。

② 钢的化学成分

奥氏体中的碳含量增高时,晶粒长大的倾向增大。若碳以未溶碳化物的形式存在,则它有阻碍晶粒长大的作用。

钢中加入能形成稳定碳化物的元素(如锆、钛、铌、钒等)和能生成氧化物与氮化物的元素(如适量铝),有利于得到本质细晶粒钢,因为碳化物、氧化物和氮化物弥散分布在晶界上,能阻碍晶粒长大。锰和磷是促进晶粒长大的元素。

2.4.2 钢在冷却时的转变

热处理工艺中,钢在奥氏体化后,接着进行冷却。冷却的方式通常有两种:

① 等温处理　将钢迅速冷却到临界点以下的给定温度,进行保温,在该温度恒温转变,如图2-61曲线1所示。

② 连续冷却　将钢以某种速度连续冷却,使其在临界点以下变温连续转变,如图2-61曲线2所示。

1. 过冷奥氏体的等温转变

从铁碳相图可知,当温度在 A_1 以上时,奥氏体是稳定的,能长期存在。当温度降到 A_1 以下后,奥氏体即处于过冷状态,这种奥氏体称为过冷奥氏体(过冷A)。过冷奥氏体是不稳定的,它会转变为其他组织。钢在冷却时的转变,实质上是过冷奥氏体的转变。

(1) 共析钢过冷奥氏体的等温转变

共析钢过冷奥氏体的等温转变过程和转变产物可用其等温转变曲线(TTT曲线)图来分析(图2-64)。图中横坐标为转变时间,纵坐标为温度。根据曲线的形状,过冷奥氏体等温转变曲线可简称为C曲线。C曲线的左边一条线为过冷奥氏体转变开始线,右边一条线为过冷奥氏体转变终了线。图中 M_s 线是过冷奥氏体转变为马氏体(M)的开始温度,M_f 线是过冷奥氏体转变为马氏体的终了温度。奥氏体从过冷到转变开始这段时间称为孕育期,孕育期的长短反映了过冷奥氏体的稳定性大小。在C曲线的"鼻尖"处(约550℃)孕育期最短,过冷奥氏体的稳定性最小。

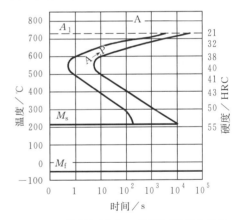

图2-64　共析钢过冷A的等温转变曲线图

共析钢过冷奥氏体等温转变包括两个转变区:

① 高温转变

在 A_1 ~550℃之间,过冷奥氏体的转变产物为珠光体型组织,此温区称珠光体转变区。珠光体是铁素体和渗碳体的机械混合物,渗碳体呈层片状分布在铁素体基体上。转变温度越低,层间距越小。按层间距珠光体型组织分为珠光体(P)、索氏体(S)和屈氏体(T)。它们并无本质区别,也没有严格界限,只是层片粗细不同(图2-65)。它们的大致形成温度及性能见表2-6。

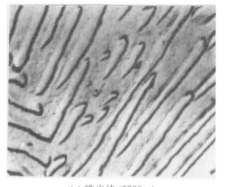
(a) 珠光体 (3800×)

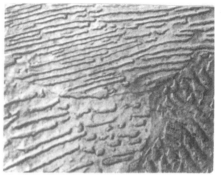
(b) 索氏体 (8000×)

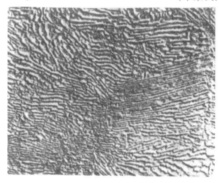
(c) 屈氏体 (8000×)

图 2-65 共析钢过冷奥氏体高温转变组织

表 2-6 过冷奥氏体高温转变产物的形成温度和性能

组织名称	表示符号	形成温度范围/℃	硬　度	能分辨其片层的放大倍数
珠光体	P	A_1～650	170～200 HB	＞500
索氏体	S	650～600	25～35 HRC	＞1000
屈氏体	T	600～550	35～40 HRC	＞2000

奥氏体向珠光体的转变是一种扩散型的形核、长大过程，是通过碳、铁的扩散和晶体结构的重构来实现的。

② 中温转变

在 550℃～M_s 之间，过冷奥氏体的转变产物为贝氏体型组织，此温区称贝氏体转变区。

贝氏体是铁碳化合物分布在碳过饱和的铁素体基体上的两相混合物。奥氏体向贝氏体的转变属于半扩散型转变，铁原子不扩散而碳原子有一定扩散能力。转变温度不同，形成的贝氏体形态也明显不同。

过冷奥氏体在 350～550℃ 之间转变形成的产物称上贝氏体(上 B)。上贝氏体呈羽毛状，小片状的渗碳体分布在成排的铁素体片之间(图 2-66)。

过冷奥氏体在 350℃～M_s 之间的转变产物称下贝氏体(下 B)。在光学显微镜下下贝氏体为黑色针状，在电子显微镜下可看到在铁素体针内沿一定方向分布着细小的铁碳化合物($Fe_{2.4}C$)颗粒(图 2-67)。

 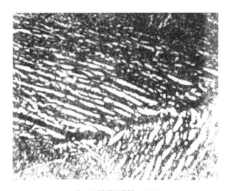

(a) 光学显微照片 (500×)　　　　　　(b) 电子显微照片 (5000×)

图 2-66　上贝氏体形态

(a) 光学显微照片 (500×)　　　　　　(b) 电子显微照片 (12 000×)

图 2-67　下贝氏体形态

贝氏体的力学性能与其形态有关。上贝氏体在较高温度形成，其铁素体片较宽，塑性变形抗力较低；同时，渗碳体分布在铁素体片之间，容易引起脆断，因此，强度和韧性都较差。下贝氏体形成温度较低，其铁素体针细小，无方向性，碳的过饱和度大，位错密度高，且碳化物分布均匀，弥散度大，所以硬度高，韧性好，具有较好的综合力学性能，是一种很有应用价值的组织。

过冷奥氏体冷却到 M_s 点以下后发生马氏体转变，是一个连续冷却转变过程，将在下面进行讨论。

(2) 亚共析钢过冷奥氏体的等温转变

亚共析钢的过冷奥氏体等温转变曲线见图 2-68(以 45 钢为例)。与共析钢 C 曲线不同的是，在其上方多了一条过冷奥氏体转变为铁素体的转变开始线。亚共析钢随着碳质量分数的增加，C 曲线位置往右移，同时 M_s、M_f 线往下移。

亚共析钢的过冷奥氏体等温转变过程与共析钢的相类似。只是在高温转变区过冷奥氏体将先有一部分转变为铁素体，剩余的过冷奥氏体再转变为珠光体型组织。如 45 钢过冷 A 在 600～650℃ 等温转变后，其产物为 F＋S。

(3) 过共析钢过冷 A 的等温转变

过共析钢过冷 A 的 C 曲线见图 2-69(以 T10 钢为例)。C 曲线的上部为过冷 A 中析出二次渗碳体(Fe_3C_{II})开始线。在一般热处理加热条件下,过共析钢随着含碳量的增加,C 曲线位置向左移,同时 M_s、M_f 线往下移。

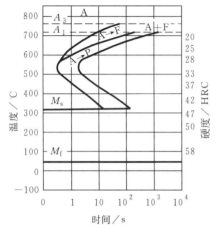

图 2-68 45 钢过冷 A 等温转变曲线

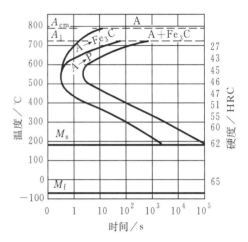

图 2-69 T10 钢过冷 A 的等温转变曲线

过共析钢的过冷 A 在高温转变区,将先析出 Fe_3C_{II},其余的过冷 A 再转变为珠光体型组织。如 T10 钢过冷 A 在 A_1～650℃等温转变后,将得到 Fe_3C_{II}＋P 组织。

2. 过冷奥氏体的连续冷却转变

在实际生产中较多的情况是采用连续冷却。

(1) 共析钢过冷奥氏体的连续冷却转变

共析钢过冷 A 的连续冷却转变曲线(CCT 曲线)如图 2-70 所示。图中 P_s 线为过冷 A 转变为珠光体型组织的开始线,P_f 为转变终了线。KK' 线为过冷 A 转变中止线,当冷却到达此线时,过冷 A 中止转变。由图可知,共析钢以大于 V_K 的速度冷却时,由于没有遇到珠光体转变线,得到的组织为马氏体,这个冷却速度称为上临界冷却速度。V_K 越小,钢越易得到马氏体。冷却速度小于 $V_{K'}$ 时,钢将全部转变为珠光体型组织。$V_{K'}$ 为下临界冷却速度(共析钢过冷 A 在连续冷却转变时得不到贝氏体组织,在连续冷却转变曲线中没有奥氏体转变为贝氏体的部分)。与共析钢的 TTT 曲线相比,CCT 曲线稍靠右靠下一点(图 2-71),表明连续冷却时,奥氏体完成珠光体转变的温度要低一些,时间要长一些。

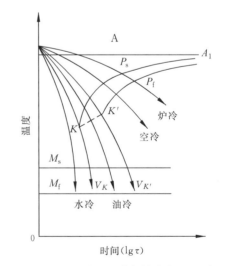

图 2-70 共析钢的连续冷却转变曲线(示意图)

由于连续转变曲线较难测定,因此一般用过冷 A 的等温转变曲线来分析连续转变

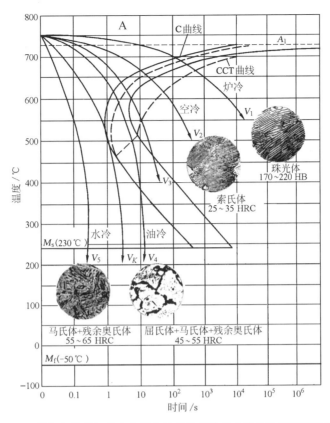

图 2-71　共析钢的等温转变曲线和连续冷却转变曲线的比较及转变组织

的过程和产物。在分析时要注意 TTT 曲线和 CCT 曲线的上述一些差异。

① 转变过程及产物

现用共析钢的等温转变曲线来分析过冷 A 连续转变过程和产物(见图 2-71)。在缓慢冷却(V_1 炉冷)时,过冷 A 将转变为珠光体。转变温度较高,珠光体呈粗片状,硬度为 170~220 HB。以稍快速度(V_2 空冷)冷却时,过冷 A 转变为索氏体,为细片状组织,硬度为 25~35 HRC。采用油冷(V_4)时,过冷 A 先有一部分转变为屈氏体,剩余的过冷 A 在冷却到 M_s 以下后转变为马氏体(无贝氏体转变),冷却到室温时,还会有少量未转变的奥氏体保留下来,这种残留的奥氏体称为残余奥氏体。因此转变后得到的组织为屈氏体＋马氏体＋残余奥氏体。硬度为 45~55 HRC。当用很快的速度冷却(V_5 水冷)时,奥氏体将过冷到 M_s 点以下,发生马氏体转变,冷却到室温保留部分残余奥氏体,转变后得到的组织是马氏体＋残余奥氏体。

过冷 A 转变为马氏体是低温转变过程,转变温度在 M_s~M_f 之间,该温区称马氏体转变区。

② 马氏体转变的特点

a. 过冷 A 转变为马氏体是一种非扩散型转变。因转变温度很低,铁和碳原子都不能进行扩散。铁原子沿奥氏体一定晶面,集体地(不改变相互位置关系)作一定距离的移动(不超过一个原子间距),使面心立方晶格改组为体心正方晶格。图 2-72(a)是奥氏体转变为马氏体的一种简单解释示意图。碳原子原地不动,过饱和地留在新组成的晶胞中,增大了其正方度 c/a[图 2-72(b)]。因此马氏体就是碳在 α-Fe 中的过饱和固溶体。过饱和碳使

α-Fe 的晶格发生很大畸变，产生很强的固溶强化。

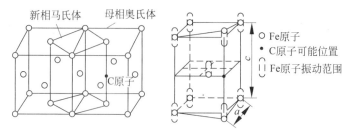

(a) 马氏体晶格与母相奥氏体的关系　　　　(b) 马氏体晶格

图 2-72　马氏体晶格示意图

b. 马氏体的形成速度很快。过冷 A 冷却到 M_s 点以下后，瞬时转变为马氏体。随着温度的下降，过冷 A 不断转变为马氏体，是一个连续冷却的转变过程。

c. 马氏体转变是不彻底的，总要残留下少量奥氏体。这些残留下的奥氏体称为残余奥氏体（残余 A），残余 A 的含量与 A 的碳质量分数有关（图 2-73）。奥氏体中的碳质量分数越高，M_s、M_f 就越低（图 2-74），残余 A 含量就越高。通常奥氏体碳质量分数大于 0.6% 时，在转变产物中应标上残余 A。奥氏体碳质量分数小于 0.6% 时，残余 A 可忽略。

d. 马氏体形成时体积膨胀，在钢中造成很大的内应力，严重时将使被处理零件开裂。

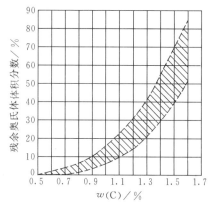

图 2-73　奥氏体的碳质量分数对残余奥氏体体积分数的影响

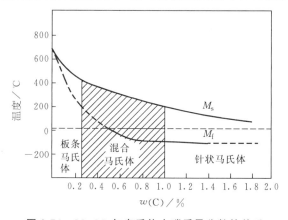

图 2-74　M_s、M_f 与奥氏体中碳质量分数的关系

③ 马氏体的形态

马氏体的形态有板条状和针状（或称片状）两种。其形态决定于奥氏体的碳质量分数。碳质量分数在 0.25% 以下时，基本上是板条马氏体（亦称低碳马氏体）。在显微镜下，板条马氏体为一束束平行排列的细板条组成［图 2-75］。在高倍透射电镜下可看到板条马氏体内有大量位错缠结的亚结构，所以低碳马氏体也称位错马氏体。

当碳质量分数大于 1.0% 时，则大多数是针状马氏体。在光学显微镜下，针状马氏体呈竹叶状或凸透镜状，在空间形同铁饼。马氏体针之间形成一定角度（60°或 120°）。高倍透射电镜分析表明，针状马氏体内有大量孪晶，因此针状马氏体又称孪晶马氏体（图 2-76）。

碳质量分数在 0.25%～1.0% 之间时，为板条马氏体和针状马氏体的混合组织。

④ 马氏体的性能特点

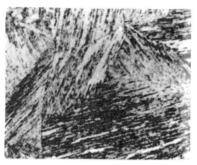 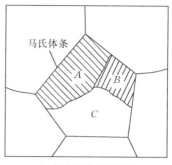

(a) 低碳马氏体电镜形貌像(1000×)　　(b) 板条马氏体示意图

图 2-75　低碳马氏体的组织形态

(a) 高碳马氏体电镜形貌像(1500×)　　(b) 高碳马氏体示意图

图 2-76　高碳马氏体的组织形态

a. 马氏体的硬度很高,马氏体的碳质量分数越大,马氏体硬度越高(图 2-77)。

马氏体的塑性和韧性与其碳含量(或形态)密切相关。高碳马氏体由于过饱和度大、内应力高和存在孪晶结构,所以硬而脆,塑性、韧性极差。但晶粒细化得到的隐晶马氏体却有一定的韧性。至于低碳马氏体,由于过饱和度小,内应力低和存在位错亚结构,则不仅强度高,而且塑性、韧性也较好。

b. 马氏体的比容比奥氏体大,当奥氏体转变为马氏体时,体积会膨胀。马氏体是一种铁磁相,在磁场中呈现磁性,而奥氏体是一种顺磁相,在磁场中无磁性。马氏体的晶格有很大的畸变,因此它的电阻率高。

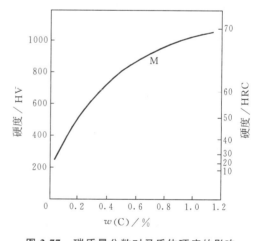

图 2-77　碳质量分数对马氏体硬度的影响

(2) 亚共析钢过冷奥氏体的连续冷却转变

图 2-78 表示了亚共析钢过冷 A 的连续冷却转变过程和产物。与共析钢不同,亚共析钢过冷 A 在高温时有一部分将转变为铁素体,亚共析钢过冷 A 在中温转变区会有少量贝氏体(上 B)产生。如油冷的产物为 F+T+上 B+M,但 F 和上 B 体量少,有时也忽略不计。

(3) 过共析钢过冷奥氏体的连续冷却转变

过共析钢过冷 A 的连续冷却转变过程和产物见图 2-79。在高温区，过冷 A 将首先析出二次渗碳体，而后转变为其他组织组成物。由于奥氏体中碳含量高，所以油冷、水冷后的组织中应包括残余奥氏体。与共析钢一样，其冷却过程中无贝氏体转变。

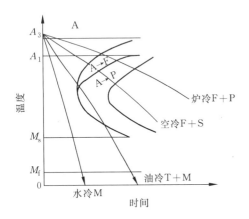

图 2-78 亚共析钢过冷 A 的连续冷却转变

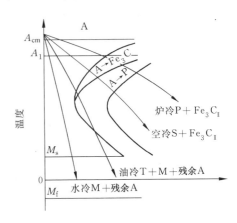

图 2-79 过共析钢过冷 A 的连续冷却转变

综上所述，钢在冷却时，过冷奥氏体的转变产物根据其转变温度的高低可分为高温转变产物珠光体、索氏体、屈氏体，中温转变产物上贝氏体、下贝氏体，低温转变产物马氏体等几种。随着转变温度的降低，其转变产物的硬度增高，而韧性的变化则较为复杂（图 2-80）。

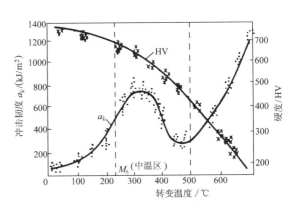

图 2-80 共析钢转变产物的硬度和冲击韧度

2.4.3 钢的普通热处理

1. 退火

将钢加热到适当温度，保温一定时间，然后缓慢冷却（一般为随炉冷却）的热处理工艺叫做退火。

根据处理的目的不同，钢的退火可分为完全退火、等温退火、球化退火、扩散退火、去应力退火和再结晶退火（见 2.3 节）等。各种退火的加热温度范围和工艺曲线如图 2-81 所示。

（1）完全退火

完全退火又称重结晶退火，主要用于亚共析钢。是把钢加热至 A_{c3} 以上 20~30℃，保温一定时间后缓慢冷却（随炉冷却或埋入石灰和砂中冷却），以获得接近平衡组织的热处理工艺。亚共析钢经完全退火后得到的组织是 F+P。

完全退火的目的：通过重结晶，使热加工造成的粗大、不均匀的组织均匀化和细化，以提高性能；或使中碳以上的碳钢和合金钢得到接近平衡状态的组织，以降低硬度，改善切削

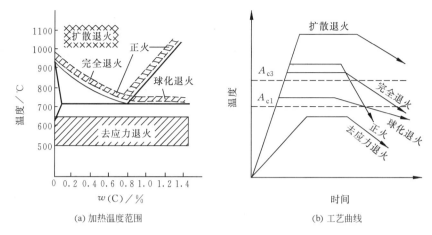

图 2-81 碳钢各种退火和正火工艺示意图

加工性能。由于冷却速度缓慢,还可消除内应力。

过共析钢不宜采用完全退火,因为加热到 A_{ccm} 以上慢冷时,二次渗碳体会以网状形式沿奥氏体晶界析出,使钢的韧性大大下降,并可能在以后的热处理中引起裂纹。

(2) 等温退火

等温退火是将钢件或毛坯加热到高于 A_{c3}(或 A_{c1})的温度,保温后,较快地冷却到珠光体转变区的某一温度,并等温保持,奥氏体等温转变,然后缓慢冷却的热处理工艺。

等温退火的目的与完全退火相同,但转变较易控制,能获得均匀的组织。对于奥氏体较稳定的合金钢,可缩短退火时间。

(3) 球化退火

球化退火是使钢中碳化物球状化的热处理工艺。

球化退火主要用于过共析钢、共析钢,如工具钢、滚珠轴承钢等,目的是使二次渗碳体及珠光体中的渗碳体球状化(退火前需先进行正火使网状二次渗碳体破碎),以降低硬度,改善切削加工性能,并为以后的淬火作组织准备。

图 1-27 为 T12 钢球化退火后的显微组织,铁素体基体上分布着细小均匀的球状渗碳体,叫球化体。

球化退火一般采用随炉加热,加热温度略高于 A_{c1},以便保留较多的未溶碳化物粒子和较大的奥氏体碳浓度分布的不均匀性,促进球状碳化物的形成。若加热温度过高,二次渗碳体易在慢冷时以网状的形式析出。球化退火需要较长的保温时间来保证二次渗碳体的自发球化。保温后随炉冷却,在通过 A_{r1} 温度范围时,应足够缓慢,以使奥氏体进行共析转变时,以未溶渗碳体粒子为核心形成粒状渗碳体。

(4) 扩散退火

为减少钢锭、铸件或锻坯的化学成分和组织不均匀性,将其加热到略低于固相线的温度,长时间保温并进行缓慢冷却的热处理工艺,称为扩散退火或均匀化退火。

扩散退火的加热温度一般选定在钢的熔点以下 100~200℃,保温时间一般为 10~15 h。加热温度提高时,扩散时间可以缩短。

扩散退火后钢的晶粒很粗大,因此一般再进行完全退火或正火处理。

(5) 去应力退火

为消除铸造、锻造、焊接和机加工、冷变形等冷热加工在工件中造成的残余应力而进行的低温退火,称为去应力退火。去应力退火是将钢件加热至低于 A_{c1} 的某一温度(一般为 500~650℃),保温,然后随炉冷却,这种处理可以消除约 50%~80% 的内应力,不引起组织变化。

2. 正火

钢材或钢件加热到 A_{c3} (对于亚共析钢)、A_{c1} (对于共析钢)和 A_{ccm} (对于过共析钢)以上 30~50℃,保温适当时间后,在自由流动的空气中均匀冷却的热处理称为正火。正火后的组织亚共析钢为 F+S,共析钢为 S,过共析钢为 S+Fe_3C_{II}。

正火的目的:

(1) 作为最终热处理

正火可以细化晶粒,使组织均匀化,减少亚共析钢中铁素体含量,使珠光体含量增多并细化,从而提高钢的强度、硬度和韧性。对于普通结构钢零件,力学性能要求不很高时,可把正火作为最终热处理。

(2) 作为预先热处理

截面较大的合金结构钢件,在淬火或调质处理(淬火加高温回火)前进行正火,以消除魏氏组织和带状组织,并获得细小而均匀的组织。对于过共析钢可减少二次渗碳体,并使其避免形成连续网状,为球化退火作组织准备。

(3) 改善切削加工性能。低碳钢或低碳合金钢退火后硬度太低,不便于切削加工。正火可提高其硬度,改善其切削加工性能。

3. 淬火

将钢加热到相变温度以上,保温一定时间,然后快速冷却以获得马氏体组织的热处理工艺称为淬火。淬火是钢的最重要的强化方法。

(1) 淬火工艺

① 淬火温度的选定

在一般情况下,亚共析钢的淬火加热温度为 A_{c3} 以上 30~50℃;共析钢和过共析钢的淬火加热温度为 A_{c1} 以上 30~50℃(图 2-82)。

亚共析钢加热到 A_{c3} 以下时,淬火组织中会保留铁素体,使钢的硬度降低。过共析钢加热到 A_{c1} 以上时,组织中保留少量二次渗碳体,而有利于提高钢的硬度和耐磨性,此时奥氏体中的碳含量不太高,可降低马氏体的脆性。此外,还可减少淬火后残余奥氏体的含量。若淬火温度太高,会形成粗大的马氏体,使力学性能恶化;同时也增大淬火应力,使变形和开裂倾向增大。

② 加热时间的确定

加热时间包括升温和保温两个阶段。

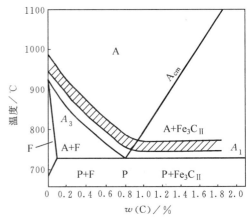

图 2-82 钢的淬火温度

通常以装炉后炉温达到淬火温度所需时间为升温阶段,并以此作为保温时间的开始,保温阶段是指钢件内外温度均匀并完成奥氏体化所需的时间。保温时间根据钢件直径或厚度决定。一般保温时间为 15 min/mm。

③ 淬火冷却介质

常用的冷却介质是水和油。

水在 550～650℃范围冷却能力较大,在 200～300℃范围也较大。因此易造成零件的变形和开裂,这是它的最大缺点。提高水温能降低 550～650℃范围的冷却能力,但对 200～300℃的冷却能力几乎没有影响。这既不利于淬硬,也不能避免变形,所以淬火用水的温度控制在 30℃以下。水在生产上主要用于形状简单、截面较大的碳钢零件的淬火。

淬火用油为各种矿物油(如机油、变压器油等)。它的优点是在 200～300℃范围冷却能力低,有利于减少工件的变形;缺点是在 550～650℃范围冷却能力也低,不利于钢的淬硬,所以油一般作为合金钢的淬火介质。

为了减少零件淬火时的变形,可用盐浴作淬火介质。常用碱浴和盐浴的成分、熔点及使用温度见表 2-7。

表 2-7 热处理常用碱浴和盐浴的成分、熔点及使用温度

熔 盐	成分(质量分数)	熔点/℃	使用温度/℃
碱浴	$w(KOH)80\% + w(NaOH)20\% + w(H_2O)6\%$(外加)	130	140～250
硝盐	$w(KNO_3)55\% + w(NaNO_2)45\%$	137	150～500
硝盐	$w(KNO_3)55\% + w(NaNO_3)45\%$	218	230～550
中性盐	$w(KCl)30\% + w(NaCl)20\% + w(BaCl_2)50\%$	560	580～800

这些介质主要用于分级淬火和等温淬火。其特点是沸点高,冷却能力介于水和油之间。常用于处理形状复杂、尺寸较小、变形要求严格的工具等。

④ 淬火方法

常用的淬火方法有单介质淬火、双介质淬火、分级淬火和等温淬火等(图 2-83)。

单介质淬火

工件在一种介质(水或油)中冷却。操作简单,易于实现机械化,应用广泛。但在水中淬火应力大,工件容易变形开裂;在油中淬火,冷却速度小,淬透直径小,大件淬不硬。

双介质淬火

工件先在较强冷却能力介质中冷却到 300℃左右,再在一种冷却能力较弱的介质中冷却,如先水淬后油淬,可有效减少热应力和相变应力,减小工件变形开裂的倾向。用于形状复杂、截面不均匀的工件淬火。缺点是难以掌握双液转换的时刻,转换过早易淬不硬,转换过迟易淬裂。

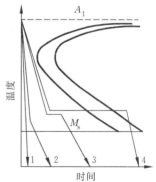

图 2-83 不同淬火方法示意图
1—单介质淬火;2—双介质淬火;
3—分级淬火;4—等温淬火

分级淬火

工件迅速放入低温盐浴或碱浴炉(盐浴或碱浴的温度略高于或略低于 M_s 点)保温

2~5 min,然后取出空冷进行马氏体转变,这种冷却方式叫分级淬火。大大减小淬火应力,防止变形开裂。分级温度略高于 M_s 点的分级淬火适合小件的处理(如刀具)。分级温度略低于 M_s 点的分级淬火适合大件的处理,在 M_s 点以下分级的效果更好。例如,高碳钢模具在 160℃的碱浴中分级淬火,既能淬硬,变形又小。

等温淬火

工件迅速放入盐浴(盐浴温度在贝氏体区的下部,稍高于 M_s 点)中,等温停留较长时间,直到贝氏体转变结束,取出空冷获得下贝氏体组织。等温淬火用于中碳以上的钢,目的是为了获得下贝氏体组织,以提高强度、硬度、韧性和耐磨性。低碳钢一般不采用等温淬火。

(2) 钢的淬透性

① 钢的淬透性及其测定方法

钢接受淬火时形成马氏体的能力叫做钢的淬透性。不同成分的钢淬火时形成马氏体的能力不同,容易形成马氏体的钢淬透性高(好),反之则低(差)。如直径为 30 mm 的 40 钢和 40CrNiMo 试棒,加热到奥氏体区(840℃),然后都用水进行淬火。分析两根试棒截面的组织,测定其硬度。结果是 40 钢试棒表面组织为马氏体,而心部组织为铁素体+索氏体;表面硬度为 55 HRC,心部硬度仅为 20 HRC,表示 40 钢试棒心部未能淬火。而 40CrNiMo 钢试棒则表面至心部均为马氏体组织,硬度都为 55 HRC,可见 40CrNiMo 的淬透性比 40 钢要好。

淬透性可用"末端淬火法"来测定(见 GB/T 225—2006)。将标准试样(ϕ25 mm×100 mm)加热奥氏体化后,迅速放入末端淬火试验机的冷却孔中,喷水冷却。规定喷水管内径12.5 mm,水柱自由高度(65±10) mm,水温(20±5)℃。图 2-84(a)为末端淬火法示意图。显然,喷水端冷却速度最大,距末端沿轴向距离增大,冷却速度逐渐减小,其组织及硬度亦逐渐变化。在试样测面沿长度方向磨一深度 0.4~0.5 mm 的窄条平面,然后从末端开始,每隔一定距离测量一个硬度值,即可测得试样沿长度方向上的硬度变化,所得曲线称为淬透性曲线[图 2-84(b)]。

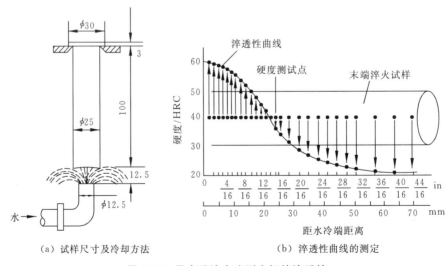

(a) 试样尺寸及冷却方法　　(b) 淬透性曲线的测定

图 2-84　用末端淬火法测定钢的淬透性

实验测出的各种钢的淬透性曲线均收集在有关手册中。同一牌号的钢,由于化学成分和晶粒度的差异,淬透性曲线实际上为有一定波动范围的淬透性带。

根据 GB/T 225—2006 规定，钢的淬透性值用 J××-d 表示。其中 J 表示末端淬火的淬透性，d 表示距水冷端的距离，×× 为该处的洛氏硬度（HRC），或为该处的维氏硬度（HV30）。例如，淬透性值 J35-15 即表示距水冷端 15 mm 处试样的硬度为 35 HRC。JHV450-10 表示距水冷端 10 mm 处的硬度为 450 HV30。

在实际生产中，往往要测定淬火工件的淬透层深度，所谓淬透层深度即是从试样表面至半马氏体区（马氏体和非马氏体组织各占一半）的距离。在同样淬火条件下，淬透层深度越大，反映钢的淬透性越好。

半马体组织比较容易由显微镜或硬度的变化来确定。含非马氏体组织体积分数不大时，硬度变化不大；非马氏体组织体积分数增至 50% 时，硬度陡然下降，曲线上出现明显转折点，如图 2-85 所示，另外，在淬火试样的断口上，也可看到以半马氏体为界，发生由脆性断裂过渡为韧性断裂的变化，并且其酸蚀断面呈现明显的明暗界线。半马氏体组织和马氏体一样，硬度主要与碳含量有关，而与合金元素含量的关系不大，如图 2-86(b) 所示。

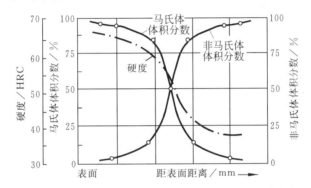

图 2-85 淬火试样断面上马氏体体积分数和硬度的变化

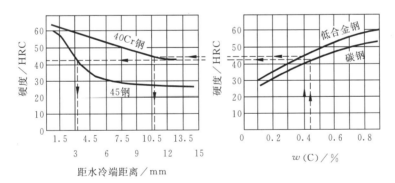

(a) 45钢和40Cr钢的淬透性曲线　　(b) 半马氏体硬度与碳质量分数的关系曲线

图 2-86 利用淬透性曲线比较钢的淬透性

值得注意的是，钢的淬透性与实际工件的淬透层深度并不相同。淬透性是钢在规定条件下的一种工艺性能，而淬透层深度是指实际工件在具体条件下淬火得到的表面马氏体到半马氏体处的距离，它与钢的淬透性、工件的截面尺寸和淬火介质的冷却能力等有关。淬透性好，工件截面小、淬火介质的冷却能力强则淬透层深度越大。

钢淬火后硬度会大幅度提高，能够达到的最高硬度叫钢的淬硬性，它主要决定于马氏体的碳质量分数。碳质量分数小于 0.6% 的钢淬火后硬度可用下式估算：

$$\text{洛氏硬度(HRC)} = 60\sqrt{C} + 16$$

式中 C 是钢的碳质量分数去掉百分号的数字。如 40 钢水淬后的硬度约为 54 HRC。

② 影响淬透性的因素

钢的淬透性由其临界冷却速度决定。临界冷却速度越小，即奥氏体越稳定，则钢的淬透性越好。因此，凡是影响奥氏体稳定性的因素，均影响钢的淬透性。

a. 碳质量分数

对于碳钢，碳质量分数影响钢的临界冷却速度。亚共析钢随碳质量分数减少，临界冷速增大，淬透性降低。过共析钢随碳质量分数增加，临界冷速增大，淬透性降低。在碳钢中，共析钢的临界冷却速度最小，其淬透性最好。

b. 合金元素

除钴以外，其余合金元素溶于奥氏体后，降低临界冷却速度，使 C 曲线右移，提高钢的淬透性，因此合金钢往往比碳钢的淬透性要好。

c. 奥氏体化温度

提高奥氏体化温度，将使奥氏体晶粒长大，成分均匀，可减少珠光体的生核率，降低钢的临界冷却速度，增加其淬透性。

d. 钢中未溶第二相

钢中未溶入奥氏体中的碳化物、氮化物及其他非金属夹杂物，可成为奥氏体分解的非自发核心，使临界冷却速度增大，降低淬透性。

③ 淬透性曲线的应用

利用淬透性曲线，可比较不同钢种的淬透性。淬透性是钢材选用的重要依据之一。利用半马氏体硬度曲线和淬透性曲线，找出钢的半马氏体区所对应的距水冷端距离。该距离越大，则淬透性越好[图 2-86(a)]。从图中可知 40Cr 钢的淬透性比 45 钢要好。

淬透性不同的钢材经调质处理后，沿截面的组织和力学性能差别很大（图 2-87）。图中 40CrNiMo 钢棒整个截面都是回火索氏体，力学性能均匀，强度高，韧性好。而 40Cr、40 钢心部都为片状索氏体＋铁素体，表层为回火索氏体，心部强韧性差。截面积较大、形状复杂以及受力较苛刻的螺栓、拉杆、锻模、锤杆等工件，要求截面力学性能均匀，应选用淬透性好的钢。而承受弯曲或扭转载荷的轴类零件，外层受力较大，心部受力较小，可选用淬透性较低的钢种。

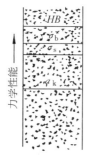 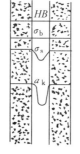 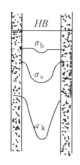

(a) 40CrNiMo 全淬透　(b) 40Cr 钢淬透较大厚度　(c) 40 钢淬透较小厚度

图 2-87　淬透性不同的钢调质处理后力学性能的比较

4. 回火

钢件淬火后，为了消除内应力并获得所要求的组织和性能，将其加热到 A_{c1} 以下某一温度，保温一定时间，然后冷却到室温的热处理工艺叫做回火。

淬火钢一般不直接使用，必须进行回火。这是因为：第一，淬火后得到的是性能很脆的马氏体组织，并存在内应力，容易产生变形和开裂；第二，淬火马氏体和残余奥氏体都是不稳定组织，在工作中会发生分解，导致零件尺寸的变化，这对精密零件是不允许的，第三，为了获得要求的强度、硬度、塑性和韧性，以满足零件的使用要求。回火分为三种。

(1) 低温回火

回火温度为 150～250℃。在低温回火时，从淬火马氏体内部会析出 ε 碳化物薄片($Fe_{2.4}C$)，马氏体的过饱和度减小。部分残余奥氏体转变为下贝氏体，但量不多。大部分残余奥氏体保留下来。所以低温回火后组织为回火马氏体＋残余奥氏体。下贝氏体量少可忽略。其中回火马氏体(回火 M)由极细的 ε 碳化物和低过饱和度的 α 固溶体组成。在显微镜下，高碳回火马氏体为黑针状，低碳回火马氏体为暗板条状，中碳回火马氏体为两者的混合物。图 2-88 是 T12 钢淬火＋低温回火后的组织(高碳回火马氏体＋粒状渗碳体＋残余奥氏体)。

低温回火的目的是降低淬火应力，提高工件韧性，保证淬火后的高硬度(一般为 58～64 HRC)和高耐磨性。主要用于处理各种高碳钢工具、模具、滚动轴承以及渗碳和表面淬火的零件。

(2) 中温回火

回火温度为 350～500℃，得到铁素体基体与大量弥散分布的细粒状渗碳体的混合组织，叫做回火屈氏体(回火 T)。铁素体仍保留马氏体的形态，渗碳体比回火马氏体中的碳化物粗。

回火屈氏体具有高的弹性极限和屈服强度，同时也具有一定的韧性，硬度一般为 35～45 HRC。主要用于各类弹簧。

(3) 高温回火

回火温度为 500～650℃，得到细粒状渗碳体和铁素体基体的混合组织，称回火索氏体(图 2-89)。

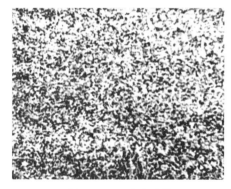

图 2-88　高碳回火马氏体＋粒状渗碳体＋残余奥氏体　　　图 2-89　回火索氏体

回火索氏体(回火 S)综合力学性能最好，即强度、塑性和韧性都比较好，硬度一般为 25～35 HRC。通常把淬火加高温回火称为调质处理，它广泛用于各种重要的机器结构件，如连杆、轴、齿轮等受交变载荷的零件。也可作为某些精密工件如量具、模具等的预先热处理。

钢调质处理后的力学性能和正火后的力学性能相比，不仅强度高，而且塑性和韧性也较好(表 2-8)。这和它们的组织形态有关。正火得到的是索氏体+铁素体,索氏体中的渗碳体为片状。调质得到的是回火索氏体,其渗碳体为细粒状。均匀分布的细粒状渗碳体起到了强化作用,因此回火索氏体的综合力学性能好。

表 2-8　45 钢($\phi 20 \sim \phi 40$ mm)调质和正火后力学性能的比较

工艺	力学性能				组织
	σ_b/MPa	δ/%	a_k/(kJ/m^2)	硬度/HB	
正火	700~800	12~20	500~800	163~220	细片状珠光体+铁素体
调质	750~850	20~25	800~1200	210~250	回火索氏体

淬火钢回火过程中马氏体的碳质量分数、残余奥氏体体积分数、内应力随回火温度的提高而降低,碳化物粒子尺寸随回火温度的提高而增大。随着回火温度的升高,碳钢的硬度、强度降低,塑性提高。但回火温度太高,则塑性会有所下降(图 2-90、图 2-91)。

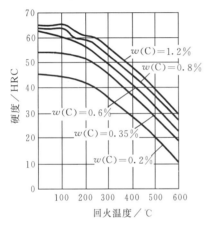

图 2-90　钢的硬度随回火温度的变化

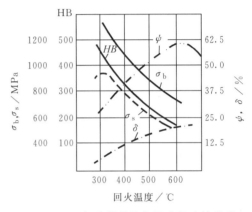

图 2-91　40 钢力学性能与回火温度的关系

图 2-92 表示淬火钢回火过程中马氏体的碳质量分数、残余奥氏体体积分数、内应力和碳化物粒子尺寸随回火温度的变化。

需要指出的是,钢在回火时会产生回火脆性现象,即在 250~400℃ 和 450~650℃ 两个温度区间回火后,钢的冲击韧度明显下降。这种现象在合金钢中比较显著,应当设法避免(详见 2.5 节)。

2.4.4　钢的表面热处理

仅对钢的表面加热、冷却而不改变其成分的热处理工艺称为表面热处理,也叫表面淬火。按照加热的方式,有感应加热、火焰加热、电接触加热和电解加热等表面热处理。

1. 感应加热表面淬火的基本原理

感应线圈中通过交流电时,即在其内部和周围产

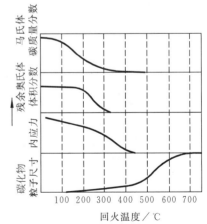

图 2-92　淬火钢组织及相关参数与回火温度的关系

生一与电流相同频率的交变磁场(图 2-93)。若把工件置于磁场中,则在工件内部产生感应电流,并由于电阻的作用而被加热。由于交流电的集肤效应,感应电流在工件截面上的分布是不均匀的,靠近表面的电流密度大,而中心几乎为零。电流透入工件表层的深度,主要与电流频率有关。对于碳钢,存在以下表达式:

$$\delta = \frac{500}{\sqrt{f}}$$

式中:δ 为电流透入深度(mm);f 为电流频率(Hz)。

可见,电流频率越大,电流透入深度越小,加热层也越薄,因此,通过频率的选定,可以得到不同的淬硬层深度。例如,要求淬硬层 2~5 mm 时,适宜的频率为 2500~8000 Hz,可采用中频发电机或可控硅变频器;对于淬硬层为 0.5~2 mm 的工件,可采用电子管或晶闸管高频电源,其常用频率为 200~300 kHz;频率为 50 Hz 的交流电,适于处理要求 10~15 mm 以上淬硬层的工件。

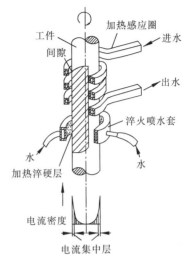

图 2-93 感应加热表面淬火示意图

感应加热后,采用水、乳化液或聚乙烯醇水溶液喷射淬火,工件表面得到马氏体,心部组织不变。淬火后进行 180~200℃ 低温回火,以降低淬火应力,并保持高硬度和高耐磨性。在生产中,也常采用自回火,即在工件冷却到 200℃ 左右时停止喷水,利用工件内部的余热来达到回火的目的。

2. 感应加热适用的钢种

表面淬火一般用于中碳钢和中碳低合金钢,如 45、40Cr、40MnB 钢等。这类钢经预先热处理(正火或调质)后表面淬火,心部保持较高的综合力学性能,而表面具有较高的硬度(大于 50 HRC)和耐磨性。高碳钢也可表面淬火,主要用于受较小冲击和交变载荷的工具、量具等。

3. 感应加热表面热处理的特点

(1) 高频感应加热时,钢的奥氏体化是在较大的过热度(A_{c3} 以上 80~150℃)进行的,因此晶核多,且不易长大,淬火后组织为极细小的隐晶马氏体。表面硬度高,比一般淬火高 2~3 HRC,而且脆性较低。

(2) 表面层淬得马氏体后,由于体积膨胀在工件表面层造成较大的残余压应力,显著提高工件的疲劳强度。小尺寸零件可提高 2~3 倍,大件也可提高 20%~30%。

(3) 因加热速度快,没有保温时间,工件的氧化脱碳少。另外,由于内部未加热,工件的淬火变形也小。

(4) 加热温度和淬硬层厚度(从表面到半马氏体区的距离)容易控制,便于实现机械化和自动化。

由于有以上特点,感应加热表面淬火在热处理生产中得到了广泛的应用,其缺点是形状复杂的零件处理比较困难。

2.4.5 钢的化学热处理

化学热处理是将钢件置于一定温度的活性介质中保温,使一种或几种元素渗入它的表面,改变其化学成分和组织,达到改进表面性能,满足技术要求的热处理过程。按照表面渗入的元素不同,化学热处理可分为渗碳、氮化、碳氮共渗、渗硼、渗铝等。化学热处理能有效地提高钢件表层的耐磨性、耐蚀性、抗氧化性能以及疲劳强度等。

钢件表面化学成分的改变,取决于处理过程中发生的三个基本过程:介质的分解、表面吸收、原子扩散。

1. 渗碳

(1) 渗碳的目的

为了增加表层的碳含量和获得一定碳浓度梯度,低碳钢(如 20、20Cr、20CrMnTi)制造的钢件在渗碳介质中加热和保温,使碳原子渗入表面的工艺称为渗碳。渗碳使低碳钢件表面获得高碳浓度($w(C) \approx 1.0\%$),在经过适当淬火和回火处理后,可提高表面的硬度、耐磨性和疲劳强度,而使心部仍保持良好的韧性和塑性。因此渗碳主要用于同时受严重磨损和较大冲击载荷的零件,例如各种齿轮、活塞销、套筒等。

(2) 渗碳方法

常用的是气体渗碳方法。将工件装在密封的渗碳炉中(图 2-94),加热到 900~950℃,向炉内滴入易分解的有机液体(如煤油、苯、甲醇等),或直接通入渗碳气体(如煤气、石油液化气等),通过下列反应产生活性碳原子,使钢件表面渗碳:

$$2CO \longrightarrow CO_2 + [C]$$
$$CO_2 + H_2 \longrightarrow H_2O + [C]$$
$$C_nH_{2n} \longrightarrow nH_2 + n[C]$$
$$C_nH_{2n+2} \longrightarrow (n+1)H_2 + n[C]$$

气体渗碳的优点是生产率高,劳动条件较好,渗碳过程可以控制,渗碳层的质量和力学性能较好。此外,还可实行直接淬火。

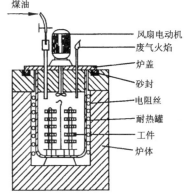

图 2-94 气体渗碳装置示意图

(3) 渗碳工艺

渗碳工艺参数包括渗碳温度和渗碳时间等。

奥氏体的溶碳能力较大,因此渗碳加热到 A_{c3} 以上。温度越高,渗碳速度越快,渗层越厚,生产率也越高。为了避免奥氏体晶粒过于粗大,渗碳温度一般采用 900~950℃。渗碳时间则决定于渗层厚度的要求。在 900℃渗碳,保温 1 h,渗层厚度为 0.5 mm;保温 4 h,渗层厚度可达 1 mm。

低碳钢渗碳后缓冷至室温后的显微组织见图 2-95,表面为珠光体和二次渗碳体(过共析组织),心部为原始亚共析组织(珠光体和铁素体),中间为过渡组织。一般规定,从表面到过渡层的一半处为渗碳层厚度。

零件的渗碳层厚度,决定于其尺寸及工件条件,一般为 0.5~2.5 mm。例如,齿轮的渗碳层厚度由其工作要求及模数等因素来确定,表 2-9 中列举了不同模数齿轮的渗碳层厚度。

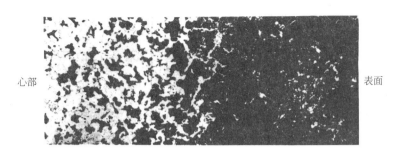

图 2-95 低碳钢渗碳缓冷后的显微组织

表 2-9 不同模数的汽车、拖拉机齿轮渗碳层厚度

齿轮模数	2.5	3.5~4	4~5	5
渗碳层厚度/mm	0.6~0.9	0.9~1.2	1.2~1.5	1.4~1.8

(4) 渗碳后的热处理

① 直接淬火

渗碳后直接淬火(图 2-96 中 1),工艺简单,生产效率高,节约能源,成本低,脱碳倾向小,但由于渗碳温度高,奥氏体晶粒长大,淬火后马氏体较粗,残余奥氏体也较多,所以耐磨性较低,变形较大,只用于本质细晶粒钢或耐磨性要求不太高和承载低的零件。

为了减少淬火时的变形,渗碳后常将工件预冷到 830~850℃ 后淬火,如图 2-96 中 2 所示。

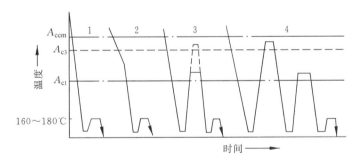

图 2-96 渗碳后的热处理示意图
1,2—直接淬火;3——次淬火;4—二次淬火

② 一次淬火

一次淬火是在渗碳缓慢冷却之后,重新加热到临界温度以上保温后淬火,如图 2-96 中 3 所示。对于心部组织要求高的合金渗碳钢,一次淬火的加热温度略高于心部的 A_{c3}(如图中的虚线所示),淬火后心部,并得到低碳马氏体组织;对于受载不大但表面性能要求较高的零件,淬火温度应选用 A_{c1} 以上 30~50℃,淬火后表层晶粒细,表层得到高硬度、高耐磨性,而心部组织无大的改善,性能略差一些。

③ 二次淬火

对于力学性能要求很高或本质粗晶粒钢,应采用二次淬火,见图 2-96 中 4。第一次淬火是为了改善心部组织,同时消除表面的网状渗碳体,加热温度为 A_{c3} 以上 30~50℃。第二次淬火是为细化表层组织，获得细马氏体和均匀分布的粒状二次渗碳体，加热温度为A_{c1}以上30～50℃。二次淬火工艺复杂，生产效率较低，成本高，变形大，所以只用于要求表面高耐磨性和心部高韧性的零件。

渗碳、淬火后进行低温(150～200℃)回火，以消除淬火应力和提高韧性。

(5) 钢渗碳、淬火、回火后的组织和性能

渗碳件组织：表层为高碳回火马氏体＋粒状碳化物＋残余奥氏体，心部为低碳回火马氏体(或含铁素体、屈氏体)。

渗碳件性能特点：

① 表面硬度高，达58～64 HRC以上，耐磨性较好；心部韧性较好，硬度较低。未淬硬时，心部为137～183 HB；淬硬后得到低碳马氏体，硬度可达30～45 HRC。

② 疲劳强度高。表层高碳马氏体体积膨胀大，心部低碳马氏体体积膨胀小，结果在表层中造成压应力，使零件的疲劳强度提高。

为了保证渗碳件的性能，设计图纸上一般要标明渗碳层厚度、渗碳层和心部的硬度。对于重要零件，还应标明对渗碳层显微组织的要求。渗碳件中不允许硬度高的部位(如装配孔等)也应在图纸上注明，并用镀铜法防止渗碳，或者多留加工余量。

2. 氮化

氮化就是向钢件表面渗入氮的工艺。氮化的目的在于更大地提高钢件表面的硬度和耐磨性，提高疲劳强度和抗蚀性。

(1) 氮化工艺

目前广泛应用的是气体氮化。氨被加热分解出活性氮原子($2NH_3 \longrightarrow 3H_2 + 2[N]$)，氮原子被钢吸收并溶入表面，在保温过程中向内扩散，形成渗氮层。

气体氮化与气体渗碳相比，其特点是：

① 氮化温度低，一般为500～600℃。

② 氮化时间长，一般为20～50 h。氮化层厚度为0.3～0.5 mm。时间长是氮化的主要缺点。为了缩短时间，采用二段氮化法，其工艺过程如图2-97所示。第一阶段是使表层获得高的氮含量和硬度；第二阶段是在稍高的温度下进行较短时间的保温，以得到一定厚度的氮化层。为了加速氮化的进行，可采用催化剂。常用的催化剂有苯、苯胺、氯化铵等。催化剂能提高氮化速度0.3～3倍。

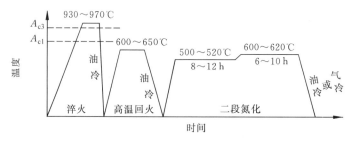

图2-97　38CrMoAl钢氮化工艺曲线图

③ 氮化前零件须经调质处理，改善机加工性能和获得均匀的回火索氏体组织，保证较高的强度和韧性。对于形状复杂或精度要求高的零件，在氮化前精加工后还要进行消除内

应力的退火,以减少氮化时的变形。

(2) 氮化件的组织和性能

根据 Fe-N 相图(图 2-98),氮可溶于铁素体和奥氏体中,并与铁形成 γ′相(Fe_4N)与 ε 相(Fe_2N)。在钢中,这些相也溶有碳。氮化后,工件的最外层为一白色 ε 相或 γ′相的氮化物薄层,很脆。常用精磨磨去;中间是暗黑色含氮共析体($α+γ′$)层;心部为原始回火索氏体组织(图 2-99)。

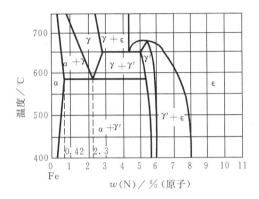

图 2-98 Fe-N 相图

图 2-99 38CrMoAl 钢氮化层的显微组织(400×)

氮化件的性能:

① 钢件氮化后具有很高的硬度(1000~1100 HV),且在 600~650℃下保持不下降,所以具有很高的耐磨性和热硬性(红硬性)。

② 钢氮化后,渗层体积增大,造成表面压应力,使疲劳强度大大提高。

③ 氮化温度低,零件变形小。

④ 氮化后表面形成致密的、化学稳定性较高的 ε 相层,所以耐蚀性好,在水中、过热蒸汽和碱性溶液中均很稳定。

(3) 氮化用钢

碳钢氮化时形成的氮化物不稳定,加热时易分解并聚集粗化,使硬度很快下降。为了克服这个缺点,氮化钢中常加入 Al、Cr、Mo、W、V 等合金元素。它们的氮化物 AlN、CrN、MoN 等都很稳定,并在钢中均匀分布,使钢的硬度提高,在 600~650℃也不降低,常用的氮化钢有 35CrAlA、38CrMoAlA、38CrWVAlA 等。

由于氮化工艺复杂,时间长,成本高,所以只用于耐磨性和精度都要求较高的零件,或要求抗热、抗蚀的耐磨件,例如发动机气缸、排气阀、精密机床丝杠、镗床主轴、汽轮机阀门、阀杆等。随着新工艺(如软氮化、离子氮化等)的发展,氮化处理得到了越来越广泛的应用。

3. 碳氮共渗

碳氮共渗就是同时向零件表面渗入碳和氮的化学热处理工艺,也称氰化。主要有液体和气体碳氮共渗两种。液体碳氮共渗有毒,污染环境,劳动条件差,已很少应用。气体碳氮共渗又分高温和低温两种。低温碳氮共渗以氮为主,实质上就是软氮化。

(1) 高温碳氮共渗工艺

与渗碳一样,将工件放入密封炉内,加热到共渗温度,向炉内滴入煤油,同时通以氨气,经保温后，工件表面获得一定深度的共渗层。高温碳氮共渗主要是渗碳，但氮的渗入使碳浓度很快提高，从而使共渗温度降低和时间缩短。碳氮共渗温度为 830～850℃，保温 1～2 h 后，共渗层可达 0.2～0.5 mm。

碳氮共渗后淬火，再低温回火。共渗温度较低，不发生晶粒长大，一般可采用直接淬火。

（2）碳氮共渗后的性能

① 共渗及淬火后，得到的是含氮马氏体，耐磨性比渗碳层更好。

② 共渗层比渗碳层具有较高的压应力，因而有更高的疲劳强度，耐蚀性也较好。

共渗工艺和渗碳相比，具有时间短，生产效率高，表面硬度高，变形小等优点，但共渗层较薄，主要用于形状复杂，要求变形小的小型耐磨零件。

表面淬火、渗碳、氮化、碳氮共渗四种热处理工艺的比较见表 2-10。在实际工作中，可以根据零件的工作条件、几何形状、尺寸大小等，选用合适的热处理工艺。

表 2-10 几种表面热处理和化学热处理的比较

处理方法	表面淬火	渗 碳	氮 化	碳氮共渗
处理工艺	表面加热淬火，低温回火	渗碳，淬火，低温回火	氮化	碳氮共渗，淬火，低温回火
生产周期	很短，几秒到几分钟	长，3～9 h	很长，20～50 h	短，1～2 h
表层深度/mm	0.5～7	0.5～2	0.3～0.5	0.2～0.5
硬度/HRC	55～58	60～65	65～70（1000～1100 HV）	58～63
耐磨性	较好	良好*	最好	良好
疲劳强度	良好	较好	最好	良好
耐蚀性	一般	一般	最好	较好
热处理后变形	较小	较大	最小	较小
应用举例	机床齿轮 曲轴	汽车齿轮 爪型离合器	油泵齿轮 制动器凸轮	精密机床主轴 丝杠

* 在重载和严重磨损条件下使用。

2.4.6 其他热处理技术

1. 可控气氛热处理

在炉气成分可控制的炉内进行的热处理称为可控气氛热处理。可控气氛热处理能减少或避免钢件在加热过程中氧化和脱碳，提高工件质量；可实现光亮热处理，保证工件的尺寸精度；可进行控制表面碳浓度的渗碳和碳氮共渗，可使已脱碳的工件表面增碳，等等。

（1）吸热式气氛

燃料气（天然气、城市煤气、丙烷）按一定比例空气混合后，通入发生器进行加热，在触媒的作用下，经吸热而制成的气体称为吸热式气氛。吸热式气氛主要用作渗碳气氛和高碳钢的保护气氛。

（2）放热式气氛

燃料气（天然气、乙烷、丙烷等）按一定比例与空气混合后，靠自身的燃烧反应而制成的气体,由于反应时放出大量的热量,故称为放热式气氛。它是所有制备气氛中最便宜的一种,主要用于防止加热时的氧化,如低碳钢的光亮退火,中碳钢小件的光亮淬火等。

(3) 滴注式气氛

用液体有机化合物(如甲醇、乙醇、丙酮、甲酰胺、三乙醇胺等)滴入热处理炉内所得到的气氛称为滴注式气氛。它主要用于渗碳、碳氮共渗、软氮化、保护气氛淬火和退火等。

2. 真空热处理

在真空中进行的热处理称为真空热处理。它包括真空淬火、真空退火、真空回火和真空化学热处理等。

(1) 真空热处理的优点

① 在真空中加热,升温速度很慢,工件变形小。

② 在高真空中,表面的氧化物、油污发生分解,可使工件表面光亮,提高耐磨性、疲劳强度,防止工件表面氧化。

③ 脱气作用,有利于改善钢的韧性,提高工件的使用寿命。

(2) 真空热处理的应用

① 真空退火

真空退火有避免氧化、脱碳和去气、脱脂的作用,除了钢、铜及其合金外,还可用于处理一些与气体亲和力较强的金属,如钛、钽、铌、锆等。

② 真空淬火

真空淬火已大量用于各种渗碳钢、合金工具钢、高速钢和不锈钢的淬火,以及各种时效合金、硬磁合金的固溶处理。

③ 真空渗碳

真空渗碳也叫低压渗碳,是近年来在高温渗碳和真空淬火的基础上发展起来的一项新工艺。与普通渗碳相比有许多优点:可显著缩短渗碳周期,减少渗碳气体的消耗,能精确控制工件表层的碳浓度、浓度梯度和有效渗碳层深度,不形成反常组织和发生晶间氧化,工件表面光亮,基本上不造成环境污染,并可显著改善劳动条件,等等。

3. 离子渗扩热处理

离子渗扩在离子炉中进行(图 2-100)。把严格清洗过的工件置于真空室内的阴极盘上,阴极盘接直流电源的负极,真空室壳和炉底板接直流电源正极并接地。用真空泵将真空室抽至一定真空度,通入一定成分的介质。当在阴、阳极间加高压直流电至一定电压时,炉内出现辉光放电现象,介质气体被电离,正离子(如 N^+、C^+ 等)轰击工件表面,渗入并扩散到工件表层,形成化合物或固溶体。提高了零件的耐磨性、耐疲劳性或耐蚀性。

(1) 离子氮化

离子氮化所用的介质一般为氨气,压强保持在 $1.3 \times 10^2 \sim 1.3 \times 10^3$ Pa,温度为 $500 \sim 560$℃,渗层为 Fe_2N、Fe_4N 铁氮化合物,具有很高的耐磨性、耐蚀性和耐疲劳性。离子氮化渗速快,是气体氮化的 3~4 倍。渗层具有一定的韧性。处理后变形小,表面银白色,质量好。能量消耗低,渗剂消耗少,对环境几乎无污染。

离子渗氮可用于轻载、高速条件下工作的需要耐磨耐蚀的零件及精度要求较高的细长

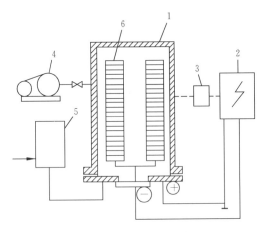

图 2-100 离子渗扩示意图

1—真空容器；2—直流电源；3—测温系统；
4—真空泵；5—渗剂气体调节装置；6—待处理工件

杆类零件，如镗床主轴、精密机床丝杠、阀杆、阀门等。

(2) 离子硫氮碳共渗

离子硫氮碳共渗介质为 $NH_3 + CS_2$ ＋酒精混合液蒸气，温度 $(550±10)$℃，时间 $15\sim 30$ min。工件表层获得氮碳化合物和硫化物的复合渗层，由于有硫化物的存在，因此降低了摩擦因数，提高了抗咬合性能，同时渗层耐磨性好，提高工件的寿命。如 W18Cr4V 钢制梅花扳手冲头，经离子 S-N-C 共渗后，可冲 $3600\sim 4000$ 件，使用寿命比常规处理提高 $1\sim 1.5$ 倍。冲制不锈钢手表带的高速钢冲模，未经表面处理时只能冲 40 万次，经离子三元共渗后可冲 100 万次。

(3) 离子氮碳共渗＋离子渗硫复合处理

先进行离子氮碳共渗，介质为氨气＋丙酮蒸汽，共渗温度为 $530\sim580$℃，后再进行离子渗硫。W18Cr4V 钢经上述复合处理后，次表层为 $Fe_{2\sim3}(N,C)$ 化合物层，表层主要由 FeS、Fe_3S_4 组成(图 2-101)，由于硫化物具有自润滑性能，因此降低了摩擦因数，同时表面硫化物的存在还提高了工件的抗咬合性能。次表层高硬度的氮碳化合物具有很高的耐磨性，因此这种复合渗层抗摩耐磨性好，适于模具、刃具的表面处理，以提高它们的使用寿命。

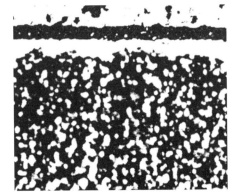

图 2-101 W18Cr4V 钢离子氮碳共渗＋离子渗硫复合处理渗层组织

4. 形变热处理

形变强化和热处理强化都是金属及合金最基本的强化方法。将塑性变形和热处理有机结合起来，以提高材料力学性能的复合热处理工艺，称为形变热处理。在金属同时受到形变和相变时，奥氏体晶粒细化，位错密度增高，晶界发生畸变，碳化物弥散效果增强，从而可获得单一强化方法不可能达到的综合强韧化效果。

形变热处理是将钢加热到稳定的奥氏体区域,进行塑性变形,然后立即淬火和回火(图 2-102)。

形变热处理和普通热处理相比,不但能提高钢的强度,而且能显著提高钢的塑性和韧性,使钢的综合力学性能得到明显的改善。另外,由于钢件表面有较大的残余应力,还可使疲劳强度显著提高。

形变热处理对钢材无特殊要求,可将锻造和轧制同热处理结合起来,省去重新加热过程,从而节约能源,减少材料的氧化、脱碳和变形,且不要求大功率设备,生产上容易实现,所以这种处理得到了较快的发展。

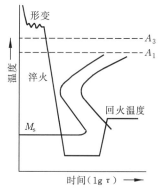

图 2-102 形变热处理工艺曲线示意图

5. 激光加热表面淬火

激光加热表面淬火是利用高能量密度的激光扫描工件表面,将其迅速加热到钢的相变点以上,然后依靠零件本身的传热,来实现快速冷却淬火。

真空热处理、离子渗扩热处理、激光加热表面淬火等新的热处理技术节省能源,对环境无污染,可称为绿色热处理技术。当前,能源和环境问题已日益受到人们的重视,因此改造传统热处理工艺,发展和推广这些新技术、新工艺,是贯彻可持续发展战略方针的重要技术措施。

2.4.7 计算机技术在热处理中的应用

1. 热处理工艺的计算机自动控制

(1) 温度-时间的计算机自动控制

升温、保温、降温全程控制。

(2) 化学热处理渗剂流量及炉内气氛的计算机自动控制

渗碳炉、渗氮炉渗剂(甲烷、氨气、氮气、氢气)的流量控制。炉内碳势、氨分解率的测定及控制。控制质量流量计调节渗剂流量。

(3) 真空炉、离子炉、离子镀设备真空度的计算机自动控制

采用计算机控制:真空泵的开启、真空度的检测、控制阀的开通与闭合。

2. 热处理的计算机模拟

根据零件的形状、尺寸、材料成分、导热系数、炉温、冷却介质等参数,计算机模拟获得组织分布。用于大型轴类、轧辊、叶片、齿轮等零件的热处理工艺制定,组织分布的分析。如 45 钢调质处理后感应加热表面淬火温度场分布的计算机模拟。

3. 热处理数据库

热处理数据库包括钢铁材料国家标准数据库、国内外钢号对照数据库、钢号-热处理工艺-力学性能数据库、常用钢号 C 曲线数据库、金相检验国家标准数据库等。

4. 热处理企业信息管理系统

热处理企业信息管理系统包括人员管理模块、工资管理模块、生产流程管理模块、企业热处理工艺数据库模块、热处理工艺记录模块、产品质量检测模块、库房管理模块、企业资金管理模块等。

5. 热处理专业网站

热处理专业网站包括热处理信息交流、技术交流、数据库查询、企业推介、人才交流、设备和产品介绍等。

计算机技术在热处理中的应用大有可为。在热处理行业中积极开发、推广、使用计算机技术将取得显著的经济效益。

2.4.8 热处理的工程应用

实例 1：螺栓的热处理。汽车车轮固定螺栓用 45 钢制造，需要强度高，韧性好，具有很好的综合力学性能。其最终热处理工艺为：830～840℃加热，保温，用水淬火。580～620℃回火，回火后油冷。组织为回火 S。抗拉强度大于 600 MPa，冲击吸收能量大于 39 J。

实例 2：链条滚轮的热处理。自行车链条滚轮用 15 钢制造，需要较高的强度，表面要求硬度高、耐磨。其最终热处理工艺为：920～930℃渗碳，预冷至 830～850℃，用水淬火，180～200℃回火。表面组织为高碳回火 $M+Fe_3C_{II}$+残余 A，心部组织为低碳回火 M。表面硬度达 60～62 HRC。

实例 3：锯条的热处理　手用锯条为 T10 钢制造，刃部要求硬度高、耐磨，锯条两端要求有一定的韧性。其最终热处理工艺为：760～770℃加热，用水淬火，180～200℃回火。锯条两端用盐浴加热进行 350～400℃回火，刃部组织为高碳回火 $M+Fe_3C_{II}$+残余 A，硬度达 60～62 HRC。锯条两端组织为回火 $T+Fe_3C_{II}$，具有一定的韧性。

2.5　钢的合金化

2.5.1　合金元素与铁、碳的作用

在铁碳合金中加入其他元素，称为合金化。合金元素加入钢中，与铁形成固溶体，或与碳形成碳化物，在高合金钢中还可形成金属化合物。少量合金元素存在于夹杂物（如氧化物、硫化物及硅酸盐等）中。

1. 溶于铁中形成固溶体

几乎所有的合金元素（除 Pb 外）都可溶入铁中，形成合金铁素体或合金奥氏体，按其对 α-Fe 或 γ-Fe 的作用，可将合金元素分成两大类：扩大 γ 相区的元素和缩小 γ 相区元素。

扩大 γ 相区的元素亦称奥氏体稳定化元素，主要是 Mn、Ni、Co、C、N、Cu 等，它们使 A_3 点（γ-Fe $\rightleftharpoons$ α-Fe 的转变点）下降，A_4 点（δ-Fe $\rightleftharpoons$ γ-Fe 的转变点）上升，从而扩大

γ 相的存在范围。其中一些元素（如 Ni、Mn 等）加入到一定量后，可使 A_3 点降到室温以下，使 α 相区完全消失[图 2-103(a)]，称为完全扩大 γ 相区的元素。另外一些元素（如 C、N、Cu 等），虽然扩大了相区，但不能扩大到室温[图 2-103(b)]，故称为部分扩大 γ 相区的元素。

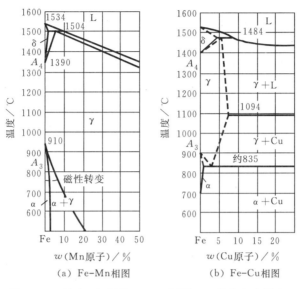

图 2-103　扩大 γ 相区的 Fe-Me 相图（Me 代表合金元素）

缩小 γ 相区元素亦称铁素体稳定化元素，主要有 Cr、Mo、W、V、Ti、Al、Si、B、Nb、Zr 等。它们使 A_3 点上升，A_4 点下降（铬除外，铬质量分数小于 7% 时，A_3 点下降；大于 7% 后，A_3 点迅速上升），从而缩小 γ 相区存在的范围，使铁素体稳定区域扩大。按其作用不同可分为完全封闭 γ 相区的元素（如 Cr、Mo、W、V、Ti、Al、Si 等）和部分缩小 γ 相区的元素（如 B、Nb、Zr 等）（图 2-104）。

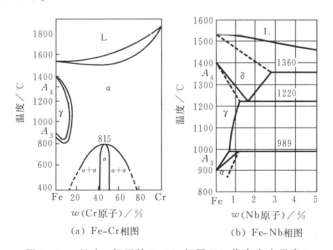

图 2-104　缩小 γ 相区的 Fe-Me 相图（Me 代表合金元素）

2. 形成碳化物

合金元素按其与钢中碳的亲和力的大小，可分为碳化物形成元素和非碳化物形成元素两大类。

常用非碳化物形成元素有 Ni、Co、Cu、Si、Al、N、B 等。它们不与碳形成化合物。除了在少数高合金钢中可形成金属间化合物外，基本上都溶于铁素体和奥氏体中。

常用碳化物形成元素有 Mn、Cr、Mo、W、V、Nb、Ti、Zr 等（按形成的碳化物的稳定性程度由弱到强的次序排列）。它们都是元素周期表中位于铁左方的过渡族元素。在钢中加入这类合金元素，一部分形成合金铁素体，一部分形成合金渗碳体，含量较高时可形成新的合金化合物。它们的类型不同，但一般都具有较高的熔点和硬度。表 2-11 中给出了钢中常见碳化物的类型及基本性能。

表 2-11 钢中常见碳化物的类型及基本特性

碳化物类型	M_3C		$M_{23}C_6$	M_7C_3	M_2C		M_6C		MC		
常见碳化物	Fe_3C	$(Fe,Me)_3C$*	$Cr_{23}C_6$	Cr_7C_3	W_2C	Mo_2C	Fe_3W_3C	Fe_3Mo_3C	VC	NbC	TiC
硬度/HV	900~1050	稍大于 900~1050	1000~1100	1600~1800	1200~1300				1800~3200		
熔点/℃	~1650		1550	1665					2830	3500	3200
在钢中溶解的温度范围	A_{c1} 至 950~1000℃	A_{c1} 至 1050~1200℃	950~1100℃	>950℃ 直到熔点	回火时析出，>650~700℃ 时转变为 M_6C		1150~1300℃		>1100~1150℃	几乎不溶解	
含有此类碳化物的钢种	碳钢	低合金钢	高合金工具钢及不锈钢、耐热钢	少数高合金工具钢	高合金工具钢，如高速钢、Cr12MoV、3Cr2W8V 等		高合金工具钢，如高速钢、Cr12MoV、3Cr2W8V 等		钒质量分数>0.3% 的所有含钒合金钢	几乎所有含铌、钛的钢种	

* Me 可以是 Mn、Cr、W、Mo、V 等碳化物形成的元素。

2.5.2 合金元素对 Fe-Fe₃C 相图的影响

1. 对奥氏体和铁素体存在范围的影响

扩大 γ 相区的元素均扩大 Fe-Fe₃C 相图中奥氏体存在的区域，其中完全扩大 γ 相区的元素 Ni 或 Mn 的含量较多时，可使钢在室温下得到单相奥氏体组织，如 12Cr18Ni9（1Cr18Ni9）高镍奥氏体不锈钢和 ZGMn13 高锰耐磨钢等。缩小 γ 相区的元素均缩小 Fe-Fe₃C 相图中奥氏体存在的区域，其中完全封闭 γ 相区的元素（如 Cr、Ti、Si 等）超过一定含量后，可使钢获得单相铁素体组织，如 10Cr17（1Cr17）高铬铁素体不锈钢。括号中为旧牌号。

2. 对 Fe-Fe₃C 相图临界点（S 和 E 点）的影响

扩大 γ 相区的元素使 Fe-Fe₃C 相图中的共析转变温度下降，缩小 γ 相区的元素则使其上升，并都使共析反应在一个温度范围内进行。几乎所有的合金元素都使共析点、共晶点

和 E 点的碳质量分数降低。强碳化物形成元素尤为强烈。共析点(S)和 E 点的碳质量分数下降,即 S 点和 E 点左移,使合金钢的平衡组织发生变化(不能完全用 Fe-Fe$_3$C 相图来分析)。例如,碳质量分数为 0.3% 的 3Cr2W8V 热模具钢已是过共析钢,碳质量分数小于 1.0% 的 W18Cr4V 高速钢,在铸态下具有莱氏体组织。

2.5.3 合金元素对钢热处理的影响

1. 合金元素对加热时转变的影响

合金元素影响加热时奥氏体形成的速度和奥氏体晶粒的大小。

(1) 对奥氏体形成速度的影响

Cr、Mo、W、V 等强碳化物形成元素与碳的亲和力大,形成难溶于奥氏体的合金碳化物,显著阻碍碳的扩散,大大减慢奥氏体形成速度。为了加速碳化物的溶解和奥氏体成分的均匀化,必须提高加热温度并延长保温时间。

Co、Ni 等部分非碳化物形成元素,因增大碳的扩散速度,使奥氏体的形成速度加快。

Al、Si、Mn 等合金元素对奥氏体形成速度影响不大。

(2) 对奥氏体晶粒大小的影响

① 强烈阻碍晶粒长大的元素:V、Ti、Nb、Zr 等元素因形成的碳化物在高温下较稳定,不易溶于奥氏体中,能阻碍奥氏体晶界外移,显著细化晶粒。Al 在钢中易形成高熔点 AlN、Al$_2$O$_3$ 细质点,也强烈阻止晶粒长大。

② 中等阻碍晶粒长大的元素:W、Mo、Cr。

③ 对晶粒长大影响不大的元素:Si、Ni、Cu。

④ 促进晶粒长大的元素:Mn、P、B。由于锰钢有较强的过热倾向,其加热温度不应过高,保温时间也应较短。

2. 合金元素对过冷奥氏体转变的影响

除 Co 外,几乎所有合金元素都增大过冷奥氏体的稳定性,推迟珠光体类型组织的转变,使 C 曲线右移,即提高钢的淬透性(图 2-105),这是钢中加入合金元素的主要目的之一。常用提高淬透性的元素有 Mn、Cr、Ni、Si、B 等。微量硼(质量分数为 0.0005% ~ 0.003%)就能明显提高淬透性,但其作用不稳定。必须指出,加入的合金元素,只有完全溶于奥氏体时,才能提高淬透性。如果未完全溶解,则碳化物会成为珠光体的核心,反而降低钢的淬透性。另外,两种或多种合金元素同时加入,对淬透性的影响比单个元素的影响要强得多。

除 Co、Al 外,多数合金元素都使 M_s 和 M_f 点下降(图 2-105)。其作用大小的次序是:Mn、Cr、Ni、Mo、W、Si。其中 Mn 的作用最强,Si 实际上无影响。M_s 和 M_f 点的下降,使淬火后钢中残余奥氏体量增多。许多高碳高合金钢中的残余奥氏体量的体积分数可达 30%~40%。残余奥氏体量过多时,钢的硬度和疲劳抗力下降,因此须进行冷处理(冷至 M_f 点以下),使残余奥氏体转变为马氏体;或进行多次回火,使残余奥氏体因析出合金碳化物而使 M_s、M_f 点上升,并在冷却过程中转变为马氏体或贝氏体(称为二次淬火)。

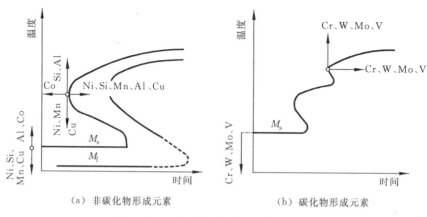

图 2-105 合金元素对碳钢 C 曲线的影响

3. 合金元素对回火转变的影响

(1) 提高回火稳定性

钢在回火时抵抗软化的能力叫钢的回火稳定性。合金元素在回火过程中推迟马氏体的分解和残余奥氏体的转变（在较高温度才开始分解和转变）；提高铁素体的再结晶温度，使碳化物难以聚集长大而保持较大的弥散度。因此提高了回火软化的抗力，即提高了钢的回火稳定性，使得合金钢在相同温度下回火时，比同样碳含量的碳钢具有更高的硬度和强度（这对工具钢和耐热钢特别重要），或者在保证相同强度的条件下，可在更高的温度下回火，而使韧性更好一些（这对结构钢更重要）。

提高回火稳定性作用较强的合金元素有 V、Si、Mo、W、Ni、Co 等。

(2) 产生二次硬化

一些 Mo、W、V 含量较高的高合金钢回火时，硬度不是随回火温度升高单调降低，而是到某一温度（约 400℃）后反而开始增大，并在另一更高温度（一般为 550℃左右）达到峰值（图 2-106）。这种现象称为二次硬化现象。当回火温度低于 450℃时，钢中析出渗碳体。在 450℃以上渗碳体溶解，钢中开始沉淀出弥散分布的、稳定的难熔碳化物 Mo_2C、W_2C、VC 等，使硬度升高，产生二次硬化现象，也称为沉淀硬化。在 550℃左右硬度出现峰值。二次硬化也包括回火冷却过程中残余奥氏体转变为马氏体（二次淬火）引起的硬度提高。产生以上两类二次硬化效应的合金元素见表 2-12。

表 2-12 产生二次硬化效应的合金元素

产生二次硬化的原因	合 金 元 素
残余奥氏体的转变	Mn、Mo、W、Cr、Ni、Co*、V
沉淀硬化	V、Mo、W、Cr、Ni*、Co*

* 仅在高含量并有其他合金元素存在时，由于能生成弥散分布的金属间化合物才有效。

(3) 增大回火脆性

和碳钢一样，合金钢也产生回火脆性，而且更明显。这是合金元素的不利影响。镍铬钢的韧性与回火温度的关系见图 2-107，250～400℃的第一类回火脆性（低温回火脆性），是

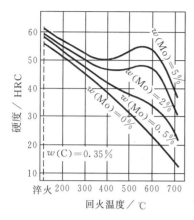

图 2-106 碳质量分数为 0.35% 钼钢的回火温度与硬度关系曲线

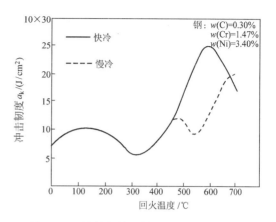

图 2-107 铬镍钢的韧性与回火温度的关系

由相变机制本身决定的,无法消除,只能避开此温度范围回火。但加入质量分数为 1%~3% 的硅,可使其脆性温区移向较高温度。450~600℃ 发生的第二类回火脆性(高温回火脆性),主要与某些杂质元素以及合金元素本身在原奥氏体晶界上的严重偏聚有关,多发生在含 Mn、Cr、Ni 等元素的合金钢中,这是一种可逆回火脆性,回火后快冷(通常用油冷),抑制杂质元素在晶界偏聚,可防止其发生。钢中加入适当 Mo(质量分数为 0.5%)或 W(质量分数为 1%),因强烈阻碍和延迟杂质元素等往晶界扩散偏聚,基本上也可消除这类脆性。

2.5.4 合金元素对钢的工艺性能的影响

1. 合金元素对钢热加工性能的影响

合金元素 Cr、Mo、V、Ti、Al 等在钢中形成高熔点碳化物或氧化物质点,增大钢的黏度,降低流动性,使铸造性能恶化。

合金元素溶入固溶体中,或在钢中形成碳化物(如 Cr、Mo、W 等),都使钢的热变形抗力提高和热塑性明显下降而容易锻裂。但 Nb、Ti、V 等碳化物在钢中弥散分布时,对塑性影响不大。合金元素一般都降低钢的导热性和使钢的淬透性提高,为了防止开裂,合金钢锻造时加热和冷却都必须缓慢。

合金元素提高钢的淬透性,促进脆性组织(马氏体)的形成,使焊接性能变坏。但钢中含有少量 Ti 和 V,形成稳定的碳化物,使晶粒细化并降低淬透性,可改善钢的焊接性能。

合金钢的热加工工艺性能比碳钢要差得多。

2. 合金元素对钢冷加工性能的影响

合金元素溶于固溶体,加剧钢的加工硬化,使钢变硬、变脆,易开裂或难以继续变形。Si、Ni、Cr、V、Cu 可降低钢的深冲性能;Nb、Ti、Zr 和 Re 因能改善碳化物的形态,从而可提高钢的冲压性能。

一般合金钢的切削性能比碳钢差。但适当加入 S、P、Pb 等元素可以大大改善钢的切削性能。

3. 合金元素对钢热处理工艺性能的影响

合金钢的淬透性高,淬火时可以采用比较缓慢的冷却方法,不但操作比较容易,而且可以减少工件的变形和开裂倾向。加入 Mn、Si 会增大钢的过热敏感性。Mn、Cr、Ni 增加高温回火脆性,Mo、W 可基本消除高温回火脆性。Si 促进脱碳,Cr 降低脱碳。

2.5.5 合金元素对钢的性能的影响

1. 合金元素对钢的力学性能的影响

提高钢的强度是加入合金元素的主要目的之一。

合金元素增强正火状态下钢的力学性能。由于过冷奥氏体稳定性增大,合金钢在正火状态下可得到层片距离更小的珠光体,或可得到贝氏体甚至马氏体组织,从而强度大为增加。Mn、Cr、Cu 的强化作用较大,而 Si、Al、V、Mo 等在含量少时(低合金结构钢)影响很小。

合金元素对淬火、回火状态下钢的强化作用最显著,因为它充分利用了四种强化机制:位错强化、细晶强化、固溶强化、第二相强化(弥散强化)。

淬火形成马氏体时,马氏体中的位错密度增高,而屈服强度随位错密度增加而提高。马氏体形成时,奥氏体被分割成许多较小的、取向不同的区域(马氏体束),产生相当于晶粒细化的作用。马氏体中的合金元素也有固溶强化作用。马氏体是过饱和固溶体,回火时析出碳化物,使韧性大大改善。析出的碳化物粒子能造成强烈的第二相强化。所以,获得马氏体并对其回火是钢的最经济和最有效的强化方法。

合金元素加入钢中提高钢的淬透性,保证在淬火时容易获得马氏体。但合金元素对提高马氏体硬度的作用有限,在完全获得马氏体的条件下,碳含量相同时合金钢和碳钢的硬度基本上一样(图 2-108)。

合金元素提高钢的回火稳定性,使淬火钢在回火时析出的碳化物更细小、均匀和稳定,并使马氏体的微细晶粒及高密度位错保持到较高温度。在同样条件下,合金钢比碳钢具有更高的强度。此外,有些合金元素还可使钢产生二次硬化,得到良好的高温性能。

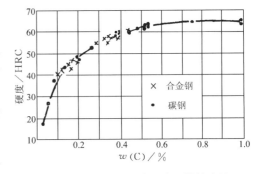

图 2-108 合金钢与碳钢淬硬性的比较

2. 合金元素对钢的其他性能的影响

W、Mo、V 可以提高钢的热硬性,即提高钢在高温保持高硬度的能力。Cr、W、Mo、Al、Si 可以提高钢的耐热性。

Cr、Ni 可以提高钢的耐蚀性。W、Mo、V、Ti 可以提高钢的耐磨性。

2.5.6 合金化的工程应用

随着科学技术和工业的发展,对材料提出了更高的要求。碳钢不能完全满足要求。

碳钢的淬透性低,水淬的最大淬透直径不超过 20 mm,因此在制造大尺寸和形状复杂的零件时,不能保证性能均匀和形状不变。碳钢的强度和屈强比比较低,使工程结构和设备笨重。碳钢回火稳定性差,在进行调质处理时,为了保证较高的强度需采用较低的回火温度,这样钢的韧性就偏低;为了保证较好的韧性,采用高的回火温度时强度又偏低,所以碳钢的综合力学性能不高。碳钢在抗氧化、耐蚀、耐热、耐低温、耐磨损等方面往往较差,不能满足特殊使用性能的需求。

为了提高钢的性能,在铁碳合金中特意加入合金元素,所获得的钢称为合金钢。

实例 1:40 钢的碳质量分数为 0.4%,调质处理后其 σ_s 最低为 355 MPa。只能制造强度、韧性要求不高的螺栓、轴类零件。如果冶炼时加入质量分数为 1% 的 Cr,成为低合金结构钢 40Cr,调质处理后其 σ_s 最低为 785 MPa。淬透性和强度得到提高,可以制造强度、韧性要求高的螺栓、轴类等零件。

实例 2:20 钢的碳质量分数为 0.2%,其耐蚀性、耐热性差,只能制造常温、无腐蚀性介质作用条件下使用的零件。如果冶炼时加入质量分数为 13% 的 Cr,成为不锈钢 20Cr13(2Cr13),耐蚀性、耐热性大大提高,可以制造高温、腐蚀性介质作用条件下使用的零件,如汽轮机叶片、化工设备用耐蚀螺栓、螺母等零件。

2.6 表面技术

表面技术是利用各种物理的、化学的或机械的方法,使金属获得特殊的成分、组织结构和性能的表面,以提高金属的使用寿命的技术,也称表面改性。

表面技术的特点是:

① 不必整体改善材料,只需进行表面改性或强化,以获得最佳的综合性能,节约材料。

② 可获得超细晶粒、非晶态、过饱和固溶体、多层结构层等特殊的表面层,性能特异。

③ 表面涂层很薄,涂层用料少,可采用贵重稀缺元素而不显著增加成本,获得所需涂层性能。

④ 可制造性能优异的零部件产品,也可用于修复已损坏、失效的零件。

表面技术的应用,在提高零部件的使用寿命和可靠性,提高产品质量,增强产品的竞争力,以及节约材料,节约能源等方面都有着十分重要的意义。

表面技术按工艺过程特点可分为以下几类:表面化学热处理、电镀及电刷镀、堆焊及热喷涂、高能密度处理(激光、电子束、离子束处理)、气相沉积等。

2.6.1 电刷镀技术

1. 电刷镀的原理和特点

图 2-109 是电刷镀的基本原理示意图。它采用专用的直流电源,镀笔接电源的正极,作为刷镀时的阳极,工件接电源的负极,作为刷镀时的阴极。镀笔一般由石墨或金属导电材料

制成,外面包裹棉花及耐磨的包套。刷镀时,镀笔浸满镀液,并以一定的速度在工件表面移动,在工件与镀笔接触的部位,镀液中金属离子在电场力的作用下扩散到工件表面,并获得电子被还原成金属原子,这些金属原子在工件表面成核与长大,结晶成镀层。

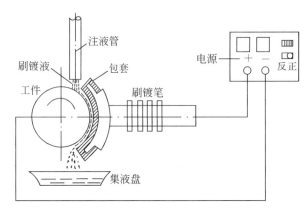

图 2-109　电刷镀基本原理示意图

与普通有槽电镀相比,电刷镀设备、工艺简单。不需要镀槽和挂具。采用专用的电刷镀镀液,镀液金属离子浓度高,镀积速度比槽镀快 5～50 倍。镀层与基体的结合强度较大。允许比槽镀有更大的电流密度,不仅加快镀积速度,并使镀层均匀、致密、晶粒细小。电刷镀技术可用于修复工件,强化表面(提高耐磨性、耐蚀性),获得美观的表面。

2. 电刷镀工艺

电刷镀工艺包括刷镀前表面预处理和刷镀两部分。
(1) 刷镀前表面预处理
表面预处理是获得高质量刷镀层的前提。
表面预加工　用车床或砂轮、砂布清理零件表面。
除油、除锈
电净处理　用电净液进行表面除油,电源要正接,即工件接负极,镀笔接正极。
活化处理　活化时电源要反接,即工件接正极,镀笔接负极,这实质上是一个电解过程,清除表面的氧化膜和疲劳层。
(2) 刷镀
打底　为了提高工作镀层与基体的结合强度,工件经电净、活化后,立刻在工件表面镀上一层打底层。打底材料有三类:一是用特殊镍作底层,适用于各种钢铁材料;二是用碱铜作底层,适用于铝、锌等难镀的材料;三是用低氢脆性的镉作底层,用于对氢特别敏感的超高强度钢,防止在镀工作层时大量氢的渗入。
镀工件镀层　根据工件工作条件的需要,选用具有不同性能的镀液,提高工件的使用寿命或获得特殊的理化性能。

3. 电刷镀溶液

(1) 预处理溶液
电净液　用于电解除油,去除零件表面的油污,是一种碱性溶液。其 pH 值在 11 以上，同时还有轻度的去锈能力。

活化液　用于提高零件表面的化学活性，去除零件表面的有机、无机膜层，是一种酸性溶液。

(2) 金属镀液

选用不同的金属镀液进行刷镀，便可获得各种不同性能（包括耐磨性、防腐蚀性、导电性、钎焊性等）的镀层。

镍镀液　镍镀层有很好的耐蚀性。

铜镀液　铜镀层延展性较好，用于恢复尺寸，填补凹坑，以及修复各种导电零件。

镍-钨合金、钴-钨合金、镍-磷合金镀液　具有高硬度和高耐磨性。

其他合金镀液　如铅-锡、铅-锡-铜等镀层，均属于应用广泛的减摩镀层，常用于制造发动机轴瓦及齿轮表面的减摩层，也可用于大型轴瓦的修复。

4. 电刷镀的工程应用

实例1：T68镗床主轴材料为铸钢，长约1 m，轴颈表面大面积划伤。采用电刷镀进行修复。表面清理后，进行电净、活化，用特殊镍打底层，用快速镍增加镍层厚度至要求尺寸，抛光后装机使用。工艺简单、成本低廉，镀层和基体结合良好，耐磨性好。主轴修复后，满足使用要求。

实例2：制造大型塑料的模具，材料为灰铸铁，模具底盘直径为1 m，合模高为0.4 m，重1.3 t。由于模具表面硬度低，腔面磨损严重，粗糙度增加，产品表面质量变差。采用电刷镀对模具进行强化处理。以碱铜为过渡层，表面镀镍-钴合金为工作层。模具表面硬度由23 HRC提高到40 HRC，粗糙度值由$Ra6.3~\mu m$降到$Ra0.8~\mu m$，耐磨性提高了2倍，使用寿命延长，产品质量提高。

2.6.2　热喷涂技术

热喷涂技术是利用热源将金属或非金属材料加热到熔化或半熔化状态，用高速气流将其吹成微小颗粒（雾化），喷射到工件表面，形成牢固的覆盖层的表面加工方法。

1. 热喷涂技术特点

(1) 涂层和基体材料广泛。涂层材料有金属及其合金、陶瓷、塑料及其复合材料。作为工件基体的除金属和合金外，也可以是非金属的陶瓷、水泥、塑料，甚至石膏、木材等。

(2) 热喷涂工艺灵活。热喷涂的施工对象可以小到几十毫米的内孔，又可以大到像铁塔、桥梁等大型构件。

(3) 喷涂层、喷焊层的厚度可以在较大范围内(0.5～5 mm)变化。

(4) 热喷涂有较高的生产效率。其生产率一般可达每小时数千克（喷涂材料）。

2. 常用热喷涂技术

(1) 火焰喷涂

利用各种可燃性气体燃烧放出的热进行的热喷涂称为火焰喷涂。目前应用最广泛的气体是氧-乙炔。氧-乙炔火焰的最高温度可达3100℃。一般情况下，高温不剧烈氧化、在

2760℃以下不升华、能在2500℃以下熔化的材料都可用火焰喷涂形成涂层。

(2) 电弧喷涂

在两根由喷涂材料制成的丝材之上加上交流或直流电压(30～50 V),当丝材端部接近时,空气击穿,产生电弧,将连续、均匀送进的丝材熔化成液滴,由压缩空气(压力大于0.4 MPa)将液滴高速吹向待喷涂工件表面,形成喷涂层。电弧喷涂适用于所有能拔丝的金属和合金,喷涂层与基材的结合力比火焰喷涂层高,孔隙率低,且节省喷涂材料。

(3) 等离子喷涂

气体电离(电弧放电)成为离子态(正、负离子),即等离子体。等离子体的温度可达20 000℃,喷嘴处的等离子体焰流速度可达到 800 m/s。利用等离子弧作为热源进行喷涂的技术叫等离子喷涂。等离子弧能量高度集中,可喷涂材料范围广,如可喷涂 WC(碳化钨)等高熔点材料。喷涂层致密,气孔率低。基体受热损伤小,涂层质量非常好。

(4) 电热爆炸喷涂

可以进行反应喷涂。采用 Zr 和 B_2O_3 混合粉末,可制备 Zr-O-B 成分可变的陶瓷涂层,底层为 Ni-Cr[w(Cr)=20%]层,顶层为 Zr-O-B 陶瓷层。涂层的硬度接近于烧结 ZrB_2。

3. 涂层结构的特点

涂层为层状结构(图 2-110)。涂层与基体以机械、金属键、微扩散、微焊接等机制结合。

由喷涂材料的颗粒堆积而成的涂层,不可避免地会存在孔隙,其孔隙率因喷涂方法不同,一般在4%～20%之间,孔隙率的存在会降低涂层的致密性,且降低涂层的强度和防腐蚀性能。但在特定条件下,多孔性的涂层也是一种所希望的涂层。如作为润滑涂层,孔隙有储存润滑油的作用;作为耐热涂层,多孔性具有较低的导热性。

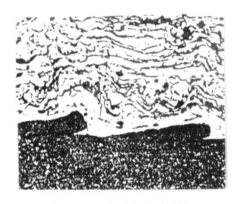

图 2-110 热喷涂层的结构

4. 热喷涂材料

(1) 纯金属及其合金

锌、铝、铜、铁、镍等,等离子喷涂可以采用高温合金等。

锌及锌合金 锌具有良好的耐蚀性能。锌的标准电极电位是 -0.96 V,比铁(-0.44 V)低,将锌涂在钢件表面,可作为阳极保护材料,保护阴极钢铁构件不受腐蚀。

铝及铝合金 铝在室温下大气中形成致密而坚固的 Al_2O_3 氧化膜,保护铝不再进一步被氧化。铝还可用于耐热涂层。铝在高温下与铁形成能抗高温氧化的铝化铁,从而提高了钢材的耐热性。

铜及铜合金 纯铜涂层主要用于电器导电涂层及塑像、工艺品、建筑表面的装饰。黄铜可用于修复磨损及加工超差的工件,修补有铸造缺陷(砂眼、气孔)的黄铜铸件,也可用作装饰涂层。铝青铜抗蚀能力和强度都较高,涂层致密,用于修复一些青铜铸件,如水泵叶片、活塞、轴瓦等。

镍及镍合金 具有耐蚀、耐磨、耐高温的优异性能。

铁和铁合金 以铁为基的碳钢和合金钢具有来源广泛、价格低廉的优点,因而在对各种机械零件的磨损表面进行修复中获得广泛的应用。

自熔合金 自熔合金是一种喷焊时不需外加焊剂,具有脱氧、造渣、改善润湿性和与基体形成良好的冶金结合的低熔点合金,主要用于喷焊工艺,获得理想的喷焊层。

目前所使用的自熔合金大部分都含有硼、硅元素。硼、硅在自熔合金中的作用是降低合金熔点,获得较宽的液相和固相温度区间,同时还起到脱氧、还原主要金属及造渣的作用。

（2）陶瓷材料

应用较多的是氧化物(Al_2O_3)和碳化物(SiC),具有熔点高、硬度高、耐磨性高等特点。

（3）复合材料

以各种碳化物硬质颗粒作芯核材料,用金属或合金作包覆材料,可制成各种系列的硬质耐磨复合粉末。

以各种具有低摩擦因数、低硬度并具有自润滑性能的多孔软质材料颗粒,如石墨、二硫化钼、聚四氟乙烯作芯核材料,再包覆金属或合金。可制成减摩润滑的复合粉末。

5. 热喷涂工艺

①待喷涂工件表面预处理:清除油脂、铁锈、污物后,用喷砂方法粗化表面。也可直接粗车以清洁和粗化表面。②预热:火焰喷涂前应将工件预热,电弧喷涂和等离子喷涂工件可不预热。③喷涂。④喷后处理:喷涂层是有孔结构,在某些情况下,需要将孔隙密封,以防止腐蚀性介质渗入涂层,对基体造成腐蚀。封孔处理还可明显提高喷涂层的抗磨损能力。常用的封孔材料有石蜡、液态酚醛树脂和环氧树脂等。

为了提高喷涂层与基体材料的结合强度,降低涂层孔隙率,热喷涂层可进行重熔。用热源将喷涂层加热到熔化,使喷涂层的熔融合金与基材金属互溶、扩散,形成类似钎焊的冶金结合,这种工艺叫喷焊,所得到的涂层称为喷焊层。喷焊层与基体的结合是冶金结合,结合强度远高于喷涂层与基体的结合强度。喷焊层均匀致密,一般认为其孔隙率为零,能承受冲击载荷和较高的接触应力。

热喷涂可用于材料表面的强化,提高耐磨、耐蚀性,也可用于磨损件的表面修复。在航空宇航、机械制造、冶金、化工石油工业领域得到广泛的应用。

实例1:如油田抽油机主轴轴颈磨损,采用电弧喷涂技术喷涂30Cr13(3Cr13)涂层,主轴予以修复。

实例2:内燃机排气阀磨损,采用钴基合金喷涂层修复。

实例3:喷涂技术与快速成形技术相结合,可以在快速原型之上翻制硅胶模。用硅胶模翻制耐火过渡基模,再在基模上喷涂金属形成金属壳层,给金属壳层背衬补强并去除基模,模腔经过必要的后处理并与其他钢结构件装配后就得到完整的快速金属模具。

2.6.3 气相沉积技术

气相沉积技术是指从气相物质中析出固相并沉积在基材表面的一种新型表面镀膜技术。根据使用的原理不同,可分为化学气相沉积(CVD)及物理气相沉积(PVD)两大类。新型的气相沉积技术还包括等离子体增强化学气相沉积(PCVD)、有机金属化学气相沉积

(MOCVD)、激光化学气相沉积(LCVD)等。

气相沉积能够在基材表面生成硬质耐磨层、软质减摩层、防蚀层及其他功能性镀层而十分引人注目。这些镀层已成功地应用在刀具、模具、轴承及精密齿轮的表面强化,取得了明显的效果。

1. 化学气相沉积(CVD)

(1) CVD 基本原理

CVD 是利用气态化合物(或化合物的混合物)在基材受热表面发生化学反应,并在该基材表面生成固态沉积物的过程。例如,气相的 $TiCl_4$ 与 N_2 和 H_2 在受热钢的表面通过还原反应形成 TiN 耐磨抗蚀沉积层。气相的 $TiCl_4$ 与甲烷气体(CH_4)在基材表面通过置换反应生成 TiC。

CVD 的反应物是气相,生成物之一是固相。

(2) CVD 的特点

① 可沉积金属膜、非金属膜及复合膜,并能在较大范围内控制膜的组成与晶型;

② 镀膜的绕射性能好,因此形状复杂的工件,细孔甚至深孔部位均能镀上均匀的膜层;

③ 因在高温环境中施镀,膜层残余应力小,膜层厚度较 PVD 厚,与基体的结合强度高;

④ 高温会造成基材组织结构的变化,从而其应用范围受到一定限制。

图 2-111 为 CVD 设备示意图,CVD 设备一般由反应室、气体控制系统、加热体、排气处理系统等组成。可镀镀层种类繁多(TiC、TiN、Cr_7C_3、TiC-TiN 多层涂层等),自动化程度很高,能控制沉积温度及层厚,并实现交替涂层。

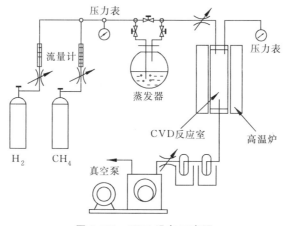

图 2-111 CVD 设备示意图

(3) CVD 工艺

① 工件清洗、脱脂等预处理;

② 涂层沉积;

③ 涂层热处理强化基材。某些场合,如装饰涂层可不热处理。

化学气相沉积技术已成功地应用在刀具、模具的表面强化,取得了明显的效果。

实例1：用CVD法在不锈钢表壳上获得金黄色TiN涂层，不但美观，而且耐磨。

实例2：采用CVD技术在航天轴承滚珠表面沉积TiC或TiC-TiN涂层，减少真空运行部件的粘着磨损。

实例3：采用CVD技术在化纤纺机的Ta-N合金喷丝头表面沉积TiC涂层，提高表面硬度及可纺性，以替代贵重的铂金喷丝头。

2. 物理气相沉积（PVD）

在真空环境中，以物理方法产生的原子或分子沉积在基材上，形成薄膜或涂层的方法称为物理气相沉积。

PVD有各种各样的工艺方法，如真空蒸镀、阴极溅射、离子镀等。

（1）真空蒸镀 将工件与沉积材料同放于真空室中，然后采用电阻式或电子束加热沉积材料，使材料迅速熔化蒸发而产生原子或分子，飞向工件表面，当蒸发粒子与冷工件表面接触后便在工件表面上凝结形成一定厚度的沉积层。也可以进行多组分蒸发，制备梯度热障涂层。

（2）阴极溅射 利用高速运动的离子轰击由成膜材料制成的极靶（阴极），使极靶表面上的原子以一定能量逸出，随之沉积在工件表面上。不同的成膜材料可在工件表面上得到不同金属或化合物沉积层。

（3）离子镀 在真空中，在成膜材料与工件之间加上一个电场，使工件带有1～5 kV的负电压，同时向真空室内通入工作气体（一般为氩气）。在电场作用下，工作气体产生辉光放电，在工件周围形成一个等离子区。当成膜材料的蒸发粒子飞向工件时，首先被部分电离，结果变成离子而加速向工件表面轰击并产生沉积。离子镀因基材表面受到轰击而净化，既提高了沉积层与基材的结合力，又缩短了沉积时间。目前，多弧离子镀应用最为广泛，它将真空弧光放电用作蒸发源，蒸镀时因放电在阴极表面上出现许多非常小的弧光亮点。这样，既保证了弧光放电过程的稳定，沉积速率也更高。

PVD方法可获得金属涂层和化合物涂层，获得耐磨、耐蚀，或具有特殊性能的表面。

实例1：黄铜表面涂敷金膜，用于装饰。

实例2：塑料带上涂敷铁钴镍薄膜，制作磁带。

实例3：在高速钢、硬质合金刃具表面沉积TiN、TiC或TiC-TiN、CrN-TiN多层涂层（图2-112），提高刃具的耐磨性，使刃具的使用寿命提高2～3倍。

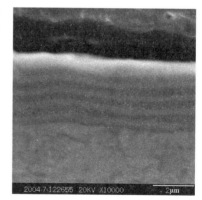

图2-112 CrN-TiN多层纳米涂层

3. 等离子体增强化学气相沉积（PCVD）

通常的CVD的方法是使气态物质在高温发生化学反应，制造涂层。如果用直流电场、射频电场或微波电场使低压气体放电得到等离子体，则可促进气相化学反应，在基材上沉积化合物涂层。这种技术叫等离子增强化学气相沉积（PCVD）。PCVD法与CVD法相比，处理温度要低一些，可在非耐热性或高温下发生结构转变的基材上制备涂层，简化后处理工艺。由于气体处于等离子体激发状态，大大提高了反应速率，并使通常在热力学上难以发生的反应变为可能，可以开发出具有各种组成比的新型涂层以及高温材料涂层。

PCVD与CVD的用途基本相同，可制取耐磨、耐蚀涂层，也可用来制备装饰涂层。

实例：采用低压气相生长法获得金刚石膜。它是在等离子体条件下由原料气体的化学反应制备的。金刚石膜硬度最高（10 000 HV），透光性、绝缘性和耐腐蚀性均十分优异，用于刃具表面强化。

2.6.4 激光表面改性

激光可以供给被照射材料 $10^4 \sim 10^8$ W/cm^2 的高功率密度能量，使材料表面的温度瞬时上升至相变点、熔点甚至沸点以上，并产生一系列物理或化学变化。可以对材料施行表面改性，甚至进行机械零件的再制造。

激光与普通光相比，除功率密度高外，还具有方向性好、单色性好和优异的相干性。方向性好是指激光光束的发射角小，只有几个毫弧度（1 mrad＝10^{-3} rad＝0.057°），可以认为光束基本上是平行的。

单色性好即激光具有几乎单一的波长，它所包含的波长范围很小，或称为单色光。

由于激光的单色性和好的方向性，必然导致其极好的相干性。

激光表面改性技术包括激光相变硬化（LTH）、激光表面熔覆（LSC）、激光表面合金化（LSA）、激光表面熔凝（LSM）等。

1. 激光相变硬化（LTH）

激光相变硬化又称激光淬火，以高能密度的激光束照射工件，使其需要硬化的部位瞬时吸收光能并立即转化成热能，温度急剧上升，形成奥氏体，而工件基体仍处于冷态，与加热区之间有极高的温度梯度。一旦停止激光照射，加热区因急冷而实现工件的自冷淬火。获得超细化的隐晶马氏体组织。

激光相变硬化的特点：

(1) 具有极快的加热速度（$10^4 \sim 10^6$ ℃/s）和极快的冷却速度（$10^6 \sim 10^8$ ℃/s），工艺周期只需 0.1 s 即可完成。

(2) 激光淬火仅对工件局部表面进行，淬火硬化层可精确控制，淬火后工件变形小，几乎无氧化脱碳现象，表面粗糙度低。

(3) 激光淬火的硬度可比常规淬火的硬度提高 15%～20%，耐磨性可大幅度提高。

(4) 可自冷淬火，避免了使用水、油等淬火介质，有利于防止环境污染。

激光表面淬火技术应用于汽车发动机凸轮轴、曲轴、空调机阀板、邮票打孔机辊筒等零件的表面强化处理，显著提高了它们的使用寿命。

实例：汽车气缸套内壁进行激光表面淬火，内壁获得 4.1～4.5 mm 宽、0.3～0.4 mm 深、表面硬度 644～825 HV 的螺纹状淬火带，使用寿命比电火花强化气缸套提高 1 倍。

2. 激光表面熔覆（LSC）

用激光在基体表面覆盖一层薄的具有特定性能的涂覆材料称为激光表面熔覆或激光熔涂。

涂覆材料可以是金属或合金,也可以是非金属,还可以是化合物及其混合物。

在激光熔覆时,粉末涂覆材料可以预先直接涂在表面,也可以在激光熔覆的同时用送粉器送入,如图 2-113 所示。

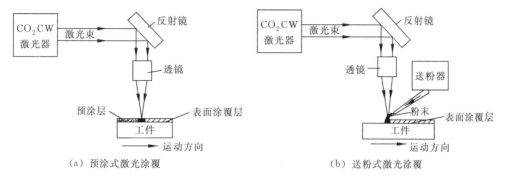

图 2-113　激光涂覆示意图

采用激光涂覆技术,在柴油机铸铁阀座的衬(不锈钢制造)表面熔覆 Co 基硬质合金涂层,在刀具和石油钻头表面溶覆 WC 层,使耐磨性大大提高。

3. 激光表面合金化(LSA)

使用激光束将基材和所加入的合金化粉末一起熔化后迅速冷却凝固,在表面获得新的合金结构涂层称为激光表面合金化。例如,采用 Fe-Ni 系和 Fe-Cr-Mn-C 系合金粉末在工件表面进行激光表面合金化处理,工件表面的耐磨性和耐腐蚀性大大提高。因材料表面的加热速度极高,在 0.1~1.0 ms 内即可形成合金化的熔池(深度为 0.5~2 mm)。随后的自淬火冷却速度高达 10^{11} ℃/s,相应的凝固速度达到 20 m/s,因此合金化涂层的晶粒极细,力学性能非常好。

用 Ni-Cr-Mo-Si-B 合金粉末,在 20 钢基材上进行激光表面合金化处理,表面层的硬度达到 1600 HV,既保持了好的韧性,又提高了耐磨性。

4. 激光表面熔凝(LSM)

将激光束加热工件表面至熔化到一定深度,自冷使熔层凝固,获得细化均质的组织和高性能。表面熔凝层与材料基体为冶金结合;在熔凝过程中可排除杂质和气体,同时急冷重结晶获得的组织具有较高的硬度、耐磨性和抗蚀性;熔层薄、热作用区小,对工件尺寸影响不大。

实例:采用激光熔凝技术对拖拉机气缸套进行处理。气缸套用材是亚共晶灰铸铁 HT200,激光熔凝工艺的参数是:激光功率 950 W,扫描速度 14~25 mm/s。激光熔凝后,其硬化带宽度约为 3 mm,硬化带总深度为 0.4 mm(其中熔化层深度约为 0.10 mm)。相应的显微硬度为 740~950 HV(原始值约 260 HV)。受作用部分包含熔化区、相变硬化区和过渡区。熔化区的组织是树枝晶的马氏体和残余奥氏体+树枝间的片层状态变态莱氏体(马氏体、残余奥氏体、Fe_3C)。激光熔凝处理显著地提高了气缸套的耐磨性和使用寿命。其原因是表面形成高硬度的变态莱氏体,消除了表层的石墨,细化了显微组织。

第3章 金属材料

金属材料是最重要的工程材料，工业上将金属及其合金分为两大类：

黑色金属——铁和以铁为基的合金（钢、铸铁和铁合金）；

有色金属——包括黑色金属以外的所有金属及其合金。

金属材料中95%为钢铁，钢铁的工程性能比较优越，价格便宜，是应用最多的工程金属材料。国家标准GB/T 13304—1991中规定按化学成分分类，钢分为非合金钢、低合金钢、合金钢三大类。按习惯钢可分为碳素钢（简称碳钢）和合金钢两大类。

3.1 碳　　钢

在工业上使用的钢铁材料中，碳钢占有重要的地位。铁碳合金中，碳质量分数大于0.02%、小于及等于2.11%的合金称为钢，常用碳钢的碳质量分数一般都小于1.3%，其强度和韧性均较好。与合金钢相比，碳钢冶炼简便，加工容易，价格便宜，而且在一般情况下能满足使用性能的要求，故应用十分广泛。

3.1.1 碳钢的成分和分类

1. 碳钢的成分

实际使用的碳钢主要由Fe、C、Mn、Si、S、P 6种元素组成。C决定碳钢的性能。Mn、Si有利于改善钢的力学性能。S易使钢发生热脆（高温锻轧时开裂）。P易使钢发生冷脆（室温脆性增加）。它们对钢材性能和质量影响很大，必须严格控制在牌号规定的范围之内。

2. 碳钢的分类

碳钢主要有下列几种分类方法：

(1) 按钢的碳质量分数分类

$$\begin{cases} 低碳钢——w(C) \leqslant 0.25\% \\ 中碳钢——0.25\% < w(C) \leqslant 0.6\% \\ 高碳钢——w(C) > 0.6\% \end{cases}$$

(2) 按钢的质量分类

$$\begin{cases} 普通碳素钢——w(S) \leqslant 0.040\%；w(P) \leqslant 0.040\% \\ 优质碳素钢——w(S) \leqslant 0.035\%；w(P) \leqslant 0.035\% \\ 高级优质碳素钢——w(S) \leqslant 0.030\%；w(P) \leqslant 0.030\% \end{cases}$$

(3) 按钢的用途分类

$$\begin{cases} 碳素结构钢——用于制造各种工程构件(如桥梁、船舶、建筑构件等)\\ \qquad\qquad\quad 和机器零件(如齿轮、轴、连杆等)\\ 碳素工具钢——用于制造各种工具(如刃具、量具、模具等) \end{cases}$$

(4) 按钢的冶炼方法分类

$$\begin{cases} 平炉钢(用平炉冶炼)\\ 转炉钢(用转炉冶炼) \begin{cases} 碱性转炉钢——冶炼时造碱性熔渣\\ 酸性转炉钢——冶炼时造酸性熔渣\\ 顶吹转炉钢——冶炼时吹氧 \end{cases} \end{cases}$$

3.1.2 碳钢的牌号及用途

1. 碳素结构钢

根据国家标准(GB/T 700—2006),碳素结构钢的牌号和化学成分如表 3-1A 所示。这类钢主要保证力学性能,故其牌号体现其力学性能。符号用 Q+数字表示,其中"Q"为屈服强度"屈"字的汉语拼音首字母,数字表示屈服强度的数值。例如,Q275 表示屈服强度为 275 MPa 的碳素结构钢。若牌号后面标注字母 A、B、C、D,则表示钢材质量等级不同,即硫、磷质量分数不同。其中 A 级钢中硫、磷含量最高,D 级钢中硫、磷含量最低。若在牌号后面还标注字母"F"、"Z"、"TZ"等,则分别表示沸腾钢、镇静钢、特殊镇静钢。特殊镇静钢在冶炼时的脱氧程度最高,镇静钢脱氧程度中等,沸腾钢脱氧程度最低。例如 Q235AF 表示屈服强度为 235 MPa 的 A 级沸腾钢。表 3-1B 列出了碳素结构钢的力学性能。

表 3-1A 碳素结构钢的牌号和化学成分(摘自 GB/T 700—2006)

牌号	统一数字代号[①]	等级	厚度(或直径)/mm	脱氧方法	化学成分(质量分数)/%,不大于				
					C	Si	Mn	P	S
Q195	U11952[②]	—	—	F、Z	0.12	0.30	0.50	0.035	0.040
Q215	U12152	A	—	F、Z	0.15	0.35	1.20	0.045	0.050
	U12155	B							0.045
Q235	U12352	A		F、Z	0.22	0.35	1.40	0.045	0.050
	U12355	B			0.20			0.045	0.045
	U12358	C		Z	0.17			0.040	0.040
	U12359	D		TZ				0.035	0.035
Q275	U12752	A	—	F、Z	0.24	0.35	1.50	0.045	0.050
	U12755	B	≤40	Z	0.21			0.045	0.045
			>40		0.22				
	U12758	C		Z	0.20			0.040	0.040
	U12759	D		TZ				0.035	0.035

① 钢铁牌号统一数字代号体系见附录 4。
② 表中为镇静钢、特殊镇静钢牌号的统一数字,沸腾钢牌号的统一数字代号如下:
   Q195F——U11950;
   Q215AF——U12150,Q215BF——U12153;
   Q235AF——U12350,Q235BF——U12353;
   Q275AF——U12750。

表 3-1B 碳素结构钢的力学性能(摘自 GB/T 700—2006)

牌号	等级	屈服强度 R_{eH}/(N/mm²),不小于						抗拉强度 R_m/(N/mm²)	断后伸长率 A/%,不小于					冲击试验(V形缺口)	
		厚度(或直径)/mm							厚度(或直径)/mm					温度/℃	冲击吸收能量(纵向)/J,不小于
		≤16	>16~40	>40~60	>60~100	>100~150	>150~200		≤40	>40~60	>60~100	>100~150	>150~200		
Q195	—	195	185	—	—	—	—	315~430	33	—	—	—	—	—	—
Q215	A	215	205	195	185	175	165	335~450	31	30	29	27	26	—	—
	B													+20	27
Q235	A	235	225	215	215	195	185	370~500	26	25	24	22	21	—	—
	B													+20	27
	C													0	
	D													-20	
Q275	A	275	265	255	245	225	215	410~540	22	21	20	18	17	—	—
	B													+20	27
	C													0	
	D													-20	

碳素结构钢的用途:Q195、Q215、Q235A、Q235B 等钢塑性较好,有一定的强度。通常轧制成钢筋、钢板、钢管等,可用于桥梁、建筑物等构件,也可用作普通螺钉、螺帽、铆钉等。Q235C、Q235D 可用于重要的焊接件。Q235、Q275 强度较高,可轧制成型钢、钢板作构件用。

这类钢主要保证力学性能。一般情况下,在热轧状态使用,不再进行热处理。但对某些零件,也可以进行正火、调质、渗碳等处理,以提高其使用性能。

2. 优质碳素结构钢

优质碳素结构钢的钢号用平均碳质量分数的万分数的数字表示,例如,钢号"20"即表示碳质量分数为 0.20%(万分之二十)的优质碳素结构钢。

若钢中锰的质量分数较高,则在钢号后加"Mn",如 15Mn、45Mn 等。

高级优质钢、特级优质钢分别以 A、E 表示,优质钢不用字母表示。

保证淬透性用钢用 H 表示。

如 45AH 表示碳质量分数为 0.45% 的保证淬透性的高级优质碳素结构钢。

优质碳素结构钢的化学成分见表 3-2A,力学性能见表 3-2B。

优质碳素结构钢的工程应用:制造各种机器零件。

08F 塑性好,可制冷冲压零件。

10、20 钢冷冲压性与焊接性能良好,可用作冲压件及焊接件,经过热处理(如渗碳)也可以制造轴、销等零件。

35、40、45、50 钢经热处理后,可获得良好的综合力学性能,用来制造齿轮、轴类、套筒等零件。

60、65 钢主要用来制造弹簧。

优质碳素结构钢使用前一般都要经过热处理。

表 3-2A 部分优质碳素结构钢的化学成分(摘自 GB/T 699—1999)

牌号	统一数字代号	化学成分/%					
		C	Si	Mn	Cr	Ni	Cu
					不大于		
08F	U20080	0.05~0.11	≤0.03	0.25~0.50	0.10		
10F	U20100	0.07~0.13	≤0.07		0.15		
15F	U20150	0.12~0.18	≤0.07		0.25		
08	U20082	0.05~0.11		0.35~0.65	0.10		
10	U20102	0.07~0.13			0.15		
15	U20152	0.12~0.18					
20	U20202	0.17~0.23					
25	U20252	0.22~0.29					
30	U20302	0.27~0.34					
35	U20352	0.32~0.39					
40	U20402	0.37~0.44					
45	U20452	0.42~0.50					
50	U20502	0.47~0.55					
55	U20552	0.52~0.60	0.17~0.37	0.50~0.80	0.25	0.30	0.25
60	U20602	0.57~0.65					
65	U20652	0.62~0.70					
70	U20702	0.67~0.75					
75	U20752	0.72~0.80					
80	U20802	0.77~0.85					
85	U20852	0.82~0.90					
15Mn	U21152	0.12~0.18		0.70~1.00			
20Mn	U21202	0.17~0.23					
45Mn	U21452	0.42~0.50					
65Mn	U21652	0.62~0.70		0.90~1.20			

表 3-2B 部分优质碳素结构钢的热处理和力学性能(摘自 GB/T 699—1999)

牌号	试样毛坯尺寸/mm	推荐热处理/℃[①]			力学性能					钢材交货状态硬度 HBS 10/3000,不大于	
		正火	淬火	回火	σ_b/MPa	σ_s/MPa	δ_5/%	ψ/%	A_{kU_2}/J	未热处理钢	退火钢
					不小于						
08F	25	930	—	—	295	175	35	60	—	131	—
10F	25	930	—	—	315	185	33	55	—	137	—
15F	25	920	—	—	355	205	29	55	—	143	—
08	25	930	—	—	325	195	33	60	—	131	—
10	25	930	—	—	335	205	31	55	—	137	—
15	25	920	—	—	375	225	27	55	—	143	—
20	25	910	—	—	410	245	25	55	—	156	—
25	25	900	870	600	450	275	23	50	71	170	—
30	25	880	860	600	490	295	21	50	63	179	—

续表

牌号	试样毛坯尺寸/mm	推荐热处理/℃			力学性能					钢材交货状态硬度 HBS 10/3000,不大于	
		正火	淬火	回火	σ_b/MPa	σ_s/MPa	δ_5/%	ψ/%	A_{kU_2}/J	未热处理钢	退火钢
					不小于						
35	25	870	850	600	530	315	20	45	55	197	—
40	25	860	840	600	570	335	19	45	47	217	187
45	25	850	840	600	600	355	16	40	39	229	197
50	25	830	830	600	630	375	14	40	31	241	207
55	25	820	820	600	645	380	13	35	—	255	217
60	25	810	—	—	675	400	12	35	—	255	229
65	25	810	—	—	695	410	10	30	—	255	229
70	25	790	—	—	715	420	9	30	—	269	229
75	试样毛坯②	—	820	480	1080	880	7	30	—	285	241
80	试样毛坯	—	820	480	1080	930	6	30	—	285	241
85	试样毛坯	—	820	480	1130	980	6	30	—	302	255
15Mn	25	920	—	—	410	245	26	55	—	163	—
20Mn	25	910	—	—	450	275	24	50	—	197	—
45Mn	25	850	840	600	620	375	15	40	39	241	217
65Mn	25	830	—	—	735	430	9	30	—	285	229

① 表中所列正火推荐保温时间不少于 30 min,空冷;淬火推荐保温时间不少于 30 min,75、80 和 85 钢油冷,其余钢水冷;回火推荐保温时间不少于 1 h。

② 对于直径或厚度小于 25 mm 的钢材,热处理是在与成品截面尺寸相同的试样毛坯上进行。

实例 1:20 钢制造自行车链条销钉。热轧材料机加工后进行 920℃渗碳,水淬后 180℃回火。表面硬度达 60 HRC,耐磨。

实例 2:45 钢制造凸轮轴。热轧棒料模锻后进行正火,粗加工后调质处理,精加工后轴颈和凸轮进行表面淬火、低温回火。凸轮轴心部为回火索氏体,强韧性好。轴颈和凸轮表面为回火马氏体,硬度为 58 HRC,耐磨性高。

实例 3:65 钢制造弹簧。机加工成形后 840℃加热淬火、500℃回火。组织为回火屈氏体,σ_s 达 800 MPa,弹性好。

3. 碳素工具钢

碳素工具钢的碳质量分数在 0.65%~1.35%之间,钢号用平均碳质量分数的千分数的数字表示,数字之前冠以"T"("碳"的汉语拼音字头)。例如,T9 表示碳质量分数为 0.9%(即千分之九)的碳素工具钢。

碳素工具钢均为优质钢,若含硫、磷更低,为高级优质钢,则在钢号后面标注 A 字。例如,T12A 表示碳质量分数为 1.2%的高级优质碳素工具钢。

碳素工具钢的牌号、化学成分、硬度见表 3-3。碳素工具钢使用前都要进行热处理。预备热处理一般为球化退火,其目的是降低硬度(≤217 HB),便于切削加工,并为淬火做组织准备。最终热处理为淬火加低温回火。使用状态下的组织为回火马氏体加颗粒状碳化物及少量残余奥氏体,硬度可达 60~65 HRC。

表 3-3 碳素工具钢的牌号、化学成分和性能(摘自 GB/T 1298—2008)

牌号	化学成分(质量分数)/%			交货状态		试样淬火	
	C	Mn	其他	退火 布氏硬度/HBW,不大于	退火后冷拉	淬火温度和冷却剂	洛氏硬度/HRC 不小于
T7	0.65～0.74	≤0.40	Si≤0.35 P≤0.035 S≤0.030	187	241	800～820℃,水	62
T8	0.75～0.84	≤0.40		187	241	780～800℃,水	62
T8Mn	0.80～0.90	0.40～0.60		187	241	780～800℃,水	62
T9	0.85～0.94	≤0.40		192	241		62
T10	0.95～1.04	≤0.40		197	241	760～780℃,水	62
T11	1.05～1.14	≤0.40		207	241	760～780℃,水	62
T12	1.15～1.24	≤0.40		207	241	760～780℃,水	62
T13	1.25～1.35	≤0.40		217	241	760～780℃,水	62

注:高级优质钢在牌号后加"A",$w(P)≤0.030\%$,$w(S)≤0.020\%$。

碳素工具钢成本低、耐磨性和加工性较好,但热硬性差(切削温度低于 200℃)、淬透性低,只适于制作尺寸不大、形状简单的低速刃具。

碳素工具钢的工程应用:制造各种刃具、量具、模具等。

T7、T8 硬度高、韧性较高,可制造冲头、凿子、锤子等工具。

T9、T10、T11 硬度高,韧性适中,可制造钻头、刨刀、丝锥、手锯条等刃具及冷作模具等。

T12、T13 硬度高,韧性较低,可制造锉刀、刮刀等刃具及量规、样套等量具。

碳素工具钢使用前都要进行热处理。

实例 1:T11 钢制造刨刀。T11 钢正火、球化退火后加工成形为刨刀,760℃加热淬火后 180℃回火,最后进行磨削加工。组织为回火马氏体+粒状二次渗碳体+残余奥氏体,硬度高达 60 HRC,耐磨。

实例 2:T10 钢制造冷冲模具。T10 钢锻造后进行正火,球化退火后机加工、淬火、低温回火,最后进行磨削、抛光。硬度高,耐磨。

3.2 合 金 钢

3.2.1 概述

1. 合金钢的分类

合金钢的分类方法很多。例如按合金元素质量分数多少,可分为低合金钢(合金元素总质量分数低于 5%)、中合金钢(合金元素总质量分数为 5%～10%)和高合金钢(合金元素总质量分数高于 10%)。按所含的主要合金元素,可分为铬钢、铬镍钢、锰钢、硅锰钢等。按小试样正火或铸造状态的组织,可分为珠光体钢、马氏体钢、铁素体钢、奥氏体钢和莱氏体钢等。我国常采用按用途来分类,可分为合金结构钢、合金工具钢和特殊性能钢三大类。

2. 合金钢的编号

世界各国合金钢的编号方法不一样,附录 5 给出了各国常用钢号的对照表。

我国合金钢是按碳质量分数、合金元素的种类和质量分数以及质量级别来编号的。

在牌号首部用数字标明平均碳质量分数。结构钢以万分之一为单位的数字(两位数)、工具钢以千分之一为单位的数字(一位数)来表示碳质量分数,而工具钢的碳质量分数超过1%时,碳质量分数不标出。不锈钢和耐热钢的碳质量分数大于或等于0.04%时以万分之一为单位的数字(两位数)表示;小于或等于0.03%时以十万分之一为单位的数字(三位数)表示。用元素的化学符号表明钢中主要合金元素,质量分数由其后面的数字标明,平均质量分数少于1.5%时不标数,平均质量分数为1.5%～2.49%、2.5%～3.49%、⋯时,相应地标以2、3、⋯。如40Cr为结构钢,平均碳质量分数为0.40%,主要合金元素Cr的质量分数在1.5%以下。5CrMnMo为工具钢,平均碳质量分数为0.5%,主要合金元素Cr、Mn、Mo的质量分数均在1.5%以下。CrWMn钢也是工具钢,平均碳质量分数大于1.0%,含有Cr、W、Mn,其质量分数均低于1.5%。

专用钢用其用途的汉语拼音字首来标明。例如,滚动轴承钢在钢号前标以"G"。GCr15表示碳质量分数约1.0%、铬质量分数约1.5%(这是一个特例,铬质量分数以千分之一为单位的数字表示)的滚动轴承钢。Y40Mn表示碳质量分数为0.4%、锰质量分数少于1.5%的易切削钢。

对于高级优质钢,则在钢的末尾加"A"表明,例如20Cr2Ni4A等。

3.2.2 合金结构钢

合金结构钢用于制造重要工程结构和机器零件,是合金钢中用途最广、用量最大的一类钢。

1. 低合金高强度结构钢

(1) 用途

主要用于制造桥梁、船舶、车辆、锅炉、高压容器、输油输气管道、大型钢结构等。用它来代替碳素结构钢,可大大减轻结构质量,节省钢材,保证使用可靠、耐久。

(2) 性能要求

① 高强度

一般低合金高强度结构钢的屈服强度在300 MPa以上,强度高才能减轻结构自重,节约钢材,降低费用。因此,在保证塑性和韧性的条件下,应尽量提高其强度。

② 高韧性

为了避免发生脆断,同时使冷弯、焊接等工艺容易进行,要求断后伸长率为15%～20%,室温冲击韧度为600～800 kJ/m^2。对于大型焊接构件,因不可避免地存在各种缺陷(如焊接冷、热裂纹),还要求有较高的断裂韧性。

③ 良好的冷成形性能和焊接性能

大型结构大都采用焊接制造,焊前往往要冷成形,而焊后又很难进行热处理,因此要求这类钢具有很好的冷成形性能和焊接性能。

④ 低的冷脆转变温度

许多构件在低温下工作。为了避免低温脆断,低合金高强度结构钢应具有较低的韧-脆转变温度(即良好的低温韧性),以保证构件在较低的使用温度下,仍处在韧性状态。

⑤ 良好的耐蚀性

许多构件在潮湿大气或海洋性气候条件下工作,而且用低合金高强度结构钢制造的构件的壁厚比碳钢构件小,所以要求有良好的抗大气、海水或土壤腐蚀的能力。

(3) 成分特点

① 低碳

由于韧性、焊接性和冷成形性能的要求高,其碳质量分数一般不超过 0.20%。

② 加入以锰为主的合金元素

我国的低合金高强度结构钢基本上不用贵重的 Ni、Cr 等元素,而以资源丰富的 Mn 为主要合金元素。锰除了产生较强的固溶强化效果外,因它大大降低奥氏体分解温度,细化了铁素体晶粒,并使珠光体片变细,消除了晶界上粗大的片状碳化物,提高了钢的强度和韧性。锰还使共析点的碳质量分数降低,从而与相同碳质量分数的碳钢相比,增加了珠光体的含量,提高了钢的强度。

③ 加入铌、钛或钒等辅加元素

少量的铌、钛或钒在钢中形成细碳化物或碳氮化物,阻碍钢热轧时奥氏体晶粒的长大,有利于获得细小的铁素体晶粒;另外,热轧时部分固溶在奥氏体内,而冷却时弥散析出,可起到一定的强化作用,从而提高钢的强度和韧性。

此外,加入少量铜[$w(Cu) \leqslant 0.4\%$]和磷[$w(P)=0.1\%$],可提高抗腐蚀性能。加入少量稀土元素,可以脱硫、去气,使钢材净化,改善韧性和工艺性能。

(4) 常用钢种

常用低合金高强度结构钢的牌号、化学成分、力学性能及用途见表 3-4A、表 3-4B。

较低强度级别的钢中,以 Q345(16Mn) 最具代表性。该钢使用状态的组织为细晶粒的铁素体+细珠光体,强度比普通碳素结构钢 Q235 高约 20%~30%,耐大气腐蚀性能高 20%~38%。用它制造工程结构,重量可减轻 20%~30%。低温性能较好。

Q420(15MnVN) 是中等级别强度钢中使用最多的钢种。钢中加入 V、N 后,生成钒的氮化物,可细化晶粒,又有析出强化的作用,强度有较大提高,而且韧性、焊接性及低温韧性也较好,广泛用于制造桥梁、锅炉、船舶等大型结构。

强度级别超过 500 MPa 后,铁素体+细珠光体组织难以满足要求,发展了低碳贝氏体钢。加入 Cr、Mo、Mn、B 等元素,可阻碍奥氏体转变,使 C 曲线的珠光体转变区右移,而贝氏体转变区变化不大,有利于空冷条件下得到贝氏体组织,从而获得更高的强度,塑性,焊接性能也较好,多用于高压锅炉、高压容器等。

(5) 热处理特点

这类钢一般在热轧空冷状态下使用,不需要进行专门的热处理。在有特殊需要时,如为了改善焊接区性能,可进行一次正火处理。使用状态下的显微组织一般为铁素体+细珠光体(索氏体)。

实例 1:1957 年建成的武汉长江大桥使用碳素结构钢 Q235(A3) 钢制造。我国自行设计和建造的南京长江大桥(1968 年建成)用强度较高的合金结构钢 Q345(16Mn) 钢制造。1991 年建成的九江长江大桥则用强度更高的合金结构钢 Q420(15MnVN) 钢制造。

表 3-4A 低合金高强度结构钢的牌号、化学成分(摘自 GB/T 1591—2008)

牌号	质量等级	化学成分①(质量分数)/%											旧牌号②
		C	Si	Mn	Nb	V	Ti	Cr	Ni	Cu	N	Mo	B	
								不 大 于						
Q345	A,B,C	≤0.20	≤0.50	≤1.70	0.07	0.15	0.20	0.30	0.50	0.30	0.012	0.10	—	12MnV、14MnNb 16Mn、18Nb 16MnRE
	D,E	≤0.18												
Q390	A,B,C,D,E	≤0.20	≤0.50	≤1.70	0.07	0.20	0.20	0.30	0.50	0.30	0.015	0.10	—	15MnV、15MnTi 16MnNb
Q420	A,B,C,D,E	≤0.20	≤0.50	≤1.70	0.07	0.20	0.20	0.30	0.80	0.30	0.015	0.20	—	15MnVN 14MnVTiRE
Q460	C,D,E	≤0.20	≤0.60	≤1.80	0.11	0.20	0.20	0.30	0.80	0.55	0.015	0.20	0.004	
Q500	C,D,E	≤0.18	≤0.60	≤1.80	0.11	0.12	0.20	0.60	0.80	0.55	0.015	0.20	0.004	
Q550	C,D,E	≤0.18	≤0.60	≤2.00	0.11	0.12	0.20	0.80	0.80	0.80	0.015	0.30	0.004	
Q620	C,D,E	≤0.18	≤0.60	≤2.00	0.11	0.12	0.20	1.00	0.80	0.80	0.015	0.30	0.004	
Q690	C,D,E	≤0.18	≤0.60	≤2.00	0.11	0.12	0.20	1.00	0.80	0.80	0.015	0.30	0.004	

① 质量等级 A、B：$w(P)$≤0.35%，$w(S)$≤0.35%。质量等级 C：$w(P)$≤0.03%，$w(S)$≤0.03%。质量等级 D：$w(P)$≤0.03%，$w(S)$≤0.025%。质量等级 E：$w(P)$≤0.025%，$w(S)$≤0.020%。
② 国家标准 GB/T 1591—1988。

第3章 金属材料

表 3-4B 低合金高强度结构钢的力学性能（摘自 GB/T 1591—2008）

牌号	质量等级	拉伸试验 下屈服强度 R_{eL}/MPa ≤16 mm	>16~40 mm	>40~63 mm	>63~80 mm	>80~100 mm	抗拉强度 R_m/MPa ≤40 mm	>40~63 mm	>63~80 mm	>80~100 mm	断后伸长率 A/% (直径、边长) ≤40 mm	>40~63 mm	>63~100 mm	冲击试验(V形)* 冲击吸收能量(纵向)/J 公称厚度 12~150 mm	应用举例
Q345	A,B	≥345	≥335	≥325	≥315	≥305	470~630	470~630	470~630	470~630	≥20	≥19	≥19		桥梁、车辆、船舶、压力容器、建筑结构
	C,D,E										≥21	≥20	≥20	≥34	
Q390	A,B,C,D,E	≥390	≥370	≥350	≥330	≥330	490~650	490~650	490~650	490~650	≥20	≥19	≥19	≥34	桥梁、船舶、起重设备、压力容器
Q420	A,B,C,D,E	≥420	≥400	≥380	≥360	≥360	520~680	520~680	520~680	520~680	≥19	≥18	≥18	≥34	桥梁、高压容器、大型船舶、电站设备、管道
Q460	C,D,E	≥460	≥440	≥420	≥400	≥400	550~720	550~720	550~720	550~720	≥17	≥16	≥16	≥34	中温高压容器(<120℃)、锅炉、化工、石油高压壁容器(<100℃)
Q500	C,D,E	≥500	≥480	≥470	≥450	≥440	610~770	600~760	590~750	540~730	≥17	≥17	≥17		起重和运输设备、塑料模具、石油、化工和电站的锅炉、反应器、热交换器、球罐、油罐、气罐、核反应堆压力罐、锅炉、汽包、液化石油气罐等
Q550	C,D,E	≥550	≥530	≥520	≥500	≥490	670~830	620~790	600~780	590~780	≥16	≥16	≥16		
Q620	C,D,E	≥620	≥600	≥590	≥570	—	710~880	690~880	670~860	—	≥15	≥15	≥15		
Q690	C,D,E	≥690	≥670	≥660	≥640	—	770~940	750~920	730~900	—	≥14	≥14	≥14		

* 冲击试验温度：B 级钢为 20℃，C 级钢为 0℃，D 级钢为 -20℃，E 级钢为 -40℃。

质量等级 C: ≥55
质量等级 D: ≥47
质量等级 E: ≥31

实例 2：2008 年北京奥运会主会场——国家体育场"鸟巢"钢结构所用钢材为 Q460EZ35，屈服强度为 460 MPa。由我国自主创新研发生产。

2. 合金渗碳钢

(1) 用途

合金渗碳钢主要用于制造汽车、拖拉机中的变速齿轮，内燃机上的凸轮轴、活塞销等机器零件。这类零件在工作中遭受强烈的摩擦磨损，同时又承受较大的交变载荷和冲击载荷。

(2) 性能要求

① 表面渗碳层硬度高

以保证优异的耐磨性和接触疲劳抗力，同时具有适当的塑性和韧性。

② 心部具有高的韧性和足够高的强度

心部韧性不足时，在冲击载荷或过载作用下容易断裂；强度不足时，则较脆的渗碳层因缺乏足够的支撑而易碎裂、剥落。

③ 有良好的热处理工艺性能

在较高的渗碳温度（900~950℃）下，奥氏体晶粒不易长大，并有良好的淬透性。

(3) 成分特点

① 低碳

碳质量分数一般在 0.10%~0.25% 之间，以保证零件心部有足够的塑性和韧性。

② 加入提高淬透性的合金元素

常加入 Cr、Ni、Mn 等，以提高经热处理后心部的强度和韧性。Cr 还能细化碳化物、提高渗碳层的耐磨性，Ni 则对渗碳层和心部的韧性非常有利。另外，微量硼也能显著提高淬透性。

③ 加入阻碍奥氏体晶粒长大的元素

主要加入少量强碳化物形成元素 Ti、V、W、Mo 等，形成稳定的合金碳化物。除了能阻止渗碳时奥氏体晶粒长大外，还能增加渗碳层硬度，提高耐磨性。

(4) 钢种及牌号

合金渗碳钢按其淬透性大小分为三类。常用钢种的牌号见表 3-5。

① 低淬透性合金渗碳钢

典型钢种为 20Cr。这类钢的淬透性低，心部强度较低，只适用于制造受冲击载荷较小的耐磨件，如小轴、活塞销、小齿轮等。

② 中淬透性合金渗碳钢

典型钢种是 20CrMnTi。这类钢有良好的力学性能和工艺性能，淬透性较高，过热敏感性较小，渗碳过渡层比较均匀，渗碳后可直接淬火，热处理变形较小。因此大量用于制造承受高速中载、要求抗冲击和耐磨损的零件，特别是汽车、拖拉机上的重要零件。为了节约铬，我国采用过 20Mn2TiB、20MnVB 等钢种，它们的缺点是淬透性不够稳定，热处理变形稍大且缺乏规律。

表 3-5 常用渗碳钢的牌号、化学成分、热处理、力学性能及用途（摘自 GB/T 3077—1999）

类别	牌号	统一数字代号	化学成分①(质量分数)/%					毛坯尺寸/mm	热处理②温度/℃			力学性能(不小于)				退火硬度/HB≤	用途举例
			C	Mn	Si	Cr	其他		第一次淬火或正火	第二次淬火	回火	σ_b/MPa	σ_s/MPa	δ_5/%	ψ/%	Ak_{U_2}/J		
低淬透性	15	U20152	0.12~0.18	0.35~0.65	0.17~0.37			25	890±10 空	770~800 水	200	500	300	15	55	47	187	小轴、小齿轮、活塞销等小型渗碳件
	20Mn2	A00202	0.17~0.24	1.40~1.80	0.17~0.37			15	850 水、油		200 水、空	785	590	10	40	47	187	小齿轮、小轴、活塞销、十字销头等
	15Cr	A20152	0.12~0.18	0.40~0.70	0.17~0.37	0.70~1.00		15	880 水、油	780~820 水、油	200 水、空	735	490	11	45	55	179	船舶主机螺钉、齿轮、活塞销、凸轮、滑轮、轴等
	20Cr	A20202	0.18~0.24	0.50~0.80	0.17~0.37	0.70~1.00		15	880 水、油	780~820 水、油	200 水、空	835	540	10	40	47	179	机床变速箱齿轮、齿轮轴、活塞销、凸轮、蜗杆等
中淬透性	20MnV	A01202	0.17~0.24	1.30~1.60	0.17~0.37		V 0.07~0.12	15	880 水、油		200 水、空	785	590	10	40	55	187	同 20Cr，也用作锅炉、高压容器、高压管道等
	20CrMn	A22202	0.17~0.23	0.90~1.20	0.17~0.37	0.90~1.20		15	850 空		200 水、空	930	735	10	45	47	187	齿轮、轴、蜗杆、活塞销、摩擦轮
	20CrMnTi	A26202	0.17~0.23	0.80~1.10	0.17~0.37	1.00~1.30	Ti 0.04~0.10	15	880 油	870 油	200 水、空	1080	850	10	45	55	217	汽车、拖拉机上的齿轮、齿轮轴、十字头等
	20MnTiB	A74202	0.17~0.24	1.30~1.60	0.17~0.37		Ti 0.04~0.10 B 0.0005~0.0035	15	860 油		200 水、空	1130	930	10	45	55	187	代替 20CrMnTi
	20MnVB	A73202	0.17~0.23	1.20~1.60	0.17~0.37		V 0.07~0.12 B 0.0005~0.0035	15	860 油		200 水、空	1080	885	10	45	55	207	代替 2CrMnTi、20Cr、20CrMnTi 制造重型机床的齿轮和轴，汽车齿轮
高淬透性	18Cr2Ni4WA	A52183	0.13~0.19	0.30~0.60	0.17~0.37	1.35~1.65	Ni 4.0~4.5 W 0.8~1.2	15	950 空	850 空	200 水、空	1180	835	10	45	78	269	大截面渗碳齿轮、轴类和飞机发动机齿轮
	20Cr2Ni4A	A43202	0.17~0.23	0.30~0.60	0.17~0.37	1.25~1.65	Ni 3.25~3.65	15	880 油	780 油	200 水、空	1180	1080	10	45	63	269	大截面渗碳件、如大型齿轮、轴等
	12Cr2Ni4	A43122	0.10~0.16	0.30~0.60	0.17~0.37	1.25~1.65	Ni 3.25~3.65	15	880 油	780 油	200 水、空	1080	835	10	50	71	269	承受高负荷的齿轮、蜗轮、蜗杆、轴、方向接头叉等

注：① 各牌号钢的 $w(S) \leq 0.035\%$，$w(P) \leq 0.035\%$。
② 各钢在 930℃渗碳后再进行淬火＋回火热处理。

③ 高淬透性合金渗碳钢

典型钢种为 18Cr2Ni4WA 和 20Cr2Ni4A。这类钢含有较多的 Cr、Ni 等元素，不但淬透性很高，而且具有很好的韧性，特别是低温冲击韧度。主要用于制造大截面、高载荷的重要耐磨件，如飞机、坦克中的曲轴及重要齿轮等。

(5) 热处理和组织、性能

合金渗碳钢的热处理工艺一般都是渗碳后直接淬火，再低温回火。对渗碳时容易过热的钢种如 20Cr、20Mn2 等，渗碳之后需先正火，以消除过热组织，然后再进行淬火、低温回火。

热处理后，表面渗碳层的组织由合金渗碳体与回火马氏体及少量残余奥氏体组成，硬度为 60~62 HRC。心部组织与钢的淬透性及零件截面尺寸有关，完全淬透时为低碳回火马氏体，硬度为 40~48 HRC；多数情况下是屈氏体＋回火马氏体＋少量铁素体，硬度为 25~40 HRC。心部韧性一般高于 700 kJ/m^2。

实例 1：20Cr 钢制造活塞销。机加工后 930℃渗碳，预冷至 880℃油淬火，200℃低温回火。σ_s 大于 540 MPa，表面硬度达 60 HRC。

实例 2：20CrMn 钢制造蜗杆。棒料锻造后正火，机加工后 930℃渗碳，预冷至 850℃油淬火，200℃低温回火。σ_s 大于 736 MPa，表面硬度 62~65 HRC。蜗杆整体强韧，表面耐磨。

3. 合金调质钢

(1) 用途

合金调质钢广泛用于制造汽车、拖拉机、机床和其他机器上的各种重要零件，如齿轮、轴类件、连杆、螺栓等。

(2) 性能要求

根据用途可知，调质件大多承受多种工作载荷，受力情况比较复杂，要求高的综合力学性能，即具有高的强度和良好的塑性、韧性。为了保证零件整个截面力学性能的均匀性和高的强韧性，合金调质钢要求有很好的淬透性。但不同零件受力情况不同，对淬透性的要求不一样，截面受力均匀的零件，如连杆，要求整个截面都淬透。截面受力不均匀的零件，如承受扭转或弯曲应力的传动轴，主要要求受力较大的表面区有较好的性能，心部要求可低一些，则不要求截面全部淬透。

(3) 成分特点

① 中碳

碳质量分数一般在 0.25%~0.50%之间，以 0.4%居多。碳量过低，不易淬硬，回火后强度不够；碳量过高则韧性不够。

② 加入提高淬透性的元素

如 Cr、Mn、Ni、Si、B 等。调质件的性能与钢的淬透性密切相关。尺寸较小时，碳素调质钢与合金调质钢的性能相差不多，但当零件截面尺寸较大而不能淬透时，其性能与合金钢相比差别就比较大。表 3-6 中给出了 45 钢与 40Cr 钢调质处理后的性能对比，可见 40Cr 的性能比 45 钢有明显提高。合金元素 Cr、Mn、Ni、Si 除了提高淬透性外，还能形成合金铁素体，提高钢的强度。

表 3-6 45 钢与 40Cr 钢调质后性能的对比

钢号及热处理状态	截面尺寸 ϕ/mm	σ_b/MPa	σ_s/MPa	δ_5/%	ψ/%	a_k/(kJ/m^2)
45 钢 (850℃水淬,550℃回火)	50	700	500	15	45	700
40Cr 钢 (850℃油淬,570℃回火)	50(心部)	850	670	16	58	1000

③ 加入防止第二类回火脆性的元素

含 Ni、Cr、Mn 的合金调质钢,高温回火慢冷时易产生第二类回火脆性。合金调质钢一般用于制造大截面零件,用快冷来抑制这类回火脆性往往有困难。在钢中加入 Mo、W 可以防止第二类回火脆性,其适宜质量分数约为 $w(Mo)=0.15\%\sim0.30\%$ 或 $w(W)=0.8\%\sim1.2\%$。

(4) 钢种及牌号

合金调质钢的种类很多,常用钢种的牌号见表 3-7。按淬透性高低,大致可分为三类。

① 低淬透性合金调质钢

这类钢的油淬临界直径为 30~40 mm,最典型的钢种是 40Cr,广泛用于制造一般尺寸的重要零件。40MnB、40MnVB 钢是为了节铬而发展的代用钢,其淬透性不太稳定,切削加工性能也差一些。

② 中淬透性调质钢

这类钢的油淬临界直径为 40~60 mm,含有较多的合金元素,典型钢种有 35CrMo 等,用于制造截面较大的零件,例如曲轴、连杆等。加入钼不仅可提高淬透性,而且可防止第二类回火脆性。

③ 高淬透性调质钢

这类钢的油淬临界直径为 60~100 mm,主要是铬镍钢。铬、镍的适当配合,可大大提高淬透性,并获得优良的力学性能,例如 37CrNi3,但对回火脆性十分敏感,因此不宜于做大截面零件。铬镍钢中加入适当的钼,例如 40CrNiMo 钢,不但具有好的淬透性,还可消除回火脆性,用于制造大截面、重载荷的重要零件,如汽轮机主轴、叶轮、航空发动机轴等。

(5) 热处理和组织、性能

合金调质钢需经淬火加高温回火热处理。合金调质钢淬透性较高,一般都用油淬,淬透性特别大时甚至可以空冷,这能减少热处理缺陷。

合金调质钢的最终性能决定于回火温度,一般采用 500~650℃回火。为防止回火脆性,回火后快冷(水冷或油冷),有利于韧性的提高。

合金调质钢常规热处理后的组织是回火索氏体。

合金调质钢热处理后的屈服强度约为 800 MPa,冲击韧度约为 800 kJ/m^2;若截面尺寸大而未淬透时,性能显著降低。

某些零件(如齿轮、轴等),除了要求有良好的综合力学性能外,还要求工件表面有较好的耐磨性,可在调质后进行感应加热表面淬火或进行专门的化学热处理,如氮化等。

还有一些合金调质钢做的零件,根据性能要求,淬火后也可采用中温或低温回火,获得回火屈氏体(如模锻锤锤杆、套轴等)或回火马氏体组织(如凿岩机活塞等)。

表 3-7 常用调质钢的牌号、化学成分、热处理、力学性能和用途(摘自 GB/T 3077—1999)

类别	牌号	统一数字代号	化学成分[①](质量分数)/%					热处理温度/℃		力学性能[③](不小于)					退火硬度/HB≤	用途举例
			C	Mn	Si	Cr	其他	淬火	回火[②]	σ_b/MPa	σ_s/MPa	δ_5/%	ψ/%	A_{kU_2}/J		
低淬透性	45	U20452	0.42~0.50	0.50~0.80	0.17~0.37	≤0.25		830~840 水	580~640 空	600	355	16	40	39	197	小截面、中载荷的调质件,如主轴、曲轴、齿轮、连杆、链轮等
	40Mn	U21402	0.37~0.44	0.70~1.00	0.17~0.37	≤0.25		840 水	600	590	355	17	45	47	207	小截面、中载荷的调质件,如主轴、曲轴、齿轮、连杆、链轮等
	40Cr	A20402	0.37~0.44	0.50~0.80	0.17~0.37	0.80~1.10		850 油	520	980	785	9	45	47	207	重要调质件,如连杆螺栓、机床齿轮、蜗杆、进气阀等
	45MnB	A71452	0.42~0.49	1.10~1.40	0.17~0.37		B0.0005~0.0035	840 油	500	1030	835	9	40	39	217	代替 40Cr 作 ϕ≤50 mm 的重要调质件,如机床齿轮、钻床主轴、凸轮、蜗杆等
	40MnVB	A73402	0.37~0.44	1.10~1.40	0.17~0.37		V0.05~0.10 B0.0005~0.0035	850 油	520	980	785	9	45	47	207	可代替 40Cr 或 40CrNi 制造汽车、拖拉机和机床的重要调质件,如齿轮等
中淬透性	40CrNi	A40402	0.37~0.44	0.50~0.80	0.17~0.37	0.45~0.75	Ni1.00~1.40	820 油	500	980	785	10	45	55	241	做较大截面的重要件,如曲轴、齿轮、连杆等
	40CrMn	A22402	0.37~0.45	0.90~1.20	0.17~0.37	0.90~1.20		840 油	550	980	835	9	45	47	229	代替 40CrNi 做受冲击载荷不大的零件,如齿轮轴、离合器等
	35CrMo	A30352	0.32~0.40	0.40~0.70	0.17~0.37	0.80~1.10	Mo0.15~0.25	850 油	550	980	835	12	45	63	229	代替 40CrNi 做大截面齿轮和高负荷传动轴、发电机转子等
	30CrMnSi	A24302	0.27~0.34	0.80~1.10	0.90~1.20	0.80~1.10		880 油	520	1080	855	10	45	39	229	用于飞机调质件,如起落架、螺栓等
	38CrMoAl	A33382	0.35~0.42	0.30~0.60	0.20~0.45	1.35~1.65	Mo0.15~0.25 Al0.70~1.10	940 水、油	640	980	835	14	50	71	229	高级氮化钢,作重要丝杠、镗杆、主轴、高压阀门等
高淬透性	37CrNi3	A42372	0.34~0.41	0.30~0.60	0.17~0.37	1.20~1.60	Ni3.00~3.50	820 油	500	1130	980	10	50	47	269	高强韧性的大型重要零件,如汽轮机叶轮、转子轴等
	25Cr2Ni4WA	A52253	0.21~0.28	0.30~0.60	0.17~0.37	1.35~1.65	Ni4.00~4.50 W0.80~1.20	850 油	550	1080	930	11	45	71	269	大截面高负荷的重要调质件,如汽轮机主轴、叶轮等
	40CrNiMoA	A50403	0.37~0.44	0.50~0.80	0.17~0.37	0.60~0.90	Mo0.15~0.25 Ni1.25~1.65	850 油	600	980	835	12	55	78	269	高强韧性大型重要零件,如飞机起落架、航空发动机轴等
	40CrMnMo	A34402	0.37~0.45	0.90~1.20	0.17~0.37	0.90~1.20	Mo0.20~0.30	850 油	600	980	785	10	45	63	217	部分代替 40CrNiMoA,如作卡车后桥半轴、齿轮轴等

注:① 各牌号钢的 $w(S)$≤0.035%、$w(P)$≤0.035%;② 合金钢回火冷却剂为水或油;③ 力学性能测试试样毛坯尺寸为 25 mm。

实例 1：40Cr 钢制造汽车发动机连杆。调质处理：850℃加热油淬，520℃回火油冷。σ_s 大于 785 MPa，冲击吸收能量达 47 J。强度高，韧性好。

实例 2：35CrMo 钢制造传动轴。调质处理：850℃加热油淬，550℃回火油冷。轴颈部位高频感应加热表面淬火、低温回火。整根轴 σ_s 大于 835 MPa，冲击吸收能量达 63 J。强度高，韧性好。轴颈表面硬度 55～58 HRC，耐磨性好。

4. 非调质机械结构钢

通过微合金化、控制轧制（锻制）和控制冷却等强韧化方法，取消了调质热处理，达到或接近调质钢力学性能的一类优质或特殊质量结构钢。

(1) 用途

代替调质钢，制造齿轮、轴、连杆、螺栓等零件。

(2) 性能要求

具有高的强度和良好的塑性、韧性。

(3) 成分特点

① 碳的质量分数一般为 0.32%～0.52%。热压加工用非调质机械结构钢最低碳的质量分数为 0.09%～0.16%。

② 加入 V 可细化晶粒，冷却时析出碳氮化合物提高强度和硬度。加入 Mn 可细化珠光体，并使珠光体的含量增加，提高钢的强度。加入 B 可获得低碳粒状贝氏体。

(4) 钢种和牌号　见表 3-8。

表 3-8　非调质机械结构钢的牌号及化学成分（摘自 GB/T 15712—2008）

牌　号	统一数字代号	化学成分（质量分类）/%[①]				
		C	Si	Mn	V	B
F35VS	L22358	0.32～0.39	0.20～0.40	0.60～1.00	0.06～0.13	
F40VS	L22408	0.37～0.44	0.20～0.40	0.60～1.00	0.06～0.13	
F45VS[②]	L22468	0.42～0.49	0.20～0.40	0.60～1.00	0.06～0.13	
F30MnVS	L22308	0.26～0.33	≤0.80	1.20～1.60	0.08～0.15	
F35MnVS[②]	L22378	0.32～0.39	0.30～0.60	1.00～1.50	0.06～0.13	
F38MnVS	L22388	0.34～0.41	≤0.80	1.20～1.60	0.08～0.15	
F40MnVS[②]	L22428	0.37～0.44	0.30～0.60	1.00～1.50	0.06～0.13	
F45MnVS	L22478	0.42～0.49	0.30～0.60	1.00～1.50	0.06～0.13	
F49MnVS	L22498	0.44～0.52	0.15～0.60	0.70～1.00	0.08～0.15	
F12Mn2VBS	L27128	0.09～0.16	0.30～0.60	2.20～2.65	0.06～0.12	0.001～0.004

① 其他：$w(S)0.035\%～0.075\%$、$w(P)0.035\%$、$w(Cr)≤0.30\%$、$w(Ni)≤0.30\%$、$w(Cu)≤0.30\%$[③]。
② 当硫含量只有上限要求时，牌号尾部不加"S"。
③ 热压力加工用钢的铜含量不大于 0.20%。

(5) 热处理和组织

非调质机械结构钢分为直接切削加工用钢材和热压力加工用钢材两种类型，均不需要进行调质处理。直接切削加工用非调质机械结构钢的力学性能见表 3-9。热压力加工用非调质机械结构钢经过热锻、热轧、控制冷却速度后，性能可达表 3-9 中的指标。非调质机械结构钢使用状态的组织一般为索氏体+铁素体。F12Mn2VBS 热锻、控冷后得到低碳粒状贝氏体。非调质机械结构钢制造的轴、齿轮也可进行表面淬火+低温回火处理。

表 3-9　直接切削加工用非调质机械结构钢力学性能（摘自 GB/T 15712—2008）

序号	牌号	钢材直径或边长/mm	抗拉强度 $R_m/(N/mm^2)$	下屈服强度 $R_{eL}/(N/mm^2)$	断后伸长率 $A/\%$	断面收缩率 $Z/\%$	冲击吸收能量 KU_2/J
1	F35VS	≤40	≥590	≥390	≥18	≥40	≥47
2	F40VS	≤40	≥640	≥420	≥16	≥35	≥37
3	F45VS	≤40	≥685	≥440	≥15	≥30	≥35
4	F30MnVS	≤60	≥700	≥450	≥14	≥30	实测
5	F35MnVS	≤40	≥735	≥460	≥17	≥35	≥37
		>40~60	≥710	≥440	≥15	≥33	≥35
6	F38MnVS	≤60	≥800	≥520	≥12	≥25	实测
7	F40MnVS	≤40	≥785	≥490	≥15	≥33	≥32
		>40~60	≥760	≥470	≥14	≥30	≥28
8	F45MnVS	≤40	≥835	≥510	≥13	≥28	≥28
		>40~60	≥810	≥490	≥12	≥28	≥25
9	F49MnVS	≤60	≥780	≥450	≥8	≥20	实测

注：F30MnVS、F38MnVS、F49MnVS 钢的冲击吸收能量报实测数据，不作判定依据。

应用实例：F35MnVS 经模锻制造汽车发动机连杆，下屈服强度可达 440 MPa，冲击吸收能量大于 35 J。

5. 合金弹簧钢

（1）用途

弹簧钢是一种专用结构钢，主要用于制造各种弹簧和弹性元件。

（2）性能要求

弹簧是利用弹性变形吸收能量以缓和振动和冲击，或依靠弹性储能来起驱动作用。因此弹簧钢应有以下性能：

① 高的弹性极限 σ_e，尤其是高的屈强比 σ_s/σ_b，以保证弹簧有足够高的弹性变形能力和较大的承载能力。

② 高的疲劳强度 σ_r，以防止在振动和交变应力作用下产生疲劳断裂。另外，零件的表面质量对 σ_r 影响很大，合金弹簧钢表面不应有脱碳、裂纹、折叠、斑疤和夹杂等缺陷。

③ 足够的塑性和韧性，以免受冲击时脆断。

此外，合金弹簧钢还要求有较好的淬透性，不易脱碳和过热，容易绕卷成形等。一些特殊合金弹簧钢还要求耐热性、耐蚀性等。

(3) 成分特点

① 中、高碳

为了保证高的弹性极限和疲劳强度，合金弹簧钢的碳质量分数比合金调质钢高，一般为 0.50%～0.70%。碳质量分数过高时，塑性、韧性降低，疲劳强度也下降。

② 加入以 Si、Mn 为主的提高淬透性的元素

Si 和 Mn 的作用主要是提高淬透性，同时也提高屈强比，而以 Si 的作用更突出，但它在加热时促进表面脱碳，Mn 则使钢易于过热。因此，重要用途的合金弹簧钢必须加入 Cr、V、W 等元素，例如 Si-Cr 弹簧钢表面不易脱碳；Cr-V 弹簧钢晶粒细小不易过热，耐冲击性能好，高温强度也较高。

此外，钢的冶金质量对疲劳强度有很大的影响，所以合金弹簧钢均为优质钢或高级优质钢。

(4) 钢种和牌号

常用弹簧钢牌号见表 3-10A。合金弹簧钢大致分两类。

表 3-10A　弹簧钢的牌号、化学成分（摘自 GB/T 1222—2007）

牌 号	统一数字代号	化学成分(质量分数)/%										
		C	Si	Mn	Cr	V	W	B	Ni	Cu	P	S
									不大于			
65	U20652	0.62～0.70	0.17～0.37	0.50～0.80	≤0.25				0.25	0.25	0.035	0.035
70	U20702	0.62～0.75	0.17～0.37	0.50～0.80	≤0.25				0.25	0.25	0.035	0.035
85	U20852	0.82～0.90	0.17～0.37	0.50～0.80	≤0.25				0.25	0.25	0.035	0.035
65Mn	U21653	0.62～0.70	0.17～0.37	0.90～1.20	≤0.25				0.25	0.25	0.035	0.035
55SiMnVB	A77552	0.52～0.60	0.70～1.00	1.00～1.30	≤0.35	0.08～0.16		0.0005～0.0035	0.35	0.25	0.035	0.035
60Si2Mn	A11602	0.56～0.64	1.50～2.00	0.70～1.00	≤0.35				0.35	0.25	0.035	0.035
60Si2MnA	A11603	0.56～0.64	1.60～2.00	0.70～1.00	≤0.35				0.35	0.25	0.025	0.025
60Si2CrA	A21603	0.56～0.64	1.40～1.80	0.40～0.70	0.70～1.00				0.35	0.25	0.025	0.025
60Si2CrVA	A28603	0.56～0.64	1.40～1.80	0.40～0.70	0.90～1.20	0.10～0.20			0.35	0.25	0.025	0.025
55SiCrA	A21553	0.51～0.59	1.20～1.60	0.50～0.80	0.50～0.80				0.35	0.25	0.025	0.025
55CrMnA	A22553	0.52～0.60	0.17～0.37	0.65～0.95	0.65～0.95				0.35	0.25	0.025	0.025
60CrMnA	A22603	0.56～0.64	0.17～0.37	0.70～1.00	0.70～1.00				0.35	0.25	0.025	0.025

续表

牌号	统一数字代号	化学成分(质量分数)/%										
		C	Si	Mn	Cr	V	W	B	Ni	Cu	P	S
									不大于			
50CrVA	A23503	0.46~0.54	0.17~0.37	0.50~0.80	0.80~1.10	0.10~0.20			0.35	0.25	0.025	0.025
60CrMnBA	A22613	0.56~0.64	0.17~0.37	0.70~1.00	0.70~1.00			0.0005~0.0040	0.35	0.25	0.025	0.025
30W4Cr2VA	A27303	0.26~0.34	0.17~0.37	≤0.40	2.00~2.50	0.50~0.80	4.00~4.50		0.35	0.25	0.025	0.025
28MnSiB	A76282	0.24~0.32	0.60~1.00	1.20~1.60	≤0.25			0.0005~0.0035	0.35	0.25	0.035	0.035

表 3-10B 弹簧钢的热处理、力学性能和用途(摘自 GB/T 1222—2007)

牌号	热处理温度*			力学性能(不小于)					应用举例
	淬火温度/℃	淬火介质	回火温度/℃	抗拉强度 R_m/(N/mm²)	屈服强度 R_{eL}/(N/mm²)	断后伸长率 A/%	$A_{11.3}$/%	断面收缩率/%	
65	840	油	500	980	785		9	35	厚度或直径<15 mm 的小弹簧,柱塞弹簧,测力弹簧,一般机械用弹簧
70	830	油	480	1030	835		8	30	
85	820	油	480	1130	980		6	30	
65Mn	830	油	540	980	785		8	30	
55SiMnVB	860	油	460	1375	1225	5		30	厚度或直径≤25 mm 的弹簧,如车箱缓冲卷簧、汽车板簧、离合器簧片
60Si2Mn	870	油	480	1275	1180	5		25	
60Si2MnA	870	油	440	1570	1375	5		20	
60Si2CrA	870	油	420	1765	1570	6		20	
60Si2CrVA	850	油	410	1860	1665	6		20	
55SiCrA	860	油	450	1450~1750	1300($R_{p0.2}$)	6		25	
55CrMnA	830~860	油	460~510	1225	1080($R_{p0.2}$)	9		20	厚度或直径≤30 mm 的重要弹簧,如载重汽车板簧、扭杆簧、低于 350℃的耐热弹簧、气门弹簧、阀门弹簧、悬架簧
60CrMnA	830~860	油	460~520	1225	1080($R_{p0.2}$)	9		20	
50CrVA	850	油	500	1275	1130	10		40	
60CrMnBA	830~860	油	460~520	1225	1080($R_{p0.2}$)	9		20	
30W4Cr2VA	1050~1100	油	600	1470	1325	7		40	500℃以下耐热弹簧、锅炉安全阀簧、汽轮机簧、汽车厚载面板簧
28MnSiB	900	油	320	1275	1180	5		25	

* 除规定热处理温度上下限外,表中热处理温度允许偏差为:淬火,±20℃;回火,±50℃。根据需方要求,回火可按±30℃进行。

① 以 Si、Mn 为主要合金元素的合金弹簧钢

代表性钢种有 65Mn 和 60Si2Mn 等。这类钢的价格便宜，淬透性明显优于碳素弹簧钢，Si、Mn 的复合合金化，性能比只用 Mn 的好得多。这类钢主要用于汽车、拖拉机上的板簧和螺旋弹簧。

② 含 Cr、V、W 等元素的合金弹簧钢

典型钢种为 50CrVA。Cr、V 不仅大大提高钢的淬透性，而且还提高钢的高温强度、韧性和热处理工艺性能。这类钢可制作在 350~400℃ 温度下承受重载的较大弹簧，如阀门弹簧、高速柴油机的气门弹簧等。

(5) 加工、热处理与性能

表 3-10B 给出了弹簧钢的热处理、力学性能和用途。

弹簧按加工和热处理可分为两类：

① 热成形弹簧

用热轧钢丝或钢板制成，然后淬火和中温(450~550℃)回火，获得回火屈氏体组织，具有很高的屈服强度，特别是弹性极限高，并有一定的塑性和韧性，一般用来制作较大型的弹簧。

② 冷成形弹簧

小尺寸弹簧一般用冷拔弹簧钢丝(片)卷成。有三种制造方法。

a. 铅淬冷拔钢丝　冷拔前进行"淬铅"处理，即加热到 A_{c3} 以上，然后在 450~550℃ 的熔铅中等温淬火，获得适于冷拔的索氏体组织，然后经多次冷拔至所需直径，其屈服强度可达 1600 MPa 以上。弹簧卷成后不再淬火，只进行消除应力的低温(200~300℃)退火，使弹簧定形。

b. 油淬回火钢丝　冷拔至要求尺寸后，利用淬火(油冷)、回火来进行强化，再冷绕成弹簧，并进行去应力回火，之后不再热处理。

c. 退火钢丝　冷拔钢丝退火后，冷卷成形，然后和热成形弹簧一样，进行淬火和中温回火。

为了提高弹簧的疲劳寿命，目前还广泛采用喷丸强化处理。汽车板簧喷丸处理后，使用寿命可提高几倍，这是因为喷丸处理消除了钢丝表面的缺陷并造成表面压应力的结果。

实例：50CrMn 钢制造火车螺旋弹簧。钢棒热卷成形后 850~860℃ 加热油淬火，500℃ 中温回火。组织为回火屈氏体。屈服强度 $\sigma_{0.2}$ 不低于 1100 MPa，硬度为 42~47 HRC，冲击韧度 a_k 为 250~300 kJ/m²。

6. 滚动轴承钢

(1) 用途

主要用来制造滚动轴承的滚动体(滚珠、滚柱、滚针)、内外套圈等，属专用结构钢。从化学成分上看它属于工具钢，所以也用于制造精密量具、冷冲模、机床丝杠等耐磨件。

(2) 性能要求

滚动轴承工况复杂而苛刻，因此对轴承钢的性能要求很高。

① 高的接触疲劳强度

轴承元件如滚珠与套圈，运动时为点或线接触，接触处的压应力高达 1500~5000 MPa；应力交变次数每分钟达几万次甚至更多，往往造成接触疲劳破坏，产生麻点或剥落，所以轴承钢应具有高的接触疲劳强度。

② 高的硬度和耐磨性

滚动体和套圈之间不但有滚动摩擦,而且有滑动摩擦,轴承也常因过度磨损而失效,因此必须具有高而均匀的硬度,硬度一般为 62~64 HRC。

③ 足够的韧性和淬透性。

④ 在大气和润滑介质中有一定的耐蚀能力和良好的尺寸稳定性。

(3) 成分特点

① 高碳

为了保证高硬度、高耐磨性和高强度,碳质量分数高(一般为 0.95%~1.10%)。

② 铬为基本合金元素

铬提高淬透性;形成合金渗碳体$(Fe,Cr)_3C$,呈细密、均匀分布,提高钢的耐磨性,特别是提高钢的疲劳强度。但 Cr 质量分数过高会增大残余奥氏体量和碳化物分布的不均匀性,使钢的硬度和疲劳强度降低。适宜的质量分数为 0.40%~1.65%。

③ 加入硅、锰、钒等

Si、Mn 进一步提高淬透性,便于制造大型轴承。V 部分溶于奥氏体中,部分形成碳化物 VC,提高钢的耐磨性并防止过热(防止锻轧或热处理加热时奥氏体晶粒长大)。

④ 严格控制夹杂物含量

轴承钢中非金属夹杂物和碳化物的不均匀性对钢的性能,尤其是接触疲劳强度影响很大。因为夹杂物往往是接触疲劳破坏的发源点,其危害程度与夹杂物的类型、数量、大小、形状和分布有关。因此,轴承钢一般采用电炉冶炼和真空去气处理,保证高的冶金质量。在热处理过程中,则应充分保证碳化物弥散分布在基体上。

(4) 钢种和牌号

表 3-11 中列出了高碳铬轴承钢的牌号。

表 3-11 高碳铬轴承钢的牌号、化学成分、退火硬度和用途(摘自 GB/T 18254—2002)

牌号	统一数字代号	化学成分(质量分数)/%									退火硬度/HBW	用途举例
		C	Si	Mn	Cr	Mo	P	S	Ni	Cu		
							不大于					
GCr4	B00040	0.95~1.05	0.15~0.30	0.15~0.30	0.35~0.50	≤0.08	0.025	0.020	0.25	0.20	179~207	ϕ<10 mm 的滚珠、滚柱和滚针
GCr15	B00150	0.95~1.05	0.15~0.35	0.25~0.45	1.40~1.65	≤0.10	0.025	0.025	0.30	0.25	179~207	壁厚≤12 mm、外径≤250 mm 的轴承套,模具、精密量具及耐磨件
GCr15SiMn	B01150	0.95~1.05	0.45~0.75	0.95~1.25	1.40~1.65	≤0.10	0.025	0.025	0.30	0.25	179~217	大尺寸轴承套、模具、量具、丝锥及耐磨件
GCr15SiMo	B03150	0.95~1.05	0.65~0.85	0.20~0.40	1.40~1.70	0.30~0.4	0.027	0.020	0.30	0.25	179~217	大尺寸的轴承套、滚动体、模具、精密量具及高硬度耐磨件
GCr18Mo	B02180	0.95~1.05	0.20~0.40	0.25~0.40	1.65~1.95	0.15~0.25	0.025	0.020	0.25	0.25	179~207	(与GCr15钢同)

① 铬轴承钢

最常用的是 GCr15,使用量占轴承钢的绝大部分。除制造轴承外也常用来制造冷冲模、量具、丝锥等。

② 添加 Mn、Si、Mo、V 的轴承钢

在铬轴承钢中加入 Si、Mn 可提高淬透性,如 GCr15SiMn、GCr15SiMnMoV 等。为了节约铬,加入 Mo、V 可得到无铬轴承钢,如 GSiMnMoV、GSiMnMoVRE 等,其性能与 GCr15 相近。

(5) 热处理和组织、性能

轴承钢的热处理主要为球化退火、淬火和低温回火。

① 球化退火

轴承钢的预先热处理是球化退火。其目的不仅是降低钢的硬度,以利于切削加工,更重要的是获得细的球状珠光体和均匀分布的细粒状碳化物,为零件的最终热处理作组织准备。

② 淬火和低温回火

淬火温度要求十分严格,温度过高会使钢过热,晶粒长大,使韧性和疲劳强度下降,且易淬裂和变形;温度过低,则奥氏体中溶解的铬和碳量不够,钢淬火后硬度不足。如加热到 800℃油淬,硬度只有 770 HV(见图 3-1)。GCr15 钢的淬火温度严格控制在 820～840℃ 范围内,回火温度一般为 150～160℃。GCr4 的淬火温度为 800～820℃,回火温度为 150～170℃。GCr15SiMn 的淬火温度为 820～840℃,回火温度为 170～200℃。

轴承钢淬火回火后的组织为极细的回火马氏体、均匀分布的粒状碳化物以及少量残余奥氏体(见图 3-2),硬度大于 835HV(62 HRC)。

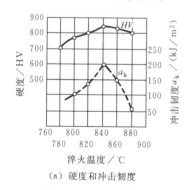
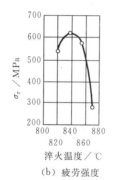

(a) 硬度和冲击韧度　　(b) 疲劳强度

图 3-1　GCr15 钢淬火温度对力学性能的影响

图 3-2　GCr15 钢淬火、回火后的显微组织

精密轴承必须保证在长期存放和使用中不变形。引起变形和尺寸变化的原因主要是存在有内应力和残余奥氏体发生转变。为了稳定尺寸,淬火后可立即进行"冷处理"(-60～-80℃),并在回火和磨削加工后,进行低温时效处理(120～130℃,保温 5～10 h)。

3.2.3　合金工具钢

合金工具钢按用途分为刃具钢、模具钢和量具钢,但实际应用界限并非绝对,例如某些低合金刃具钢也可做冷作模具或量具。

1. 合金刃具钢

(1) 用途

主要用于制造各种金属切削刀具,如车刀、铣刀、钻头等。

(2) 性能要求

刀具切削时受工件的压力,刃部与切屑之间产生强烈的摩擦;由于切削发热,刃部温度可达 500~600℃;此外,还承受一定的冲击和振动。因此对刃具钢提出如下基本性能要求:

① 高硬度

金属切削刀具的硬度一般都在 60 HRC 以上。

② 高耐磨性

耐磨性直接影响刀具的寿命。它不仅取决于钢的硬度,而且与钢中硬化物的性质、数量、大小和分布有关。

③ 高热硬性

热硬性是指钢在高温下保持高硬度的能力(亦称红硬性)。热硬性与钢的回火稳定性和特殊碳化物的弥散析出有关。

④ 足够的塑性和韧性

以防刀具受冲击振动时折断和崩刃。

(3) 成分特点

合金刃具钢分两类:一类主要用于低速切削,为低合金刃具钢;另一类用于高速切削,为高速工具钢(简称高速钢)。

① 低合金刃具钢

这类钢的最高工作温度不超过 300℃,其成分的主要特点是:

a. 高碳,其碳质量分数为 0.9%~1.1%,以保证高硬度和高耐磨性。

b. 加入 Cr、Mn、Si、W、V 等合金元素。Cr、Mn、Si 主要是提高钢的淬透性,Si 还能提高钢的回火稳定性;W、V 能提高硬度和耐磨性,并防止加热时过热,保持细小的晶粒。

② 高速钢

高速钢是高合金刃具钢,具有很高的热硬性,高速切削中刃部温度达 600℃ 时,其硬度无明显下降。其成分特点是:

a. 高碳,其碳质量分数在 0.70% 以上,最高可达 1.5% 左右,它一方面要保证能与 W、Cr、V 等形成足够数量的碳化物;另一方面还要有一定数量的碳溶于奥氏体中,以保证马氏体的高硬度。

b. 加入 Cr、W、Mo、V 等合金元素。

加入 Cr 提高淬透性,几乎所有高速钢的铬质量分数均为 4%。铬的碳化物($Cr_{23}C_6$)在淬火加热时几乎全部溶于奥氏体中,增加过冷奥氏体的稳定性,大大提高钢的淬透性。铬还能提高钢的抗氧化、抗脱碳的能力。

加入 W、Mo 保证高的热硬性,在退火状态下,W、Mo 以 M_6C 型碳化物形式存在。这类碳化物在淬火加热时较难溶解。加热时,一部分$(Fe,W)_6C$ 等碳化物溶于奥氏体中,淬火后合金元素 W 或 Mo 存在于马氏体中,在随后的 560℃ 回火时,形成 W_2C 或 Mo_2C 弥散分布,造成二次硬化。这种碳化物在 500~600℃ 温度范围内非常稳定,不易聚集长大,从而使钢具有良好的热硬性;一部分未溶的碳化物能起阻止奥氏体晶粒长大及提高耐磨性的作用。

V 能形成 VC(或 V_4C_3),非常稳定,极难熔解,硬度极高(大大超过 W_2C 的硬度)且颗粒细小,分布均匀,能大大提高钢的硬度和耐磨性。同时能阻止奥氏体晶粒长大,细化晶粒。

(4) 钢种及牌号

① 低合金刃具钢

我国常用低合金刃具钢见表 3-12。典型钢种 9SiCr,含有提高回火稳定性的 Si,经 230~250℃回火后,硬度不低于 60 HRC,使用温度可达 250~300℃,广泛用于制造各种低速切削的刃具,如板牙、丝锥等,也常用作冷冲模。

表 3-12 刃具量具用钢的牌号、化学成分、热处理和用途(摘自 GB/T 1299—2000)

牌号	统一数字代号	化学成分*(质量分数)/%					淬 火		交货状态硬度/HB	用途举例
		C	Si	Mn	Cr	其他	温度/℃冷却剂	硬度/HRC		
9SiCr	T30100	0.85~0.95	1.20~1.60	0.30~0.60	0.95~1.25		820~860 油	≥62	241~197	丝锥、板牙、钻头、铰刀、齿轮铣刀、冷冲模、冷轧辊
8MnSi	T30000	0.75~0.85	0.30~0.60	0.80~1.10			800~820 油	≥60	≤229	凿子、铣刀、车刀、刨刀
Cr06	T30060	1.30~1.45	≤0.40	≤0.40	0.50~0.70		780~810 水	≥64	241~187	剃刀、刮刀、刻刀、外科医疗刀具
Cr2	T30201	0.95~1.10	≤0.40	≤0.40	1.30~1.65		830~860 油	≥62	229~179	铣刀、车刀、铰刀、量规、冷轧辊等
9Cr2	T30200	0.80~0.95	≤0.40	≤0.40	1.30~1.70		820~850 油	≥62	217~179	冷轧辊、冷冲头及木工工具等
W	T30001	1.05~1.25	≤0.40	≤0.40	0.10~0.30	W 0.80~1.20	800~830 水	≥62	229~187	低速切削硬金属的刃具,如麻花钻、车刀、量规、块规等

* 各牌号钢的 $w(S) \leq 0.03\%$,$w(P) \leq 0.03\%$。

冷作模具钢 9Mn2、CrWMn 也可制造刃具,如丝锥、板牙、拉刀、铰刀等。

② 高速钢

表 3-13A、表 3-13B 列出了我国常用的高速钢牌号、化学成分、热处理和用途。其中最重要的有两种:一种是钨系 W18Cr4V 钢,另一种是钨-钼系 W6Mo5Cr4V2 钢。两种钢的组织性能相似,但 W6Mo5Cr4V2 钢的耐磨性、高温塑性和韧性较好,而 W18Cr4V 钢的热硬性较好,热处理时的脱碳和过热倾向性较小。

表 3-13A 部分高速工具钢的牌号和化学成分(摘自 GB/T 9943—2008)

牌 号	统一数字代号	化学成分(质量分数)/%									
		C	Mn	Si	S	P	Cr	V	W	Mo	Co
W3Mo3Cr4V2	T63342	0.95~1.03	≤0.40	≤0.45	≤0.030	≤0.030	3.80~4.50	2.20~2.50	2.70~3.00	2.50~2.90	
W4Mo3Cr4VSi	T64340	0.83~0.93	0.20~0.40	0.70~1.00	≤0.030	≤0.030	3.80~4.40	1.20~1.80	3.50~4.50	2.50~3.50	
W18Cr4V	T51841	0.73~0.83	0.10~0.40	0.20~0.40	≤0.030	≤0.030	3.80~4.50	1.00~1.20	17.20~18.70	—	—
W2Mo8Cr4V	T62841	0.77~0.87	≤0.40	≤0.70	≤0.030	≤0.030	3.50~4.50	1.00~1.40	1.40~2.00	8.00~9.00	

续表

牌号	统一数字代号	化学成分(质量分数)/%									
		C	Mn	Si	S	P	Cr	V	W	Mo	Co
W6Mo5Cr4V2	T66541	0.80~0.90	0.15~0.40	0.20~0.45	≤0.030	≤0.030	3.80~4.40	1.75~2.20	5.50~6.75	4.50~5.50	—
W9Mo3Cr4V	T69341	0.77~0.87	0.20~0.40	0.20~0.40	≤0.030	≤0.030	3.80~4.40	1.30~1.70	8.50~9.50	2.70~3.30	—
CW6Mo5Cr4V3	T66545	1.25~1.32	0.15~0.40	≤0.70	≤0.030	≤0.030	3.75~4.50	2.70~3.20	5.90~6.70	4.70~5.20	—
W12Cr4V5Co5	T71245	1.50~1.60	0.15~0.40	0.15~0.40	≤0.030	≤0.030	3.75~5.00	4.50~5.25	11.75~13.00	—	4.75~5.25
W6Mo5Cr4V2Co5	T76545	0.87~0.95	0.15~0.40	0.20~0.45	≤0.030	≤0.030	3.80~4.50	1.70~2.10	5.90~6.70	4.70~5.20	4.50~5.00
W2Mo9Cr4VCo8	T72948	1.05~1.15	0.15~0.40	0.15~0.65	≤0.030	≤0.030	3.50~4.25	0.95~1.35	1.15~1.85	9.00~10.00	7.75~8.75

表3-13B 部分高速工具钢的热处理、硬度和用途(摘自GB/T 9943—2008)

牌号	交货硬度[①](退火态)/HBW 不大于	试样热处理温度及淬火回火硬度						应用举例
		预热温度/℃	淬火温度/℃		淬火介质	回火温度[②]/℃	硬度/HRC	
			盐浴炉	箱式炉				
W3Mo3Cr4V2	255	800~900	1180~1200	1180~1200	油或盐浴	540~560	≥63	机用锯条、钻头、铣刀、拉刀、刨刀
W4Mo3Cr4VSi	255		1170~1190	1170~1190		540~560	≥63	
W18Cr4V	255		1250~1270	1260~1280		550~570	≥63	高速车刀、钻头、铣刀
W2Mo8Cr4V	255		1180~1200	1180~1200		550~570	≥63	丝锥、铰刀、铣刀、拉刀、锯片
W6Mo5Cr4V2	255		1200~1220	1210~1230		540~560	≥64	冲击较大刀具、插齿刀、钻头
W9Mo3Cr4V	255		1200~1220	1220~1240		540~560	≥64	切削刀具,冷、热模具
CW6Mo5Cr4V3	262		1180~1200	1190~1210		540~560	≥64	拉刀、滚刀、螺纹梳刀、铣刀、车刀、刨刀、钻头、丝锥
W12Cr4V5Co5	277		1220~1240	1230~1250		540~560	≥65	
W6Mo5Cr4V2Co5	269		1190~1210	1200~1220		540~560	≥64	高温振动刀具、插齿刀、铣刀
W2Mo9Cr4VCo8	269		1170~1190	1180~1200		540~560	≥66	高精度复杂刀具、成形铣刀、精密拉刀

① 退火+冷拉态的硬度,允许比退火态指标增加50 HBW。
② 回火温度为550℃~570℃时,回火2次,每次1 h;回火温度为540℃~560℃时,回火2次,每次2 h。

(5)加工及热处理特点

低合金刃具钢的加工过程是球化退火→机加工→淬火→低温回火。淬火温度应根据工件形状、尺寸及性能要求严格控制，一般都要预热；回火温度为 160～200℃。热处理后的组织为回火马氏体＋碳化物＋少量残余奥氏体。

高速钢的加工、热处理要点如下：

① 锻造

高速钢属莱氏体钢，铸态组织中含有大量呈鱼骨状分布的粗大共晶碳化物（M_6C），大大降低钢的力学性能，特别是韧性。这些碳化物不能用热处理来消除，只能依靠锻打来击碎，并使其均匀分布。因此高速钢的锻造具有成形和改善碳化物形状、分布的双重作用，是非常重要的加工工序。为了得到小块均匀的碳化物，需要多次镦拔。高速钢的塑性、导热性较差，锻后必须缓冷，以免开裂。

② 热处理

高速钢锻后进行球化退火，以便于机加工，并为淬火作好组织准备。球化退火温度为 A_{c1}＋30～50℃（870～880℃）。球化退火后的组织为索氏体基体和均匀分布的细小粒状碳化物。

高速钢的导热性很差，淬火温度又高，所以淬火加热时，必须进行二次预热（500～600℃、800～850℃）。高速钢中含有大量 W、Mo、V 的难熔碳化物，它们只有在 1200℃ 以上才能大量地溶于奥氏体中，以保证钢淬火、回火后获得很高的热硬性，因此其淬火加热温度非常高，一般为 1220～1280℃。淬火后的组织为淬火马氏体＋碳化物＋大量残余奥氏体。

高速钢通常在二次硬化峰值温度或稍高一些的温度（550～570℃）回火三次。在此温度范围内回火时，W、Mo 及 V 的碳化物从马氏体及残余奥氏体中析出，弥散分布，使钢的硬度明显上升；同时残余奥氏体转变为马氏体，也使硬度提高，由此造成二次硬化现象，保证了钢的硬度和热硬性（见图 3-3）。进行多次回火，是为了逐步减少残余奥氏体量。W18Cr4V 钢淬火后残余奥氏体的体积分数约有 25％，经一次回火后约剩 10％～15％，二次回火降到 3％～5％，第三次回火后仅剩 1％～2％。

高速钢淬火、回火后的组织为回火马氏体＋碳化物＋少量残余奥氏体（见图 3-4），其中碳化物由两部分组成：一部分为未溶碳化物，一部分为回火时析出的碳化物。

近年来，高速钢的等温淬火获得了广泛的应用。等温淬火后的组织为下贝氏体＋残余奥氏体＋碳化物。等温淬火可减少变形和提高韧性，适用于形状复杂的大型刃具和冲击韧度要求高的刃具。

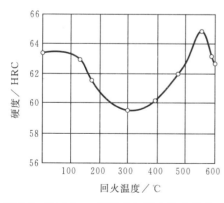

图 3-3　W18Cr4V 钢硬度与回火温度的关系

图 3-4　高速钢淬火、回火后的组织

图 3-5 是 W18Cr4V 钢热处理工艺过程示意图。

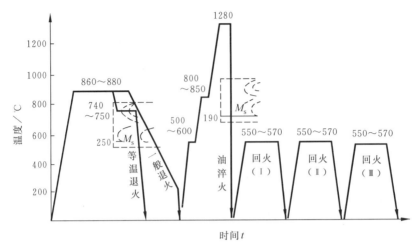

图 3-5　W18Cr4V 钢热处理工艺过程示意图

图 3-6 表示热处理后碳素工具钢、低合金刃具钢、高速钢的硬度与温度的关系。由图可见,碳素工具钢热硬性差,随着使用温度提高迅速软化。W18Cr4V 在 600℃ 还保持 650HV(56 HRC)的高硬度。9SiCr 要保持同样的硬度,工作温度不能超过 350℃。

实例 1：9SiCr 钢制造丝锥。钢材球化退火后加工成形,860~880℃加热油淬火,180~200℃回火。组织为回火马氏体＋碳化物＋少量残余奥氏体。硬度为 60~62 HRC。

实例 2：W18Cr4V 钢制造车刀。1220~1280℃加热淬火。550~570℃回火三次。硬度为 63~65 HRC。硬度高,热硬性好。用于高速切削。

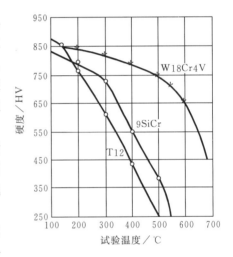

图 3-6　T12、9SiCr、W18Cr4V 的硬度与温度的关系

2. 合金模具钢

合金模具钢按其用途分为冷作模具钢和热作模具钢两大类。

(1) 冷作模具钢

① 用途

冷作模具钢用于制造各种冷冲模、冷镦模、冷挤压模和拉丝模等,工作温度不超过 200~300℃。

② 性能要求

冷作模具工作时承受很大的压力、弯曲力、冲击载荷和摩擦。主要失效形式是磨损,也常出现崩刃、断裂和变形等失效现象。因此,冷作模具钢应具有以下基本性能：

    a. 高硬度,一般为 58~62 HRC；

    b. 高耐磨性；

    c. 足够的韧性和疲劳抗力；

d. 热处理变形小。

③ 成分特点

a. 高的碳含量　碳质量分数多在1.0%以上,个别甚至达到2.0%,以保证高的硬度和高耐磨性。

b. 加入Cr、Mo、W、V等合金元素形成难熔碳化物,提高耐磨性,尤其是Cr。典型钢种是Cr12型钢,铬的质量分数高达12%。铬与碳形成M_7C_3型碳化物,能极大提高钢的耐磨性,铬还显著提高钢的淬透性。

④ 钢种和牌号

常用冷作模具钢的牌号、化学成分、热处理、性能及大致用途列于表3-14中。

大部分要求不高的冷作模具可用低合金刃具钢制造,如9Mn2V、9SiCr、CrWMn等。大型冷作模具用Cr12型钢。这种钢热处理变形很小,适合于制造重载和形状复杂的模具。冷挤压模工作时受力很大,条件苛刻,可选用基体钢或马氏体时效钢制造。基体钢的化学成分与高速钢经正常淬火后的基体的化学成分大致相同,如6Cr4Mo3Ni2WV、7Cr4W3Mo2VNb等。热处理后基体钢的组织与高速钢基体相同。马氏体时效钢为超低碳($w(C)<0.03\%$)超高强度钢,靠高Ni形成低碳马氏体,并经时效析出金属间化合物使强度显著提高,如Ni18Co9Mo5TiAl。

⑤ 热处理特点

冷作模具钢的热处理与低合金刃具钢类似:淬火+低温回火。

含钼、钒的高碳高铬冷作模具钢的热处理方案有两种:

a. 一次硬化法

在较低温度(950~1000℃)下淬火,然后低温(150~180℃)回火,硬度可达61~64HRC,使钢具有较好的耐磨性和韧性,适用于重载模具。

b. 二次硬化法

在较高温度(1100~1150℃)下淬火,然后于510~520℃多次(一般为三次)回火,产生二次硬化,使硬度达60~62HRC,热硬性和耐磨性都较高(但韧性较差)。适用于在400~450℃温度下工作的模具。Cr12型钢热处理后组织为回火马氏体+碳化物+残余奥氏体。

实例1:黄铜接线板落料模采用CrWMn钢制造。材料球化退火后机加工,820℃加热,进行分级淬火,介质为50%KNO_3+50%$NaNO_2$(温度为160~200℃),再进行180~200℃低温回火,最后进行磨削加工。落料模组织为回火马氏体+碳化物+少量残余奥氏体,硬度为58~60HRC,硬度均匀。

实例2:用9SiCr制造长剪刀片(剪切模)。钢材球化退火后机加工,860~870℃油淬,150~200℃回火3~4h。硬度为58~62HRC。

(2) 热作模具钢

① 用途

热作模具钢用于制造各种热锻模、热压模、热挤压模和压铸模等,工作时型腔表面温度可达600℃以上。

② 性能要求

热作模具工作时承受很大的冲击载荷、强烈的摩擦、剧烈的冷热循环所引起的不均匀热应变和热应力,以及高温氧化、崩裂、塌陷、磨损、龟裂等失效形式。因此热作模具钢的主要性能要求如下。

表 3-14 常用冷作模具钢和耐冲击工具用钢的牌号、化学成分、热处理及用途(摘自 GB/T 1299—2000)

牌号	统一数字代号	化学成分 w/% *						
		C	Si	Mn	Cr	Mo	W	V
9Mn2V	T20000	0.85~0.95	≤0.40	1.70~2.00				0.10~0.25
CrWMn	T20111	0.90~1.05	≤0.40	0.80~1.10	0.9~1.20		1.20~1.60	
Cr12	T21200	2.00~2.30	≤0.40	≤0.40	11.50~13.00			
Cr12MoV	T21201	1.45~1.70	≤0.40	≤0.40	11.00~12.50	0.40~0.60		0.15~0.30
Cr4W2MoV	T20421	1.12~1.25	0.40~0.70	≤0.40	3.50~4.00	0.80~1.20	1.90~2.60	0.80~1.10
6W6Mo5Cr4V	T20465	0.55~0.65	≤0.40	0.60	3.70~4.30	4.50~5.50	6.00~7.00	0.70~1.10
4CrW2Si	T40124	0.35~0.45	0.80~1.10	≤0.40	1.00~1.30		2.00~2.50	
6CrW2Si	T40126	0.55~0.65	0.50~0.80	≤0.40	1.10~1.30		2.20~2.70	

牌号	交货状态硬度/HBW	试样淬火		硬度/HRC (不小于)	用途举例
		温度/℃	冷却介质		
9Mn2V	≤229	780~810	油	62	滚丝模、冷冲模、冷压模、塑料模、丝锥
CrWMn	207~255	800~830	油	62	冷冲模、塑料模、拉刀、量规、丝杠
Cr12	217~269	950~1000	油	60	冷冲模、拉延模、压印模、冷镦模、滚丝模
Cr12MoV	207~255	950~1000	油	58	冷冲模、压印模、冷镦模、冷挤压模、拉延模
Cr4W2MoV	≤269	960~980 1020~1040	油 油	60 60	可代替 Cr12MoV 钢
6W6Mo5Cr4V	≤269	1180~1200	油	60	冷挤压模(钢件、硬铝件)
4CrW2Si	179~217	860~900	油	53	剪刀、切片冲头(耐冲击工具用钢)
6CrW2Si	229~285	860~900	油	57	剪刀、切片冲头(耐冲击工具用钢)

* $w(S)≤0.03\%$、$w(P)≤0.03\%$。

a. 高的热硬性和高温耐磨性；

b. 高的抗氧化性能；

c. 高的热强性和足够的韧性，尤其是受冲击较大的热锻模钢；

d. 高的热疲劳抗力，以防止龟裂破坏；

e. 由于热模具一般较大，所以还要求热作模具钢有高的淬透性和导热性。

③ 成分特点

a. 中碳，其碳质量分数一般为 0.3%～0.6%，以保证高强度、高韧性、较高的硬度（35～52 HRC）和较高的热疲劳抗力。

b. 加入较多的提高淬透性的元素 Cr、Ni、Mn、Si 等，Cr 是提高淬透性的主要元素，同时和 Ni 一起提高钢的回火稳定性。Ni 在强化铁素体的同时还增加钢的韧性，并与 Cr、Mo 一起提高钢的淬透性和耐热疲劳性能。

c. 加入产生二次硬化的 Mo、W、V 等元素，Mo 还能防止第二类回火脆性，提高高温强度和回火稳定性。

④ 钢种和牌号

常用热作模具钢的牌号、成分、热处理、性能及大致用途列于表 3-15 中。

热锻模钢对韧性要求高而热硬性要求不太高，典型钢种有 5CrMnMo、5CrNiMo 及 5Cr4W5Mo2V 等。大型锻压模或压铸模采用碳质量分数较低、合金元素更多而热强性更好的模具钢，如 3Cr2W8V、4Cr5W2VSi、4Cr5MoSiV、4Cr5MoSiV1、4Cr3Mo3SiV 以及 3Cr3Mo3W2V 等钢种。其中 4Cr5MoSiV1（相当于美国牌号 H13）是一种空冷硬化的热作模具钢。该钢具有较高的热强度和硬度、高的耐磨性和韧性，且具有较好的耐冷热疲劳性能，广泛应用于制造模锻锤的锻模、热挤压模以及铝、铜及其合金的压铸模等。

⑤ 热处理

热锻模钢 5CrMnMo、5CrNiMo 的热处理和调质钢相似，820～860℃加热淬火后高温（550℃左右）回火，以获得回火索氏体——回火屈氏体组织。热压模钢 4Cr5MoSiV、3Cr3Mo3W2V、5Cr4W5Mo2V 经 1000～1150℃加热淬火后在略高于二次硬化峰值的温度（600℃左右）下回火，组织为回火马氏体、粒状碳化物和少量残余奥氏体（与高速钢类似）。为了保证热硬性，回火要进行 2～3 次。

实例：5CrNiMo 钢制作汽车连杆锻模。加工后 840～860℃加热淬火。为减少大型模具的淬火变形，5CrNiMo 钢要预冷（空冷）到 780℃左右油淬，200℃出油。480～510℃回火 2 次。硬度为 39～44 HRC。

3. 量具用钢

(1) 用途

量具用钢用于制造各种量测工具，如卡尺、千分尺、螺旋测微仪、块规、塞规等。

(2) 性能要求

量具在使用过程中要求测量精度高，不能因磨损或尺寸不稳定影响测量精度，对其性能的主要要求是：

① 高硬度（大于 56 HRC）和高的耐磨性；

② 高尺寸稳定性。热处理变形要小，在存放和使用过程中，尺寸不发生变化。

表 3-15 常用热作模具钢和塑料模具钢的牌号、化学成分、热处理及用途（摘自 BG/T 1299—2000）

牌号	统一数字代号	化学成分（质量分数）/%							交货状态硬度/HBW
		C	Si	Mn	Cr	Mo	W	V	其他	
5CrMnMo	T20102	0.50~0.60	0.25~0.60	1.20~1.60	0.60~0.90	0.15~0.30			$w(Ni)$：1.40~1.80	197~241
5CrNiMo	T20103	0.50~0.60	≤0.40	0.50~0.80	0.50~0.80	0.15~0.30			$w(Ni)$：1.40~1.80	197~241
4Cr5MoSiV1	T20502	0.32~0.45	0.80~1.20	0.20~0.50	4.75~5.50	1.10~1.75		0.80~1.20	$w(Ni)$：1.40~1.80	≤235
3Cr3Mo3W2V	T20323	0.32~0.42	0.60~0.90	≤0.65	2.80~3.30	2.50~3.00	1.20~1.80	0.80~1.20	$w(Ni)$：1.40~1.80	
5Cr4W5Mo2V	T20452	0.40~0.50	≤0.40	≤0.40	3.40~4.40	1.50~2.10	4.50~5.30	0.70~1.10	$w(Ni)$：1.40~1.80	
3Cr2Mo	T22020	0.28~0.40	0.20~0.80	0.60~1.00	1.40~2.00	0.30~0.55			$w(Ni)$：0.85~1.15	≤255
3Cr2MnNiMo	T22024	0.32~0.40	0.20~0.40	1.10~1.50	1.70~2.00	0.25~0.40			$w(Ni)$：0.85~1.15	≤269

牌号	试样淬火			回火*		用途举例
	温度/℃	冷却介质		温度/℃	硬度/HRC	
5CrMnMo	820~850	油		490~640	30~47	中型热锻模（模高 275~400 mm），热切边模
5CrNiMo	830~860	油		490~660	30~47	形状复杂、冲击载荷大的中、大型热锻模（模高>400 mm）
4Cr5MoSiV1	1000℃（盐浴）1010℃（炉控气氛）	空气		550±6	40~54	热镦模、压铸模、热压模、精锻模
3Cr3Mo3W2V	1060~1130	油		550~600	40~54	热镦模、精锻模、热压模
5Cr4W5Mo2V	1100~1150	油		600~630	50~56	热镦模、精锻模、热压模
3Cr2Mo						形状复杂、精度要求高的塑料模具钢
3Cr2MnNiMo						大型塑料模具、精密塑料模具

* 回火温度和硬度仅作参考，GB/T 1299—2000 中无回火栏目。

(3) 成分特点

量具用钢的成分与低合金刃具钢相同,即为高碳(碳质量分数为 0.9%～1.5%)和加入提高淬透性的元素 Cr、W、Mn 等。

(4) 量具用钢的选用

量具用钢的选用如表 3-16 所列。尺寸小、形状简单、精度较低的量具,选用高碳钢制造;复杂的精密量具一般选用低合金刃具钢(见表 3-12);精度要求高的量具选用 CrMn、CrWMn、GCr15 等制造。

表 3-16 量具用钢的选用举例

量　　具	牌　　号
平样板或卡板	10、20 或 50、55、60、60Mn、65Mn
一般量规与块规	T10A、T12A、9SiCr
高精度量规与块规	Cr2、GCr15
高精度且形状复杂的量规与块规	低变形钢 CrWMn
抗蚀量具	不锈钢 40Cr13(4Cr13),95Cr18(9Cr18)

CrWMn 钢的淬透性较高,淬火变形小,主要用于制造高精度且形状复杂的量规和块规。GCr15 钢耐磨性、尺寸稳定性较好,多用于制造高精度块规、螺旋塞头、千分尺。在腐蚀介质中使用的量具,则可用不锈钢 40Cr13、95Cr18 制造。

(5) 热处理特点

关键在于减少变形和提高尺寸稳定性。因此,在淬火和低温回火时要采取措施提高组织的稳定性。

① 在保证硬度的前提下,尽量降低淬火温度,以减少残余奥氏体。

② 淬火后立即进行 $-80\sim-70$℃ 的冷处理,使残余奥氏体尽可能地转变为马氏体,然后进行低温回火。

③ 精度要求高的量具,在淬火、冷处理和低温回火后,尚需进行 120～130℃ 几小时至几十小时的时效处理,使马氏体正方度降低、残余的奥氏体稳定和消除残余应力。为了去除磨加工中所产生的应力,有时还要在磨加工后进行 120～130℃、保温 8 h 的时效处理,甚至进行多次。

实例:GCr15(或 CrWMn)钢制造块规。高精度块规是作为校正其他量具的长度标准,要求有极好的尺寸稳定性。其热处理工艺曲线如图 3-7 所示。经过这样处理的块规,一年内每 10 毫米长度的尺寸变量不超过 $0.1\sim0.2~\mu m$。

3.2.4 特殊性能钢

具有特殊物理、化学性能的钢及合金的种类很多。本节仅介绍几种常用的不锈钢、耐热钢及耐磨钢。

1. 不锈钢

不锈钢是指在大气和一般介质中具有很高耐腐蚀性的钢种。

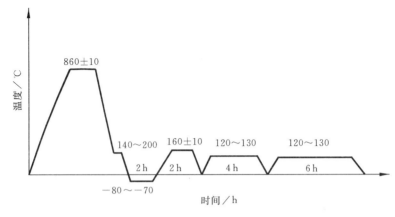

图 3-7　GCr15 钢块规热处理工艺曲线

(1) 金属材料的腐蚀

腐蚀是在外部介质的作用下金属逐渐破坏的过程。通常分两大类。一类是化学腐蚀，是金属材料同介质发生化学反应而破坏的过程，腐蚀过程中不产生电流，最典型的例子是钢的高温氧化、脱碳，在石油、燃气中的腐蚀等。另一类是电化学腐蚀，是金属材料在电解质溶液中发生原电池作用而破坏的过程，腐蚀过程中有电流产生，如金属材料在大气条件下的锈蚀，以及在各种电解液中的腐蚀等。

金属材料腐蚀大多数是电化学腐蚀，按照原电池过程的基本原理，为了提高金属材料的耐蚀能力，可以采用以下三种方法：

① 减少原电池形成的可能性，使金属材料具有均匀的单相组织，并尽可能提高金属材料的电极电位。

② 尽可能减小两极之间的电极电位差，并提高阳极的电极电位。

③ 使金属"钝化"，即在表面形成致密的、稳定的保护膜，将介质与金属材料隔离。

(2) 用途及性能要求

不锈钢在石油、化工、原子能、宇航、海洋开发、国防工业和一些尖端科学技术及日常生活中都得到广泛应用，主要用来制造在各种腐蚀介质中工作并具有较高腐蚀抗力的零件或结构。例如化工装置中的各种管道、阀门和泵，热裂解设备零件，医疗手术器械，防锈刃具和量具，等等。

对不锈钢的性能要求最主要的是高的耐蚀性。此外，制作工具的不锈钢还要求高硬度、高耐磨性；制作重要结构零件时，要求高强度；某些不锈钢则要求有较好的加工性能，等等。

(3) 成分特点

① 碳质量分数

耐蚀性要求愈高，碳质量分数应愈低。因为碳形成阴极相（碳化物）；特别是它与铬能形成碳化物$(Cr,Fe)_{23}C_6$在晶界析出，使晶界周围严重贫铬，当铬贫化到质量分数12%以下时，晶界区域电极电位急剧下降，耐蚀性能大大降低，造成沿晶界发展的晶间腐蚀（见图 3-8），使金属产生沿晶脆断的危险。大多数不锈钢的碳质量分数为 0.1%～0.2%。但用于制造刀具和滚动轴承等的不锈钢，碳质量分数应较高（可达 0.85%～0.95%），但必须相应地提高铬质量分数。

② 加入最主要的合金元素铬

铬能提高钢基体的电极电位。随铬质量分数的增加,钢的电极电位有突变式的提高,即当铬质量分数超过 12% 时,电极电位急剧升高(见图 3-9)。铬是铁素体形成元素,质量分数超过 12.7% 时,可使钢形成单一的铁素体组织。铬在氧化性介质(如水蒸气、大气、海水、氧化性酸等)中极易钝化,生成致密的氧化膜,使钢的耐蚀性大大提高。

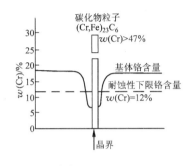

图 3-8　不锈钢 12Cr18Ni9(1Cr18Ni9)
中晶间腐蚀示意图

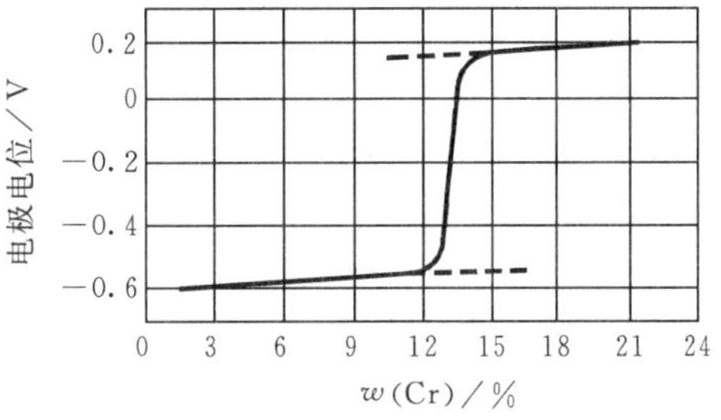

图 3-9　铬质量分数对 Fe-Cr 合金电极电位的
影响(大气条件)

③ 加入镍

可获得单相奥氏体组织,显著提高耐蚀性;或获得奥氏体-铁素体双相不锈钢,强度、韧性较高。

④ 加入钼、铜等

Cr 在非氧化性酸(如盐酸、稀硫酸和碱溶液等)中的钝化能力差,加入 Mo、Cu 等元素,可提高钢在非氧化性酸中的耐蚀能力。

⑤ 加入钛、铌等

Ti、Nb 能优先同碳形成稳定碳化物,使 Cr 保留在基体中,避免晶界贫铬,从而减轻钢的晶界腐蚀倾向。

⑥ 加入锰、氮等

部分代镍以获得奥氏体组织,并能提高铬不锈钢在有机酸中的耐蚀性。

(4) 常用不锈钢

不锈钢按正火状态的组织可分为马氏体不锈钢、铁素体不锈钢、奥氏体不锈钢和奥氏体-铁素体双相不锈钢。常用不锈钢的牌号、成分、热处理、力学性能及主要用途见表 3-17。

① 马氏体不锈钢

典型钢号有 12Cr13(1Cr13)、20Cr13(2Cr13)、30Cr13(3Cr13)、40Cr13(4Cr13)等,因铬质量分数大于 12%,它们都有足够的耐蚀性,但只用铬进行合金化,它们只在氧化性介质中耐蚀,在非氧化性介质中不能达到良好的钝化,耐蚀性较低。

碳质量分数低的 12Cr13、20Cr13 钢耐蚀性较好,且有较好的力学性能,主要用作耐蚀结构零件,如汽轮机叶片、热裂设备配件等。30Cr13、40Cr13 钢因碳含量增加,强度和耐磨性提高,但耐蚀性降低,主要用作防锈的手术器械及刃具。

表 3-17 常用不锈钢的牌号、化学成分、热处理、力学性能和用途（摘自 GB/T 1220—2007）

类型	新牌号[1] (旧牌号)	统一数字代号	主要化学成分（质量分数）/%				热处理/℃ 冷却剂[2]	力学性能				硬度/ HBW、HRC	用途举例
			C	Ni[2]	Cr	其他		$R_{p0.2}$/MPa	R_m/MPa	A/%	Z/%		
奥氏体型	12Cr17Ni7 (1Cr17Ni7)	S30110	≤0.15	6.00~8.00	16.00~18.00	N≤0.10	固溶处理 1010~1150 水冷	205	520	40	60	≤187	最易冷变形强化的钢，用于铁道车辆、传送带、紧固件等
	12Cr18Ni9* (1Cr18Ni9)	S30210	≤0.15	8.00~10.00	17.00~19.00	N≤0.10	固溶处理 1010~1150 水冷	205	520	40	60	≤187	经冷加工有高的强度，作建筑用装饰部件
	06Cr19Ni10* (0Cr18Ni9)	S30408	≤0.08	8.00~11.00	18.00~20.00	—	固溶处理 1010~1150 水冷	205	520	40	60	≤187	用量最大，使用最广。制作深冲成型部件、输酸管道
	06Cr18Ni11Ti (0Cr18Ni10Ti) (1Cr18Ni9Ti)	S32168	≤0.08 (≤0.08) (≤0.12)	9.00~12.00	17.00~19.00	Ti 5C~0.70	固溶处理 920~1150 水冷	205	520	40	50	≤187	耐晶间腐蚀性能优越，制造耐酸容器、抗磁仪表、医疗器械
	10Cr18Ni12 (1Cr18Ni12)	S30510	≤0.12	10.50~13.00	17.00~19.00	—	固溶处理 1010~1150 水冷	175	480	40	60	≤187	适于旋压加工、特殊拉拔，如作冷镦钢
	06Cr19Ni10N (0Cr19Ni9N)	S30458	≤0.08	8.00~11.00	18.00~20.00	N 0.10~0.16	固溶处理 1010~1150 水冷	275	550	35	50	≤217	用于有一定耐腐蚀、较高强度和减重要求的设备或部件
奥氏体-铁素体型	022Cr22Ni5Mo3N	S22253	≤0.03	4.50~6.50	21.00~23.00	Mo 2.5~3.5 N 0.08~0.20	固溶处理 950~1200 水冷	450	620	25	—	≤290	焊接性良好，制作油井管、化工储罐、热交换器等
	022Cr25Ni6Mo2N	S22553	≤0.03	5.50~6.50	24.00~26.00	Mo 1.2~2.5 N 0.10~0.20	固溶处理 950~1200 水冷	450	620	20	—	≤260	耐点蚀最好的钢。用于石化领域，制作热交换器等
铁素体型	06Cr13Al* (0Cr13Al)	S11348	≤0.08	(≤0.60)	11.50~14.50	Al 0.1~0.3	退火 780~830	175	410	20	60	≤183	用于石油精制装置、压力容器村里、蒸汽透平叶片等
	10Cr17Mo (1Cr17Mo)	S11790	≤0.12	(≤0.60)	16.00~18.00	Mo 0.75~1.25	退火 780~850	205	450	22	60	≤183	主要用作汽车轮毂、紧固件及汽车外装饰材料

续表

类型	新牌号[1]（旧牌号）	统一数字代号	主要化学成分（质量分数）/% C	Ni[2]	Cr	其他	热处理/℃ 冷却剂[3]	力学性能（不小于） $R_{p0.2}$/MPa	R_m/MPa	A/%	Z/%	硬度/HBW、HRC	用途举例
马氏体型	12Cr13*（1Cr13）	S41010	0.08~0.15	(≤0.60)	11.50~13.50	Si≤1.00 Mn≤1.00	950~1000 淬 700~750 回	345	540	25	55	≥159	用于韧性要求较高且受冲击的刃具、叶片，紧固件等
马氏体型	20Cr13*（2Cr13）	S42020	0.16~0.25	(≤0.60)	12.00~14.00	Si≤1.00 Mn≤1.00	920~980 淬 600~750 回	440	640	20	50	≥192	用于承受高负荷的零件，如汽轮机叶片、热油泵叶轮
马氏体型	30Cr13（3Cr13）	S42030	0.26~0.35	(≤0.60)	12.00~14.00	Si≤1.00 Mn≤1.00	920~980 淬 600~750 回	540	735	12	40	≥217	300℃以下工作的刀具、弹簧，400℃以下工作的轴等
马氏体型	40Cr13（4Cr13）	S42040	0.36~0.45	(≤0.60)	12.00~14.00	Si≤0.60 Mn≤0.80	1050~1100 淬 200~300 回	—	—	—	—	≥50 HRC	用于外科医疗用具、阀门、轴承、弹簧等
马氏体型	95Cr18（9Cr18）	S44090	0.90~1.00	(≤0.60)	17.00~19.00	Si≤0.80 Mn≤0.80	1000~1050 淬 200~300 回	—	—	—	—	≥55 HRC	用于耐蚀高强耐磨件，如轴、泵、阀件、弹簧、紧固件等
沉淀硬化型	05Cr17Ni4Cu4Nb（0Cr17Ni4Cu4Nb）	S51740	≤0.07	3.00~5.00	15.00~17.50	Cu 3.00~5.00 Nb 0.15~0.45 Si≤1.00 Mn≤1.00	固溶处理 1020~1060	—	—	—	—	≤363	主要用于要求耐弱酸、碱、盐腐蚀的高强度部件，如汽轮机末级动叶片以及在腐蚀环境下、工作温度低于300℃的结构件
沉淀硬化型	05Cr17Ni4Cu4Nb（0Cr17Ni4Cu4Nb）	S51740					480 时效	1180	1310	10	40	≥375	
沉淀硬化型	05Cr17Ni4Cu4Nb（0Cr17Ni4Cu4Nb）	S51740					550 时效	1000	1070	12	45	≥331	
沉淀硬化型	07Cr17Ni7Al（0Cr17Ni7Al）	S51770	≤0.09	6.50~7.75	16.00~18.00	Al 0.75~1.50 Si≤1.00 Mn≤1.00	固溶处理 1000~1100	≤380	≤1030	20	—	≤229	具有良好的加工工艺性能，用于350℃以下长期工作的结构件、容器、管道、弹簧、垫圈等
沉淀硬化型	07Cr17Ni7Al（0Cr17Ni7Al）	S51770					510 时效	1030	1230	4	10	≥388	
沉淀硬化型	07Cr17Ni7Al（0Cr17Ni7Al）	S51770					565 时效	960	1140	5	25	≥363	

[1] 标*的钢也可做耐热钢使用；[2] 括号内数值为允许添加的 Ni 的质量分数；[3] 奥氏体钢和双相钢固溶处理后快冷；铁素体钢退火后空冷或缓冷；马氏体钢淬火介质为油、回火后快冷空冷或缓冷；沉淀硬化钢固溶处理后快冷。

马氏体不锈钢的热处理和结构钢相同。用作结构零件时进行调质处理,例如12Cr13、20Cr13。用作弹簧元件时进行淬火和中温回火处理;用作医疗器械、量具时进行淬火和低温回火处理,例如30Cr13、40Cr13。Cr13型钢的淬火和回火温度都相应较一般合金钢高些(见表3-17)。

② 铁素体型不锈钢

典型钢号是10Cr17(1Cr17)、10Cr17Mo(1Cr17Mo)等,这类钢的铬质量分数为17%～30%,碳质量分数低于0.15%。有时还加入其他元素,如Mo、Ti、Si、Nb等。由于铬质量分数高,钢为单相铁素体组织(见图1-21),耐蚀性比Cr13型钢更好。这类钢在退火或正火状态下使用,不能利用马氏体相变来强化,强度较低、塑性很好。

铁素体型不锈钢的工程应用:主要用作耐蚀性要求很高而强度要求不高的构件,例如化工设备、容器和管道、食品工厂设备等。

③ 奥氏体型不锈钢

典型钢号是12Cr18Ni9(1Cr18Ni9)、06Cr18Ni11Ti(0Cr18Ni10Ti)。这类不锈钢碳质量分数很低,约在0.1%左右。碳质量分数愈低,耐蚀性愈好(但熔炼更困难,价格也更贵)。钢中常加入Ti或Nb,以防止晶间腐蚀。这类钢强度、硬度很低,无磁性,塑性、韧性和耐蚀性均较Cr13型不锈钢更好。一般利用冷塑性变形进行强化,其形变强化能力比铁素体型不锈钢要强,但它们的切削加工性较差。

奥氏体不锈钢常用的热处理工艺是:

a. 固溶处理

将钢加热至1050～1150℃使碳化物充分溶解,然后水冷,获得单相奥氏体组织(图3-10),提高耐蚀性。

b. 稳定化处理

用于含钛或铌的奥氏体不锈钢,一般是在固溶处理后进行。将钢加热到850～880℃,使钢中铬

图 3-10 奥氏体不锈钢固溶处理后的显微组织

的碳化物完全溶解,而钛的碳化物不溶解。然后缓慢冷却,让溶于奥氏体的碳与钛以碳化钛形式充分析出。碳将不再同铬形成碳化物,有效地消除了晶界贫铬,避免了晶间腐蚀的产生。

c. 消除应力退火

将钢加热到300～350℃消除冷加工应力;加热到850℃以上,消除焊接残余应力。

奥氏体型不锈钢的工程应用:奥氏体型不锈钢具有优良的耐蚀及耐晶间腐蚀性能,是化学工业用的良好耐蚀材料。制作耐硝酸、冷磷酸、有机酸及盐、碱溶液腐蚀的设备零件、输送管道、抗磁仪表、医疗器械等。

④ 奥氏体-铁素体双相不锈钢

典型钢号有12Cr21Ni5Ti(1Cr21Ni5Ti)、14Cr18Ni11Si4AlTi(1Cr18Ni11Si4AlTi)等。这类钢是在18-8型钢的基础上,提高铬质量分数或加入其他铁素体形成元素,其晶间腐蚀和应力腐蚀破坏倾向较小,强度、韧性和焊接性能较好,而且节约Ni,因此得到了广泛的应用。可用于制造化工、化肥设备及管道,海水冷却的热交换设备等。

⑤ 沉淀硬化型不锈钢

典型钢号 07Cr17Ni7Al(0Cr17Ni7Al)。经 1000～1100℃水冷(固溶处理)和 510℃时效处理后,组织为奥氏体＋马氏体＋弥散金属间化合物。屈服强度为 960 MPa,抗拉强度为 1140 MPa,硬度大于 360 HBW。用于制造高强度、耐蚀化工机械、容器、管道、航天器零件等。

2. 耐热钢

耐热钢是指在高温下具有高的热化学稳定性和热强性的特殊钢。

(1) 用途及性能要求

在加热炉、锅炉、燃气轮机等高温装置中,许多零件要求在高温下具有良好的抗蠕变和抗断裂的能力,良好的抗氧化能力、必要的韧性以及优良的加工性能。具有较好的抗高温氧化性能和高温强度(热强性)。

① 抗氧化性

抗氧化性是指金属在高温下的抗氧化能力,是零件在高温下持久工作的基础。金属的氧化决定于金属与氧的化学反应能力;而氧化速度或抗氧化能力,在很大程度上取决于金属氧化膜的结构和性能,即氧化膜的化学稳定性、结构的致密性和完整性、与基体的结合能力,以及本身的强度等。

铁与氧生成一系列氧化物。在 560℃以下生成 Fe_2O_3 和 Fe_3O_4。它们结构致密,性能良好,对钢有很好的保护作用。在 560℃以上形成的氧化物主要是 FeO。由于 FeO 的结构疏松,晶体空位较多,原子扩散容易,钢基体得不到保护,因此氧化很快。所以,提高钢的抗氧化性,主要途径是改善氧化膜的结构,增加致密度,抑制金属的继续氧化。最有效的方法是加入 Cr、Si、Al 等元素,它们能形成致密和稳定的尖晶石类型结构的氧化膜。

② 热强性

热强性是指钢在高温下的强度。在高温下钢的强度较低,当受一定应力作用时,发生变形量随时间而逐渐增大的现象,称为蠕变。显然,在高温下长期工作的零件应该具有高的蠕变强度或持久强度。蠕变极限(强度)是钢在一定温度下、一定时间内产生一定变形量时的应力。例如 700℃、1000 h 的总蠕变量达到 0.2% 时的蠕变极限用 $\sigma_{0.2/1000}^{700}$ 表示。持久强度是钢在一定温度下经一定时间引起断裂的应力。如持久强度 σ_{1000}^{700} 表示在 700℃经 1000 h 后断裂的应力。金属在高温下强度降低,主要是扩散加快和晶界强度下降的结果。所以提高高温强度应从这两方面着手,最重要的办法是合金化。

(2) 成分特点

耐热钢中不可缺少的合金元素是 Cr、Si、Al,特别是 Cr。它们的加入,提高钢的抗氧化性。Cr 还有利于提高热强性。Mo、W、V、Ti 等元素加入钢中,能形成细小弥散的碳化物,起弥散强化的作用,提高室温和高温强度。碳是扩大 γ 相区的元素,对钢有强化作用。但碳质量分数较高时,由于碳化物在高温下易聚集,使高温强度显著下降;同时,碳也使钢的塑性、抗氧化性、焊接性能降低,所以耐热钢的碳质量分数一般都不高。

(3) 钢种及加工、热处理特点

根据热处理特点和组织的不同,耐热钢分为奥氏体型、铁素体型、沉淀硬化型和马氏体型耐热钢。常用钢种的牌号、化学成分、热处理、性能及用途见表 3-18。

表 3-18 常用耐热钢的牌号、化学成分、热处理、力学性能和用途（摘自 GB/T 1221—2007）

类别[①]	牌号（旧牌号）	统一数字代号	化学成分(质量分数)/%							热处理/℃, 冷却剂	力学性能(不小于)			硬度/HBW	用途举例
			C	Si	Mn	Cr	Mo	Ni	其他		$R_{p0.2}$/MPa	R_m/MPa	A/% Z/%		
奥氏体型	16Cr23Ni13 (2Cr23Ni13)	S20920	≤0.20	≤1.00	≤2.00	22.00~24.00	—	12.0~15.0		固溶处理 1030~1150 水	205	560	45　50	≤201	980℃以下可反复加热。加热炉部件，重油燃烧器
	20Cr25Ni20 (2Cr25Ni20)	S31020	≤0.25	≤1.50	≤2.00	24.00~26.00	—	19.0~22.0		固溶处理 1030~1180 水	205	590	40　50	≤201	1035℃以下可反复加热。用于炉用部件，喷嘴、燃烧室
	06Cr19Ni13Mo3[②] (0Cr19Ni13Mo3)	S31708	≤0.08	≤1.00	≤2.00	18.00~20.00	3.00~4.00	11.0~15.0		固溶处理 1010~1150 水	205	520	40　60	≤187	石油化工及耐有机酸腐蚀的装备
	06Cr18Ni11Ti[②] (0Cr18Ni10Ti)	S32168	≤0.08	≤1.00	≤2.00	17.00~19.00	—	9.0~12.0	Ti 5C~0.70	固溶处理 920~1150 水	205	520	40　50	≤187	400~900℃腐蚀条件下使用的部件、高温用焊接结构部件
	06Cr18Ni11Nb[②] (0Cr18Ni11Nb)	S34778	≤0.08	≤1.00	≤2.00	17.00~19.00	—	9.0~12.0	Nb 10C~1.1	固溶处理 980~1150 水	205	520	40　50	≤187	
	45Cr14Ni14W2Mo (4Cr14Ni14W2Mo)	S32590	0.40~0.50	≤0.80	≤0.70	13.00~15.00	0.25~0.40	13.00~15.0	W 2.00~2.75	退火 820~850	315	705	20　35	≤248	700℃以下内燃机、柴油机重负荷进、排气阀和紧固件
	12Cr16Ni35 (1Cr16Ni35)	S33010	≤0.15	≤1.50	≤2.00	14.00~17.00	—	33.00~37.0		固溶处理 1030~1180 水	205	560	40　50	≤201	1035℃以下可反复加热。石油裂解固件
	16Cr25Ni20Si2 (1Cr25Ni20Si2)	S38340	≤0.20	1.50~2.50	≤1.50	24.00~27.00	—	18.0~21.0		固溶处理 1080~1130 水	295	590	35　50	≤187	适用于制作承受应力的各种炉用构件

第3章 金属材料

续表

类别[①]	牌号(旧牌号)	统一数字代号	化学成分(质量分数)/%							热处理/℃ 冷却剂	力学性能(不小于)				硬度/HBW	用途举例
			C	Si	Mn	Cr	Mo	Ni	其他		$R_{p0.2}$/MPa	R_m/MPa	A/%	Z/%		
铁素体型	022Cr12[②](00Cr12)	S11203	≤0.03	≤1.00	≤1.00	11.00~13.50	—	—		退火 700~820 空	195	360	22	60	≤183	汽车排气处理装置、锅炉燃烧室、喷嘴等
	10Cr17[②](1Cr17)	S11710	≤0.12	≤1.00	≤1.00	16.00~18.00	—	—		退火 780~850 空	205	450	22	50	≤183	900℃以下耐氧化部件、散热器、炉用部件、油喷嘴等
	16Cr25N	S12550	≤0.20	≤1.00	≤1.50	23.00~27.00	—	—	N≤0.25	退火 780~880 空	275	510	20	40	≤201	常用于抗硫气氛,如燃烧室、退火箱、玻璃模具、阀等
马氏体型	12Cr5Mo(1Cr5Mo)	S45110	≤0.15	≤0.50	≤0.60	4.00~6.00	0.40~0.60	—		900~950油淬 600~700回	390	590	18	—	退火 ≤200	再热蒸汽管、锅炉吊架、石油裂解管、泵件等
	12Cr12Mo(1Cr12Mo)	S45610	0.10~0.15	≤0.50	0.30~0.50	11.50~13.00	0.30~0.60	0.30~0.60		950~1000油淬 700~750回	550	685	18	60	217~248	铬钼马氏体耐热钢,作汽轮机叶片
	14Cr11MoV(1Cr11MoV)	S46010	0.11~0.18	≤0.50	≤0.60	10.00~11.50	0.50~0.70	≤0.60	V 0.25~0.40	1050油淬 1100回 720~740回	490	685	16	55	退火 ≤200	热强性较高、减振性良好。用于透平叶片导向叶片
	15Cr12WMoV(1Cr12WMoV)	S47010	0.12~0.18	≤0.50	0.50~0.90	11.00~13.00	0.50~0.70	0.40~0.80	W 0.70~1.10 V 0.15~0.30	1000~1050油淬 680~700回	585	735	15	45	—	热强性较高、减振性良好。用于透平叶片、紧固件、转子及轮盘
	42Cr9Si2(4Cr9Si2)	S48040	0.35~0.50	2.00~3.00	≤0.70	8.00~10.00	—	≤0.60		1020~1040油淬 700~780回	590	885	19	50	退火 ≤269	内燃机进气阀、轻负荷发动机的排气阀

① 珠光体型耐热钢(GB/T 3077—1999):12CrMo、5CrMo、12CrMoV、12Cr1MoV、25Cr2MoVA;② 可作不锈钢使用。

a. 奥氏体型耐热钢

常用钢种有 06Cr18Ni11Ti（0Cr18Ni10Ti）、20Cr25Ni20（2Cr25Ni20）、16Cr23Ni13（2Cr23Ni13）等。钢中含有较多的奥氏体稳定化元素 Ni，经固溶处理后组织为奥氏体。其热化学稳定性和热强性都比铁素体型和马氏体型耐热钢高，工作温度可达 750～820℃。常用于制造一些比较重要的零件，如燃气轮机轮盘和叶片、排气阀、炉用零件等。这类钢一般进行固溶处理，也可通过固溶处理加时效，提高其强度。

b. 铁素体型耐热钢

常用钢种有 06Cr13Al（0Cr13Al）、10Cr17（1Cr17）、16Cr25N（2Cr25N）等。这类钢的主要合金元素是 Cr，Cr 扩大铁素体区，通过退火可得到铁素体组织，强度不高，但耐高温氧化，用于油喷嘴、炉用部件、燃烧室等。

c. 沉淀硬化型耐热钢

钢种有 07Cr17Ni7Al（0Cr17Ni7Al）、05Cr17Ni4Cu4Nb（0Cr17Ni4Cu4Nb），经固溶处理加时效后抗拉强度可超过 1000 MPa，是耐热钢中强度最高的一类钢。用于高温弹簧、膜片、波纹管、燃气透平发动机部件等。

d. 马氏体型耐热钢

常用钢种为 12Cr13（1Cr13）、20Cr13（2Cr13）、42Cr9Si2（4Cr9Si2）、14Cr11MoV（1Cr11MoV）等。这类钢含有大量的 Cr，抗氧化性及热强性均高，淬透性也很好。经调质处理后组织为回火索氏体。用于制造 600℃以下受力较大的零件，如汽轮机叶片、内燃机进气阀、转子、轮盘及紧固件等。

3. 耐磨钢

（1）用途及性能要求

耐磨钢用于承受严重磨损和强烈冲击的零件，如车辆履带、挖掘机铲斗、破碎机腭板和铁轨分道叉等。耐磨钢要求有很高的耐磨性和韧性。高锰钢是目前最主要的耐磨钢。

（2）成分特点

① 高碳

保证钢的耐磨性和强度。但碳质量分数过高时，淬火后韧性下降，且易在高温时析出碳化物。因此，其碳质量分数不能超过 1.4%。

② 高锰

锰是扩大 γ 相区的元素，它和碳配合，保证完全获得奥氏体组织，提高钢的加工硬化效果及良好的韧性。锰和碳的质量分数比值约为 10～12（锰质量分数为 11%～14%）。

③ 一定量的硅

硅可改善钢水的流动性，并起固溶强化的作用。但其质量分数太高时，容易导致晶界出现碳化物，引起开裂。故其质量分数为 0.3%～0.8%。

（3）典型钢种

高锰钢由于机械加工困难，采用铸造成形。其牌号为 ZGMn13-1、ZGMn13-2 等，见表 3-19。

（4）热处理特点

高锰钢铸造成形、加工后进行水韧处理。即将钢加热到 1000～1100℃保温，使碳化物全部溶解，然后在水中快冷，在室温获得均匀单一的奥氏体组织。此时钢的硬度很低（约为 210 HB），而韧性很高。当工件在工作中受到强烈冲击或强大压力而变形时，表面层产生强烈的加工硬化，并且还发生马氏体转变，使硬度显著提高，心部则仍保持原来的高韧性状态。

表 3-19 高锰钢的牌号、化学成分、力学性能和用途(摘自 GB/T 5680—1998)

牌号	化学成分(质量分数)/%						力学性能[②]					用途举例
	C	Mn	Si	S≤	P≤	其他	σ_s/MPa	σ_b/MPa	δ_5/%	a_{kU}/(J/cm²)	HBS	
ZGMn13-1[①]	1.00~1.45	11.00~14.00	0.30~1.00	0.040	0.090	—	—	≥635	≥20	—	—	低冲击耐磨件,如齿板、衬板、铲齿等
ZGMn13-2	0.90~1.35	11.00~14.00	0.30~1.00	0.040	0.070	—	—	≥685	≥25	≥147	≤300	
ZGMn13-3	0.95~1.35	11.00~14.00	0.30~0.80	0.035	0.070	—	—	≥735	≥30	≥147	≤300	承受强烈冲击载荷的零件,如斗前壁、履带板等
ZGMn13-4	0.90~1.30	11.00~14.00	0.30~0.80	0.040	0.070	Cr 1.50~2.50	≥390	≥735	≥20	—	≤300	
ZGMn13-5	0.75~1.30	11.00~14.00	0.30~1.00	0.040	0.070	Mo 0.90~1.20	—					特殊耐磨件,磨煤机衬板

① ZGMn13 系铸造高锰钢,"-"后阿拉伯数字表示品种代号。
② 力学性能为经水韧处理后试样的数值。

应当指出,工件在工作中受力不大时,高锰钢的耐磨性发挥不出来。

除高锰钢外,20 世纪 70 年代初由我国发明的 Mn-B 系空冷贝氏体钢是一种很有发展前途的耐磨钢。它是一种热加工后空冷得到贝氏体或贝氏体+马氏体复相组织、硬度可达 50 HRC 的钢类。由于免除了传统的淬火或淬火回火工序,从而大大降低了成本、节约了能源、减少了环境污染,免除了淬火过程中产生的变形、开裂、氧化和脱碳等缺陷,而且产品能够整体硬化,强韧性好,综合力学性能优良。因此,该钢种得到了广泛的应用。如贝氏体耐磨钢球、工程锻造用耐磨件、耐磨传输管材等。当然 Mn-B 系贝氏体钢的应用不限于在耐磨方面,还可制造高强结构件,是一种适合我国国情、具有性能和价格优势的钢种。

3.3 铸钢与铸铁

3.3.1 铸钢

钢具有良好的强韧性和可靠性。将钢铸造成形,既能保持钢的各种优异性能,又能直接制造成最终形状的零件。铸钢主要用于制造形状复杂,需要一定强度、塑性和韧性的零件,例如制造机车车辆、船舶、重型机械的齿轮、轴、机座、缸体、外壳、阀体及轧辊等。

1. 碳素铸钢

碳素铸钢的牌号、化学成分和力学性能见表 3-20。牌号中"ZG"是"铸钢"二字的汉语拼音字头。"ZG"后面的数字表示平均屈服强度和抗拉强度。

碳是影响铸钢件性能的主要元素,随着碳质量分数的增加,屈服强度和抗拉强度均增加,但抗拉强度比屈服强度增加得更快,超过 0.45% 时,屈服强度增加很少,而塑性、韧性却显著下降。从铸造性能来看,适当提高碳含量,可降低钢液的熔化温度,增加钢水的流动性,钢中气体和夹杂也能减少。

表 3-20　碳素铸钢的牌号、化学成分、力学性能及用途（GB/T 11352—2009）

铸钢牌号	旧牌号	化学成分 $w/\%$（不大于）				力学性能（不小于）					应用举例
		C	Si	Mn	S、P	R_{eH}/MPa	R_m/MPa	A_5/%	Z/%	A_{kU_2}/J	
ZG200-400	ZG15	0.20	0.60	0.80		200	400	25	40	47	机座、变速箱壳
ZG230-450	ZG25	0.30	0.60	0.90		230	450	22	32	35	轧钢机架、车辆摇枕
ZG270-500	ZG35	0.40	0.60	0.90	0.035	270	500	18	25	27	飞轮、气缸、齿轮、轴承箱
ZG310-570	ZG45	0.50	0.60	0.90		310	570	15	21	21	联轴器、重载机架
ZG340-640	ZG55	0.60	0.60	0.90		340	640	10	18	16	起重机齿轮、车轮

注：表中的力学性能是在正火（或退火）+回火状态下测定的，适用于厚度≤100 mm 的铸钢件。

在铸钢的化学成分中，硫、磷应很好地控制，因硫会提高钢的热裂倾向，而磷则使钢的脆性增加。

碳素铸钢与铸铁相比，强度、塑性、韧性较高，但流动性差，收缩率较大。为了改善流动性，铸钢在浇注时应采取较高的浇注温度；为了补偿收缩必须采用大的冒口。

2. 合金铸钢

为了满足零部件对强度、耐磨、耐热、耐腐蚀等性能的要求，添加合金元素提高铸钢的性能，开发出了各类合金铸钢（表 3-21）。

表 3-21　常用合金铸钢的成分、力学性能及应用（JB/T 6402—2006）

牌号	化学成分 $w/\%$①				力学性能②					应用举例
	C	Mn	Si	其他	R_{eH}/MPa	R_m/MPa	A_5/%	Z/%	硬度/HB	
ZG35Mn	0.30~0.40	1.10~1.40	0.60~0.80		345	570	12	20	—	用于中等载荷或较高载荷但受冲击不大的零件
ZG40Mn	0.35~0.45	1.20~1.50	0.30~0.45		295	640	12	30	163	用于较高压力下承受冲击和摩擦的零件，如齿轮
ZG50Mn2	0.45~0.55	1.50~1.80	0.20~0.40		445	785	18	37	—	用于高应力、严重磨损条件下的零件，如高强齿轮、碾轮等
ZG40Cr	0.35~0.45	0.50~0.80	0.20~0.40	Cr 0.80~1.10	345	630	18	26	212	高强齿轮、轴类
ZG35SiMnMo	0.32~0.40	1.10~1.40	1.10~1.40	Mo 0.20~0.30 Cu≤0.30	395	640	12	20	—	中高载件、承受摩擦件，如齿轮、轴类件、耐磨件
ZG35CrMnSi	0.30~0.40	0.90~1.20	0.50~0.75	Cr 0.50~0.80	345	690	14	30	217	用作承受冲击和磨损的零件，如齿轮、滚轮、高速锤框架

① 上述各合金中 $w(S)\leq0.035\%$、$w(P)\leq0.035\%$。　② 热处理状态：正火+回火。

(1) 低合金铸钢

低合金铸钢中的合金元素质量分数总量小于5%,主要加入元素有硅、锰、铬。硅在钢中不形成碳化物,只形成固溶体,能在铁素体中起固溶强化作用。锰在钢中能固溶于铁素体、奥氏体中,并形成合金渗碳体$(Fe,Mn)_3C$,因此,锰对钢有较大的强化作用。铬提高淬透性、耐磨性。

(2) 高合金铸钢

不锈钢12Cr13(1Cr13)、20Cr13(2Cr13)、12Cr18Ni9(1Cr18Ni9)、高速钢W18Cr4V、模具钢5CrMnMo、5CrNiMo等可以铸造成形使用,在钢号前加"ZG"两个字母,如ZG12Cr13。这类铸钢中的合金元素质量分数总量在10%以上,称为高合金铸钢。高合金铸钢具有特殊的使用性能,如耐磨、耐热、耐腐蚀等性能。这些铸钢的性能及应用与相应的压力加工成形钢材相同。

3. 铸钢的热处理

铸钢件的化学成分和组织往往不均匀,通常采用扩散退火来消除。扩散退火后再进行正火以细化晶粒。

由于铸钢的浇注温度很高,而且冷却较慢,所以容易得到粗大的奥氏体晶粒。在冷却过程中,铁素体首先沿着奥氏体晶界呈网状析出,然后沿一定方向以片状生长,形成"魏氏组织"。魏氏组织的特点是铁素体沿晶界分布并呈针状插入珠光体内(图3-11),使钢的塑性和韧性下降,因此不能直接使用。

铸钢可采用完全退火或正火处理,消除魏氏组织和铸造应力,以细化晶粒,改善力学性能。经过完全退火或正火后的组织为晶粒比较细小的珠光体和铁素体。

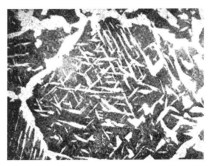

图3-11 魏氏组织

为发挥低合金铸钢中合金元素的作用,进一步改善铸件的组织和性能,低合金铸钢件在粗加工后,要进行淬火加回火处理。铸件在淬火过程中易发生变形和开裂,因此,对一些小型铸件可采用油淬。对大型铸件则采用正火加回火处理。根据零件的性能要求,正火后的冷却方式可采用空冷、风冷或喷水雾冷却。

高合金铸钢的热处理与相应的压力加工成形钢材相同。

4. 铸钢工程应用实例

实例1:轧钢机机架是轧钢机组的重要结构件,要求有较好的承受动载能力和能加工成大尺寸件,因此,要求材料有较好的强度和较好的塑性,以及较好的铸造性能、焊接性能和加工性能。轧钢机机架选用ZG270-450碳素铸钢制造加工,热处理工艺为880～900℃正火或退火、620～680℃回火。

实例2:吊车是常用的机械设备,其所用齿轮有开式小齿轮、大齿轮、过渡齿轮三种不同尺寸的齿轮,一般采用低合金铸钢件。如小齿轮常采用ZG35Mn(原ZG35SiMn)材料,由于齿轮的齿面要求有较高的强度和耐磨性能,其热处理工艺采用调质加表面淬火。

3.3.2 铸铁

铸铁是碳质量分数大于 2.11% 的铁碳合金,含有较多的硅、锰、硫、磷等元素。由于铸铁价格便宜,具有许多优良的使用性能和工艺性能,并且生产设备和工艺简单,所以应用非常广泛。可以用来制造各种机器零件,如机床的床身、床头箱,发动机的汽缸体、缸套、活塞环、曲轴、凸轮轴,轧机的轧辊及机器的底座等。

1. 铸铁的石墨化

(1) 铁碳合金复线相图

在铁碳合金中,碳可以三种形式存在:一是溶于 α-Fe 或 γ-Fe 中形成间隙固溶体 F 或 A;二是形成化合物态的渗碳体(Fe_3C);三是游离态石墨(G)。渗碳体具有复杂的晶体结构。石墨为层状结构,具有简单六方晶格(见图 3-12)。其层面原子呈六方网格排列,原子之间为共价键结合,间距小(0.142 nm),结合力很强;层面之间为分子键结合,相邻层面的间距较大(0.335 nm),结合力较弱,所以石墨强度、硬度和塑性都很差。

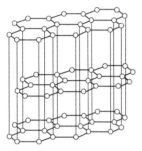

图 3-12 石墨的晶体结构

渗碳体为亚稳相,在一定条件下能分解为铁和石墨($Fe_3C \longrightarrow 3Fe+G$);石墨为稳定相。所以在不同情况下,铁碳合金可以有亚稳定平衡的 $Fe-Fe_3C$ 相图和稳定平衡的 Fe-G 相图,即铁碳合金相图是复线相图(见图 3-13)。图中,实线表示 $Fe-Fe_3C$ 相图;虚线表示 Fe-G 相图。铁碳合金按哪种相图结晶,决定于其成分、加热及冷却条件。Fe-G 相图的分析方法与 $Fe-Fe_3C$ 相图的分析方法类似。

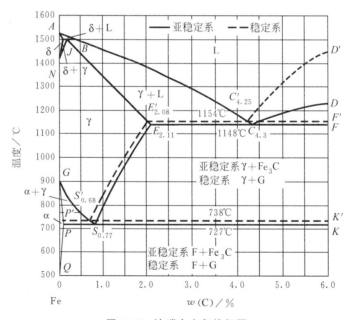

图 3-13 铁碳合金复线相图

(2) 铸铁的石墨化过程

铸铁中碳原子析出并形成石墨的过程称为石墨化。石墨既可以从液体、奥氏体、铁素体中析出，也可以通过渗碳体分解来获得。灰铸铁和球墨铸铁中的石墨主要是从液体中析出；可锻铸铁中的石墨则完全由白口铸铁经长时间退火，由渗碳体分解而得到。

按照 Fe-G 相图，可将铸铁的石墨化过程分为三个阶段。

第一阶段石墨化　铸铁液体结晶出一次石墨（过共晶铸铁）和在 1154℃（$E'C'F'$ 线）通过共晶反应形成共晶石墨，其反应式为

$$L_{C'} \longrightarrow A_{E'} + G_{(共晶)}$$

第二阶段石墨化　在 738~1154℃ 温度范围内奥氏体析出二次石墨。

第三阶段石墨化　在 738℃（$P'S'K'$ 线）通过共析反应析出共析石墨，其反应式为：

$$A_{S'} \longrightarrow F_{P'} + G_{(共析)}$$

第三阶段石墨化还包括在 738℃ 以下从铁素体中析出三次石墨的过程。

影响石墨化的主要因素是加热温度、冷却速度及合金元素。

① 温度和冷却速度

在铸铁结晶过程中，在高温慢冷的条件下，由于碳原子能充分扩散，通常按 Fe-G 相图进行转变，碳以石墨的形式析出。当冷却较快时，由液体中析出的是渗碳体。因为渗碳体的碳质量分数（6.69%）比石墨（100%）更接近于合金的碳质量分数（2.5%~4.0%），析出渗碳体所需的碳原子扩散较少。在低温下，碳原子扩散能力较差，铸铁的石墨化过程往往难以进行。

铸铁加热到 550℃ 以上，共析渗碳体开始分解为石墨和铁素体。在共析温度以上，二次渗碳体和一次渗碳体先后分解成奥氏体和石墨。

因此在生产过程中，铸铁的缓慢冷却，或在高温下长时间保温，均有利于石墨化。

② 合金元素

C、Si、Al、Cu、Ni、Co 等元素促进石墨化，其中以碳和硅最强烈。生产中，调整碳、硅含量，是控制铸铁组织和性能的基本措施。碳不仅促进石墨化，而且还影响石墨的数量、大小及分布。

Cr、W、Mo、V、Mn、S 等元素阻碍石墨化。硫强烈促进铸铁的白口化，并使力学性能和铸造性能恶化，因此一般都控制在 0.15% 以下。

(3) 铸铁的分类

石墨化程度不同，所得到的铸铁类型和组织也不同，表 3-22 列出了经不同程度石墨化后所得到的组织和类型。

表 3-22　铸铁经不同程度石墨化后所得到的组织

名　称	石 墨 化 程 度			显微组织
	第一阶段	第二阶段	第三阶段	
灰口铸铁	充分进行	充分进行	充分进行	F+G
	充分进行	充分进行	部分进行	F+P+G
	充分进行	充分进行	不进行	P+G
麻口铸铁	部分进行	部分进行	不进行	Le'+P+G
白口铸铁	不进行	不进行	不进行	Le'+P+Fe$_3$C$_{\mathrm{II}}$

常用铸铁的组织是由两部分组成的,一部分是石墨;另一部分是基体。基体可以是铁素体、珠光体或铁素体加珠光体,相当于纯铁或钢的组织。所以,铸铁的组织可以看成是纯铁或钢的基体上分布着石墨夹杂。不同类型铸铁组织中的石墨形态是不同的。普通灰铸铁和孕育铸铁中的石墨呈片状;可锻铸铁中石墨呈团絮状,球墨铸铁中的石墨呈球状,蠕墨铸铁中的石墨呈蠕虫状。各种铸铁中石墨形态见图1-28。

(4) 铸铁的性能特点

灰口铸铁的抗拉强度和塑性都很低,这是石墨对基体的严重割裂所造成的。石墨强度、韧性极低,相当于纯铁或钢基体上的裂纹或空洞,它减小基体的有效截面,并引起应力集中。石墨越多,越大,对基体的割裂作用越严重,其抗拉强度越低。石墨形态对应力集中十分敏感,片状石墨引起严重应力集中,团絮状和球状石墨引起的应力集中较轻些。因此灰铸铁的抗拉强度最低,可锻铸铁的抗拉强度较高,球墨铸铁的抗拉强度最高。受压应力时,因石墨片不引起大的局部压应力,铸铁的压缩强度不受影响。

变质处理后,由于石墨片细化,石墨对基体的割裂作用减轻,铸铁的强度提高,但塑性无明显改善。

由于石墨的存在,使铸铁具备某些特殊性能,主要有:

① 石墨的存在,造成脆性切削,铸铁的切削加工性能优异。

② 铸铁的铸造性能良好,铸件凝固时形成石墨产生的膨胀,减少了铸件体积的收缩,降低了铸件中的内应力。

③ 石墨有良好的润滑作用,并能储存润滑油,使铸件有很好的耐磨性能。

④ 石墨对振动的传递起削弱作用,使铸件有很好的抗振性能。

⑤ 大量石墨的割裂作用,使铸铁对缺口不敏感。

2. 常用铸铁

(1) 灰铸铁

灰铸铁是价格便宜,应用最广泛的铸铁材料。在各类铸铁的总产量中,灰铸铁占80%以上。

① 灰铸铁的牌号

我国灰铸铁的牌号见表3-23。"HT"表示"灰铁",后面的数字表示最低抗拉强度。灰铸铁有铁素体、珠光体、铁素体+珠光体三种基体,其组织见图3-14。

表3-23 灰铸铁的牌号、力学性能、显微组织及应用(摘自 GB/T 9439—1988)

牌号	单铸试棒最小抗拉强度 σ_b/MPa	铸件壁厚 /mm	最小抗拉强度 σ_b/MPa	硬度* /HBS	显微组织		应 用
					组织	石墨形状	
HT100	100	2.5~10 10~20 20~30 30~50	130 100 90 80	<170	F+P(少)+G片	粗片状	底座、外罩等
HT150	150	2.5~10 10~20 20~30 30~50	175 145 130 120	150~200	F+P+G片	较粗片状	端盖、泵体、轴承座、阀壳、管子及管路附件、手轮;一般机床底座、床身及其他复杂零件、滑座、工作台等

续表

牌号	单铸试棒最小抗拉强度 σ_b/MPa	铸件壁厚 /mm	最小抗拉强度 σ_b/MPa	硬度* /HBS	显微组织 组织	显微组织 石墨形状	应用
HT200	200	2.5~10 10~20 20~30 30~50	220 195 170 160	170~220	P+G 片	中等片状	气缸、齿轮、机体、飞轮、齿条、衬筒;一般机床床身及中等压力液压筒、液压泵和阀的壳体等
HT250	250	4.0~10 10~20 20~30 30~50	270 240 220 200	190~240	细 P+G 片	较细片状	阀壳、液压缸、气缸、联轴器、机体、齿轮、齿轮箱外壳、飞轮、衬筒、凸轮、轴承座等
HT300	300	10~20 20~30 30~50	290 250 230	210~260	S+G 片 或 T+G 片	细小片状	齿轮、凸轮、机床卡盘、剪床、压力机的机身;导板、自动车床及其他重负荷机床的床身;高压液压筒、液压泵和滑阀的壳体等
HT350	350	10~20 20~30 30~50	340 290 260	230~280			

* 硬度值仅作参考。

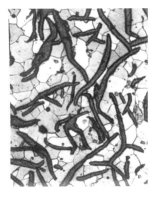  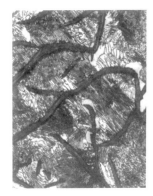

(a) 铁素体基体灰铸铁　　(b) 铁素体+珠光体基体灰铸铁　　(c) 珠光体基体灰铸铁

图 3-14　灰铸铁的显微组织

② 影响灰铸铁组织和性能的因素

a. 化学成分的影响

控制化学成分是控制铸铁组织和性能的基本方法。生产中主要是控制碳和硅的含量。

碳、硅强烈促进石墨化:碳、硅含量过低时,铸铁易出现白口组织,力学性能和铸造性能都较差;含量过高时,石墨片过多且粗大,甚至在铁水的表面出现石墨的漂浮,降低铸件的性能和质量。因此,灰铸铁中的碳、硅质量分数一般控制在以下范围:$w(C)2.5\%\sim4.0\%$;$w(Si)1.0\%\sim2.0\%$。

锰是阻碍石墨化的元素,能溶于铁素体和渗碳体中,增强铁、碳原子间的结合力,扩大奥氏体区,阻止共析转变时的石墨化,促进珠光体基体的形成。锰还能与硫生成 MnS,减少硫的有害作用。$w(Mn)$一般为 $0.5\%\sim1.4\%$。

磷是促进石墨化的元素。铸铁中磷含量增加时,液相线降低,从而提高了铁水的流动性。在铸铁中,$w(P)$大于0.3%时,常常形成二元或三元磷共晶体,其性能硬而脆,降低铸铁的强度,但提高其耐磨性。所以,要求铸铁有较高强度时,要限制磷质量分数(一般在0.12%以下),而耐磨铸铁则要求有一定的磷质量分数(可达0.3%以上)。

硫是有害元素,它强烈促进白口化,并使铸铁的铸造性能和力学性能恶化。少量硫即可生成FeS(或MnS)。FeS与铁形成低熔点(约980℃)共晶体,沿晶界分布。因此限定$w(S)$在0.15%以下。

生产中一般用碳当量C_E和共晶度S_C来评价铸铁成分的石墨化能力。铸铁的碳当量就是将其中所含元素按促进石墨化的能力折算成所相当的总碳质量分数。可根据公式$C_E = w(C) + 1/3[w(Si) + w(P)]$来计算。共晶度是指铸铁中实际碳质量分数与共晶碳质量分数的比值:$S_C = w(C)/[4.26 - 1/3(w(Si) + w(P))]$。$S_C = 1$(即$C_E = 4.26$)时,为共晶铸铁;$S_C < 1$(即$C_E < 4.26$)时,为亚共晶铸铁;$S_C > 1$(即$C_E > 4.26$)时,为过共晶铸铁。

b. 冷却速度的影响

在一定的铸造工艺(如浇注温度、铸型温度、造型材料种类等)条件下,铸件的冷却对石墨化程度影响很大。图 3-15 表示不同 C+Si 含量,不同壁厚(冷却速度)铸件的组织。随着壁厚增加,冷却速度减慢,依次出现珠光体基体、珠光体+铁素体基体和铁素体基体灰铸铁组织。

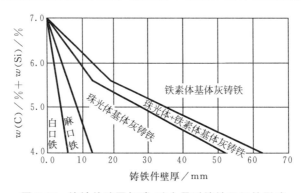

图 3-15 铸铁件壁厚与碳、硅含量对铸铁组织的影响

③ 孕育铸铁

经过孕育处理(亦称变质处理)后的灰铸铁叫做孕育铸铁。常用的孕育剂有两种。一种为硅类合金,最常用的是硅质量分数为75%的硅铁合金、含$w(Si) = 60\% \sim 65\%$和$w(Ca) = 25\% \sim 35\%$的硅钙合金等。后者石墨化能力比前者高 1.5~2 倍,但价格较贵。另一类是碳类,例如石墨粉、电极粒等。孕育的目的是:使铁水内同时生成大量均匀分布的非自发核心,以获得细小均匀的石墨片,并细化基体组织,提高铸铁强度;避免铸件边缘及薄断面处出现白口组织,提高断面组织的均匀性。孕育铸铁具有较高的强度和硬度,可用来制造力学性能要求较高的铸件,如气缸、曲轴、凸轮、机床床身等,尤其是截面尺寸变化较大的铸件。

④ 灰铸铁的热处理

热处理不能改变石墨的形态和分布,对提高灰铸铁整体力学性能作用不大,因此生产中主要用来消除铸件内应力、改善切削加工性能和提高表面耐磨性等。

a. 去应力退火

一些形状复杂和尺寸稳定性要求较高的重要铸件,如机床床身、柴油机气缸等,为了防止变形和开裂,须进行去应力退火。其工艺是:加热温度 500~550℃,加热速度为

60～120℃/h。温度不宜过高，以免发生共析渗碳体的球化和石墨化。保温时间则取决于加热温度和铸件壁厚，一般是：壁厚≤20 mm时，保温时间为2 h，壁厚每增加25 mm，保温时间增加1 h。冷却速度为20～50℃/h，冷却到150～220℃后出炉空冷。

b. 消除铸件白口、降低硬度的退火

灰铸铁件表层和薄壁处产生白口组织难以切削加工，需要退火降低硬度。退火在共析温度以上进行，使渗碳体分解成石墨和铁素体，所以又称高温退火。其工艺是：加热到850～900℃，保温2～5 h，然后随炉冷却，至250～400℃后出炉空冷。退火铸铁的硬度可下降20～40 HB。

c. 表面淬火

有些铸件如机床导轨、缸体内壁等，因需要提高硬度和耐磨性，可进行表面淬火处理，如高频表面淬火、火焰表面淬火和激光加热表面淬火等。淬火后表面硬度可达50～55 HRC。

（2）球墨铸铁

球墨铸铁的石墨呈球状，具有很高的强度，又有良好的塑性和韧性。其综合力学性能接近于钢，因其铸造性能好，成本较低，生产方便，在工业中得到了广泛的应用。

① 球墨铸铁的化学成分和球化处理

球墨铸铁的化学成分要求比较严格，一般范围是：$w(C)=3.6\%\sim3.9\%$，$w(Si)=2.2\%\sim2.8\%$，$w(Mn)=0.6\%\sim0.8\%$，$w(S)<0.07\%$，$w(P)<0.1\%$。与灰铸铁相比，它的碳当量C_E较高，一般为过共晶成分，通常在4.5%～4.7%范围内变动，以利于石墨球化。生产球墨铸铁时需要进行球化处理，即向铁水中加入一定量的球化剂和孕育剂，以获得细小均匀分布的球状石墨。

国外使用球化剂主要是金属镁，实践证明，铁水中$w(Mg)=0.04\%\sim0.08\%$时，石墨就能完全球化。我国普遍使用稀土镁球化剂。镁是强烈阻碍石墨化的元素，为了避免白口，并使石墨球细小、均匀分布，一定要加入孕育剂。常用的孕育剂为硅铁和硅钙合金等。

② 球墨铸铁的牌号、组织和性能

我国球墨铸铁牌号用"QT"标明，其后两组数值表示最低抗拉强度和断后伸长率。具体牌号、性能见表3-24。

表3-24 球墨铸铁的牌号、单铸试样的力学性能、显微组织和用途（摘自GB/T 1348—2009）

牌 号	力学性能（不小于）			布氏硬度/HBW	显微组织	应 用
	R_m/MPa	$R_{p0.2}$/MPa	A/%			
QT350-22L	350	220	22	≤160	F+G球	高速电力机车及磁悬浮列车铸件、寒冷地区工作的起重机部件、汽车部件、农机部件等
QT350-22R	350	220	22	≤160	F+G球	核燃料贮存运输容器、风电轮毂、排泥阀阀体、阀盖环等
QT350-22	350	220	22	≤160	F+G球	
QT400-18L	400	240	18	120～175	F+G球	机车曲轴箱体、发电设备用浆片毂等

续表

牌 号	力学性能（不小于）			布氏硬度/HBW	显微组织	应 用
	R_m/MPa	$R_{p0.2}$/MPa	A/%			
QT400-18R	400	250	18	120～175	F+G球	农机具零件；汽车、拖拉机牵引杠、轮毂、驱动桥壳体、离合器壳等；阀门的阀体、阀盖、支架等；铁路垫板，电机机壳、齿轮箱等
QT400-18	400	250	18	120～175	F+G球	
QT400-15	400	250	15	120～180	F+G球	
QT450-10	450	310	10	160～210	F+G球	
QT500-7	500	320	7	170～230	F+P+G球	机油泵齿轮等
QT550-5	550	350	5	180～250	F+P+G球	传动轴滑动叉等
QT600-3	600	370	3	190～270	F+P+G球	
QT700-2	700	420	2	225～305	P+G球	柴油机、汽油机的曲轴；磨床、铣床、车床的主轴；空压机、冷冻机的缸体、缸套
QT800-2	800	480	2	245～335	P+G球 或 S+G球	
QT900-2	900	600	2	280～360	回M+G球 或 T+S+G球	汽车、拖拉机传动齿轮；内燃机凸轮轴、曲轴等

注：牌号后字母"L"表示该牌号有低温（-20℃或-40℃）下的冲击性能要求；字母"R"表示该牌号有室温（23℃）下的冲击性能要求。

由表 3-24 中数据可知，球墨铸铁的抗拉强度远远超过灰铸铁，而与钢相当。其突出特点是屈强比（$\sigma_{0.2}/\sigma_b$）高，约为 0.7～0.8，而钢一般只有 0.3～0.5。通常在机械设计中，材料的许用应力根据 $\sigma_{0.2}$ 来确定，因此对于承受静载的零件，使用球墨铸铁比铸钢还节省材料，重量更轻。

不同基体的球墨铸铁（见图 3-16），性能差别很大（见表 3-24）。珠光体球墨铸铁的抗拉强度比铁素体球墨铸铁的抗拉强度高 50% 以上，而铁素体球墨铸铁的伸长率是珠光体球墨铸铁的伸长率的 3～5 倍。

 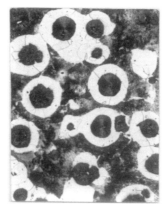 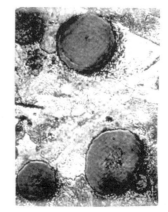

(a) 铁素体球墨铸铁　　　(b) 珠光体+铁素体球墨铸铁　　　(c) 珠光体球墨铸铁

图 3-16　球墨铸铁的显微组织

球墨铸铁具有较好的疲劳强度。表 3-25 中给出了球墨铸铁和 45 钢试验的对称弯曲疲劳强度。可见带孔和带台肩的试样的疲劳强度大致相同。试验还表明,球墨铸铁的扭转疲劳强度甚至超过 45 钢。在实际应用中,大多数承受动载的零件是带孔和台肩的,因此完全可以用球墨铸铁来代替钢制造某些重要零件,如曲轴、连杆、凸轮轴等。

表 3-25 球墨铸铁和 45 钢的疲劳强度

材 料	对称弯曲疲劳强度/MPa							
	光滑试样		光滑带孔试样		带台肩试样		带孔、带台肩试样	
珠光体球墨铸铁	255	100%	205	80%	175	68%	155	61%
45 钢	305	100%	225	74%	195	64%	155	51%

③ 球墨铸铁的热处理

球墨铸铁的热处理与钢大致相同,但由于它含有较高的硅、碳、锰等,因此热处理具有一些特点。第一,共析转变温度较高,其奥氏体化的加热温度高于碳钢;第二,C 曲线右移,并形成两个"鼻尖",淬透性比碳钢好,因此中、小铸件可采用油淬,并较易实现等温淬火工艺,获得下贝氏体基体。

球墨铸铁的热处理主要有退火、正火、调质、等温淬火等。

a. 退火

退火的目的在于获得铁素体基体。球化剂增大铸件的白口化倾向,当铸件薄壁处出现自由渗碳体和珠光体时,为了获得塑性好的铁素体基体,并改善切削性能,消除铸造应力,根据铸铁铸造组织不同,可采用以下两种退火工艺:

高温退火:存在自由渗碳体时,进行高温退火。加热到 900~950℃,保温 2~5 h,随炉冷却至 600℃左右出炉空冷。

低温退火:铸态组织为铁素体加珠光体加石墨而没有自由渗碳体时,采用低温退火。加热到 720~760℃,保温 3~6 h,随炉冷至 600℃后出炉空冷。

b. 正火

正火的目的在于得到珠光体基体(占基体 75% 以上),并细化组织,提高强度和耐磨性。根据加热温度不同,分高温正火(完全奥氏体化正火)和低温正火(不完全奥氏体化正火)两种。

高温正火:加热到 880~920℃,保温 3 h,然后空冷。为了提高基体中珠光体的含量,还常采用风冷、喷雾冷等加快冷却速度的方法,保证铸铁的强度。

低温正火:加热到 840~860℃,保温一定时间,使基体部分转变为奥氏体,部分保留铁素体,空冷后得到珠光体和少量破碎铁素体的基体,提高铸铁的强度,保证其较好的塑性。

c. 调质

要求综合力学性能较高的球墨铸铁零件,如连杆、曲轴等,可采用调质处理。其工艺为:加热到 850~900℃,使基体转变为奥氏体,在油中淬火得到马氏体,然后经 550~600℃回火,空冷(见图 3-17),获得回火索氏体基体组织。调质处理一般只适用于小尺寸的铸

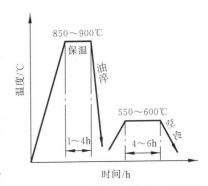

图 3-17 球墨铸铁调质处理工艺曲线

件,尺寸过大时,内部淬不透,不能保证性能需求。

回火索氏体基体的球墨铸铁不仅强度高,而且塑性、韧性比正火得到的珠光体基体的球墨铸铁好(见表3-26)。

表 3-26 球墨铸铁调质和正火后的组织性能

热处理工艺	显微组织	力 学 性 能			
		σ_b/MPa	δ_5/%	a_k/(kJ/m^2)	硬度/HB
调质:980℃退火, 900℃油淬+ 580℃回火	回火索氏体+石墨	800~1000	1.7~2.7	260~320	240~340
正火:980℃退火, 900℃正火+ 580℃去应力	珠光体+5%铁素体 +石墨	700	2.5	100	317~321

d. 等温淬火

球墨铸铁经等温淬火后可获得高的强度,同时具有良好的塑性和韧性。等温淬火工艺为:加热到奥氏体区(840~900℃),保温后在300℃左右的等温盐浴中冷却并保温(见图3-18),使基体在此温度下转变为下贝氏体。

等温处理后,球墨铸铁的强度可达1200~1450 MPa,冲击韧度为300~360 kJ/m^2,硬度为38~51 HRC。等温盐浴的冷却能力有限,一般只能用于截面不大的零件,例如受力复杂的齿轮、曲轴、凸轮轴等。

(3) 蠕墨铸铁

蠕墨铸铁是一种新型高强度铸铁材料。它的强度接近于球墨铸铁,并且有一定的韧性、较高的耐磨性;同时又有和灰铸铁一样的良好的铸造性能和导热性。

蠕墨铸铁的石墨具有介于片状和球状之间的中间形态(见图3-19),在光学显微镜下为互不相连的短片,与灰铸铁的片状石墨类似。所不同的是,其石墨片的长厚比较小,端部较钝。

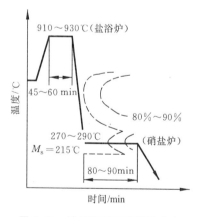

图 3-18 球墨铸铁齿轮等温淬火工艺曲线

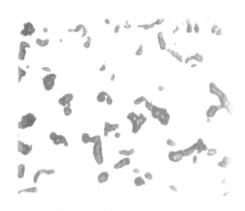

图 3-19 蠕墨铸铁显微组织

蠕墨铸铁是在一定成分的铁水中加入适量的蠕化剂获得的,其方法与程序与球墨铸铁基本相同。蠕化剂目前主要采用镁钛合金、稀土镁钛合金或稀土镁钙合金等。

蠕墨铸铁以"RuT"表示，其后的数字表示最低抗拉强度，其牌号、性能等如表 3-27 所示。它已成功地用于高层建筑中高压热交换器、内燃机、气缸、缸盖、气缸套、钢锭模、液压阀等铸件。

表 3-27 蠕墨铸铁的牌号、力学性能、显微组织和用途（摘自 JB/T 4403—1999）

牌 号	力学性能（不小于）				蠕化率 VG[①] /% （不小于）	显微组织	应 用
	抗拉强度 σ_b /MPa	屈服强度 $\sigma_{0.2}$ /MPa	断后伸长率 δ /%	硬度 /HB			
RuT260	260	195	3	121～197	50	F＋G 蠕	增压器废气进气壳体，汽车、拖拉机底盘零件等
RuT300	300	240	1.5	140～217		F＋P＋G 蠕	排气管、变速箱体、气缸盖、纺织机零件，液压件、钢锭模，某些小型烧结机箅条等
RuT340	340	270	1.0	170～249		P＋F＋G 蠕	重型机床件、大型龙门铣横梁、大型齿轮箱体、盖、座、刹车鼓、飞轮、玻璃模具等
RuT380	380	300	0.75	193～274		P＋G 蠕	
RuT420	420	335	0.75	200～280		P＋G 蠕	活塞环、气缸套、制动盘、玻璃模具、刹车鼓、钢珠研磨盘、吸淤泵体等

① 蠕墨铸铁中蠕虫状石墨的个数（或面积）占总石墨个数（或总石墨面积）的比例（见 JB/T 3829—1999）。

（4）可锻铸铁

可锻铸铁是由白口铸铁通过退火处理得到的一种高强度铸铁。它有较高的强度、塑性和冲击韧度，可以部分代替碳钢。

① 可锻铸铁的牌号和用途

可锻铸铁有铁素体和珠光体两种基体，见图 3-20。表 3-28 中列出了我国可锻铸铁的牌号和力学性能。黑心可锻铸铁以"KTH"表示，珠光体可锻铸铁以"KTZ"表示，白心可锻铸铁以"KTB"表示。其后的两组数字表示最低抗拉强度和伸长率。

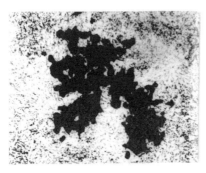 

(a) 珠光体可锻铸铁　　　　　　(b) 铁素体可锻铸铁

图 3-20 可锻铸铁的显微组织

可锻铸铁常用来制造形状复杂、承受冲击和振动载荷的零件，如汽车、拖拉机的后桥外壳、管接头、低压阀门等。这些零件用铸钢生产时，因铸造性不好，工艺上困难较大；而用灰

表 3-28 可锻铸铁的牌号、力学性能和应用(摘自 GB/T 9440—1988)

分类	牌号	试样直径/mm	力学性能			硬度/HB	应用
			σ_b/MPa	σ_s/MPa	δ/% ($L_0=3d$)		
			不小于				
黑心可锻铸铁	KTH300-06	12 或 15	300	—	6	≤150	管道、弯头、接头、三通、中压阀门
	KTH330-08		330	—	8		各种扳手、犁刀、犁柱、车轮壳等
	KTH350-10		350	200	10		汽车、拖拉机前后轮壳,减速器壳,转向节壳,制动器等
	KTH370-12		370	—	12		
珠光体可锻铸铁	KTZ450-06		450	270	6	150~200	曲轴、凸轮轴、连杆、齿轮、活塞环、轴套、耙片、犁刀、摇臂、万向节头、棘轮、扳手、传动链条、矿车轮等
	KTZ550-04		550	340	4	180~230	
	KTZ650-02		650	430	2	210~260	
	KTZ700-02		700	530	2	240~290	
白心可锻铸铁	KTB350-04	12	350	—	4	≤230	薄壁件,KTB380-12 适用于对强度有特殊要求和焊后不需进行热处理的零件
	KTB380-12		380	200	12	≤200	
	KTB400-05		400	220	5	≤220	
	KTB450-07		450	260	7	≤220	

铸铁时,又存在性能不能满足要求的问题。与球墨铸铁相比,可锻铸铁具有成本低、质量稳定、铁水处理简单等优点。尤其对于薄壁件,若采用球墨铸铁易生成白口,需要进行高温退火,采用可锻铸铁更为适宜。

② 可锻铸铁的生产和热处理

可锻铸铁生产分两个步骤。第一步,先铸造成白口铸铁,不允许有石墨出现,否则在随后的退火中,碳在已有的石墨上沉淀,得不到团絮状石墨;第二步,进行长时间的石墨化退火处理。

化学成分是决定白口化、退火周期、铸造性能和力学性能的根本因素。为了保证白口化和力学性能,碳含量应较低,为了缩短退火周期,锰含量不宜过高。特别要严格控制严重阻碍渗碳体分解的强碳化物形成元素,如铬等。可锻铸铁的化学成分为表 3-29 中所示范围。

表 3-29 可锻铸铁的化学成分

可锻铸铁名称	化学成分(质量分数)/%					
	C	Si	Mn	S	P	Cr
黑心可锻铸铁	2.3~3.2	1.0~1.6	0.3~0.6	0.05~0.15	0.04~0.1	0.02~0.05
白心可锻铸铁	2.8~3.4	0.3~1.0	0.3~0.8	0.05~0.25	0.04~0.1	0.03~0.1

可锻铸铁的退火过程如图 3-21 所示。将白口铸铁加热到 900~960℃,长时间保温,使共晶渗碳体分解为团絮状石墨,完成第一阶段的石墨化过程。随后以较快的速度(100℃/h)冷却通过共析转变温度区,得到珠光体基体的珠光体可锻铸铁。若第一阶段石墨化保温后慢冷,使奥氏体中的碳充分析出,完成第二阶段石墨化,并在冷却至 720~760℃后继续保温,使共析渗碳体充分分解,完成第三阶段石墨化,在 650~700℃出炉冷却至室温,可以得到铁素体基体的可锻铸铁。由于铸件表层脱碳而使心部的石墨多于表层,铸件断

口心部呈灰黑色,表层呈灰白色,故称为黑心可锻铸铁。

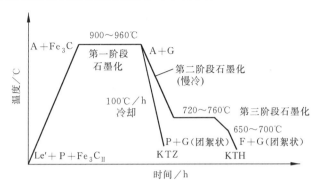

图 3-21 黑心可锻铸铁的石墨化退火工艺曲线

白心可锻铸铁在氧化性气氛中进行退火,表层为铁素体,心部为珠光体加石墨,铸件断口心部呈白亮色。由于退火周期长,很少应用。

可锻化退火时间常常要几十小时,为了缩短时间,并细化组织,提高力学性能,可在铸造时采取孕育处理。孕育剂能强烈阻碍凝固时形成石墨和退火时促进石墨化。采用 $w(B)=0.001\%$、$w(Bi)=0.006\%$ 和 $w(Al)=0.008\%$ 的孕育剂,可将退火时间由 70 h 缩短至 30 h。我国常用的孕育剂为铝、铝铋、硼铋和硅铋等。

(5) 特殊性能铸铁

在铸铁中加入某些合金元素,得到一些具有各种特殊性能的合金铸铁。

① 耐磨铸铁

在磨粒磨损条件下工作的铸铁应具有高而均匀的硬度。白口铸铁就属这类耐磨铸铁。但白口铸铁脆性较大,不能承受冲击载荷,因此在生产中常采用激冷的办法来获得冷硬铸铁。即用金属型铸造铸件的耐磨表面,其他部位采用砂型。同时调整铁水的化学成分,利用高碳低硅,保证白口层的深度,而心部为灰铸铁组织,有一定的强度。用激冷方法制造的耐磨铸铁,已广泛应用于轧辊和车轮等零件。

在润滑条件下受黏着磨损的铸件,要求在软的基体上牢固地嵌有硬的组成相。软基体磨损后形成沟槽,可保存油膜。珠光体组织满足这种要求,铁素体为软基体,渗碳体为硬组成相,同时石墨片起储油和润滑作用。为了进一步改善珠光体灰铸铁的耐磨性,常将铸铁的磷质量分数提高到 $0.4\%\sim0.6\%$,生成磷共晶($F+Fe_3P,P+Fe_3P$ 或 $F+P+Fe_3P$),呈断续网状的形态分布在珠光体基体上,磷共晶硬度高,使其更加耐磨。在此基础上,还可加入 Cr、Mo、W、Cu 等合金元素,改善组织,提高基体强度和韧性,从而使铸铁的耐磨性能等得到更大的提高,如高铬耐磨铸铁、奥-贝球墨铸铁等都是近十几年来发展起来的新型合金铸铁。

② 耐热铸铁

在高温下工作的铸铁,如炉底板、换热器、坩埚、热处理炉内的运输链条等,必须使用耐热铸铁。灰铸铁在高温下表面要氧化和烧损;同时氧化气体沿石墨片边界和裂纹内渗,造成内部氧化;并且渗碳体会高温分解成石墨,等等,都导致热稳定性下降。加入 Al、Si、Cr 等元素,一方面在铸件表面形成致密的氧化膜,阻碍继续氧化;另一方面提高铸铁的临界温度,使基体变为单相铁素体,不发生石墨化过程,从而改善铸铁的耐热性。球墨铸铁中,石墨为孤立分布,互不相连,不形成气体渗入通道,故其耐热性更好。

常用耐热铸铁的成分和力学性能见表 3-30。

表 3-30 耐热铸铁的牌号、化学成分、力学性能和应用(摘自 GB/T 9437—2009)

铸铁牌号	化学成分(质量分数)/%						室温力学性能		耐热温度/℃	应用举例
	C	Si	Mn	P	S	其他	最小抗拉强度 R_m/MPa	硬度/HBW		
				不大于						
HTRCr	3.0~3.8	1.5~2.5	1.0	0.10	0.08	Cr 0.5~1.00	200	189~288	550	炉条、高炉支梁式水箱、金属型、玻璃模等
HTRCr2	3.0~3.8	2.0~3.0	1.0	0.10	0.08	Cr 1.00~2.00	150	207~288	600	煤气炉内灰盆、矿山烧结车挡板等
HTRCr16	1.6~2.4	1.5~2.2	1.0	0.10	0.05	Cr 15.00~18.00	340	400~450	900	退火罐、煤粉烧嘴、炉栅、水泥烧焙炉零件、化工机械等零件
HTRSi5	2.4~3.2	4.5~5.5	0.8	0.10	0.08	Cr 0.5~1.00	140	160~270	700	炉条、煤粉烧嘴、锅炉用梳形定位板、换热器针状管、二硫化碳反应甑等
QTRSi4	2.4~3.2	3.5~4.5	0.7	0.07	0.015	—	420	143~187	650	玻璃窑烟道闸门、玻璃引上机墙板、加热炉两端管架等
QTRSi4Mo	2.7~3.5	3.5~4.5	0.5	0.07	0.015	Mo 0.5~0.9	520	188~241	680	内燃机排气歧管、罩式退火炉导向器、烧结机中后热筛板、加热炉吊梁等
QTRSi4Mo1	2.7~3.5	4.0~4.5	0.3	0.05	0.015	Mo 1.0~1.5 Mg 0.01~0.05	550	200~240	800	内燃机排气歧管、罩式退火炉导向器、烧结机中后热筛板、加热炉吊梁等
QTRSi5	2.4~3.2	4.5~5.5	0.7	0.07	0.015	—	370	228~302	800	煤粉烧嘴、辐射管、烟道闸门、加热炉中间管架等
QTRAl4Si4	2.5~3.0	3.5~4.5	0.5	0.07	0.015	Al 4.0~5.0	250	285~341	900	烧结机箅条、炉用件等
QTRAl5Si5	2.3~2.8	4.5~5.2	0.5	0.07	0.015	Al 5.0~5.8	200	302~363	1050	烧结机箅条、炉用件等
QTRAl22	1.6~2.2	1.0~2.0	0.7	0.07	0.015	Al 20.0~24.0	300	241~364	1100	锅炉用侧密封块、链式加热炉爪、黄铁矿焙烧炉零件等

③ 耐蚀铸铁

耐蚀铸铁主要用于化工部件,如阀门、管道、泵、容器等。普通铸铁的耐蚀性差,因为组织中的石墨和渗碳体促进铁素体腐蚀。加入 Si、Cr、Al、Mo、Cu、Ni 等合金元素形成保护膜,或使基体电极电位升高,可以提高铸铁的耐蚀性能。常用耐蚀铸铁有高硅、高硅钼、高铝、高铬等耐蚀铸铁。

3. 铸铁工程应用实例

实例 1:普通罩壳、阀壳等对强度要求不高,可采用灰铸铁 HT150 制造,其组织为铁素体+珠光体+片状石墨。

实例 2:液压泵壳体强度有较高要求,可采用孕育铸铁 HT300 或 HT350 制造,采用正火加回火热处理工艺,获得的组织为索氏体或屈氏体基体加细片状石墨。

实例 3:汽油发动机凸轮轴常用球墨铸铁 QT700-2 制造,采用正火+轴颈、凸轮表面淬火+低温回火处理,获得的组织基体为细珠光体+球状石墨,轴颈、凸轮表面为回火马氏体+球状石墨。

也可以采用调质+轴颈、凸轮表面淬火+低温回火处理,获得的组织基体为回火索氏体+球状石墨,轴颈、凸轮表面为回火马氏体+球状石墨。整轴具有较高的综合力学性能,轴颈、凸轮表面耐磨。

3.4 有色金属及其合金

有色金属及其合金具有钢铁材料所没有的许多特殊的力学、物理和化学性能(见表 1-9),为现代工业中不可缺少的金属材料。它的种类很多,本章仅就机械、仪器仪表、飞机制造等工业中广泛使用的铝、铜、钛、镁、镍和轴承合金作一些简要介绍。

3.4.1 铝及铝合金

铝及铝合金有下列特性:

(1)密度小、比强度高

纯铝的密度只有 2.7 g/cm^3,仅为铁的 1/3。采用各种强化手段后,铝合金可以达到与低合金高强度结构钢相近的强度,因此比强度要比一般低合金结构钢高得多。

(2)有优良的物理、化学性能

铝的导电性好,仅次于银、铜和金,室温电导率约为铜的 64%。其磁化率极低,接近于非铁磁性材料。抗大气腐蚀能力强。

(3)加工性能良好

塑性好,可冷成形,易切削。铝合金热处理后可显著提高强度。铸造铝合金铸造性能极好。

铝资源丰富,成本较低。铝及铝合金在电气工程、航空及宇航工业、一般机械和轻工业中都有广泛的用途。

1. 纯铝

纯铝材料按纯度可分为高纯铝和工业纯铝两类。

(1) 高纯铝

纯度为 99.93%～99.99%，主要用于科学研究及制作电容器等。

(2) 工业纯铝

工业纯铝的典型牌号有 1060、1050A、1100 等。纯度为 98.0%～99.9%，以纯度高低分别用于制作铝箔、包铝和电线、电缆、器皿、焊条、装饰材料、反光板、热交换器等。

2. 铝合金

铝中加入合金元素后，可获得较高的强度，并保持良好的加工性能。许多铝合金不仅可通过冷变形（加工硬化）提高强度，而且可用时效热处理来大幅度地改善性能。因此铝合金可用于制造承受较大载荷的机器零件和构件。

(1) 铝合金的分类和时效强化

铝合金一般具有图 3-22 类的相图。成分低于 D 的合金，加热时能形成单相固溶体(α)组织，塑性较好，适于变形加工，称为变形铝合金。成分高于 D 的合金，由于冷却时有共晶反应发生，流动性较好，适于铸造生产，称为铸造铝合金。变形铝合金中成分低于 F 的合金，在固相区加热或冷却时不发生相变，因此不能通过热处理进行强化，称为不可热处理强化的铝合金；成分位于 $F—D$ 之间的合金，称为可热处理强化的铝合金。

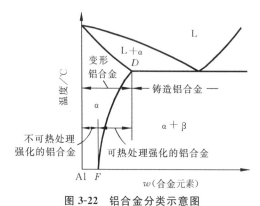

图 3-22 铝合金分类示意图

铝合金的时效热处理包括两个阶段：固溶处理和时效。将成分位于 $F—D$ 之间的合金加热到 α 相区，经保温获得单相 α 固溶体；然后迅速水冷，在室温得到过饱和的 α 固溶体。这个过程叫固溶处理。固溶处理后得到的组织是不稳定的，在室温下放置或低温加热时，会逐渐分解析出第二相，使合金强度和硬度明显升高，这个过程叫做时效或时效强化。第二相析出过程会因温度高低而出现不同的阶段，形成的过渡析出相弥散分布，对位错运动的阻碍作用加强，这种强化机制称为沉淀强化。

在室温下进行的时效称自然时效；在加热条件下进行的时效称人工时效。

例如，$w(Cu)=4\%$ 的 Al-Cu 合金（见图 3-23），加热到 550℃ 并保温一段时间后，在水中快冷时，θ 相($CuAl_2$)来不及析出，合金获得过饱和的 α 固溶体组织，其强度为 $\sigma_b=250$ MPa。若将过饱和 α 固溶体在室温下放置，进行自然时效，随着时间的延续，过饱和 α 固溶体中逐步形

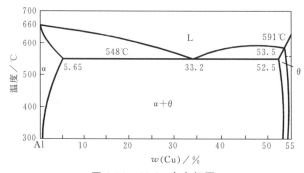

图 3-23 Al-Cu 合金相图

成溶质原子微聚集区(叫 G.P.区)和过渡相 θ'',对位错运动阻碍作用较强,所以合金强度将逐渐提高,经 4~5 天后,σ_b 可达最高值 400 MPa。若提高时效温度并继续延长时效时间,θ'' 相将逐步转变为 θ' 和 θ 相,尺寸逐渐长大,强化作用降低,进入过时效阶段。图 3-24(a)示出该合金的自然时效曲线,图 3-24(b)为其在不同温度下的时效曲线。可以看出:

① 时效温度越高,强度峰值越低,强化效果越小;
② 时效温度越高,时效速度越快,强度峰值出现所需时间越短;
③ 低温使固溶处理获得的过饱和固溶体保持相对的稳定性,抑制时效的进行。

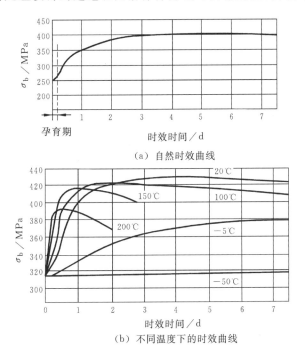

图 3-24 含 $w(Cu)=4\%$ 的 Al-Cu 合金的时效曲线

自然时效后的铝合金,在 230~250℃ 短时间(几秒至几分钟)加热后,快速水冷至室温时,可以重新变软,这种现象称为回归。如再在室温下放置,则又能发生自然时效。一切能时效硬化的合金都有回归现象。图 3-25 示出自然时效后的铝合金在反复回归处

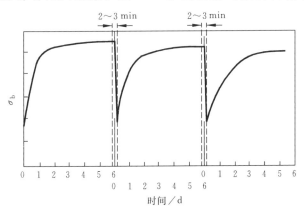

图 3-25 铝合金的回归和再时效示意图

理和再时效时的强度变化。回归现象在实际生产中具有重要意义。时效后的铝合金可在回归处理后的软化状态进行各种冷变形。例如,利用这种现象,可随时进行飞机的铆接和修理。

(2) 变形铝合金

我国变形铝合金的新牌号采用四位字符体系(与国际牌号相似),根据主要合金元素的不同分为九个系列(见表3-31)。每一系列的第一位数字表示主要合金元素,第三位和第四位数字表示合金编号,第二位数字或英文字母表示合金的改型,如我国用字母A表示原始合金,国际上则用数字0表示原始合金。表3-32列出了部分变形铝合金的牌号、成分、力学性能和用途。变形铝合金的加工状态,包括热处理状态可用不同代号来表示,见表3-33。

表 3-31　变形铝合金系列及其牌号标记方法

1×××	工业纯铝,$w(Al) > 99.00\%$	不可热处理强化
2×××	Al-Cu 合金,Al-Cu-Li 合金	可热处理强化
3×××	Al-Mn 合金	不可热处理强化
4×××	Al-Si 合金	若含镁,则可热处理强化
5×××	Al-Mg 合金	不可热处理强化
6×××	Al-Mg-Si 合金	可热处理强化
7×××	Al-Zn-Mg 合金	可热处理强化
8×××	Al-Li,Al-Sn,Al-Zr 或 Al-B 合金	可热处理强化
9×××	备用合金系列	—

不可热处理强化的变形铝合金包括1×××(工业纯铝)、3×××(Al-Mn)、5×××(Al-Mg)和大多数4×××(Al-Si)系列。3×××(如3003、3A21)和5×××(如5052、5A02)退火状态塑性好,可以加工硬化,抗腐蚀性能和焊接性能好,故称防锈铝,可分别用于炊具、压力容器、管道以及飞机油箱、导油管、铆钉等。

可热处理强化的变形铝合金包括2×××(Al-Cu)、6×××(Al-Mg-Si)、7×××(Al-Zn)、8×××(Al-Li)系列和含Mg的4×××(Al-Si)系列,是航空航天上主要应用的铝合金。

2×××系列合金(如2024、2A12)也称硬铝,含有少量Si,时效后析出Al_2CuMg相,起沉淀强化作用,可获得中等以上强度,用于航空、交通工业中等以上强度的结构件,如飞机机身蒙皮、机翼下蒙皮、机翼翼梁等。有些2×××合金(如2A70、2A14)塑性较好,容易锻造成形,故也称锻铝。

6×××系列合金(如6061、6A02)的沉淀强化相为Mg_2Si,时效后强度低于2×××合金,但热状态下塑性好,易于锻造,也称锻铝,适于制造中等强度的大型结构件,另外该类合金的密度比2×××合金小,耐蚀性好。

7×××系列合金(如7075、7A09)含有较多的沉淀强化相$MgZn_2$,强度高于其他铝合金,故称超硬铝,主要用于飞机上的主受力件,如大梁、桁条、起落架等,以及其他工业中的高强度结构件。

表 3-32 变形铝合金的主要牌号、成分、力学性能及用途(摘自 GB/T 3190—2008)

类别	牌号(旧牌号)	主要化学成分 w/%							热处理状态	力学性能(不小于)		用途
		Cu	Mg	Mn	Zn	其他		Al		σ_b/MPa	δ_5/%	
防锈铝合金	5A05(LF5)	≤0.10	4.8~5.5	0.3~0.6	≤0.20	Si 0.50		余量	退火	265	15	中载零件、铆钉、焊接油箱、油管
	3A21(LF21)	≤0.20	≤0.05	1.0~1.6	≤0.10	Si 0.60		余量	退火	≤165	20	管道、容器、油箱、铆钉及轻载零件及制品
硬铝合金	2A02(LY2)	2.6~3.2	2.0~2.4	0.45~0.7	≤0.10	Si 0.30		余量	固溶处理+人工时效	430	10	200~300℃工作叶轮、锻件
	2A11(LY11)	3.8~4.8	0.4~0.8	0.4~0.8	≤0.30	Si 0.70	Ni 0.10	余量	固溶处理+自然时效	390	8	中等强度构件和零件,如骨架、螺旋桨叶片、铆钉
	2A12(LY12)	3.8~4.9	1.2~1.8	0.3~0.9	≤0.30	Si 0.50	Ni 0.10	余量	固溶处理+自然时效	440	8	高强度的构件及飞机150℃以下工作的零件,如飞机骨架、梁、铆钉、蒙皮
超硬铝合金	7A04(LC4)	1.4~2.0	1.8~2.8	0.2~0.6	5.0~7.0	Si 0.50	Cr 0.1~0.25	余量	固溶处理+人工时效	550	6	主要受力构件及高载荷零件,如飞机大梁、加强框、起落架
	7A09(LC9)	1.2~2.0	2.0~3.0	≤0.15	5.1~6.1	Si 0.50	Cr 0.16~0.30	余量	固溶处理+人工时效	550	6	主要受力构件及加强框、起落架
锻铝合金	2A50(LD5)	1.8~2.6	0.4~0.8	0.4~0.8	≤0.30	Ni 0.10	Si 0.7~1.2	余量	固溶处理+人工时效	380	10	形状复杂和中等强度的锻件及模锻件
	2A70(LD7)	1.9~2.5	1.4~1.8	≤0.20	≤0.30	Ti 0.02~0.1	Ni 0.9~1.5 Fe 0.9~1.5	余量	固溶处理+人工时效	355	8	高温下工作的复杂锻件和结构件、内燃机活塞、叶轮
	2A14(LD10)	3.9~4.8	0.4~0.8	0.4~1.0	≤0.30	Si 0.6~1.2	Ti 0.15	余量	固溶处理+人工时效	460	8	高载荷锻件和模锻件

注:力学性能(棒材)摘自 GB/T 3191—1998。

表 3-33 变形铝合金加工状态表示方法

代号	加 工 状 态	代号	加 工 状 态
O	退火态	T4	固溶处理,自然时效
H	加工硬化态	T5	自热加工温度冷却,人工时效
W	固溶处理态	T6	固溶处理,人工时效
T	时效硬化态	T7	固溶处理,过时效稳定化
T1	自热加工温度冷却,自然时效	T8	固溶处理,冷加工,人工时效
T2	自热加工温度冷却,冷加工,自然时效	T9	固溶处理,人工时效,冷加工
T3	固溶处理,冷加工,自然时效	T10	自热加工温度冷却,冷加工,人工时效

值得说明的是,含锂的变形铝合金(也称铝锂合金)由于密度低,比强度高,疲劳性能和低温韧性好,一直是航空航天工业感兴趣和研究开发的一类新材料。但由于制造成本高于普通铝合金,所以目前实际应用还不多。

实例 1:飞机油箱采用退火态铝合金 5A05(LF5)制造。压力成形后焊接制成。油箱轻便,耐蚀性好。

实例 2:飞机螺旋桨叶片用铝合金 2A11(LY11)制造。压力成形后 505~510℃ 加热,水冷固溶处理后采用自然时效强化。σ_b 为 420 MPa,强度高。

(3) 铸造铝合金

我国铸造铝合金的典型牌号、成分、力学性能及用途见表 3-34。表 3-35 中列出了铸造铝合金的热处理种类和应用。

① Al-Si 铸造铝合金

Al-Si 合金相图如图 3-26 所示。Al-Si 铸造铝合金通常称硅铝明。$w(Si)=10\%\sim13\%$ 的简单硅铝明 ZAlSi12(ZL102),铸造后几乎全部得到共晶体组织($\alpha+Si$),具有优良的铸造性能(熔点低、流动性好、收缩小)。但是在一般情况下,ZAlSi12 的共晶体由粗针状硅晶体和 α 固溶体构成[见图 3-27(a)],强度和塑性都较差。因此生产上常采用变质处理,即浇铸前向合金液中加入质量分数为 $2\%\sim3\%$ 的变质剂(常用钠盐混合物:2/3NaF+1/3NaCl)以细化合金组织,显著提高合金的强度及塑性。经变质处理后的组织是细小均匀的共晶体+初生 α 固溶体+二次 Si,如图 3-27(b)所示。获得亚共晶组织是由于加入钠盐后铸造冷却较快时共晶点右移的缘故。

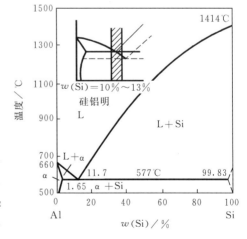

图 3-26 Al-Si 合金相图

表 3-34 铸造铝合金的主要牌号、成分、力学性能及用途（摘自 GB/T 1173—1995）

组别	牌号	合金代号	化学成分（质量分数）/%							铸造方法	热处理②	力学性能			用途
			Si	Cu	Mg	Mn	其他	Al			σ_b/MPa	δ/%	硬度/HB	
铝硅合金	ZAlSi7Mg	ZL101	6.5~7.5		0.25~0.45		Ti 0.08~0.20	余量	J J S,B	T4 T5 T6	185 205 225	4 2 1	50 60 70	形状复杂的零件，如飞机、仪器零件，抽水机壳体
	ZAlSi12	ZL102	10.0~13.0					余量	J	T2	145	3	50	形状复杂、低载荷薄壁零件，如船舶零件、机器罩、盖子
	ZAlSi9Mg	ZL104	8.0~10.5		0.17~0.35	0.2~0.5		余量	J J	T1 T6	195 235	1.5 2	65 70	形状复杂、工作温度为200℃以下的零件，如电动机壳体、汽缸体
	ZAlSi5Cu1Mg	ZL105	4.5~5.5	1.0~1.5	0.40~0.60			余量	J J	T5 T7	235 175	0.5 1	70 65	形状复杂、工作温度为250℃以下的发动机的气缸头、冷风机匣、油泵壳体
	ZAlSi7Cu4	ZL107	6.5~7.5	3.5~4.5				余量	S,B J	T6 T6	245 275	2 2.5	90 100	强度和硬度较高的零件
	ZAlSi12Cu1-Mg1Ni1	ZL109	11.0~13.0	0.5~1.5	0.8~1.3		Ni 0.8~1.5	余量	J J	T1 T6	195 245	0.5 —	90 100	较高温度下工作的零件，如活塞
	ZAlSi5Cu6Mg	ZL110	4.0~6.0	5.0~8.0	0.2~0.5			余量	J S	T1 T1	165 145	— —	90 80	活塞及高温下工作的其他零件

续表

组别	牌号	合金代号	化学成分(质量分数)/%					铸造方法	热处理②	力学性能			用途
			Si	Cu	Mg	Mn	其他	Al			σ_b/MPa	δ/%	硬度/HB	
铝铜合金	ZAlCu5Mn	ZL201		4.5~5.3		0.6~1.0	Ti 0.15~0.35	余量	S S	T4 T5	295 335	8 4	70 90	砂型铸造工作温度为175~300℃的零件,如内燃机气缸头、活塞
	ZAlCu5MnA	ZL201A①		4.8~5.3		0.6~1.0	Ti 0.15~0.35	余量	S,J	T5	390	8	100	高温下工作不受冲击的零件
	ZAlCu4	ZL203		4.0~5.0				余量	J J	T4 T5	205 225	6 3	60 70	中等载荷,形状比较简单的零件
铝镁合金	ZAlMg10	ZL301			9.5~11.0			余量	S S,J	T4 铸态	280 145	10 1	60 55	大气或海水中工作的零件,承受冲击载荷,外形不大复杂的零件,如舰船配件,氨用泵体等
	ZAlMg5Si1	ZL303	0.8~1.3		4.5~5.5	0.1~0.4		余量						
铝锌合金	ZAlZn11Si7	ZL401	6.0~8.0		0.1~0.3		Zn 9.0~13.0	余量	J	T1	245	1.5	90	结构形状复杂的汽车、飞机、仪器零件,也可制造日用品
	ZAlZn6Mg	ZL402			0.5~0.65		Zn 5.0~6.5 Cr 0.4~0.6 Ti 0.15~0.25	余量	J	T1	235	4	70	

注:J—金属模;S—砂模;B—变质处理。
① A 为优质合金。
② 热处理符号的含义见表 3-35。

表 3-35　铸造铝合金的热处理种类和应用

热 处 理	表示符号	工 艺 特 点	目的和应用
不固溶处理，人工时效	T1	铸件快冷（金属型铸造、压铸或精密铸造）后进行时效，时效前不固溶处理	改善切削加工性能，降低表面粗糙度
退火	T2	退火温度一般为（290±10）℃，保温 2~4 h	消除铸造内应力或加工硬化，提高合金的塑性
固溶处理＋自然时效	T4		提高零件的强度和耐蚀性
固溶处理＋不完全人工时效	T5	固溶处理后进行短时间时效（时效温度较低或时间较短）	得到一定的强度，保持较好的塑性
固溶处理＋完全人工时效	T6	时效温度较高（约 180℃），时间较长	得到高强度
固溶处理＋稳定回火	T7	时效温度比 T5，T6 高，接近零件的工作温度	保持较高的组织稳定性和尺寸稳定性
固溶处理＋软化回火	T8	回火温度高于 T7	降低硬度，提高塑性

(a) 未变质处理

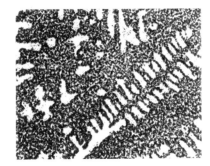
(b) 变质处理后

图 3-27　ZAlSi12（ZL102）合金的铸态组织

ZAlSi12（ZL102）铸造性能很好，焊接性能也好，密度小，并有相当好的抗蚀性和耐热性，但不能时效强化，强度较低，经变质处理后 σ_b 最高不超过 180 MPa。因此该合金仅适于制造形状复杂但强度要求不高的铸件，例如仪表、水泵壳体以及一些承受低载荷的零件。

为了提高硅铝明的强度，在合金中加入一些能形成强化相 $CuAl_2$（θ 相）、Mg_2Si（β 相）、Al_2CuMg（s 相）的 Cu、Mg 等元素，以获得能进行时效强化的特殊硅铝明。这样的合金也可进行变质处理。

ZAlSi7Mg（ZL101）和 ZAlSi9Mg（ZL104）中含有少量镁，能生成 Mg_2Si 相，所以除变质处理外，还可进行固溶处理＋人工时效处理。ZAlSi9Mg（ZL104）的热处理工艺为：530~540℃加热，保温 5 h，在热水中冷却，然后在 170~180℃时效 6~7 h。经热处理后，合金的强度 σ_b 可达 200~230 MPa。可用来制造低强度、形状复杂的铸件，例如电动机壳体、气缸体以及一些承受低载荷的零件等。

ZAlSi7Cu4（ZL107）中含有少量铜，能形成 $CuAl_2$、Mg_2Si、Al_2CuMg 等多种强化相，经固溶处理＋时效后可获得很高的强度和硬度。由于 ZAlSi12Cu1Mg1Ni1（ZL109）密度小，抗蚀性好，线膨胀系数较小，强度、硬度较高，耐磨性、耐热性以及铸造性能都比较好，是常用的铸造铝活塞材料。

② Al-Cu 铸造铝合金

Al-Cu 合金的强度较高,耐热性好,但铸造性能不好,有热裂和疏松倾向,耐蚀性较差。ZL201 的室温强度、塑性比较好,可制作在 300℃ 以下工作的零件,常用于铸造内燃机气缸头、活塞等零件。

ZL202 塑性较低,多用于高温下不受冲击的零件。

ZL203 经固溶处理+时效后,强度较高,可作结构材料,铸造承受中等载荷和形状较简单的零件。

③ Al-Mg 铸造铝合金

Al-Mg 合金(ZL301、ZL302)强度高,密度小(为 2.55 g/cm³),有良好的耐蚀性,但铸造性能不好,耐热性低。这类合金可进行时效处理,通常采用自然时效,多用于制造承受冲击载荷、在腐蚀性介质中工作的、外形不太复杂的零件,例如舰船配件、氨用泵体等。

④ Al-Zn 铸造铝合金

Al-Zn 合金(ZL401、ZL402)价格便宜,铸造性能优良,经变质处理和时效处理后强度较高,但抗蚀性差,热裂倾向大,常用于制造汽车、拖拉机的发动机零件及形状复杂的仪器零件,也可用于制造日用品。

铸造铝合金的铸件形状较复杂,组织较粗大,并有严重偏析,因此与变形铝合金热处理相比,固溶处理温度应高些,保温时间要长些,以使粗大析出物尽量溶解,并使固溶体成分均匀化。固溶处理一般用水冷却,且多采用人工时效。

实例:汽车发动机活塞用铝铜合金 ZL201 制造。采用砂型铸造。铸造后清砂、机加工,固溶处理后人工时效,σ_b 为 335 MPa,最后进行精加工。

3.4.2 铜及铜合金

铜及铜合金有下列特性:

(1) 优异的物理、化学性能

纯铜导电性、导热性极佳,铜合金的导电、导热性也很好。铜及铜合金对大气和水的抗蚀能力很高。铜是抗磁性物质。

(2) 良好的加工性能

铜及其某些合金塑性很好,容易冷、热成形,易焊接。铸造铜合金有很好的铸造性能。

(3) 某些特殊力学性能

例如优良的减摩性和耐磨性(如青铜及部分黄铜),高的弹性极限和疲劳极限(如铍青铜等)。

(4) 色泽美观

铜及铜合金在电气工业、仪表工业、造船工业及机械制造工业部门中获得了广泛的应用。但铜的储量较少,价格较贵,属于应节约使用的材料,只有在要求有特殊的磁性、耐蚀性、加工性能、力学性能以及特殊的外观等条件下,才考虑使用。

1. 纯铜

纯铜呈紫红色,常称紫铜,主要用于制作电导体及配制合金。根据杂质含量的不同,工业纯铜分为四种:T1、T2、T3、T4。编号越大,纯度越低。工业纯铜的牌号、成分及用途见表 3-36。

表 3-36 紫铜加工产品的牌号、成分及用途(摘自 GB/T 5231—2001)

牌号	代号	铜质量分数/%	杂质含量(质量分数)/%		杂质总含量(质量分数)/%	用 途
			Bi	Pb		
一号铜	T1	99.95	0.001	0.003	0.05	导电材料和配制高纯度合金
二号铜	T2	99.90	0.001	0.005	0.1	电力输送用导电材料,制作电线、电缆等
三号铜	T3	99.70	0.002	0.01	0.3	电机、电工器材、电气开关、垫圈、铆钉、油管等

除工业纯铜外,还有一类无氧铜,其氧质量分数极低,不大于 0.003%。牌号有 TU1、TU2,主要用于制作电真空器件及高导电性导线。这种导线能抵抗氢的作用,不发生氢脆。纯铜的强度低,不宜作结构材料。

2. 铜合金

铜中加入合金元素后,可获得较高的强度和硬度,同时保持纯铜的某些优良性能。

一般铜合金分黄铜、青铜和白铜三大类。

(1) 黄铜

以锌为主要合金元素的铜合金称为黄铜。按照化学成分,黄铜分普通黄铜和复杂黄铜两种。

① 普通黄铜

普通黄铜是铜锌二元合金,其相图见图 3-28。α 相是锌溶于铜中的固溶体,溶解度随温度下降而增大,在 456℃ 时溶解度最大(约 39%Zn)。456℃ 以下溶解度略有减小。α 相具有

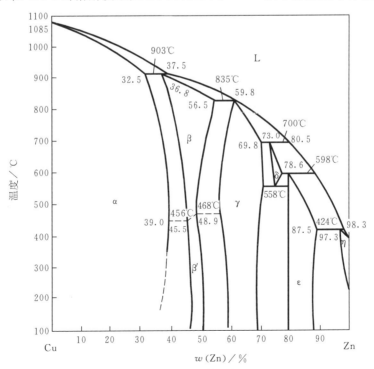

图 3-28 Cu-Zn 合金相图

面心立方晶格,塑性好,可以进行冷、热加工,并有优良的锻造、焊接和镀锡能力。β相是以电子化合物CuZn为基的无序固溶体,具有体心立方晶格,塑性好,可进行热加工。当温度下降至456～468℃时,β相发生有序化转变,成为有序固溶体β'相。β'相很脆,不易进行冷加工。γ相是以电子化合物CuZn₃为基的固溶体,具有六方晶格。由于γ相太脆,合金的强度和塑性很低。因此,锌质量分数超过50%的铜锌合金无实际使用价值。工业黄铜的实际锌质量分数不超过47%,其退火组织可以是单相α或双相α+β',分别称为单相黄铜和双相黄铜(见图3-29)。

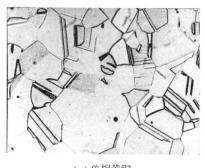

(a) 单相黄铜　　　　　　(b) 双相黄铜

图3-29　铜锌合金的显微组织

黄铜的锌质量分数对力学性能有很大的影响(见图3-30)。在32%以下,随锌含量的增加强度和伸长率升高;过32%后,组织中出现β'相,塑性开始下降,但少量β'相的存在对强度无坏影响,合金强度仍然很高。锌质量分数高于45%以后,组织全部为β'相,强度急剧下降,塑性继续降低。

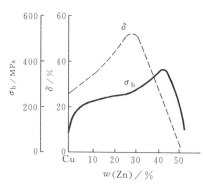

图3-30　黄铜的力学性能与锌含量的关系

黄铜不仅有良好的变形加工性能,而且有优良的铸造性能。由于结晶温度间隔很小,它的流动性很好,易形成集中缩孔,铸件组织致密,偏析倾向较小。

黄铜的耐蚀性比较好,与纯铜接近,超过铁、碳钢及许多合金钢。但锌质量分数大于7%的冷加工黄铜,由于有残余应力存在,在潮湿的大气或海水中,特别是在含有氨的环境中,容易产生应力腐蚀,使黄铜开裂。这种现象叫做应力腐蚀开裂或"季裂"。所以冷加工后的黄铜应进行低温退火(250～300℃加热保温1～3 h)以消除内应力,或加入适量的锡、硅、铝、锰、镍等元素来显著降低对应力腐蚀开裂的敏感性。

常用单相黄铜的牌号有H80、H70、H68等。"H"为黄铜,数字表示平均铜质量分数。由于这类黄铜塑性很好,适于制作冷轧板材、冷拉线材、管材及形状复杂的深冲零件。

双相黄铜的牌号有H62、H59等,因可进行热变形,通常热轧成棒材、板材。这类黄铜也可铸造。普通黄铜的牌号、化学成分、力学性能及用途见表3-37A。

表 3-37A 部分加工普通黄铜的牌号、化学成分、力学性能及用途
（摘自 GB/T 5231—2001、GB/T 2040—2008）

牌号	化学成分(质量分数)/%		板材力学性能				用　途
	Cu	Zn	加工状态	σ_b /MPa	δ /%	硬度 /HV	
H96	95.0~97.0	余量	M Y	≥215 ≥320	≥30 ≥3		冷凝管、热交换器、散热器及导电零件、空调器、冷冻机部件、计算机接插件、引线框架
H80	79.0~81.0	余量	M Y	≥265 ≥390	≥50 ≥3		薄壁管、装饰品
H70	68.5~71.5	余量	M Y	≥290 410~540	≥40 ≥10	≤90 120~160	弹壳、机械及电气零件
H68	67.0~70.0	余量	M Y	≥290 410~540	≥40 ≥10	≤90 120~160	形状复杂的深冲零件，散热器外壳
H62	60.5~63.5	余量	M Y	≥290 410~630	≥35 ≥10	≤95 125~165	机械、电气零件，铆钉、螺帽、垫圈、散热器及焊接件、冲压件
H59	57.0~60.0	余量	M Y	≥290 ≥410	≥10 ≥5	— ≥130	机械、电气零件，铆钉、螺帽、垫圈、散热器及焊接件、冲压件

注：M—退火状态；Y—变形加工冷作硬化状态。

② 复杂黄铜

为了获得更高的强度、抗蚀性和良好的铸造性能，在铜锌合金中加入铝、铁、硅、锰、镍等元素，形成各种复杂黄铜：铅黄铜、锡黄铜、铝黄铜等。其编号方法是：H＋主加元素符号＋铜质量分数＋主加元素质量分数。例如 HPb60-1，表示含质量分数为 60% 的 Cu、1% 的 Pb、其余为锌的铅黄铜。复杂黄铜分压力加工黄铜（以黄铜加工产品的形式供应）和铸造黄铜两类（见表 3-37B，表 3-37C）。铸造黄铜则在编号前加"Z"字。

a. 铅黄铜

铅改善切削加工性能，提高耐磨性，对强度影响不大，略微降低塑性。压力加工铅黄铜主要用于要求良好切削性能及耐磨性能的零件（如钟表零件等），铸造铅黄铜可制作轴瓦和衬套。

b. 锡黄铜

锡显著提高黄铜在海洋大气和海水中的抗蚀性，并使强度有所提高。压力加工锡黄铜广泛用于制造海船零件。

c. 铝黄铜

铝提高黄铜的强度和硬度（但使塑性降低），改善在大气中的抗蚀性。铝黄铜可制作海船零件及其他机器的耐蚀零件。铝黄铜中加入适量的镍、锰、铁后，还可得到高强度、高耐蚀性的复杂黄铜，用于制造大型蜗杆、海船用螺旋桨等重要零件。

d. 硅黄铜

硅显著提高黄铜的力学性能、耐磨性和耐蚀性。硅黄铜具有良好的铸造性能，并能进行焊接和切削加工，主要用于制造船舶及化工机械零件。

表 3-37B 部分加工复杂黄铜的牌号、化学成分、力学性能及用途
(摘自 GB/T 5231—2001,GB/T 2040—2008)

组别	牌号	化学成分(质量分数)/%			板材力学性能			用途
		Cu	其他	Zn	加工状态	σ_b/MPa	δ/%	
铅黄铜	HPb59-1	57.0~60.0	Pb 0.8~1.9 Ni 1.0	余量	M	≥340	≥25	钟表零件、汽车、拖拉机材料及一般机器零件
铅黄铜	HPb60-2	58.0~61.0	Pb 1.5~2.5	余量	Y	≥440	≥5	一般机器结构零件
锡黄铜	HSn62-1	61.0~63.0	Sn 0.7~1.1 Ni 0.5	余量	M	≥295	≥35	汽车、拖拉机弹性套管、船舶零件
					Y	≥390	≥5	
铝黄铜	HAl67-2.5	66.0~68.0	Al 2.0~3.0 Ni 0.5	余量	R	≥390	≥15	海船耐蚀零件
铝黄铜	HAl60-1-1	58.0~61.0	Al 0.70~1.5 Ni 0.5 Fe 0.70~1.5	余量	R	≥440	≥15	缸套、齿轮、蜗轮、轴及耐蚀零件
铝黄铜	HAl66-6-3-2	64.0~68.0	Mn 1.5~2.5 Al 6.0~7.0 Ni 0.5 Fe 2.0~4.0	余量	R	≥685	≥3	船舶、电机、化工机械等常温下工作的高强度耐蚀零件
硅黄铜	HSi80-3	79.0~81.0	Si 2.5~4.0 Fe 0.6	余量	—	—	—	耐磨锡青铜的代用材料、船舶及化工机械零件
锰黄铜	HMn58-2	57.0~60.0	Mn 1.0~2.0 Fe 1.0 Ni 0.5	余量	M	≥380	≥30	船舶零件及轴承等耐磨零件
					Y	≥585	≥3	
镍黄铜	HNi65-5	64.0~67.0	Ni 5.0~6.5	余量	R	≥290	≥35	船舶用冷凝管、电机零件

注:M—退火;Y—变形加工冷作硬化;R—热加工。

表 3-37C 部分铸造黄铜的牌号、化学成分、力学性能及用途(摘自 GB/T 1176—1987)

组别	牌号	旧牌号	化学成分(质量分数)/%							力学性能(不小于)			用途
			Cu	Al	Si	Mn	Pb	Fe	Zn	铸造方法	σ_b/MPa	δ/%	
普通黄铜	ZCuZn38	ZH62	60.0~63.0	≤0.5				≤0.8	余量	S J	295 295	30 30	散热器
铝黄铜	ZCuZn31Al2	ZHAl67-2.5	66.0~68.0	2.0~3.0			≤1.0	≤0.8	余量	S J	295 390	12 15	海运机械及其他机械耐蚀零件
硅黄铜	ZCuZn16Si4	ZHSi80-3	79.0~81.0		2.5~4.5	≤0.5	≤0.5	≤0.6	余量	S J	345 390	15 20	船舶零件、内燃机散热器本体
锰黄铜	ZCuZn40Mn3Fe1	ZHMn55-3-1	53.0~58.0	≤1.0		3~4	≤0.5	0.5~1.5	余量	S J	440 490	18 15	螺旋桨等海船零件
	ZCuZn38Mn2Pb2	ZHMn58-2-2	57.0~60.0	≤1.0		1.5~2.5	1.5~2.5	≤0.8	余量	S J	245 345	10 18	轴承、衬套等耐磨零件

注: J—金属型铸造; S—砂型铸造。

(2) 青铜

青铜原指铜锡合金,但工业上习惯称含铝、硅、铅、铍、锰等的铜基合金为青铜,所以青铜实际上包括有锡青铜、铝青铜、铍青铜等。青铜也分为压力加工青铜(以青铜加工产品的形式供应)和铸造青铜两类(见表3-38,表3-39)。青铜的编号方法是:Q+主加元素符号+主加元素质量分数+其他元素质量分数。"Q"为青铜。例如,QSn4-3表示含质量分数为4%的Sn、3%的Zn,其余为Cu的锡青铜。铸造青铜在编号前加"Z"字。

① 锡青铜

以锡为主要合金元素的铜基合金称锡青铜。在一般铸造状态下,锡质量分数低于6%的锡青铜能获得α单相组织。α相是锡溶于铜中的固溶体,具有面心立方晶格,塑性良好,容易冷、热变形。锡质量分数大于6%时,组织中出现(α+δ)共析体。δ相极硬和脆,不能塑性变形。

工业中使用的锡青铜,锡质量分数大多在3%~14%之间。锡质量分数小于5%的锡青铜适于冷加工使用;锡质量分数为5%~7%的锡青铜适于热加工;锡质量分数大于10%的锡青铜适于铸造。

锡青铜的铸造收缩率很小,可铸造形状复杂的零件。但铸件易生成分散缩孔,使密度降低,在高压下容易渗漏。锡青铜在大气、海水、淡水以及蒸汽中的抗蚀性比纯铜和黄铜好,但在盐酸、硫酸和氨水中的抗蚀性较差。锡青铜中加入少量铅,可提高耐磨性和切削加工性能;加入磷可提高弹性极限、疲劳极限及耐磨性;加入锌可缩小结晶温度范围,改善铸造性能。

锡青铜在造船、化工、机械、仪表等工业中广泛应用,主要制造轴承、轴套等耐磨零件和弹簧等弹性元件,以及抗蚀、抗磁零件等。

② 铝青铜

以铝为主要合金元素。铝青铜的力学性能比黄铜和锡青铜的高。铝质量分数为5%~7%的铝青铜塑性最好,适于冷加工。大于7%~8%后,塑性急剧降低。高于12%时铝青铜塑性很差,加工困难。因此实际应用的铝青铜的铝质量分数一般在5%~12%之间。

铝青铜的结晶温度范围很小,流动性好,缩孔集中,易获得致密的铸件,并且不易形成枝晶偏析。铝青铜的耐蚀性优良,在大气、海水、碳酸及大多数有机酸中的耐蚀性,均比黄铜和锡青铜高。铝青铜的耐磨性亦比黄铜和锡青铜好。为了进一步提高铝青铜的强度、耐磨性及抗蚀性,可添加适量的铁、锰、镍等元素。

铝青铜可制造齿轮、轴套、蜗轮等在复杂条件下工作的高强度抗磨零件,以及弹簧和其他高耐蚀性弹性元件。

③ 铍青铜

以铍为基本合金元素的铜合金(铍质量分数1.7%~2.5%)称铍青铜。图3-31为铜铍合金相图。铍溶于铜中形成α固溶体。铍在铜中的溶解度随温度变化很大,在866℃时最大溶解度为2.7%,而在室温下仅为0.2%。因此铍青铜能发生时效硬化。铍青铜在固溶处理后塑性好,可进行冷变形和切削加工,制成零件经人工时效处理后,获得很高的强度和硬度:σ_b达1200~1500 MPa,硬度达350~400 HB,超过其他铜合金。铍青铜的力学性能与铍的质量分数及热处理有关(见图3-32)。随铍含量增加,强度和硬度急剧增高,而塑性下降不多;铍质量分数大于2%后,强度和硬度少量增加,但塑性显著降低。

表 3-38 部分加工青铜的牌号、化学成分、力学性能及用途(摘自 GB/T 5231—2001、GB/T 2040—2008)

组别	牌号	化学成分(质量分数)/%							板材力学性能(不小于)			
		Sn	Al	Be	Si	其他	Cu	加工状态[①]	σ_b/MPa	δ_{10}/%	δ_5/%	用途
锡青铜	QSn6.5-0.1	6.0~7.0				P 0.1~0.25	余量	M Y	315 590~690	40 5		精密仪器中的耐磨零件和抗磁元件、弹簧、艺术品
	QSn4-4-2.5	3.0~5.0				Zn 3.0~5.0 Pb 1.5~3.5	余量	M Y	290 510	35 5		飞机、拖拉机、汽车用轴承和轴套的衬垫
	QSn4-3	3.5~4.5				Zn 2.7~3.3	余量	M Y	290 540~690	40 3		弹簧、化工机械耐磨零件和抗磁零件
铝青铜	QAl9-4		8.0~10.0			Fe 2.0~4.0 Zn 1.0	余量	Y	585	—		船舶及电气零件、耐磨零件
	QAl7		6.0~8.5				余量	Y	635	5		重要的弹簧及弹性元件
	QAl9-2		8.0~10.0			Mn 1.5~2.5 Zn 1.0 Ni 0.5	余量	M Y	440 585	18 5		高温高强耐磨件、轴套、齿轮等
铍青铜[②]	QBe2			1.8~2.1		Ni 0.2~0.5	余量	M Y 时效	400 590~830 1000~1380		30 2 2	重要的弹簧及弹性元件、高压零件、高速高温轴承、钟表齿轮、罗盘零件
	QBe1.9			1.85~2.1		Ni 0.2~0.4 Ti 0.1~0.25	余量	M Y 时效	400 590~830 1200~1500		30 2 1	
	QBe1.7			1.6~1.85		Ni 0.2~0.4 Ti 0.1~0.25	余量	M Y 时效	400 590~830 1100~1400		30 2 1	
硅青铜	QSi3-1				2.70~3.50	Mn 1.0~1.5 Zn 0.5	余量	M Y	340 585~735	40 3		弹簧、耐蚀零件、蜗轮、蜗杆、齿轮

① 加工状态:M—退火;Y—变形加工冷作硬化。
② 铍青铜(棒材)力学性能摘自 YS/T 334—1995。

表 3-39 部分铸造青铜的牌号、化学成分、力学性能及用途(摘自 GB/T 1176—1987)

组别	牌号	旧牌号	化学成分(质量分数)/%					力学性能(不小于)				用途
			Sn	Al	Pb	其他	Cu	铸造方法	σ_b/MPa	δ_5/%	硬度/HB	
锡青铜	ZCuSn10P1	ZQSn10	9.0~11.5			P 0.5~1.0	余量	S J	220 310	3 2	80 90	水管附件、轴承
锡青铜	ZCuSn10Zn2	ZQSn10-2	9.0~11.0			Zn 1.0~3.0	余量	S J	240 245	12 6	70 80	阀门、泵体、齿轮等载荷零件
铝青铜	ZCuAl10-Fe3Mn2	ZQAl10-3-1.5		9.0~11.0		Fe 2.0~4.0 Mn 1.0~2.0	余量	S J	490 540	15 20	110 120	较高载荷的轴承、轴套和齿轮
铝青铜	ZCuAl9Mn2	ZQAl9-2		8.0~10.0		Mn 1.5~2.5	余量	S J	390 440	20 20	85 95	承压下的螺母、轴套
铅青铜	ZCuPb30	ZQPb30			27.0~33.0		余量	J	—	—	25	高速高压下工作的航空发动机及高速柴油机的轴承
铅青铜	ZCuPb10Sn10	ZQPb10-10	9.0~11.0		8.0~11.0		余量	S J	180 220	7 5	65 70	中等载荷的轴承、轴套以及双金属耐磨零件、耐酸铸件

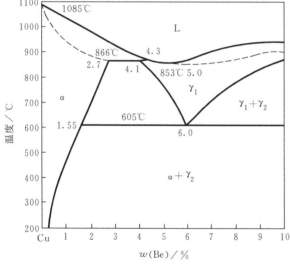

图 3-31 Cu-Be 合金相图(铜端)

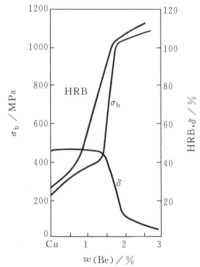

图 3-32 铍青铜的力学性能与铍含量的关系
(780℃淬火,300℃时效 3 h)

铍青铜的弹性极限、疲劳极限都很高,耐磨性和抗蚀性也很优异。它有良好的导电性和导热性,并有无磁性、耐寒、受冲击时不产生火花等一系列优点,但价格较贵。

铍青铜主要用于制作精密仪器的重要弹簧和其他弹性元件、钟表齿轮、高速高压下工作的轴承及衬套等耐磨零件,以及电焊机电极、防爆工具、航海罗盘等重要机件。

④ 硅青铜

以硅为主要合金元素。硅青铜的力学性能比锡青铜好,且价格稍低。它有很好的铸造性能和冷、热压力加工性能。硅在铜中的最大溶解度为 4.6%,室温时降为 3%。硅青铜中加入镍,因形成金属间化合物 Ni_2Si,可进行固溶处理+时效获得较高的强度和硬度。含镍硅青铜的导电性、抗蚀性、耐热性都很高,广泛应用于航空工业。硅青铜可制作弹簧、齿轮、蜗轮、蜗杆等耐蚀、耐磨零件。

(3) 白铜

以镍为主要合金元素。

在固态下,铜与镍无限固溶(见图 2-11),因此工业白铜的组织为单相 α 固溶体。它有较好的强度和优良的塑性,能进行冷、热变形。冷变形能提高强度和硬度。它的抗蚀性很好,电阻率较高。主要用于制造船舶仪器零件、化工机械零件及医疗器械等。锰含量高的锰白铜可制作热电偶丝。常用白铜的牌号、成分、力学性能和用途见表 3-40。

表 3-40 部分加工白铜的牌号、化学成分、力学性能及用途
(摘自 GB/T 5231—2001、GB/T 2040—2008)

组别	牌号	化学成分(质量分数)/%				板材力学性能(不小于)			用途
		Ni(+Co)	Mn	Zn	Cu	加工状态	σ_b/MPa	δ/%	
普通白铜	B19	18.0~20.0	0.5	0.3	余量	M Y	290 390	25 3	船舶仪器零件,化工机械零件
	B5	4.4~5.0	—	—	余量	M Y	215 370	30 10	
锌白铜	BZn15-20	13.5~16.5	0.3	余量	62.0~65.0	M Y	340 540~690	35 1.5	潮湿条件下和强腐蚀介质中工作的仪表零件
锰白铜	BMn3-12	2.0~3.5	11.5~13.5		余量	M	350	25	弹簧
	BMn40-1.5	39.0~41.0	1.0~2.0		余量	M Y	390~590 590		热电偶丝

3.4.3 钛及钛合金

钛及钛合金具有密度小、比强度高、耐高温、耐腐蚀以及良好低温韧性等优点,同时资源丰富,所以有着广泛应用前景。但钛及钛合金的生产和加工过程复杂,成本较昂贵,限制了它们的应用。

1. 纯钛

钛的熔点高,热膨胀系数小,导热性差。纯钛塑性好、强度低,容易加工成形,可制成细丝和薄片。钛在大气和海水中有优良的耐蚀性,在硫酸、盐酸、硝酸、氢氧化钠等介质中都很稳定。钛的抗氧化能力优于大多数奥氏体不锈钢。

钛在固态有两种结构:882.5℃以下为密排六方晶格,称 α-Ti;882.5℃以上直到熔点为体心立方晶格,称 β-Ti。在 882.5℃时发生同素异构转变 α-Ti ⇌ β-Ti,它对强化有重要的意义。

工业纯钛中含有氢、碳、氧、铁、镁等杂质元素。工业纯钛按杂质含量不同分为 TA1、TA2、TA3 三种(见表 3-41),编号越大杂质越多。工业纯钛可制作在 350℃以下工作的、强度要求不高的零件。

表 3-41 部分工业纯钛和钛合金的牌号、化学成分、力学性能及用途（摘自 GB/T 3620.1—2007、GB/T 2965—2007）

组别	牌号	化学成分（质量分数）/%	热处理	室温力学性能（不小于） R_m/MPa	$R_{p0.2}$/MPa	A/%	Z/%	高温力学性能（不小于） 试验温度/℃	R_m/MPa	σ_{100h}/MPa	用途
工业纯钛	TA1	Ti（杂质极微）	退火	240	140	24	30				在350℃以下工作、强度要求不高的零件，飞机骨架、蒙皮、船用阀门、管道、化工用泵、叶轮
	TA2	Ti（杂质微）	退火	400	275	20	30				
	TA3	Ti（杂质微）	退火	500	380	18	30				
α钛合金	TA4	Ti（杂质微）	退火	580	485	15	25				在500℃以下工作的零件，导弹燃料罐、超音速飞机的涡轮机匣、压气机叶片
	TA5	Al 3.3~4.7 B 0.005	退火	685	585	15	40				
	TA6	Al 4.0~5.5	退火	685	585	10	27	350	420	390	
β钛合金	TB2	Mo 4.7~5.7 V 4.7~5.7 Cr 7.5~8.5 Al 2.5~3.5	淬火 淬火+时效	≤980 1370	820 1100	18 7	40 10				
α+β钛合金	TC1	Al 1.0~2.5 Mn 0.7~2.0	退火	585	460	15	30	350	345	325	在400℃以下工作的零件、有一定高温强度的发动机零件、低温用部件、容器、泵、舰船耐压壳体
	TC2	Al 3.5~5.0 Mn 0.8~2.0	退火	685	560	12	30	350	420	390	
	TC3	Al 4.5~6.0 V 3.5~4.5	退火	800	700	10	25				
	TC4	Al 5.5~6.75 V 3.5~4.5	退火	895	825	10	25	400	620	570	

2. 钛合金

合金元素溶入 α-Ti 中,形成 α 固溶体,溶入 β-Ti 中形成 β 固溶体。铝、碳、氮、氧、硼等使 α⇌β 转变温度升高[见图 3-33(a)]称为 α 稳定化元素。铁、钼、镁、铬、锰、钒等使同素异构转变温度下降[见图 3-33(b)],称为 β 稳定化元素。锡、锆等对转变温度的影响不明显,称为中性元素。

根据使用状态的组织,钛合金可分为三类:α 钛合金、β 钛合金和 α+β 钛合金。牌号分别以 TA、TB、TC 加上编号来表示。钛合金的牌号、化学成分和性能见表 3-41。

(1) α 钛合金

钛中加入铝、硼等 α 稳定化元素获得 α 钛合金。α 钛合金的室温强度低于 β 钛合金和 α+β 钛合金,但高温(500～600℃)强度比它们的高,并且组织稳定,抗氧化性和抗蠕变性好,焊接性能也很好。α 钛合金不能淬火强化,主要依靠固溶强化,热处理只进行退火(变形后的消除应力退火或消除加工硬化的再结晶退火)。

α 钛合金的典型的牌号是 TA7,成分为 Ti-5Al-2.5Sn。它在不同温度下的力学性能如图 3-34 所示,其使用温度不超过 500℃,主要用于制造导弹的燃料罐、超音速飞机的涡轮机匣等。

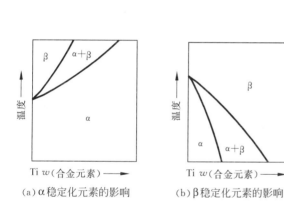

(a) α 稳定化元素的影响　　(b) β 稳定化元素的影响

图 3-33　合金元素对钛同素异构转变温度的影响

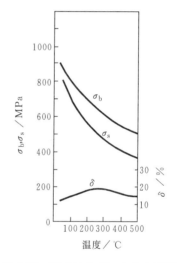

图 3-34　Ti-5Al-2.5Sn 合金在不同温度下的力学性能

(2) β 钛合金

钛中加入钼、铬、钒等 β 稳定化元素得到 β 钛合金。β 钛合金有较高的强度、优良的冲压性能,并可通过淬火和时效进行强化。在时效状态下,合金的组织为 β 相和弥散分布的细小 α 相粒子。

β 钛合金的典型牌号为 TB1,成分为 Ti-3Al-13V-11Cr,一般在 350℃ 以下使用,适于制造压气机叶片、轴、轮盘等重载的回转件,以及飞机构件等。

(3) α+β 钛合金

钛中通常加入 β 稳定化元素和 α 稳定化元素所得到的 α+β 钛合金,塑性很好,容易锻造、压延和冲压,并可通过淬火和时效进行强化。热处理后强度可提高 50%~100%。

TC4 是典型的 α+β 钛合金,成分为 Ti-6Al-4V,经淬火及时效处理后,显微组织为块状 α+β+针状 α(见图 3-35)。其中针状 α 是时效过程中从 β 相析出的。图 3-36 示出合金在不同温度下的力学性能。由于强度高、塑性好,在 400℃时组织稳定,蠕变强度较高,低温时有良好的韧性,并有良好的抗海水应力腐蚀及抗热盐应力腐蚀的能力,所以适于制造在 400℃以下长期工作的零件,要求一定高温强度的发动机零件,以及在低温下使用的火箭、导弹的液氢燃料箱部件等。

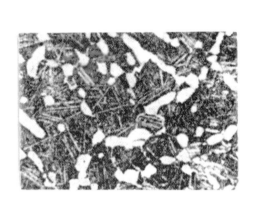

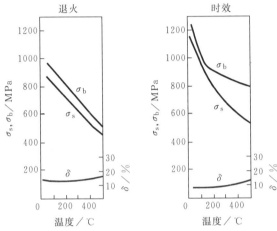

图 3-35　Ti-6Al-4V 合金时效处理后的显微组织　　图 3-36　Ti-6Al-4V 合金在不同温度下的力学性能

3. 钛及钛合金的热处理

(1) 退火

① 消除应力退火

目的是消除工业纯钛和钛合金零件机加工或焊接后的内应力。退火温度一般为 450~650℃,保温 1~4 h,空冷。

② 再结晶退火

目的是消除加工硬化。纯钛一般采用 600~700℃,钛合金用 700~850℃温度,保温 1~3 h,空冷。

(2) 淬火和时效

目的是提高钛合金的强度和硬度。

α 钛合金和含 β 稳定化元素较少的 α+β 钛合金,自 β 相区淬火时,发生无扩散型的马氏体转变 β→α′。α′为马氏体,是 β 稳定化元素在 α-Ti 中的过饱和固溶体,具有密排六方晶格,硬度较低,塑性好,是一种不平衡组织,加热人工时效时分解成 α 相和 β 相的混合物,强度和硬度有所提高。

β 钛合金和 β 稳定化元素较多的 α+β 钛合金淬火时,β 相转为成介稳定的 β 相(相当于固溶处理),加热时效后,介稳定 β 相析出弥散的 α 相,使合金的强度和硬度提高。

α 钛合金一般不进行淬火和时效处理,β 钛合金和 α+β 钛合金可进行淬火时效处理,提高强度和硬度。

钛合金的淬火温度一般选在α+β两相区的上部范围,淬火后部分α保留下来,细小的β相转变为介稳定β相或α'相或两种均有(决定于β稳定化元素的含量),经时效后获得好的综合力学性能。假若加热到β单相区,β晶粒极易长大,则热处理后的韧性很低。一般淬火温度为760~950℃,保温50~60 min,水中冷却。

钛合金的时效温度一般在450~550℃之间,时间为几小时至几十小时。

钛合金热处理加热时应防止污染和氧化,并严防过热。β晶粒长大后,无法用热处理方法挽救。

3.4.4 镁及镁合金

纯镁的室温密度仅为1.74 g/cm³,是所有金属结构材料中最低的。质轻的优点以及较好的减振性能、铸造性能、尺寸稳定性和可回收利用性等,使镁合金在汽车、航空、家用电器、计算机、通信等领域具有良好的应用前景。在很多情况下,镁合金已经或正在取代工程塑料和其他金属材料,如笔记本电脑外壳、手机外壳、汽车轮毂、仪表盘等。但是,镁合金的广泛应用仍受到一些限制,例如:镁合金在盐水环境中的耐蚀性差,强度和弹性模量相对较低,抗蠕变、抗疲劳和抗磨损性能不足,室温塑性加工较困难,易燃等。我国是世界上镁的生产大国和出口大国,加快开发和应用高性能镁合金具有重要意义。

镁合金分为变形镁合金和铸造镁合金两类。镁合金中的主要合金元素有Al、Zn、Mn、Zr、稀土元素(Re)等。我国镁合金新牌号中前两个字母代表合金的两种主要合金元素(如A、K、M、Z、E、H分别表示Al、Zr、Mn、Zn、稀土和Th),其后的数字表示这两种合金元素的质量分数,最后的字母用来标示该合金成分经过微量调整。表3-42列出了几种常用镁合金的牌号、成分、力学性能和用途。

由于镁为密排六方结构,塑性变形能力低,所以变形镁合金主要通过200~350℃热变形成形,如热挤压、热轧、锻造等。Al和Zn在镁合金中起固溶强化作用。Al还可与镁形成析出相$Mg_{17}Al_{12}$,产生时效强化作用。随Al含量提高,Mg-Al-Zn变形镁合金(如AZ40M、AZ61M、AZ80M)的强度升高,而塑性下降。Th和Zr在镁中也能形成析出相,阻止晶粒长大和再结晶倾向,因此含Th和Zr的变形镁合金的热强性好,在315℃仍具有较高的强度。Mg-Zn-Zr变形镁合金(如ZK61M)经过时效强化后,其室温强度明显高于其他变形镁合金。

不含Zr的铸造镁合金以Mg-Al系为主,包括Mg-Al-Zn、Mg-Al-Mn、Mg-Al-Si、Mg-Al-Re等。大多数铸造镁合金的铝含量较变形镁合金的高,以提高其铸造性能。含Zr铸造镁合金以Mg-Zn和Mg-Re-Zn系为主,具有较高强度和耐热性。在镁合金铸造成型方法中,砂型铸造是最成熟的工艺,但压铸镁合金的组织更细密,力学性能较高,铸件表面质量好,所以目前70%以上的工业用镁合金铸件是通过压铸方法制造的Mg-Al系合金。近年来,半固态成形镁合金技术正不断得到运用和发展,该技术将传统压铸与注射成形工艺结合起来,进一步提高了铸件的性能和精度。

3.4.5 镍及镍合金

镍具有优异的耐腐蚀和抗高温氧化性能,是重要的工程金属材料。镍的晶体结构为面心立方晶格,塑性变形能力强,所以在冷、热状态下都有很好的压力加工性能。但是,镍的应用在很大程度上受到其较高的密度(8.9 g/cm³)和价格的影响。

表 3-42 部分镁合金的牌号、化学成分、力学性能及应用（摘自 GB/T 5153—2003,GB/T 5155—2003,GB/T 1177—1991）

类别	合金组别	牌号	旧牌号	化学成分（质量分数）/%					加工状态	棒材力学性能（不小于）			应 用
				Al	Zn	Mn	其他		R_m/MPa	$R_{p0.2}$/MPa	A/%	
变形镁合金	MgAlZn	AZ40M	MB2	3.0~4.0	0.2~0.8	0.15~0.50		热成形	245		5	中等负荷结构件、锻件
		AZ61M	MB5	5.5~7.0	0.5~1.5	0.15~0.50		热成形	260	170	15	大负荷结构件
		AZ80M	MB7	7.8~9.2	0.2~0.8	0.15~0.5		热成形	330	230	11	
	MgAlRE	ME20M	MB8	≤0.20	≤0.30	1.3~2.2	Ce 0.15~0.35	热成形	195		2	飞机部件
	MgZnZr	ZK61M	MB15	≤0.05	5.0~6.0	≤0.1	Zr 0.3~0.9	热成形+时效	305	235	6	高载荷、高强度飞机锻件、机翼长桁
铸造镁合金	MgZnZr	ZMgZn5Zr	ZM1		3.5~5.5		Zr 0.5~1.0	人工时效	235	140	5	抗冲击零件、飞轮轮毂
	MgREZnZr	ZMgRE3Zn2Zr	ZM4		2.0~3.0		Zr 0.5~1.0 RE 2.5~4.0	人工时效	140	95	2	高气密零件、仪表壳体
	MgAlZn	ZMgAl8Zn	ZM5	7.5~9.0	0.2~0.8	0.15~0.50		固溶处理+人工时效	230	100	2	中等负荷零件、飞机翼助、机匣、导弹部件

工业纯镍有良好的强度和导电性,可用于电子器件;同时由于其耐蚀性好,还可用于食品加工设备。镍与铜、铬、铁、钼、钴、铝、钛等合金元素形成镍合金,其耐蚀性和力学性能进一步提高,还可具有特殊物理性能。镍合金按其特性和应用领域分为耐腐蚀镍合金、耐高温镍合金(镍基高温合金)和功能镍合金(如软磁合金、弹性合金、膨胀合金等)三类。

1. Ni-Cu 系耐蚀镍合金

Ni-Cu 系耐蚀镍合金也称 Monel 合金,其基本成分为 $w(Ni):66\%$、$w(Cu):30\%$。铜起到固溶强化作用。典型合金 Monel 400 不仅具有高强度和良好的可焊性,在许多环境中具有优异的耐蚀性能,可用于化工、石油、船舶等领域,如阀门、泵、船舶紧固件、锅炉热交换器等。

在 Monel 合金中添加质量分数约 3% 的 Al 和 0.6% 的 Ti 后,可通过时效热处理,形成 Ni_3Al 和 Ni_3Ti 沉淀强化相,使其抗拉强度提高近 1 倍。Monel K-500 就是一种时效强化型 Monel 合金,可用作泵轴和叶轮、弹簧、螺旋桨、油田钻头连接件等。

Monel 合金一般通过压力加工成型,在调整成分(如提高 Si 含量)后也能铸造成型。

2. 镍基高温合金

高温合金是指能在 600℃ 以上高温条件下抗氧化、耐腐蚀、抗蠕变的金属合金材料。

镍基高温合金化学成分复杂,合金元素包括:以 Cr、Mo、Fe、Co、W 等为主的固溶强化元素,以 Al、Ti、Nb 等为主的沉淀强化元素(形成 γ'、γ'' 相),以 W、Ta、Ti、Mo、Nb、Hf 等为主的形成碳化物强化的元素,以及 B、Zr、Hf 等晶界强化元素。

(1) 镍基变形高温合金

镍基变形高温合金一般通过热锻、热轧、热挤压等压力加工方法成型。我国变形镍基固溶强化型高温合金用"GH3×××"表示其牌号,如 GH3030、GH3044;变形镍基沉淀强化型高温合金用"GH4×××"表示,如 GH4133、GH4169(见表 3-43)。国际上镍基变形高温合金的牌号较多,如 Inconel 合金系列(Ni-Cr-Fe 系)、Hastelloy 合金系列(Ni-Mo-Fe-Cr 系)以及 Rene 合金、Nimonic 合金、Udimet 合金、Astroloy 合金等系列。Inconel 718 是典型的变形镍基沉淀强化型高温合金,广泛用于航空发动机和运载火箭发动机涡轮盘、压气机盘等。

表 3-43 镍基高温合金的牌号、主要化学成分和用途(摘自 GB/T 14992—2005)

牌号	主要化学成分(质量分数)/%									用途
	C	Cr	Ni	W	Mo	Al	Ti	Fe	其他	
GH3030	≤0.12	19.0~22.0	余量	—	—	≤0.15	0.15~0.35	≤1.5		800℃ 以下涡轮发动机的燃烧室、加力燃烧室等零件
GH3039	≤0.08	19.0~22.0	余量	—	1.8~2.3	0.35~0.75	0.35~0.75	≤3.0	Nb0.90~1.30	800~850℃ 的火焰筒及加力燃烧室等零件
GH3044	≤0.10	23.5~26.5	余量	13.0~16.0	≤1.50	≤0.50	0.30~0.70	≤4.0		850~900℃ 的航空发动机的燃烧室及加力燃烧室等零件
GH3128	≤0.05	19.0~22.0	余量	7.5~9.0	7.5~9.0	0.4~0.8	0.40~0.80	≤2.0	Ce≤0.05	800~950℃ 的涡轮发动机的燃烧室、加力燃烧室等零件

续表

牌号	主要化学成分(质量分数)/%								用途
	C	Cr	Ni	W	Mo	Al	Ti	Fe	其他	
GH4033	0.03~0.08	19.0~22.0	余量	—	—	0.60~1.00	2.4~2.8	≤4.0	Ce≤0.02	700℃以下的涡轮叶片和750℃以下的涡轮盘等材料
GH4037	0.03~0.10	13.0~16.0	余量	5.0~7.0	2.0~4.0	1.7~2.3	1.8~2.3	≤5.0	Ce≤0.02 V0.10~0.50	800~850℃的涡轮叶片材料
GH4049	0.04~0.10	9.5~11.0	余量	5.0~6.0	4.5~5.5	3.7~4.4	1.4~1.9	≤1.5	Ce≤0.02 Co14.0~16.0 V0.20~0.50	900℃以下的燃气涡轮工作叶片及受力较大的高温部件
GH4169	≤0.08	17.0~21.0	50.0~55.0	—	2.8~3.3	0.20~0.80	0.65~1.15	余量	Co≤1.00 Nb4.75~5.50	350~750℃的抗氧化热强材料

(2) 镍基铸造高温合金

镍基铸造高温合金的铝、钛含量较高,沉淀强化 γ' 相的体积分数较大,因此热强性高。随着铸造工艺技术的发展和先进发动机对涡轮叶片性能要求的提高,镍基铸造高温合金由最早的等轴晶合金(多采用熔模精密铸造工艺)逐步发展到定向凝固合金和目前的单晶合金。与等轴晶高温合金叶片相比,定向凝固高温合金叶片由于其组织是定向排列的柱状晶,消除了垂直于主应力轴的横向晶界,因此高温蠕变强度和疲劳性能显著提高,工作温度可提高约50℃。单晶高温合金叶片由于完全消除了晶界,其高温性能和工作温度进一步提高。目前大部分单晶合金的使用温度已达1100℃。

我国的等轴晶镍基铸造高温合金牌号用"K×××"表示,如 K403、K417 等;定向凝固镍基铸造高温合金牌号用"DZ"作前缀,如 DZ4、DZ5 等;单晶镍基铸造高温合金牌号用"DD"作前缀,如 DD3、DD4 等。国外的定向凝固/单晶镍基高温合金典型牌号有 PWA1480、PWA1484、CMSX-4、CMSX-10、Rene N4、Rene N6、MAR-M200 等。

(3) 粉末冶金镍基高温合金

采用粉末冶金工艺(如热挤压+等温锻造)制造镍基高温合金涡轮盘和压气机盘,可以避免铸锭-锻造件中的宏观成分偏析,获得均匀的细晶组织,从而显著提高其性能,因此正在取代变形镍基高温合金盘件。应用较广的粉末冶金高温合金有 IN 100、Rene′95、MERL76 等。

采用机械合金化方法,将纳米级氧化物颗粒(如 ThO_2、Y_2O_3 等)均匀分散在高温合金基体中,可以获得氧化物弥散强化(ODS)高温合金。由于作为强化相的氧化物微粒熔点高、热稳定性好、不与基体发生反应,因此 ODS 高温合金的高强度可以保持到接近合金基体熔点的温度,成为取代单晶合金来制造涡轮叶片、导向叶片、燃烧室的理想材料。典型的 ODS 高温合金有 MA754、MA956、MA6000 等。

此外,Ni_3Al 金属间化合物基高温合金在经过微合金化(添加 B、Cr、Mo、Ti、Zr、Hf 等),显著改善其室温脆性后,也正在获得应用。例如,我国的 Ni_3Al 基定向凝固高温合金 IC6 可用于制造航空发动机涡轮导向叶片。

高温合金在高温环境中的使用性能可以通过施加热障涂层(TBC)来进一步提高。例如,在高温合金表面先喷涂一层 NiCoCrAlY 合金,作为过渡黏结层,然后喷涂稳定化 ZrO_2 陶瓷涂层。该陶瓷涂层有助于降低基底高温合金温度,减轻氧化,从而使发动机可在更高温度、更有效地运行。

3.4.6 轴承合金

滑动轴承是汽车、拖拉机、机床及其他机器中的重要部件。轴承合金是制造滑动轴承中的轴瓦及内衬的材料。轴承支撑着轴,当轴旋转时,轴瓦和轴发生强烈的摩擦,并承受轴颈传给的周期性载荷。因此轴承合金应具有以下性能:

(1) 足够的强度和硬度,以承受轴颈较大的压力。
(2) 足够的塑性和韧性,高的疲劳强度,以承受轴颈的周期性载荷,并抵抗冲击和振动。
(3) 良好的磨合能力,使其与轴能较快地紧密配合。
(4) 高的耐磨性,与轴的摩擦因数小,并能保留润滑油,减轻磨损。
(5) 良好的耐蚀性、导热性、较小的膨胀系数,防止摩擦升温而发生咬合。

轴瓦材料不能选用高硬度的金属,以免轴颈受到磨损;也不能选用软的金属,防止承载能力过低。因此滑动轴承合金应既软又硬,其组织的特点是:在软基体上分布硬质点,或者在硬基体上分布软质点。若轴承合金的组织是软基体上分布硬质点,则运转时软基体受磨损而凹陷,硬质点将凸出于基体上,使轴和轴瓦的接触面积减小,而凹坑能储存润滑油,降低轴和轴瓦之间的摩擦因数,减少轴和轴承的磨损。另外,软基体能承受冲击和振动,使轴和轴瓦能很好地结合,并能起嵌藏外来小硬物的作用,保证轴颈不被划伤(见图3-37)。当轴承合金的组织是硬基体上分布软质点时,也可达到同样目的。

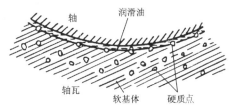

图 3-37 软基体硬质点轴瓦与轴的接触面

常用的轴承合金按主要成分可分为锡基、铅基、铝基、铜基等几种,前两种称为巴氏合金,其编号方法为:Z+基本元素符号+主加元素符号+主加元素质量分数+辅加元素质量分数。其中"Z"是铸造的意思。例如,ZSnSb11Cu6 表示含质量分数为 11% 的 Sb、6% 的 Cu 的锡基铸造轴承合金。

1. 锡基轴承合金

锡基轴承合金(锡基巴氏合金)是一种软基体硬质点类型的轴承合金。最常用的牌号是 ZSnSb11Cu6(ZChSnSb11-6)。其组织可用锡锑合金相图来分析(见图 3-38)。α 相是锑溶解于锡中的固溶体,为软基体。β' 相是以化合物 SnSb 为基的固溶体,为硬质点。铸造时,由于β'相较轻,易发生严重的密度偏析,加入铜,生成树枝状分布的 Cu_6Sn_5,阻止β'相上浮,有效地减轻密度偏析。Cu_6Sn_5 的硬度比β'相高,也起硬质点作用,进一步提高合金的强度和耐磨性。

ZSnSb11Cu6(ZChSnSb11-6)的显微组织为 α+β'+Cu_6Sn_5,如图 3-39 所示。图中黑色部分是 α 相软基体,白色方块是 β' 相硬质点,白针状或星状组成物是 Cu_6Sn_5。

锡基轴承合金的摩擦因数和膨胀系数小,塑性和导热性好,适于制作最重要的轴承,如汽轮机、发动机和压气机等大型机器的高速轴瓦。但锡基轴承合金的疲劳强度较低,许用温度也较低(不高于150℃)。常用锡基轴承合金的牌号、成分和力学性能见表3-44。

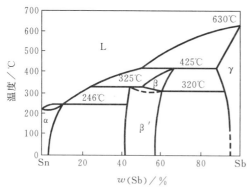

图 3-38　Sn-Sb 合金相图

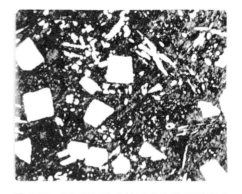

图 3-39　ZSnSb11Cu6 轴承合金的显微组织

2. 铅基轴承合金

铅基轴承合金（铅基巴氏合金）也是一种软基体硬质点类型的轴承合金。铅锑系的铅基轴承合金应用很广，典型牌号有 ZPbSb16Sn16Cu2（ZChPbSb16-16-2），成分为 $w(Sb)=16\%$、$w(Sn)=16\%$、$w(Cu)=2\%$，其余为 Pb。

ZPbSb16Sn16Cu2 的合金显微组织为 $(\alpha+\beta)+\beta+Cu_6Sn_5$，如图 3-40 所示。$(\alpha+\beta)$ 共晶体为软基体，白色方块是以 β 固溶体，起硬质点作用，白针状晶体为化合物 Cu_6Sn_5。这种合金的铸造性能和耐磨性较好（但比锡基轴承合金低），价格较便宜，可用于制造中、低载荷的轴瓦，例如汽车、拖拉机曲轴的轴承等（见表 3-44）。

3. 铜基轴承合金

铜基轴承合金有铅青铜、锡青铜等，常用的有 ZCuPb30、ZCuSn10P1 等合金（见表 3-45）。

ZCuPb30（ZQPb30）的成分为 $w(Pb):30\%$，其余为 Cu。这是一种硬基体软质点类型的轴承合金。Cu-Pb 合金相图见图 3-41。铜和铅在固态时互不溶解，室温显微组织为 Cu+Pb。Cu 为硬基体，粒状 Pb 为软质点。该合金与巴氏合金相比，具有高的疲劳强度和承载能力，优良的耐磨性、导热性和低的摩擦因数，能在较高温度（250℃）下正常工作，因此可制造大载荷、高速度的重要轴承，例如航空发动机、高速柴油机的轴承等。

图 3-40　ZPbSb16Sn16Cu2 合金显微组织

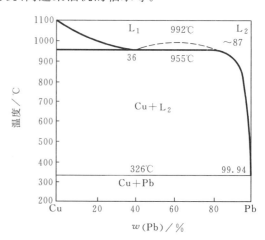

图 3-41　Cu-Pb 合金相图

表 3-44 部分锡基和铅基轴承合金的牌号、化学成分、力学性能及用途（摘自 GB/T 1174—1992）

| 组别 | 牌 号 | 化学成分（质量分数）/% | | | | 铸造方法 | 力学性能 | | | 用 途 |
		Sn	Sb	Pb	Cu		σ_b/MPa	δ_5/%	硬度/HB	
锡基轴承合金	ZSnSb11Cu6	余量	10~12	0.35	5.5~6.5	J			27	较硬。适用于 1472 kW 以上的高速汽轮机、368 kW 以上的涡轮机、高速内燃机轴承
	ZSnSb8Cu4	余量	7.0~8.0	0.35	3.0~4.0	J			24	一般大机械轴承及轴套
	ZSnSb4Cu4	余量	4.0~5.0	0.35	4.0~5.0	J			20	涡轮机及内燃机高速轴承及轴衬
铅基轴承合金	ZPbSb16Sn16Cu2	15~17	15~17	余量	1.5~2.0	J			30	汽车、轮船、发动机等轻载荷高速轴承
	ZPbSb15Sn5	4.0~5.5	14.0~15.5	余量	0.5~1.0	J			20	轻载荷低速机械轴衬、轴承
	ZPbSb10Sn6	5.0~7.0	9.0~11.0	余量	≤0.7	J			18	高速低载汽车发动机轴承、机床轴承

表 3-45 铜基轴承合金的牌号、化学成分、力学性能及用途（摘自 GB/T 1174—1992）

| 组别 | 牌 号 | 化学成分（质量分数）/% | | | | 铸造方法 | 力学性能 | | 用 途 |
		Pb	Sn	其 他	Cu		σ_b/MPa	硬度/HB	
铅青铜	ZCuPb30	27.0~33.0	≤1.0		余量	J		25	高速高压下工作的航空发动机、高压柴油机轴承
	ZCuPb20Sn5	18.0~23.0	4.0~6.0	Zn 2.0	余量	S	150	45	高压轴承、轧钢机轴承、机床、抽水机轴衬
						J	150	55	
	ZCuPb15Sn8	13.0~17.0	7.0~9.0	Zn 2.0	余量	S	170	60	冷轧机轴承、内燃机双金属轴瓦
						J	200	65	
锡青铜	ZCuSn10P1	0.25	9.0~11.5	P 0.5~1.0	余量	S	220	80	高速高载荷柴油机轴承
						J	310	90	
	ZCuSn5Pb5Zn5	4.0~6.0	4.0~6.0	Zn 4.0~6.0	余量	S,J	200	60	中速高载轴承

ZCuSn10P1 的成分为 $w(Sn)=10\%$、$w(P)=1\%$，其余为 Cu。显微组织为 $\alpha+\delta+Cu_3P$。α 固溶体为软基体，δ 相和 Cu_3P 为硬质点。该合金具有高的强度，适于制造高速度、高载荷的柴油机轴承。

由于锡基、铅基轴承合金及不含锡的铅青铜的强度比较低，承受不了大的压力，所以使用时必须将其镶铸在钢的衬背上，形成一层薄而均匀的内衬，做成双金属轴承。含锡的铅青铜，由于锡溶于铜中使合金强化，获得高的强度，所以不必做成双金属，而可直接做成轴承或轴套使用。

4. 铝基轴承合金

铝基轴承合金是一种新型减摩材料，具有密度小、导热性好、疲劳强度高和耐蚀性好等优点，并且原料丰富，价格低廉。但其膨胀系数大，运转时容易与轴咬合。

(1) 铝锑镁轴承合金

这种轴承合金的成分为 $w(Sb)=3.5\%\sim4.5\%$、$w(Mg)=0.3\%\sim0.7\%$，其余为 Al。加入镁可提高合金的屈服强度。该合金用 08 钢作衬背，一起轧制成双合金带。这种合金有高的抗疲劳性能和耐磨性，但承载能力不大，适于制造在载荷不超过 20 MPa、滑动速度不大于 10 m/s 的条件下工作的轴承，例如受中等载荷的内燃机轴承等。

(2) 高锡铝基轴承

合金的成分为 $w(Sn)=20\%$、$w(Cu)=1\%$，其余为 Al。由于在固态时锡在铝中的溶解度极小，合金经轧制与再结晶退火后，显微组织为铝的基体（硬基体）上均匀分布着软的锡质点。合金中加入铜，溶于铝使基体强化。该合金也用 08 钢为衬背，轧制成双合金带。它的疲劳强度高，耐热性、耐磨性及耐蚀性良好，可代替巴氏合金、铜基轴承合金和铝锑镁合金，适于制造载荷为 28 MPa，滑动速度在 13 m/s 以下工作的轴承，目前已在汽车、拖拉机、内燃机上广泛使用。

第4章 高分子材料

高分子材料包括塑料、合成纤维、合成橡胶等。本章主要介绍工程上常用的高分子材料。

4.1 工程塑料

塑料是一种以有机合成树脂为主要组成的高分子材料，它通常可在加热、加压条件下塑制成形，故称为塑料。

4.1.1 塑料的组成

塑料是以有机合成树脂为基础，再加入添加剂所组成的。

1. 合成树脂

由低分子化合物通过缩聚或加聚反应合成的高分子化合物，如酚醛树脂、聚乙烯等，是塑料的主要组成部分。合成树脂在塑料中的含量约占 40%～100%，对塑料的性能起决定性作用。

2. 添加剂

为改善塑料的性能而加入的其他组成，主要有以下几种。

(1) 填料或增强材料：填料在塑料中主要起增强作用。例如，加入石墨、石棉纤维或玻璃纤维等，可以改善塑料的力学性能。填料也可改善或提高塑料的某些特定性能，以扩大其应用范围。例如，加入石棉粉可提高塑料的耐热性；加入云母粉可提高塑料的电绝缘性；加入二硫化钼可提高塑料的自润滑性；加入铝粉可提高塑料对光的反射能力等。填料的用量可达 20%～50%，是塑料的重要组成。

(2) 固化剂：它的作用在于通过交联使树脂具有体型网状结构，成为较坚硬和稳定的塑料制品。例如，在酚醛树脂中加入六亚甲基四胺，在环氧树脂中加入乙二胺、顺丁烯二酸酐等。

(3) 增塑剂：是用以提高树脂可塑性和柔性的添加剂。常用的为液态或低熔点固体有机化合物，可降低树脂的玻璃化转变温度。例如，聚氯乙烯树脂中加入邻苯二甲酸二丁酯，可使塑料变为橡胶一样的软塑料。

(4) 稳定剂：为了防止受热、光等的作用使塑料过早老化，加入少量能起稳定化作用的物质。例如，能抗氧化的物质有酚类和胺类等有机物；炭黑则可作紫外线吸收剂。

塑料中还有其他一些添加剂，如润滑剂、着色剂、阻燃剂、抗静电剂和发泡剂等，并不是每种塑料中都要有这些添加剂，而是不同用途的塑料添加不同的添加剂。

4.1.2 塑料的分类

塑料的品种繁多，分类的方法也很多，常用的分类方法有下述两种。

1. 按树脂的性质分类

根据树脂在加热和冷却时所表现的性质不同，可分为热塑性塑料和热固性塑料。

(1) 热塑性塑料

这类塑料的特点是：加热时软化并熔融，可塑造成形，冷却后即成形并保持既得形状，而且该过程可反复进行。这类塑料有聚乙烯、聚丙烯、聚苯乙烯、聚酰胺(尼龙)、聚甲醛、聚碳酸酯、聚苯醚、聚砜等。优点是加工成形简便，具有较好的综合力学性能，缺点是耐热性和刚性比较差。近些年开发的氟塑料、聚酰亚胺、聚苯并咪唑等高级工程塑料，性能有了明显的提高，具有优良的耐蚀性、耐热性、绝缘性和耐磨性等，如聚酰亚胺的使用温度已经超过 350℃。

(2) 热固性塑料

这类塑料的特点是：初加热时软化，可塑造成形，但固化、冷却后再加热将不再软化，也不溶于溶剂。这类塑料有酚醛、环氧、氨基、不饱和聚酯、呋喃和聚硅醚树脂等。它们具有耐热性高，受压不易变形等优点。缺点是综合力学性能不好，但可加入填料来提高强度。

2. 按使用范围分类

(1) 通用塑料

通用塑料指应用范围广、生产量大的塑料品种。主要有聚氯乙烯、聚苯乙烯、聚烯烃、酚醛塑料和氨基塑料等，是一般工农业生产和日常生活不可缺少的廉价材料，其产量约占塑料总产量的 3/4 以上。

(2) 工程塑料

工程塑料主要指综合工程性能(包括力学性能、耐热耐寒性能、耐蚀性和绝缘性能等)良好的各种塑料。主要有聚甲醛、聚酰胺、聚碳酸酯和 ABS 等四种。它们是制造工程结构、机器零部件、工业容器和设备等的一类新型结构材料。

(3) 耐热塑料

耐热塑料指能在较高温度下工作的各种塑料。常见的有聚四氟乙烯、聚三氟氯乙烯、聚酰亚胺、有机硅树脂、环氧树脂等。一般塑料的工作温度通常只有几十摄氏度，而耐热塑料可在 100～200℃ 以上的温度下工作。

常用塑料的力学性能和大致用途见表 4-1。

表 4-1 常用塑料的力学性能和大致用途

塑料名称	拉伸强度/MPa	压缩强度/MPa	弯曲强度/MPa	冲击韧度/(kJ/m²)	使用温度/℃	大 致 用 途
聚乙烯	8～36	20～25	20～45	＞2	-70～100	一般机械构件,电缆包覆,耐蚀、耐磨涂层等
聚丙烯	40～49	40～60	30～50	5～10	-35～121	一般机械零件,高频绝缘、电缆、电线包覆等
聚氯乙烯	30～60	60～90	70～110	4～11	-15～55	化工耐蚀构件,一般绝缘、薄膜、电缆套管等
聚苯乙烯	≥60	—	70～80	12～16	-30～75	高频绝缘,耐蚀及装饰,也可作一般构件
ABS	21～63	18～70	25～97	6～53	-40～90	一般构件,减摩、耐磨、传动件,一般化工装置、管道、容器等
聚酰胺	45～90	70～120	50～110	4～15	＜100	一般构件,减摩、耐磨、传动件,高压油润滑密封圈,金属防蚀、耐磨涂层等
聚甲醛	60～75	约125	约100	约6	-40～100	一般构件,减摩、耐磨、传动件,绝缘、耐蚀件及化工容器等
聚碳酸酯	55～70	约85	约100	65～75	-100～130	耐磨、受力、受冲击的机械和仪表零件,透明、绝缘件等
聚四氟乙烯	21～28	约7	11～14	约98	-180～260	耐蚀性、耐磨件,密封件,高温绝缘件等
聚砜	约70	约100	约105	约5	-100～150	高强度耐热件,绝缘件,高频印刷电路板等
有机玻璃	42～50	80～126	75～135	1～6	-60～100	透明件,装饰件,绝缘件等
酚醛塑料	21～56	105～245	56～84	0.05～0.82	约110	一般构件,水润滑轴承,绝缘件,耐蚀衬里等,作复合材料
环氧塑料	56～70	84～140	105～126	约5	-80～155	仪表构件,电气元件的灌注,金属涂覆、包封、修补,作复合材料

4.1.3 常用工程塑料

1. 热塑性塑料

(1) 聚乙烯(Polyethylene,PE)

聚乙烯由乙烯单体聚合而成,其分子结构式为$\mathrm{+CH_2-CH_2+}_n$,简称 PE。

根据合成方法不同,聚乙烯分为高压、中压和低压三种。高压聚乙烯的分子链支链较多,相对分子质量、结晶度和密度较低,质地柔软,常用来制作塑料薄膜、软管和塑料瓶等。低压聚乙烯质地刚硬,耐磨性、耐蚀性及电绝缘性较好,常用来制造塑料管、板材、绳索以及承载不高的零件,如齿轮、轴承等。用火焰喷涂法或静电喷涂法将聚乙烯喷涂于金属表面,可提高金属构件的减摩性和耐蚀性能。

(2) 聚丙烯(Polypropylene,PP)

聚丙烯由丙烯单体聚合而成,其分子结构式为

$$\begin{array}{c}-\!\!\!\!-\mathrm{CH}_2-\mathrm{CH}\!\!\!-\!\!\!-_n\\ |\\ \mathrm{CH}_3\end{array}$$

聚丙烯由于分子链上挂有侧基 CH_3,不利于分子链规整排列,使其柔性降低,刚性增大,强度、硬度和弹性等力学性能均高于聚乙烯。聚丙烯的密度仅为 $0.90\sim0.91\ \mathrm{g/cm^3}$,是常用塑料中最轻的。聚丙烯的耐热性良好,长期使用温度可达 $100\sim110℃$,在无外力作用下加热到 $150℃$ 也不变形。聚丙烯具有优良的电绝缘性能和耐蚀性能,在常温下能耐酸、碱。但聚丙烯的冲击韧度差,耐低温及抗老化性也差。聚丙烯可用于制作某些零部件,如法兰、齿轮、风扇叶轮、泵叶轮、把手、接头、仪表盒及壳体等,还可制作化工管道、容器、医疗器械等。

(3) 聚氯乙烯(Polyvinylidene Chloride,PVC)

聚氯乙烯是由乙炔气体和氯化氢合成氯乙烯,再聚合而成,其分子结构式为

$$\begin{array}{c}-\!\!\!\!-\mathrm{CH}_2-\mathrm{CH}\!\!\!-\!\!\!-_n\\ |\\ \mathrm{Cl}\end{array}$$

聚氯乙烯的分子链中存在极性氯原子,增大了分子间的作用力,阻碍了单链内旋,减小了分子链间距离,所以刚度、强度和硬度均比聚乙烯高。

聚氯乙烯分为硬质和软质两种。在聚氯乙烯中添加少量增塑剂、稳定剂和填料时,可制得硬质聚氯乙烯;它具有较高的机械强度和较好的耐蚀性,可用于制作化工、纺织等工业的废气排污排毒塔、气体或液体输送管,还可代替其他耐蚀材料制造储槽、离心泵、通风机和接头等。当增塑剂加入量达 $30\%\sim40\%$ 时,便制得软质聚氯乙烯;其断后伸长率高,制品柔软,并具有良好的耐蚀性和电绝缘性,常制成薄膜,用于工业包装、农业育秧和日用雨衣、台布等,还可用于制作耐酸碱软管、电缆包皮、绝缘层等。

(4) 聚苯乙烯(Polystyrene,PS)

聚苯乙烯由苯乙烯单体聚合而成,其分子结构式为

$$-\!\!\!\!-\mathrm{CH}-\mathrm{CH}_2\!\!\!-\!\!\!-_n$$

由于侧基上有苯环,分子间移动的阻力增大,结晶度降低,因而具有较大的刚度。聚苯乙烯无色透明,几乎不吸水;具有优良的耐蚀性;电绝缘性好,是很好的高频绝缘材料。缺点是抗冲击性差,易脆裂,耐热性不高,耐油性有限。可用于制造纺织工业用的纱管、纱锭、线轴;电子工业用的仪表零件、设备外壳;化工业的储槽、管道、弯头;车辆上的灯罩、透明窗;电工绝缘材料等。聚苯乙烯泡沫塑料的密度只有 $0.033\ \mathrm{g/cm^3}$,是极好的隔声、包装、打捞、救生用材料。

(5) ABS 塑料(Acrylonitrile-Butadiene-Styrene Terpolymer,ABS)

ABS 塑料是丙烯腈、丁二烯和苯乙烯的三元共聚物,其分子结构式为

$$\text{\textvdash}(CH_2-CH)_x(C_2H_3=C_2H_3)_y(CH_2-CH)_z\text{\textdashv}_n$$
$$\quad\quad\quad |\quad\quad\quad\quad\quad\quad\quad\quad\quad\quad\quad |$$
$$\quad\quad\quad CN\quad\quad\quad\quad\quad\quad\quad\quad\quad\quad C_6H_5$$

ABS塑料是三元共聚物,类似于金属材料中的合金,具有"硬、韧、刚"的特性,综合力学性能良好(见表4-2)。ABS塑料易于成形,耐热性较好,在-40℃的低温下仍有一定的机械强度,同时还具有良好的尺寸稳定性,并且容易电镀。此外,ABS塑料可以根据使用要求,通过改变单体的含量来调整它的性能;如增加丙烯腈的比例,可提高耐热、耐蚀性和表面硬度;增加丁二烯的比例可提高弹性和韧性;增加苯乙烯的比例则可改善电性能和成形能力。

表 4-2 各种 ABS 塑料的力学性能

性　　能		超高冲击型	高强度中冲击型	低温冲击型	耐热型
拉伸强度/MPa		35	63	21~28	53~56
拉伸弹性模量/MPa		1800	2900	700~1800	2500
弯曲强度/MPa		62	97	25~46	84
弯曲弹性模量/MPa		1800	3000	1200~2000	2500~2600
压缩强度/MPa				18~39	70
缺口冲击韧度/(kJ/m²)	23℃	53	6	27~49	16~23
	0℃			21~32	11~13
	-40℃			8.1~18.9	1.6~5.4
洛氏硬度/HRR*		100	121	62~88	108~116
热变形温度/℃	0.45 MPa	96	98	98	104~116
	1.82 MPa	87	89	78~85	96~110
连续耐热性/℃		71~99	71~93		87~110

* HRR——塑料类材料的洛氏硬度。

ABS塑料在机械工业中可制造齿轮、泵叶轮、轴承、把手、管道、储槽内衬、电机外壳、仪表壳、仪表盘、蓄电池槽、水箱外壳等。近来在汽车零件上的应用发展很快,如用于汽车的前后保险杠、挡泥板、扶手、热空气调节导管,以及小轿车车身等。在纺织器材、电信器材领域也有大量应用。ABS是一种原料易得、综合性能良好、价格便宜的工程塑料。

(6) 聚酰胺(Polyamide,PA)

聚酰胺又称尼龙或锦纶,其分子结构式有两类:
$$\text{\textvdash}NH(CH_2)_m-NHCO-(CH_2)_{n-2}-CO\text{\textdashv}_x$$
$$\text{\textvdash}NH(CH_2)_{n-1}CO\text{\textdashv}_x$$

这种热塑性塑料由二元胺与二元酸缩合而成,或由氨基酸脱水成内酰胺再聚合而得。根据胺与酸中的碳原子数或氨基酸中的碳原子数,又分为尼龙610、尼龙66、尼龙6等许多品种;由芳香胺与芳香酸缩合而成的称为芳香尼龙;用碱催化,可铸型的称为铸型尼龙(MC尼龙);还有我国研制的尼龙1010;这些都是机械工业中应用较广的工程塑料。

尼龙具有突出的耐磨性和自润滑性能;良好的力学性能,即韧性很好,强度较高(因吸水不同而异);耐蚀性好,如耐水、油、一般溶剂、许多化学药剂,抗霉、抗菌、无毒;成形性能也好。但尼龙的耐热性不高,工作温度不能超过100℃,蠕变值也较大;导热性较差,约为金属的百分之一;吸水性高和成形收缩率大。

根据以上特点,尼龙在机械工业上可用于制造要求耐磨、耐蚀的某些承载和轻载传动零件,例如,轴承、齿轮、螺钉、螺母以及其他小型零件等。

几种常用尼龙的牌号和性能见表 4-3。相对而言,尼龙 6 适于制造弹性好、抗拉强度和冲击韧度要求高的零件;尼龙 66 可作强度较高,刚度要求更高的零件;尼龙 9 适合作耐热性要求高一些的零件;尼龙 1010 适于作冲击韧度要求高和加工困难的零件;尼龙 11 是吸湿性最低、冲击韧度较高的塑料;尼龙 12 则是尺寸稳定性较好的塑料。

表 4-3 几种常用尼龙的性能

性　　能	尼龙 66	尼龙 6	尼龙 610	尼龙 1010
拉伸强度/MPa	57～83	54～78	47～60	52～55
拉伸弹性模量/MPa	1400～3300	830～2600	1200～2300	1600
弯曲强度/MPa	100～110	70～100	70～100	82～89
弯曲弹性模量/MPa	1200～3000	530～2600	1000～1800	1300
压缩强度/MPa	90～120	60～90	70～90	79
冲击韧度(缺口)/(kJ/m^2)	3.9	3.1	3.5～5.5	4～5
冲击韧度(无缺口)/(kJ/m^2)	5.4	5.4	6.5	不断
断后伸长率/%	60～200	150～250	100～240	100～250
洛氏硬度/HRR	100～118	85～114	90～100	—
熔点/℃	250～265	215	210～220	200～210
热变形温度(1.82 MPa)/℃	66～86	55～58	51～56	—
马丁耐热温度/℃	50～60	40～50	51～56	45
连续耐热性/℃	82～149	79～121	80～120	80～120
脆化温度/℃	−30～−25	−30～−20	−20	−60

(7) 聚甲醛(Polyoxymethylene,POM)

聚甲醛又名聚氧化次甲基,是由甲醛或三聚甲醛聚合而成。按聚合方法不同,可分为均聚甲醛和共聚甲醛两类:

均聚甲醛分子结构式为

$$CH_3-\underset{\underset{O}{\|}}{C}-O\!\!-\!\!\!\left[CH_2O\right]_n\!\!\!-\!\!\underset{\underset{O}{\|}}{C}-CH_3$$

共聚甲醛分子结构式为

$$\left[\left(CH_2O\right)_x\left(CH_2O-CH_2O-CH_2\right)_y\right]_n$$

这两类聚甲醛都具有优异的综合性能。弹性模量和硬度较高,抗蠕变性能好;由于大分子上有柔性的醚键(—R—O—)存在,韧性也好;耐疲劳性能为热塑性工程塑料中最高的;摩擦因数低而稳定,在干摩擦条件下耐磨性尤为突出;耐有机溶剂的性能优良。缺点是耐热性较差,收缩率较大。两种聚甲醛的综合性能见表 4-4。

均聚甲醛的结晶度、机械强度、软化点均比共聚甲醛高,但耐热性、耐酸和碱的能力较后者差。工业上常用共聚甲醛,很少使用均聚甲醛。

表 4-4 聚甲醛的综合性能

性　　能	均聚甲醛	共聚甲醛
密度/(g/cm^3)	1.43	1.41
拉伸强度/MPa	70	62
拉伸弹性模量/MPa	2900	2800
屈服伸长率/%	15	12
断裂伸长率/%	15	60
压缩强度/MPa	127	113
压缩弹性模量/MPa	2900	3200
弯曲强度/MPa	98	91
弯曲弹性模量/MPa	2900	2600
冲击韧度(缺口)/(kJ/m^2)	7.6	6.5
冲击韧度(无缺口)/(kJ/m^2)	108	90～100
结晶度/%	75～85	70～75
马丁耐热温度/℃	60～64	57～62
脆化温度/℃		-40
熔点/℃	175	165
成形收缩率/%	2.0～25	2.5～28
吸水率(24 h)/%	0.25	0.22
线膨胀系数(0～40℃)/(10^{-5}/℃)	8.1～10	9～11

聚甲醛已广泛用于机械、仪表和化工部门,主要制作受摩擦的各种零件,例如轴承、齿轮、凸轮、辊子、阀杆等。在聚甲醛中加入少量聚四氟乙烯粉末或玻璃纤维等填料时,可大幅提高耐磨性能。聚甲醛也可制造垫圈、垫片、法兰、弹簧等构件,各种仪表板和外壳、化工容器、管道、配电盘、线圈座,以及农药喷雾器零件等。此外,塑料手表中相当大量的零件用聚甲醛制造。

(8) 聚碳酸酯(Polycarbonates,PC)

聚碳酸酯是分子链中含有碳酸酯结构的树脂的总称。通常是指双酚 A 型的聚碳酸酯,其分子结构式为

$$\begin{array}{c} \\ \end{array}\left[O-\underset{}{\underset{}{\bigcirc}}-\underset{CH_3}{\overset{CH_3}{\underset{|}{C}}}-\underset{}{\underset{}{\bigcirc}}-O-\overset{O}{\overset{\|}{C}}\right]_n$$

其分子链上既有刚性的苯环,又有柔性的醚键,所以具有优良的综合性能。冲击韧度在热塑性塑料中是最高的;弹性模量较高,且不受温度的影响;抗蠕变性能好,尺寸稳定性高。透明度高,誉称"透明金属",可染成各种颜色;吸水性小。绝缘性能优良,在 10～130℃ 间介电常数和介质损耗近于不变。耐热性比一般尼龙、聚甲醛略高,且耐寒,可在 -60～120℃ 温度范围内长期工作。但自润滑性差,耐磨性比尼龙和聚甲醛低;不耐碱、氯化烃、酮和芳香烃;长期浸在沸水中会发生水解或破裂;有应力开裂倾向;疲劳抗力较低。聚碳酸酯的主要性能见表 4-5。

表 4-5 聚碳酸酯的主要性能

性能	数值	性能	数值
拉伸强度/MPa	66～70	洛氏硬度/HRR	75
伸长率/%	～100	熔点/℃	220～230
拉伸弹性模量/MPa	2200～2500	热变形温度(1.82 MPa)/℃	130～140
弯曲强度/MPa	106	马丁耐热温度/℃	110～130
压缩强度/MPa	83～88	脆化温度/℃	−100
冲击韧度(缺口)/(kJ/m^2)	64～75	导热系数/(kJ/(m·h·℃))	0.7
冲击韧度(无缺口)/(kJ/m^2)	不断	线胀系数/(10^{-5}/℃)	6～7
布氏硬度/HB	97～104	燃烧性	自熄

由于尺寸稳定性高、综合力学性能好,是制作各种光盘的主要基材。在机械工业中,聚碳酸酯可用于制造受载不大但冲击韧度和尺寸稳定性要求较高的零件,如轻载齿轮、心轴、凸轮、螺栓、螺帽、铆钉,小模数和精密齿轮、蜗轮、蜗杆、齿条等。利用其高的电绝缘性能,制造垫圈、垫片、套管、电容器等绝缘件,并可作电子仪器仪表的外壳、护罩等。由于透明性好,在航空及宇航工业中,是一种不可缺少的制造信号灯、挡风玻璃、座舱罩、帽盔等的重要材料。

(9) 氟塑料

氟塑料是含氟塑料的总称。机械工业中应用最多的有聚四氟乙烯(F-4)、聚三氟氯乙烯(F-3)、聚偏氯乙烯(F-2)、聚氟乙烯(F-1),以及聚全氟乙丙烯(F-46)等。

氟塑料既耐高温又耐低温,且耐腐蚀、耐老化和电绝缘性能均优于其他塑料;吸水性和摩擦因数低,尤以聚四氟乙烯(F-4)最为突出。

聚四氟乙烯(F-4)俗称塑料王,具有非常优良的耐高、低温性能,可在−180～260℃的范围内长期使用;几乎耐所有的化学药品,在腐蚀性极强的王水中煮沸也不起变化;摩擦因数极低,仅为0.04。它不吸水,电性能优异,是目前介电常数和介电损耗最小的固体绝缘材料。缺点是强度低,冷流性(常温下材料发生蠕变的性能)大。主要用于制作减摩密封零件、化工耐蚀零件与热交换器,以及高频或潮湿条件下的绝缘材料。

其他氟塑料的性能与F-4基本相似,只是某些性能有所改善,如F-3的成形加工性能更好;F-2的耐候性更好;F-1的抗老化能力更强等。

(10) 聚砜(Polysulfone,PSF)

聚砜指主链中含有砜基 $-\!\!\left(\!\!\begin{array}{c}O\\\|\\S\\\|\\O\end{array}\!\!\right)\!\!-$ 的高聚物。聚砜一般具有优良的耐热性、耐寒性、耐候性、抗蠕变性和尺寸稳定性。它的机械强度高,尤其冲击韧度好。可在−65～150℃温度范围长期使用。耐酸、碱和有机溶剂,在水、潮湿空气中和高温下仍能保持高的介电性能,能自熄,易电镀,透明等。

聚芳砜的耐热性比聚砜高得多,可在260℃下长期使用。耐寒性也好,在−240℃的条件下仍保持优良的力学性能和电性能。它硬度高,能自熄,耐辐射,耐老化,但不耐极性溶剂。可以铸型、挤压和压制成形。

聚砜可用于高强度、耐热、抗蠕变的构件和电绝缘件。聚芳砜经填充改性后,可用作高温轴承材料、自润滑材料、高温绝缘材料和超低温结构材料等。

(11) 聚甲基丙烯酸甲酯(Polymethyl Methacrylate,PMMA)

聚甲基丙烯酸甲酯俗称有机玻璃,结构式为

$$\left[CH_2-\underset{\underset{COOCH_3}{|}}{\overset{\overset{CH_3}{|}}{C}} \right]_n$$

是典型的线型无定型结构,分子链上带有极性基团。

有机玻璃的透明度比玻璃还高,透光率达 92%,而密度只有玻璃的一半,为 1.18 g/cm³。常温下力学性能比普通玻璃高得多,拉伸强度为 50～80 MPa,冲击韧度为 1.6～27 kJ/m²。抗稀酸、稀碱、润滑油和碳氢燃料的作用,在自然条件下老化发展缓慢。在 80℃开始软化,在 105～150℃间塑性良好,可以进行成形加工。其缺点是硬度低,易擦伤。由于导热性差和热膨胀系数大,易在表面或内部出现微裂纹,因而比较脆,还易溶于有机溶液。

有机玻璃广泛用于航空、汽车、仪表、光学等工业中,作挡风玻璃、弦窗、电视和雷达的屏幕、仪表护罩、外壳、光学元件、透镜等。

2. 热固性塑料

(1) 酚醛塑料(Phenol-Formaldehyde Resin,PF)

酚醛塑料指由酚类和醛类在酸或碱催化剂作用下缩聚合成酚醛树脂,再加入添加剂而制得的高聚物。应用最多的酚醛树脂是苯酚和甲醛的缩聚物。由于制备条件的不同,有热塑性和热固性两类。热固性酚醛树脂常以压塑粉(俗称胶木粉)的形式供应,其结构式为

$$\left[\underset{\underset{CH_2OH}{|}}{\overset{\overset{OH}{|}}{\bigcirc}}-CH_2 \right]_n \left[\overset{\overset{OH}{|}}{\bigcirc}-CH_2 \right]_m OH$$

分子链中有可进一步反应的游离羟甲基[—CH₂OH—],加热、加压时,官能团之间发生交联反应形成体型结构,所以再加热时也不再软化。

酚醛塑料具有一定的机械强度(抗拉强度约 40 MPa)和硬度,耐磨性好;电绝缘性良好,击穿电压在 10 kV 以上;耐热性较高,马丁耐热温度在 110℃以上;耐蚀性优良。缺点是性脆,不耐碱。这类塑料的性能因填料的不同可以变化很大。

酚醛塑料广泛用于制作各种电讯器材和电木制品,例如插头、开关、电话机、仪表盒等。制造汽车刹车片、内燃机曲轴皮带轮、纺织机和仪表中的无声齿轮、化工用耐酸泵等。在日用工业中作各种用具,但不宜作食物器皿。

(2) 环氧塑料(Epoxy Resin,EP)

环氧塑料为环氧树脂加入固化剂后形成的热固性塑料。一般以铸型的方式成形。常用固化剂为胺类和酸酐类。环氧树脂的结构式为

$$CH_2-CH-CH_2-O-\underset{}{\bigcirc}-\overset{CH_3}{\underset{CH_3}{C}}-\underset{}{\bigcirc}-[O-CH_2-CH-CH_2-$$

$$-\underset{}{\bigcirc}-\overset{CH_3}{\underset{CH_3}{C}}-\underset{}{\bigcirc}-]_n-O-CH_2-CH-CH_2$$

分子链中含有活泼的环氧基团,很容易与固化剂发生交联反应,形成体型结构。

环氧塑料强度较高,韧性较好;尺寸稳定性高,耐久性好;具有优良的绝缘性能。耐热、耐寒,可在$-80\sim155℃$温度范围内长期工作。化学稳定性很高;成形工艺性能好。缺点是对人体具有一定的毒性。

环氧树脂是很好的胶粘剂,对各种材料都有很强的胶粘能力。环氧塑料可用于灌封电器和电子仪表装置;配制飞机漆、油船漆、罐体涂料、电器绝缘涂料;制备印刷线路板、各种复合材料,等等。

4.2 合成纤维

合成纤维是以石油、天然气、煤和石灰石等为原料,经过提炼和化学反应合成高分子化合物,再经过熔融或溶解后纺丝制得的纤维。合成纤维具有比天然纤维更优越的性能,如强度高、密度小、弹性好、耐磨、耐酸碱性好、不霉烂、不怕虫蛀等,除广泛用作衣料等生活用品外,在工农业生产、国防等部门也有许多重要的用途,如大量用于汽车、飞机轮胎帘子线、渔网、索桥、船缆、降落伞及绝缘布等,是一种发展迅速的工程材料。

4.2.1 合成纤维的生产方法

合成纤维的制取工艺包括单体的制备和聚合、纺丝和后加工三个基本环节。

1. 单体制备与聚合

利用石油、天然气、煤和石灰石等为原料,经分馏、裂化和分离得到有机低分子化合物,如苯、乙烯、丙烯、苯酚等作为单体,在一定温度、压力和催化剂作用下,聚合而成的高聚物,即为合成纤维的材料,又称成纤高聚物。

2. 纺丝

将成纤高聚物的熔体或浓溶液,用纺丝泵(或称计量泵)连续、定量而均匀地从喷丝头(或喷丝板)的毛细孔中挤出,而成为液态细流,再在空气、水或特定的凝固溶液(简称凝固

浴)中固化成为初生纤维的过程称做"纤维成形",或称"纺丝",这是合成纤维生产过程中的主要工序。

合成纤维的纺丝方法主要有两大类：熔体纺丝法和溶液纺丝法。在溶液纺丝法中,根据凝固方式的不同,溶液纺丝法又分为湿法纺丝和干法纺丝。合成纤维生产中绝大部分采用上述三种纺丝方法。

(1) 熔体纺丝：原料在螺旋挤压机中熔融后或由连续聚合制成的熔体,送至纺丝箱体中的各纺丝部位,再经纺丝泵定量压送到纺丝组件,过滤后从喷丝板的毛细孔中压出而成为细流,并在纺丝甬道中冷却成形。初生纤维被卷绕成一定形状的卷装(对于长丝)或均匀落入盛丝桶中(对于短纤维)。图 4-1 为熔体纺丝(长丝)示意图。

(2) 湿法纺丝：纺丝溶液通过纺丝泵计量,经烛形过滤器、鹅颈管进入喷丝头(帽),从喷丝头毛细孔中挤出的溶液细流进入凝固浴,高聚物在凝固浴中析出而形成初生纤维。图 4-2 为湿法纺丝示意图。

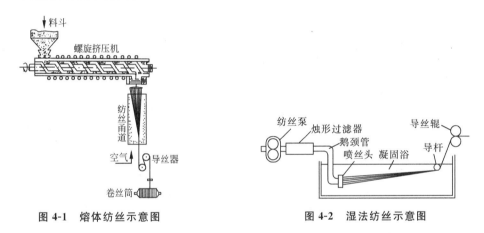

图 4-1　熔体纺丝示意图　　　　图 4-2　湿法纺丝示意图

(3) 干法纺丝：干法纺丝时,从喷丝头毛细孔中挤出的纺丝溶液不进入凝固浴,而进入纺丝甬道。通过甬道中热空气的作用,使溶液细流中的溶剂快速挥发,并被热空气流带走。溶液细流在逐渐脱去溶剂的同时发生浓缩和固化,并在卷绕张力的作用下伸长变细而成为初生纤维。图 4-3 为干法纺丝示意图。

3. 后加工

纺丝成形后得到的初生纤维其结构还不完善,力学性能较差,如伸长大、强度低、尺寸稳定性差,还不能直接用于纺织加工,必须经过一系列的后加工。后加工随合成纤维品种、纺丝方法和产品要求而异,其中主要的工序是拉拔和热定型。

拉拔的目的是提高纤维的断裂强度、疲劳强度。图 4-4 是尼龙冷拉拔时分子链构象的变化示意图。分子链沿拉拔受力方向定向排列,使强度和弹性模量升高。

一般熔纺纤维的总拉拔倍数为 3~7 倍;湿纺纤维可达 8~12 倍;生产高强度纤维时,拉拔倍数更高,甚至达数十倍。

将拉拔后的纤维置于热水、蒸汽或热空气中进行定型处理,可以消除纤维的内应力,提高纤维的尺寸稳定性,并且进一步改善其力学性能。

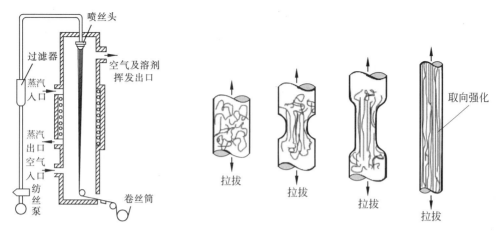

图 4-3 干法纺丝示意图　　　　图 4-4 尼龙拉拔后分子链构象的变化

4.2.2 常用合成纤维

合成纤维的发展极为迅速,品种繁多。其中发展最快的是:聚酯纤维(涤纶)、聚酰胺纤维(锦纶)、聚丙烯腈纤维(腈纶)、聚乙烯醇纤维(维纶)、聚丙烯纤维(丙纶)和聚氯乙烯纤维(氯纶),通称为六大纶。表 4-6 为六种主要合成纤维的性能和用途。

表 4-6　六种主要合成纤维的性能和用途

化学名称		聚酯纤维	聚酰胺纤维	聚丙烯腈纤维	聚乙烯醇纤维	聚丙烯纤维	聚氯乙烯纤维
商品名称		涤纶(的确良)	锦纶(尼龙)	腈纶(人造毛)	维纶(人造棉)	丙纶	氯纶
产量/%(占合成纤维)		>40	30	20	1	5	1
强度	干态	中	优	优	中	优	优
	湿态	中	中	中	中	优	中
密度/(g/cm^3)		1.38	1.14	1.14~1.17	1.26~1.3	0.91	1.39
吸湿率/%		0.4~0.5	3.5~5	1.2~2	4.5~5	0	0
软化温度/℃		238~240	180	190~230	220~230	140~150	60~90
耐磨性		优	最优	差	优	优	中
耐日光性		优	差	最优	优	差	中
耐酸性		优	中	优	中	中	优
耐碱性		优	优	优	优	优	优
特点		不容易起皱、耐冲击、耐疲劳	结实耐用	蓬松耐晒	成本低	轻、坚固	耐磨、不易燃
工业应用举例		高级帘子布、渔网、缆绳、帆布	2/3 用于工业帘子布、渔网、降落伞、运输带	制作碳纤维及石墨纤维	2/3 用于工业帆布、过滤布、渔具、缆绳	军用被服、绳索、渔网、水龙带、合成纸	导火索皮、口罩、帐篷、幕布、劳保用品

下面简要介绍这六种合成纤维的主要特性和用途。

1. 涤纶（Polyethylene Terephthalate，PET）

化学名称为聚酯纤维，商品名称为涤纶或的确良，由对苯二甲酸乙二酯抽丝制成。

涤纶的主要特点是在分子链上存在有刚性基团，使分子排列紧密，纤维结晶度高。因此，涤纶的弹性好，弹性模量大，不易变形，故由涤纶纤维织成的纺织品抗皱性和保形性特别好，外形挺括，即使受力变形也易恢复，弹性接近羊毛，较棉花高2倍，为其他纤维所不及。

涤纶强度高，抗冲击性能较锦纶高4倍，耐磨性仅次于锦纶，耐光性、化学稳定性和电绝缘性也较好，不发霉，不虫蛀。现在除大量地用作纺织品材料外，工业上广泛地用于运输带、传动带、帆布、渔网、绳索、轮胎帘子线及电器绝缘材料等。

涤纶的缺点是吸水性差、染色性差，不透气，织物穿着感到不舒服，摩擦易起静电，容易把脏物吸附，耐紫外线能力差，不宜暴晒。

2. 锦纶（Polyamide，Nylon）

化学名称为聚酰胺纤维，商品名称为锦纶或尼龙。由聚酰胺树脂抽丝制成，主要品种有锦纶6、锦纶66和锦纶1010等。

锦纶的特点是质轻、强度高。因为锦纶长分子链上含有酰胺基，可以通过氢键的作用，加强酰胺基之间的连接，从而使纤维获得较高的强度，故锦纶的强度较棉花高2~3倍。

锦纶的第二个特点是弹性和耐磨性好。由于锦纶分子链上有许多亚甲基的存在，使锦纶纤维柔软，且富有弹性。它的耐磨性约是羊毛的10倍，棉花的20倍。锦纶还具有良好的耐碱性和电绝缘性，不怕虫蛀，但耐酸、耐热、耐光性能较差。主要缺点是弹性模量低，缺乏刚性，容易变形，故用锦纶做成的衣服不挺括。

锦纶纤维多用于轮胎帘子线、降落伞、宇航飞行服、渔网、针织内衣、尼龙袜、手套等工农业及日常生活用品。

3. 腈纶（Polyacrylonitrile，PAN）

化学名称为聚丙烯腈纤维，商品名称为腈纶。它是丙烯腈的聚合物，即聚丙烯腈树脂经湿纺或干纺制成。

腈纶质轻柔软，密度为 $1.14 \sim 1.17 \text{ g/cm}^3$，较羊毛轻，保暖性好，犹如羊毛，故俗称人造羊毛。腈纶毛线的强度较纯羊毛毛线大2倍以上，不发霉，不虫蛀，弹性好，吸湿小，耐光性能特别好，超过涤纶，对日光的抵抗能力较羊毛大1倍，较棉花大10倍。腈纶多用来制造毛线和膨体纱及室外用的帐篷、幕布、船帆等织物，还可与羊毛混纺，织成各种衣料。

腈纶的缺点是耐磨性差，弹性不如羊毛，摩擦后容易在表面产生许多小球，不易脱落，且因摩擦、静电积聚小球容易吸收尘土使织物弄脏。腈纶毛线拆下后，在常温下不易恢复平直，只有在90℃的热水中才能恢复平直和松软，且必须待热水冷却至50℃以下取出方可保持。

4. 维纶（Vinylon）

化学名称为聚乙烯醇纤维，商品名称为维尼纶或维纶。由聚乙烯醇树脂经混纺制成。

维纶的最大特点是吸湿性好，和棉花接近，性能很像棉花，故又称合成棉花（人造棉）。维纶具有较高的强度，约为棉花的2倍，耐磨性及耐酸、碱腐蚀性均较好，耐日晒、不发霉、不虫蛀，其纺织品柔软保暖，结实耐磨，穿着时没有闷气感觉，是一种很好的衣着原料。但由于它弹性和抗皱性差，穿着不挺括。主要用作帆布、包装材料、输送带、背包、床单和窗帘等。

5. 丙纶（Polypropylene, PP）

化学名称为聚丙烯纤维，商品名称为丙纶。由丙烯的聚合物，即聚丙烯经湿纺或干纺制成。

丙纶的特点是质轻强度大，密度只有 0.91 g/cm^3，比腈纶还轻，能浮在水面上，是制造渔网的理想材料，也是军用蚊帐的好材料。用丙纶做的蚊帐，重100 g左右，适合行军的需要。

丙纶耐磨性优良，吸湿性很小，还能耐酸、碱腐蚀。用丙纶制的织物，易洗快干，不走样，经久耐用。除用于衣料、毛毯、地毯、工作服外，还用作包装薄膜、降落伞、医用纱布和手术衣等。

6. 氯纶（Polyvinyslidene Chloride, PVC）

化学名称为聚氯乙烯纤维，商品名称为氯纶。由聚氯乙烯树脂制成。这种纤维的特点是弹性、保暖性好；化学稳定性好，能耐强酸和强碱，遇火不易燃烧；耐磨性、耐水性和电绝缘性均很好，并能耐日光照射，不霉烂，不虫蛀。因为氯纶具有这些良好的性能，故常用作化工防腐和防火衣着的用品，以及绝缘布、窗帘、地毯、渔网、绳索等。又因氯纶的保暖性好，静电作用强，做成贴身内衣，对风湿性关节炎有一定疗效。

氯纶的缺点是耐热性差，当温度达65～70℃时，纤维即开始收缩，在沸水中收缩率大，故氯纶织物不能用沸水洗涤，也不能接近高温热源。

合成纤维除了作为纺织工业的原料以外，在工程上也有广泛的应用。如在水利电力工程上，制成塑料涂层织物，做成人工堤坝，也可用作反渗透层。可以作为纤维增强材料，配制纤维混凝土，提高混凝土的抗裂性和冲击韧度，例如聚丙烯纤维增强混凝土，具有较高的抗冲击性能和抗爆能力，可作防护构件。

4.3 合 成 橡 胶

橡胶是一种具有极高弹性的高分子材料，其弹性变形度可达 100%～1000%，而且回弹性好，回弹速度快。同时，橡胶还有一定的耐磨性，很好的绝缘性和不透气、不透水性。它是常用的弹性材料、密封材料、减振防振材料和传动材料。

4.3.1 合成橡胶的分类和橡胶制品的组成

1. 合成橡胶的分类

按性能和用途将合成橡胶分成两类。

(1) 通用橡胶

性能和天然橡胶接近,可以代替天然橡胶使用。如丁苯橡胶、顺丁橡胶、氯丁橡胶等。

(2) 特种橡胶

具有特殊性能、作特殊应用的橡胶。如丁腈橡胶、硅橡胶、氟橡胶等。

2. 橡胶制品的组成

人工合成用以制胶的高分子聚合物,还不具备橡胶的各种性能,称为生胶。生胶要先进行塑炼,使其处于塑性状态,再加入各种添加剂,经过混炼成形、硫化处理,才能成为可以使用的橡胶制品。

为了改善橡胶制品性能而加入的添加剂主要包括:

(1) 硫化剂:通过化学反应,使橡胶分子形成立体网状结构,变塑性生胶为弹性胶的处理即为硫化处理。能起硫化作用的物质称为硫化剂。常用的硫化剂有硫黄、含硫化合物、硒、过氧化物等。

(2) 硫化促进剂:胺类、胍类、秋兰姆类、噻唑类及硫脲类物质,可以起降低硫化温度、加速硫化过程的作用,称为硫化促进剂。

(3) 补强填充剂:为了提高橡胶的力学性能,改善其加工工艺性能,降低成本,常加入填充剂,如炭黑、陶土、碳酸钙、硅酸钙、硫酸钡、氧化硅、滑石粉等。

此外,还要加入防老化剂、增塑剂、着色剂、软化剂等。制作橡胶制品时,还常用天然纤维、人造纤维、金属纤维及其织物制成骨架,以防止变形和提高机械强度。

4.3.2 常用合成橡胶

1. 通用合成橡胶

(1) 丁苯橡胶

丁苯橡胶是目前合成橡胶中产量最大,应用最广的通用橡胶,其消耗量占合成橡胶总消耗量的 80%。以丁二烯和苯乙烯为单体共聚而成。其分子结构式为

$$\{-(CH_2-CH=CH-CH_2)_x-(CH_2-CH)_y-\}_n$$

主要品种有丁苯-10、丁苯-30、丁苯-50,其中数字表示苯乙烯在单体总量中的百分含量。一般来说,数值越大,橡胶的硬度和耐磨性越高,而弹性、耐寒性越差。

丁苯橡胶有较好的耐磨性、耐热性、耐老化性,价格便宜,可代替天然橡胶或与天然橡胶共混后使用。主要用于制造轮胎、胶带、胶管及各种生活用品。

(2) 顺丁橡胶

由丁二烯聚合而成,其结构式为

$$\{-CH_2-CH=CH-CH_2-\}_n$$

顺丁橡胶的弹性、耐磨性、耐热性、耐寒性均优于天然橡胶,是制造轮胎的优良材料。其缺点是强度较低、加工性能差、抗撕裂性差。主要用于制造轮胎,也用于制作胶带、弹簧、减振器、耐热胶管、电绝缘制品、鞋底等。

(3) 氯丁橡胶

由氯丁二烯聚合而成。其分子结构式为

$$\mathrm{+CH_2-C=CH-CH_2+_n}\atop\mathrm{Cl}$$

氯丁橡胶的力学性能和天然橡胶相似，但耐油性、耐磨性、耐热性、耐燃烧性（能分解出氯化氢气体，阻止燃烧）、耐溶剂性、耐老化性能均优于天然橡胶，所以称为"万能橡胶"。它既可作为通用橡胶，又可作为特种橡胶使用。但氯丁橡胶耐寒性较差（-35℃），密度较大（为 1.23 g/cm³），生胶稳定性差，成本较高。主要用于制造电线电缆的包皮、胶管、输送带等。

2. 特种橡胶

(1) 丁腈橡胶

丁腈橡胶以其优异的耐油性著称。它是由丁二烯和丙烯腈共聚而成。其分子结构式为

$$\mathrm{+CH_2-CH=CH-CH_2-CH_2-CH+_n}\atop\mathrm{CN}$$

其中丁二烯为主要单体，丙烯腈为辅助单体。丙烯腈的含量对丁腈橡胶的性能影响很大；丙烯腈的含量通常以 15%～50% 为宜，此时丁腈橡胶既耐油，又有弹性。当丙烯腈含量高于 60% 时，橡胶变硬，失去了弹性，不再有橡胶的性能；当含量低于 7% 时，耐油性消失，在油中膨胀，失去了橡胶的基本性能。

丁腈橡胶的耐磨性、耐热性、耐蚀性、耐老化性也比天然橡胶和一些通用橡胶好。此外它还有良好的耐水性。但丁腈橡胶的耐寒性差（丙烯腈含量愈高，耐寒性愈差），电绝缘性差、耐酸性差。

丁腈橡胶主要用于制作各种耐油制品。如油箱、耐油胶管、密封垫圈、耐油运输带、印刷胶辊及耐油减振制品。

(2) 硅橡胶

硅橡胶的性能特点是既耐高温又耐低温，可在 -70～300℃ 的温度范围内使用，它是目前使用温度范围最宽的一种橡胶。其分子结构式为

$$\mathrm{+Si-O-Si-O-Si-O+_n}$$

（侧基为 R）

式中 R 为有机基团，可以是相同的基团，也可以是不同的基团；可以是烃基，也可以是含有其他元素的基团。不同的侧链基（R）使硅橡胶呈现出不同的性能，因此硅橡胶的品种很多，如二甲基硅橡胶，侧链基（R）全部由甲基（CH_3）组成。

由于硅橡胶的分子主链由硅原子和氧原子以单键连接而成，具有高柔性和高稳定性。硅橡胶具有高耐热性和耐寒性，在 -100～350℃ 范围内保持良好弹性，还具有优异的抗老化性能，对臭氧、氧、光和气候的老化抗力大。其绝缘性能也很好。缺点是强度和耐磨性差、耐酸碱性也差，而且价格较贵。主要用于航空航天工业的密封件、薄膜、胶管等，也用于耐高

温的电线、电缆、电子设备等。

（3）氟橡胶

它是以碳原子为主链、含有氟离子的高聚物，其结构式为

$$\left[\left(\begin{array}{c}H\\|\\-C-\\|\\H\end{array}\begin{array}{c}F\\|\\C-\\|\\F\end{array}\right)_x\cdots\left(\begin{array}{c}F\\|\\C-\\|\\F\end{array}\begin{array}{c}F\\|\\C-\\|\\F\end{array}\right)_y\right]_n$$

由于含有键能很高的碳氟键，故氟橡胶具有很高的化学稳定性。

氟橡胶的突出优点是高的耐腐蚀性，它在酸、碱、强氧化剂中的耐蚀能力居各类橡胶之首，其耐热性也很好，最高使用温度为300℃。其缺点是价格昂贵、耐寒性差、加工性能不好。主要用于国防和高技术中的高级密封件、高真空密封件及化工设备中的里衬，火箭、导弹的密封垫圈等。

第5章 陶瓷材料

传统意义上的陶瓷主要指陶器和瓷器,也包括玻璃、搪瓷、耐火材料、砖瓦等。这些材料都是用粘土、石灰石、长石、石英等天然硅酸盐类矿物制成的。因此,传统的陶瓷材料是指硅酸盐类材料。现今意义上的陶瓷材料已有了巨大变化,许多新型陶瓷已经远远超出了硅酸盐的范畴,不仅在性能上有了重大突破,在应用上也已渗透到各个领域。所以,一般认为,陶瓷材料是指各种无机非金属材料的通称。

通常把陶瓷材料分为玻璃、玻璃陶瓷和工程陶瓷(也叫烧结陶瓷)三大类。玻璃是指包括光学玻璃、电工玻璃、仪表玻璃等在内的工业玻璃以及建筑玻璃和日用玻璃等无固定熔点的受热软化的非晶态固体材料;玻璃陶瓷指耐热耐蚀的微晶玻璃、无线电透明微晶玻璃、光学玻璃陶瓷等;工程陶瓷习惯上可分为普通陶瓷和特种陶瓷两大类。按应用分陶瓷材料又被分为结构陶瓷材料和功能陶瓷材料。

5.1 普通陶瓷

普通陶瓷也叫传统陶瓷,其主要原料是粘土($Al_2O_3 \cdot 2SiO_2 \cdot 2H_2O$)、石英($SiO_2$)和长石($K_2O \cdot Al_2O_3 \cdot 6SiO_2$)。组分的配比不同,陶瓷的性能会有所差别。例如:长石含量高时,熔化温度低而使陶瓷致密,表现在性能上即是抗电强度(绝缘耐压)高、耐热性能及力学性能差;粘土或石英含量高时,烧结温度高而使得陶瓷的抗电强度低,但有较高的耐热性和力学性能。

普通陶瓷坚硬而脆性较大,绝缘性和耐蚀性极好。由于其制造工艺简单、成本低廉,因而在各种陶瓷中用量最大。

普通陶瓷通常分为日用陶瓷和工业陶瓷两大类。

5.1.1 普通日用陶瓷

日用陶瓷主要用作日用器皿和瓷器,一般具有良好的光泽度、透明度,热稳定性、机械强度较高。根据瓷质,日用陶瓷通常分为长石质瓷、绢云母质瓷、骨质瓷和日用滑石质瓷四大类(见表 5-1)。长石质瓷是国内外常用的日用瓷,也可作一般工业瓷制品;绢云母质瓷是我国的传统日用瓷;骨质瓷近些年来得到广泛应用,主要作高级日用瓷制品;滑石质瓷是我国发展的综合性能较好的新型高质日用瓷。特别指出,最近几年我国研制成功了高石英质日用瓷,石英质量分数在 40% 以上,具有瓷质细腻、色调柔和、透光度好、机械强度和热稳定性好等优点。

表 5-1 各类日用陶瓷的配料、性能特点和应用

日用陶瓷类型	原料配比/%	烧结温度/℃	性能特点	主要应用
长石质瓷 ($K_2O \cdot Al_2O_3 \cdot 6SiO_2$)	长石 20~30 石英 25~35 粘土 40~50	1250~1350	瓷质洁白,半透明,不透气,吸水率低,坚硬,强度高,化学稳定性好	餐具、茶具、陈设陶瓷器、装饰美术瓷器和一般工业制品
绢云母质瓷 ($K_2O \cdot 3Al_2O_3 \cdot 6SiO_2 \cdot 2H_2O$)	绢云母 30~50 高岭土 30~50 石英 15~25 其他矿物 5~10	1250~1450	同长石质瓷,但透明度、外观色调较好	餐具、茶具、工艺美术制品
骨灰质瓷 磷石灰,含大量 $Ca_3(PO_4)_2$	骨灰 20~60 长石 8~22 高岭土 25~45 石英 9~20	1220~1250	白度高,透明度好,瓷质软,光泽柔和,但较脆,热稳定性差	高级餐具、茶具、高级工艺美术瓷器
日用滑石质瓷 ($3MgO \cdot 4SiO_2 \cdot H_2O$)	滑石~73 长石~12 高岭土~11 粘土~4	1300~1400	良好的透明度、热稳定性,较高的强度和良好的电性能	高级日用器皿、一般电工陶瓷

5.1.2 普通工业陶瓷

普通工业陶瓷有炻器和精陶。其中,炻器是陶器和瓷器之间的一种陶瓷。

工业陶瓷按用途可分为建筑卫生瓷、电工瓷、化学化工瓷等。建筑卫生瓷用于装饰板、卫生间装置及器具等,通常尺寸较大,要求强度和热稳定性好;化学化工瓷用于化工、制药、食品等工业及实验室中的管道设备、耐蚀容器及实验器皿等,通常要求耐各种化学介质腐蚀的能力要强;电工瓷主要指电器绝缘用瓷,也叫高压陶瓷,要求力学性能高、介电性能和热稳定性好。

为改善各种工业陶瓷的特殊性能,生产中通常通过加入 MgO、ZnO、BaO、Cr_2O_3 等氧化物,或者增加莫来石晶体相($3Al_2O_3 \cdot 2SiO_2$)来提高陶瓷的机械强度和耐碱抗力;加入 Al_2O_3、ZrO_2 等可提高强度和热稳定性;加入滑石或镁砂降低热膨胀系数;加入 SiC 提高导热性和强度。表 5-2 列出了几种普通陶瓷的基本性能。

表 5-2 普通陶瓷的基本性能

陶瓷种类	日用陶瓷	建筑陶瓷	高压陶瓷	耐酸陶瓷
密度/(g/cm³)	2.3~2.5	~2.2	2.3~2.4	2.2~2.3
气孔率/%	—	~5	—	<6
吸水率/%	—	3~7	—	<3
抗拉强度/MPa	—	10.8~51.9	23~35	8~12
抗压强度/MPa	—	568.4~803.6	—	80~120
抗弯强度/MPa	40~65	40~96	70~80	40~60

续表

陶瓷种类	日用陶瓷	建筑陶瓷	高压陶瓷	耐酸陶瓷
冲击韧度/(kJ/m^2)	1.8～2.1	—	1.8～2.2	1～1.5
线膨胀系数/$(10^{-6}/℃)$	2.5～4.5	—	—	4.5～6.0
导热系数/$[W/(m·K)]$	—	～1.5	—	0.92～1.04
介电常数	—	—	6～7	—
损耗角正切①	—	—	0.02～0.04	—
体积电阻率/$\Omega·m$②	—	—	≥10^{11}	—
莫氏硬度	7	7	—	7
热稳定性/℃③	220	250	150～200	(2④)

① 耗损角正切：即电介质耗损因素。交流电电介质损耗与该电介质无功功率之比。电介质耗损因素低的材料适合用于高电场强度或高频场合绝缘材料。
② 体积电阻率：材料单位体积(单位面积×单位长度)的电阻。体积电阻率高的材料适合制作电绝缘部件。
③ 热稳定性：陶瓷耐热冷急变不开裂的能力。用陶瓷加热后在20℃水中急冷不开裂的最高加热温度表示。或用陶瓷加热到220℃后在20℃水中急冷不开裂的最多次数表示。
④ 试样加热到220℃在20℃水中急冷不开裂的最多次数。

5.2 特种陶瓷

特种陶瓷也叫现代陶瓷、精细陶瓷或高性能陶瓷，按应用包括特种结构陶瓷和功能陶瓷两大类，如压电陶瓷、磁性陶瓷、电容器陶瓷、高温陶瓷等。特种陶瓷的出现给陶瓷工业巨大活力。工程上最重要的是高温陶瓷。高温陶瓷主要包括氧化物陶瓷、硼化物陶瓷、氮化物陶瓷和碳化物陶瓷。

5.2.1 氧化物陶瓷

常用的纯氧化物陶瓷包括Al_2O_3、ZrO_2、MgO、CaO、BeO等，其熔点大多在2000℃以上。纯氧化物陶瓷都是很好的高耐火度结构材料，因为在任何高温下这些陶瓷都不会氧化。

1. 氧化铝(刚玉)陶瓷

氧化铝的结构是O^{2-}排成密排六方结构，Al^{3+}占据间隙位置。由于化合价的原因，只能由两个Al^{3+}对三个O^{2-}，因而有2/3的间隙被占据。在自然界中存在含少量Cr、Fe和Ti的氧化铝。含Cr的氧化铝呈红色(红宝石)，含Fe、Ti的氧化铝呈蓝色(蓝宝石)。实际生产中，氧化铝陶瓷按Al_2O_3含量可分为75、95和99等几种瓷。

由于氧化铝的熔点高达2050℃，而且抗氧化性好，所以广泛用作耐火材料。较高纯度的Al_2O_3粉末压制成形、高温烧结后可得到刚玉耐火砖、高压器皿、坩埚、电炉炉管、热电偶套管等。微晶刚玉的硬度极高(仅次于金刚石)，并且其红硬性达1200℃，所以微晶刚玉可制作要求高的各类工具如切削淬火钢刀具、金属拔丝模等，其使用性能皆高于其他工具材料。

氧化铝陶瓷具有很高的电阻率和低的热导率，是很好的电绝缘材料和绝热材料。同时，由于其强度和耐热强度均较高(是普通陶瓷的5倍)，所以是很好的高温耐火结构材料，如可作内燃机火花塞、空压机泵零件等。

另外,用氧-乙炔火焰将氧化铝粉熔化,制成单晶体,可用作蓝宝石激光器;氧化铝管坯可应用于钠蒸气照明灯泡。

2. 氧化铍陶瓷

除了具备一般陶瓷的特性外,氧化铍陶瓷最大的特点是导热性极好,同时具有很高的热稳定性;虽然其强度性能不高,但抗热冲击性较高。由于氧化铍陶瓷消散高能辐射的能力强、热中子阻尼系数大等,所以经常用于制造坩埚,还可作真空陶瓷和原子反应堆陶瓷等,另外,气体激光管、晶体管散热片和集成电路的基片和外壳等也多用该种陶瓷制造。

3. 氧化锆陶瓷

氧化锆陶瓷的熔点在 2700℃ 以上,能耐 2300℃ 的高温,其推荐使用温度为 2000～2200℃。由于它还能抗熔融金属的侵蚀,所以多用作铂、铑等金属的冶炼坩埚和 1800℃ 以上的发热体及炉子、反应堆绝热材料等。特别指出,氧化锆作添加剂可大大提高陶瓷材料的强度和韧性。各种氧化锆增韧陶瓷在工程结构陶瓷的研究和应用中不断取得突破。氧化锆增韧氧化铝陶瓷材料的强度达 1200 MPa,断裂韧性为 15.0 MN·$m^{-3/2}$,分别比原氧化铝提高了 3 倍和近 3 倍。氧化锆增韧陶瓷可替代金属制造模具、拉丝模、泵叶轮等,还可制造汽车零件如凸轮、推杆、连杆等。

4. 氧化镁、氧化钙陶瓷

氧化镁、氧化钙陶瓷通常是通过加热白云石(镁或钙的碳酸盐)矿石除去 CO_2 而制成的,其特点是能抗各种金属碱性渣的作用,因而常用作炉衬的耐火砖。但这种陶瓷的缺点是热稳定性差,MgO 在高温下易挥发,CaO 甚至在空气中就易水化。

表 5-3 给出了常见氧化物陶瓷的基本性能。

5.2.2 碳化物陶瓷

碳化物陶瓷包括碳化硅、碳化硼、碳化钼、碳化铌、碳化钛、碳化钨、碳化钒等。该类陶瓷的突出特点是具有很高的熔点、硬度(近于金刚石)和耐磨性(特别是在侵蚀性介质中),但其缺点是耐高温氧化能力差(约 900～1000℃),脆性极大。

1. 碳化硅陶瓷

碳化硅陶瓷在碳化物陶瓷中应用最广泛。其密度为 3.2 g/cm^3,弯曲强度和抗压强度分别为 200～250 MPa 和 1000～1500 MPa,莫氏硬度为 9.2(高于氧化物陶瓷中最高的刚玉和氧化铍的硬度)。该种材料热导率很高,而热膨胀系数很小,但在 900～1300℃ 时会慢慢氧化。

碳化硅陶瓷通常用于加热元件、石墨表面保护层以及砂轮及磨料等。将用有机粘结剂粘结的碳化硅陶瓷加热至 1700℃ 后加压成形,有机粘结剂被烧掉,碳化物颗粒间形成晶态粘结,从而形成高强度、高致密度、高耐磨性和高抗化学侵蚀的耐火材料。

表 5-3 常见氧化物陶瓷的基本性能

| 氧化物 | 熔点/℃ | 理论密度/(g/cm³) | 强度/MPa | | | 弹性模量/10³ MPa | 莫氏硬度 | 线膨胀系数/(10⁻⁶/℃) | 无气孔时的导热系数/[W/(m·K)] | 体积电阻率/Ω·m | 抗氧化性 | 热稳定性 | 抗磨蚀能力 |
			抗拉	抗弯	抗压								
Al_2O_3	2050	3.99	255	147	2943	375	9	8.4	28.8	10^{14}	中等	高	高
ZrO_2	2715	5.60	147	226	2060	169	7	7.7	1.7	10^2 (1000℃时)	中等	低	高
BeO	2570	3.02	98	128	785	304	9	10.6	209	10^{12}	中等	高	中等
MgO	2800	3.58	98	108	1373	210	5~6	15.6	34.5	10^{13}	中等	低	中等
CaO	2570	3.35		78			4~5	13.8	14	10^{12}	中等	低	中等
ThO_2	3050	9.69	98		1472	137	6.5	10.2	8.5	10^{11}	中等	低	高
UO_2	2760	10.96			961	161	3.5	10.5	7.3	10 (800℃时)	中等		

2. 碳化硼陶瓷

碳化硼陶瓷的硬度极高,抗磨粒磨损能力很强;熔点高达 2450℃ 左右,但在高温下会快速氧化,并且与热的或熔融的黑色金属发生反应,因此其使用温度限定在 980℃ 以下。其主要用途是作磨料,有时用于超硬质工具材料。

3. 其他碳化物陶瓷

碳化钼、碳化铌和碳化钨陶瓷的熔点和硬度都很高,通常在 2000℃ 以上的中性或还原气氛作高温材料;碳化铌、碳化钛等甚至可用于 2500℃ 以上的氮气气氛中。

5.2.3 硼化物陶瓷

最常见的硼化物陶瓷包括硼化铬、硼化钼、硼化钛、硼化钨和硼化锆等。其特点是高硬度,同时具有较好的耐化学侵蚀能力。其熔点范围为 1800~2500℃。比起碳化物陶瓷,硼化物陶瓷具有较高的抗高温氧化性能,使用温度达 1400℃。硼化物主要用于高温轴承、内燃机喷嘴、各种高温器件、处理熔融非铁金属的器件等。各种硼化物还用作电触点材料。

5.2.4 氮化物陶瓷

1. 氮化硅陶瓷

氮化硅是键能高而稳定的共价键晶体。其特点是硬度高而摩擦因数低,且有自润滑作用,所以是优良的耐磨减摩材料;氮化硅的耐热温度比氧化铝低,而抗氧化温度高于碳化物和硼化物;在 1200℃ 以下时具有较高的力学性能和化学稳定性,并且热膨胀系数小、抗热冲击,所以可作优良的高温结构材料。另外,氮化硅陶瓷能耐各种无机酸(氢氟酸除外)和碱溶液侵蚀,是优良的耐腐蚀材料。需要特别指出的是:氮化硅的制造方法不同,得到陶瓷的晶格类型也不同,因而应用领域也各不一样。用反应烧结法得到的 $\alpha\text{-}Si_3N_4$,主要用于制造各种泵的耐蚀、耐磨密封环等零件;而用热压烧结法得到的 $\beta\text{-}Si_3N_4$,主要用于制造高温轴承、转子叶片、静叶片以及加工难切削材料的刀具等。生产中,在 Si_3N_4 中加一定量 Al_2O_3 烧制成陶瓷可制造柴油机的汽缸、活塞和燃气轮机的转动叶轮,表现出了较好的效果。

2. 氮化硼陶瓷

氮化硼具有石墨类型的六方晶体结构,因而也叫"白色石墨"。其特点是:硬度较低,可与石墨一样进行各种切削加工;导热和抗热性能高,耐热性好,有自润滑性能;高温下耐腐蚀、绝缘性好。所以,该种材料主要用于高温耐磨材料和电绝缘材料、耐火润滑剂等。在高压和 1360℃ 时,六方氮化硼会转化为立方 $\beta\text{-}BN$,其密度为 3.45 g/cm^3,硬度提高到接近金刚石的硬度,而且在 1925℃ 以下不会氧化,所以可用作金刚石的代用品,用于耐磨切削刀具、高温模具和磨料等。

陶瓷材料不仅可以作结构材料,而且可以作性能优异的功能材料。表 5-4 列出了各种特种陶瓷的种类及用途；表 5-5 显示了利用陶瓷材料的不均匀性制作电子陶瓷的具体例证。

表 5-4 特种陶瓷的种类及用途

种 类	组 成	用 途
烧结刚玉（氧化铝瓷）	Al_2O_3	火花塞，物理化学设备，人工骨、牙等
高氧化铝瓷	$\alpha\text{-}Al_2O_3$	绝缘子、电器材料、物理化学设备
莫来石瓷	$3Al_2O_3 \cdot 2SiO_2$	电器材料、耐热耐酸材料
氧化镁瓷	MgO	物理化学设备
氧化锆瓷	ZrO_2	物理化学设备，电器材料，人工骨、关节
氧化铍瓷	BeO	物理化学设备、电器材料
氧化钍瓷	ThO_2	物理化学设备、炉材
尖晶石瓷	$MgO \cdot Al_2O_3$	物理化学设备、电器材料
氧化锂瓷（耐热高强度陶瓷）	$Li_2O \cdot Al_2O_3 \cdot 2SiO_2$ $Li_2O \cdot Al_2O_3 \cdot 4SiO_2$ $Li_2O \cdot Al_2O_3 \cdot 8SiO_2$	高温材料、物理化学设备
块滑石（滑石瓷）	$MgO \cdot SiO_2$	高频绝缘材料
氧化钛瓷	TiO_2 $CaSi \cdot TiO_5$	介电材料
钛酸钡系陶瓷	$BaO,TiO_2;SrO_2,TiO_2,$ PbO,ZrO_2 等的固溶体 PZT、PLZT、PLLZT	铁电材料 电光材料
氧化物、碳化物、硼化物、氮化物、硅化物系陶瓷	ZrO_2,SiC,Si_3N_4 BN	超高温材料
铁氧体系瓷 　软磁铁氧体 　硬磁铁氧体 　记忆铁氧体	 MnZn、NiZn 系 Co、Ba MgZn、Li 系	 无线电设备用磁头 永久磁铁 记忆磁芯
稀土钴系	SmCo MnBi、CdCo 膜	永久磁铁 存储器
半导体陶瓷	$ZnO,SiC,ZrO_2,SnO_2,BaTiO_3,$ $\gamma\text{-}Fe_2O_3,CdS,MgCr_2O_4$	非线性电阻、气体传感器、热敏元件、湿度传感器、太阳能电池、自控温发热体
锆质瓷	$ZrSiO_2$	断路器
蛇纹岩系瓷	$FeO \cdot MgO \cdot Al_2O_3 \cdot SiO_2$ 系	耐碱性
钡长石瓷	$BaO \cdot Al_2O_3 \cdot 2SiO_2$	X 射线设备
多孔陶瓷		过滤、电解

表 5-5 电子陶瓷中利用不均匀性的例子

	应用领域	目 的	方 法
多相陶瓷	温度补偿用电容器（电介质）	控制电容器电容的温度系数	将介电常数和温度系数不同的两种晶粒混合
	磁头的管头材料（绝缘体）	控制烧结体的热膨胀系数	将热膨胀系数不同的两种晶粒混合

续表

	应用领域	目　　的	方　　法
利用陶瓷晶界	稀土永久磁铁(磁性体)	阻碍铁磁体磁壁的移动,提高矫顽磁力	利用分相现象,使两种不同磁晶各向异性的结晶相分散成磁畴壁几倍大小的微粒
	铁氧体材料(磁性体)	减小涡流损耗,减小高频损耗	在晶界形成厚度为 $0.1\ \mu m$ 左右的高电阻层,包围铁氧体粒子
	ZnO 压敏电阻器(半导体)	显示压敏电阻器的伏安特性(非线性特性),增大电压非线性指数和非线性电阻	在 ZnO 烧结体的晶界形成同样厚度(约 $1\ \mu m$)的 Bi_2O_3 与尖晶石相构成的高电阻层
	CdS 太阳电池(半导体)	增大显示光电导性的 P-N 结的有效面积	使 Cu 扩散到 CdS 烧结体的晶界,仅在 CdS 粒子的晶界附近的表面形成 $Cu_{2-x}S$-CdS 系的 P-N 结

第6章 复合材料

随着材料科学技术的不断发展,尤其是航空航天、交通运输等工业的迅速发展,对材料的性能提出了越来越高的要求,原来的金属、高分子、陶瓷等单一材料已不能满足对强度、韧性、刚度、重量、耐磨及耐蚀性等方面的要求。如果将高强度、高弹性模量的材料与高韧性的材料结合在一起,使其相互取长补短,既具有高强度、高弹性模量,又具有高韧性,从而更有效地防止材料的破坏,大大扩大其应用领域。由此产生了新一类材料——复合材料。所谓复合材料是指两种或两种以上的物理、化学性质不同的物质,经一定方法得到的一种新的多相固体材料。其实,复合材料以人工或天然方式早已大量存在于自然界中,如木材是纤维素和木质素的天然复合材料,钢筋混凝土是钢筋和沙、石、水泥的人工复合材料,就连早期农村用的稻草与泥土制成的土坯也是人工复合材料的例子。

复合材料的最大特点是其性能比其组成材料的性能优越得多,大大改善或克服了组成材料的弱点,从而使得能够按零件的结构和受力情况并按预定的、合理的配套性能进行最佳设计,甚至可创造单一材料不具备的双重或多重功能,或者在不同时间或条件下发挥不同的功能。最典型的例子是汽车的玻璃纤维挡泥板:单独使用玻璃会太脆,单独使用聚合物材料则强度低而且挠度满足不了要求;但强度和韧性都不高的这两种单一材料经复合后得到了令人满意的高强度、高韧性的新材料,而且重量很轻。再如,用缠绕法制造的火箭发动机壳,由于玻璃纤维的方向与主应力的方向一致,所以在这一方向上的强度是单一树脂的20多倍,从而最大限度地发挥了材料的潜能。另外,自动控温开关是由热膨胀系数不同的黄铜片和铁片复合而成的,如果单用黄铜或铁片,不可能达到自动控温的目的。导电的铜片两边加上两片隔热、隔电塑料,可实现一定方向导电、另外方向绝缘及隔热的双重功能。由此可见,在生产、生活中,复合材料有着极其广泛的应用。

复合材料种类繁多,分类方法也不尽统一。原则上讲,复合材料可以由金属材料、高分子材料和陶瓷材料中任两种或几种制备而成。常见的分类方法归纳为图6-1。

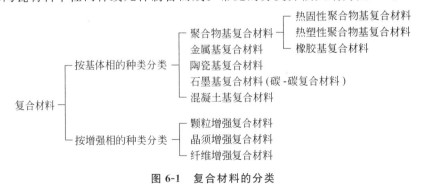

图6-1 复合材料的分类

图 6-2 为复合材料的结构示意图。

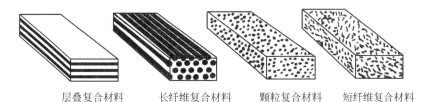

层叠复合材料　　长纤维复合材料　　颗粒复合材料　　短纤维复合材料

图 6-2　不同复合材料结构示意图

6.1　复合材料的复合原则

复合材料是由基体材料和增强相构成的。两者的类型和性质以及两者之间的结合力，决定着复合材料的性能，同时，增强相的形状、数量、分布以及制备过程等也大大影响着复合材料的性能。

6.1.1　纤维增强复合材料的复合原则

纤维增强复合材料中的纤维增强相是具有强结合键的材料或硬质材料，如陶瓷、玻璃等。增强相的内部一般含有微裂纹，易断裂，表现在性能上就是脆性大。为克服这一缺点，将硬质材料制成细纤维，使纤维断面尺寸缩小，从而降低裂纹长度和出现裂纹的几率，最终使脆性降低，增强相的强度也能极大地发挥出来。在聚合物基复合材料中，纤维增强相起到有效阻止基体分子链的运动；而在金属基复合材料中，纤维增强相的作用就是有效阻止位错的运动，从而都能达到强化基体的作用。

纤维增强相置于基体内部，彼此分离并得到基体的保护，因而在受载过程中不易产生裂纹，使承载能力提高。

在受载较大的情况下，有些纤维相由于有裂纹而可能产生断裂，但由于有韧性、塑性好的基体存在，从而阻止了裂纹的扩展（见图 6-3）。

当纤维受力而产生断裂时，其断口不可能在同一平面上出现；要想使材料整体断裂，必须从基体中拔出大量纤维相（见图 6-4），由于基体与纤维相有一定的粘结力，材料的断裂强度会很高。

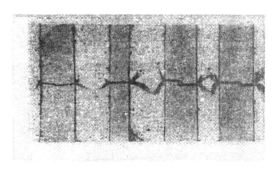

图 6-3　钨纤维铜基复合材料中的裂纹在铜中扩展受阻

图 6-4　碳纤维环氧树脂复合材料断裂时，纤维的断口不在一个平面上（扫描电镜照片）

综合以上纤维复合材料的复合强化机制,可以得出以下的复合原则:

(1) 纤维增强相是材料的主要承载体,所以纤维相应有高的强度和模量,并且要高于基体材料。

(2) 基体相起粘结剂的作用,所以应该对纤维相有润湿性,从而把纤维有效结合起来,并保证把力通过两者界面传递给纤维相;基体相同时应有一定的塑性和韧性,从而防止裂纹的扩展、保护纤维相表面而阻止纤维损伤或断裂。

(3) 纤维相与基体之间结合强度应适当高。结合力过小,受载时容易沿纤维和基体间产生裂纹;结合力过高,会使复合材料失去韧性而发生危险的脆性断裂。

(4) 基体与增强相的热膨胀系数不能相差过大,以免在热胀冷缩过程中削弱相互间的结合强度。

(5) 纤维相必须有合理的体积分数、尺寸和分布。一般地讲,基体中纤维相体积分数越高,其增强效果越明显,但过高的体积分数会使弹性模量下降(见图6-5);纤维越细,则缺陷越少,其增强效果越明显;连续纤维的增强效果大大高于短纤维,短纤维必须超过一定的临界值才有明显的强化效果。

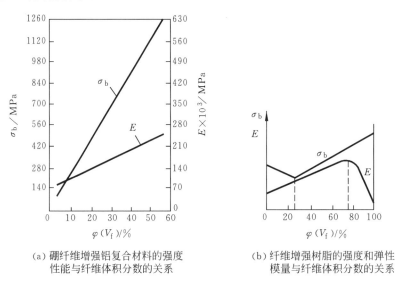

(a) 硼纤维增强铝复合材料的强度性能与纤维体积分数的关系

(b) 纤维增强树脂的强度和弹性模量与纤维体积分数的关系

图 6-5 不同纤维相分数与强度的关系

(6) 纤维和基体间不能发生有害的化学反应,以免引起纤维相性能降低而失去强化作用。

6.1.2 颗粒增强复合材料的复合原则

对于颗粒增强复合材料,基体承受载荷时,颗粒的作用是阻碍分子链或位错的运动。增强的效果与颗粒的体积分数、分布、尺寸等密切相关。颗粒增强复合材料的复合原则为:

(1) 颗粒应均匀地弥散分布在基体中,从而起到阻碍导致塑性变形的分子链或位错的运动。

(2) 颗粒大小应适当:颗粒过大本身易断裂,同时会引起应力集中,从而导致材料的强度降低;颗粒过小,位错容易绕过,起不到强化的作用。通常,颗粒直径为几微米到几十微米。

(3) 颗粒的体积分数应在20%以上,否则达不到最佳强化效果。

(4) 颗粒与基体之间应有一定的结合强度。

6.2 复合材料的性能特点

复合材料不仅保留了单一组成材料的优点,同时具有许多优越的特性,这是复合材料的应用越来越广泛的主要原因。

6.2.1 比强度和比模量

比强度、比模量是指材料的强度或模量与其密度之比。如果材料的比强度或比模量越高,构件的自重就会越小,或者体积会越小。通常,复合材料的复合结果是密度大大减小,因而高的比强度和比模量是复合材料的突出性能特点,如表6-1所示。

表6-1 各类材料强度性能的比较

材　　料	密度 /(g/cm³)	抗拉强度 σ_b/MPa	弹性模量 E/MPa	比强度(σ_b/ρ) /(MPa·m³/kg)	比弹性模量(E/ρ) /(MPa·m³/kg)
钢	7.8	1010	206×10³	0.129	26
铝	2.3	461	74×10³	0.165	26
钛	4.5	942	112×10³	0.209	25
玻璃钢	2.0	1040	39×10³	0.520	20
碳纤维Ⅱ/环氧树脂	1.45	1472	137×10³	1.015	95
碳纤维Ⅰ/环氧树脂	1.6	1050	235×10³	0.656	147
有机纤维PRD/环氧树脂	1.4	1373	78×10³	0.981	56
硼纤维/环氧树脂	2.1	1344	206×10³	0.640	98
硼纤维/铝	2.65	981	196×10³	0.370	74

6.2.2 抗疲劳性能和抗断裂性能

通常,复合材料中的纤维缺陷少,因而本身抗疲劳能力高;而基体的塑性和韧性好,能够消除或减少应力集中,不易产生微裂纹;塑性变形的存在又使微裂纹产生钝化而减缓了其扩展(见图6-6)。这样就使得复合材料具有很好的抗疲劳性能(见图6-7)。例如:碳纤维增强树脂的疲劳强度为拉伸强度的70%~80%,一般金属材料却仅为30%~50%。

纤维增强复合材料的基体中有大量的细小纤维存在,在较大载荷下部分纤维断裂时,载荷由韧性好的基体重新分配到其他未断裂的纤维上,从而构件不至于在瞬间失去承载能力而断裂。所以,复合材料同时具有好的抗断裂能力。

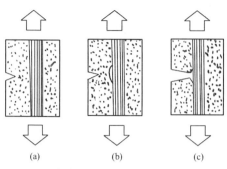

图 6-6 复合材料中疲劳裂纹扩展示意图

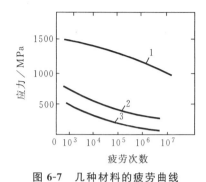

图 6-7 几种材料的疲劳曲线
1—碳纤维复合材料；2—玻璃钢；3—铝合金

6.2.3 高温性能

图 6-8 为几种纤维复合材料的强度随温度的变化曲线。可见，纤维复合材料一般在高温下仍保持很高的强度，因而具有很优越的耐高温性能。通常，聚合物基复合材料的使用温度在 100～350℃；金属基复合材料按不同基体，使用温度为 350～1100℃；SiC 纤维、Al_2O_3 纤维与陶瓷的复合材料可在 1200～1400℃范围内保持很高的强度；碳纤维复合材料在非氧化气氛下可在 2400～2800℃长期使用。

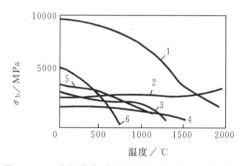

图 6-8 几种纤维复合材料的强度随温度的变化
1—氧化铝晶须；2—碳纤维；3—钨纤维；4—碳化硅纤维；5—硼纤维；6—钠玻璃纤维

6.2.4 减摩、耐磨、减振性能

碳纤维增强高分子材料的摩擦因数比高分子材料本身低得多；在热塑性塑料中加少量短切纤维，大大提高其耐磨性。由于复合材料的比弹性模量高，其自振频率也高，因而构件在一般工作状态下不易发生共振；同时由于纤维与基体界面有吸收振动能量的作用，即使在产生振动时也会很快衰减下来。由此可知，复合材料具有良好的减摩、耐磨性和较强的减振能力。

6.2.5 其他特殊性能

金属基复合材料具有高韧性和抗热冲击性能，因这种材料能通过塑性变形吸收能量。

玻璃纤维增强塑料具有优良的电绝缘性能，可制造各种绝缘零件；同时这种材料不受电磁作用，不反射无线电波，微波透过性好，所以可制造飞机、导弹、地面雷达等。

另外,复合材料还具有耐辐射性和蠕变性能高以及特殊的光、电、磁等性能。

6.3 非金属基复合材料

按基体材料的种类,复合材料可大致分为非金属基复合材料和金属基复合材料两大类。非金属基复合材料又分为聚合物基复合材料、陶瓷基复合材料、石墨基复合材料、混凝土基复合材料等,其中以纤维增强聚合物基复合材料和陶瓷基复合材料最为常用。

6.3.1 聚合物基复合材料

1. 聚合物基复合材料的性能特点

聚合物基复合材料是结构复合材料中发展最早、应用最广的一类,在航空航天、汽车、建筑等各领域得到全面应用。

表 6-2 列出了几种典型的聚合物基复合材料的性能,同时给出了钢、铝和钛的相应性能,通过对比可知复合材料的优越性。

表 6-2 聚合物基复合材料中几种连续纤维增强塑料与金属性能对比

材　　料	密度 ρ /(g/cm^3)	抗拉强度 σ_b/MPa	比强度(σ_b/ρ) /(MPa·m^3/kg)	弹性模量 E/MPa	比弹性模量(E/ρ) /(MPa·m^3/kg)
玻璃纤维增强塑料	2.0	1200	0.6	42×10^3	21
碳纤维增强塑料	1.6	1800	1.12	130×10^3	81
聚芳酰胺纤维增强塑料	1.4	1500	1.15	80×10^3	57
硼纤维增强塑料	2.1	1600		220×10^3	104
氧化铝纤维增强塑料	2.4	1700		120×10^3	54
碳化硅纤维增强塑料	2.0	1500	0.65	130×10^3	56
钢	7.8	1400	0.18	206×10^3	26
铝	2.8	480	0.17	74×10^3	26
钛	4.5	1000	0.21	112×10^3	25

2. 常用聚合物基复合材料的性能及应用

(1) 玻璃钢

① 热固性玻璃钢

热固性玻璃钢是应用较早和较普遍的一种复合材料。它是以热固性树脂为粘结剂的玻璃纤维增强材料。常用的热固性树脂有:酚醛树脂、环氧树脂、聚酯树脂和有机硅树脂等。

热固性玻璃钢的主要优点是成形工艺简单、质量轻、比强度高、耐蚀性能好;其主要缺点是弹性模量低(约是结构钢的 1/10~1/5)、耐热度低(低于 250℃)、易老化等。表 6-3 为几种常见热固性玻璃钢的性能指标、特点和用途。

表 6-3 常见热固性玻璃钢的性能特点

性能特点	环氧树脂玻璃钢	聚酯树脂玻璃钢	酚醛树脂玻璃钢	有机硅树脂玻璃钢
密度/(g/cm³)	1.73	1.75	1.80	
抗拉强度/MPa	341	290	100	210
抗压强度/MPa	311	93		61
抗弯强度/MPa	520	237	110	140
特点	耐热性较高,150～200℃下可长期工作,耐瞬时超高温。价格低,工艺性较差,收缩率大,吸水性大,固化后较脆	强度高,收缩率小,工艺性好,成本高,某些固化剂有毒性	工艺性好,适用各种成形方法,作大型构件,可机械化生产。耐热性差,强度较低,收缩率大,成形时有异味,有毒	耐热性较高,200～250℃可长期使用。吸水性低,耐电弧性好,防潮,绝缘,强度低
用途	主承力构件,耐蚀件如飞机、宇航器等	一般要求的构件如汽车、船舶、化工件	飞机内部装饰件、电工材料	印刷电路板、隔热板等

为改善该类玻璃钢的性能,通常将树脂进行改性。例如:把酚醛树脂和环氧树脂混溶后得到的玻璃钢既有环氧树脂的良好粘结性,又降低了酚醛树脂的脆性,同时还保持了酚醛树脂的耐热性,由此得到的玻璃钢也具有较高的强度。

热固性玻璃钢的用途很广泛,例如可用来制造机器护罩、车辆车身、绝缘抗磁仪表、耐蚀耐压容器和管道以及各种形状复杂的机器构件和车辆配件,不仅节约大量金属,而且大大提高性能水平。

② 热塑性玻璃钢

热塑性玻璃钢是以热塑性树脂为粘结剂的玻璃纤维增强材料。尼龙、ABS、聚苯乙烯等都可用玻璃纤维强化,可提高强度和疲劳强度2～3倍、冲击韧度2～4倍、蠕变抗力2～5倍,达到或超过某些金属的强度。

表 6-4 列出了常见热塑性玻璃钢的性能和用途。一般来说,热塑性玻璃钢的强度不如热固性玻璃钢,但由于其成形性更好、生产率更高,而且比强度并不低,所以其应用非常广泛。

表 6-4 常见热塑性玻璃钢性能及用途

材　料	密度/(g/cm³)	抗拉强度/MPa	弯曲模量/10² MPa	特性及用途
尼龙66玻璃钢	1.37	182	91	刚度、强度、减摩性好。用作轴承、轴承架、齿轮等精密件、电工件、汽车仪表、前后灯等
ABS玻璃钢	1.28	101	77	化工装置、管道、容器等
聚苯乙烯玻璃钢	1.28	95	91	汽车内装饰、收音机机壳、空调叶片等
聚碳酸酯玻璃钢	1.43	130	84	耐磨、绝缘仪表等

(2) 碳纤维树脂复合材料

碳纤维增强复合材料是 20 世纪 60 年代迅速发展起来的。由于碳是六方结构的晶体（石墨），底面上的原子以结合力极强的共价键结合，所以碳纤维比玻璃纤维有更高的强度，拉伸强度可达 $6.9\times10^2 \sim 4.0\times10^3$ MPa，其弹性模量比玻璃纤维高几倍以上，可达 $2.8\times10^4 \sim 4.5\times10^5$ MPa；高温、低温性能好：2000℃ 以上的高温下，其强度和弹性模量基本不变，-180℃ 以下时脆性也不增高；碳纤维还具有很高的化学稳定性、导电性和低的摩擦因数。所以，碳纤维是很理想的增强剂。但是，碳纤维脆性大，与树脂的结合力比不上玻璃纤维，通常用表面氧化处理来改善其与基体的结合力。

碳纤维环氧树脂、酚醛树脂和聚四氟乙烯是常见的碳纤维树脂复合材料。由于碳纤维的优越性，这些材料的性能普遍优于树脂玻璃钢，并在各个领域、特别是航空航天工业中得到广泛应用，例如：宇宙飞船和航天器的外层材料，人造卫星和火箭的机架、壳体，各精密机器的齿轮、轴承以及活塞、密封圈，化工容器和零件等。这类材料的缺点是价格高、碳纤维与树脂的结合力不够强等。

(3) 硼纤维树脂复合材料

硼纤维的比强度与玻璃纤维的相近；但比弹性模量却比玻璃纤维的高 5 倍；而且耐热性更高，无氧化条件下可达 1000℃。因此，20 世纪 60 年代中期发展起来了硼纤维环氧树脂、硼纤维聚酰亚胺树脂等复合材料。这类材料的抗压强度和剪切强度都很高（优于铝合金、钛合金），并且蠕变小、硬度和弹性模量高，尤其是其疲劳强度很高，达 340～390 MPa，另外还具有耐辐射及导热极好的优点，目前多用于航空航天器、宇航器的翼面、仪表盘、转子、压气机叶片、螺旋桨叶的传动轴等。由于该类材料制备工艺复杂、成本高，在民用工业方面的应用不及玻璃钢和碳纤维树脂复合材料广泛。

6.3.2 陶瓷基复合材料

陶瓷材料耐磨性高、硬度高、耐蚀性好，在许多领域得到广泛应用。陶瓷的最大缺点是脆性大，对裂纹、气孔等很敏感。如何在保持陶瓷材料的优点基础上，提高韧性、减小脆性，这是材料科学家一直努力探索的课题。20 世纪 80 年代以来，通过在陶瓷材料中加入颗粒、晶须及纤维等，得到了陶瓷基复合材料，使得陶瓷的韧性大大提高。

表 6-5 列出了几种陶瓷基复合材料和整体陶瓷材料、金属材料的断裂韧性、临界裂纹尺寸大小对比。由此可见，纤维增韧陶瓷复合材料已有很好的韧性，晶须、相变和颗粒增韧复合材料的韧性也有不同程度的改善，并且临界裂纹尺寸也得到增大。

表 6-5 陶瓷基复合材料与整体陶瓷、金属材料性能比较

材	料	断裂韧性/MPa·m$^{1/2}$	临界裂纹尺寸/μm
整体陶瓷	Al$_2$O$_3$	2.7～4.2	13～36
	SiC	4.5～6.0	41～74
颗粒增韧陶瓷	Al$_2$O$_3$-TiC 颗粒	4.2～4.5	36～41
	Si$_3$N$_4$-TiC 颗粒	4.5	41

续表

材 料		断裂韧性/MPa·m$^{1/2}$	临界裂纹尺寸/μm
相变增韧陶瓷	ZrO_2~MgO	9~12	165~292
	ZrO_2-Y_2O_3	6~9	74~165
	ZrO_2~Al_2O_3	6.5~15	86~459
晶须增韧陶瓷	SiC~Al_2O_3晶须	8~10	131~204
纤维增韧陶瓷	SiC-硼硅玻璃纤维	15~25	
	SiC-锂铝硅玻璃纤维	15~25	
金属材料	铝	33~44	
	钢	44~66	

陶瓷基复合材料具有高强度、高模量、低密度、耐高温、耐磨耐蚀和良好的韧性,目前已用于高速切削工具和内燃机部件上。但由于这类材料发展较晚,其潜能尚待进一步发挥。目前的研究重点是将其应用于高温材料和耐磨耐蚀材料,如大功率内燃机的增压涡轮、航空航天器的热部件以及代替金属制造车辆发动机、石油化工容器、废物垃圾焚烧处理设备等。

6.3.3 碳基复合材料

碳基复合材料主要是指碳纤维及其制品(如碳毡)增强的碳基复合材料,其组成元素为单一的碳,因而这种复合材料具有许多碳和石墨的特点,如密度小、导热性高、热膨胀系数低、对热冲击不敏感。同时,该类复合材料还具有优越的力学性能:强度和冲击韧度比石墨高5~10倍,并且比强度非常高;随温度升高,这种复合材料的强度反而也升高;断裂韧性高、蠕变低;化学稳定性高,耐磨性极好。该种材料是耐温最高(达 2800℃)的高温复合材料。

碳-碳复合材料的性能主要取决于碳纤维的类型、体积分数和取向等。表 6-6 为单向和正交碳纤维增强碳基复合材料的性能。由此可见,碳-碳复合材料的高强度、高弹性模量主要来自碳纤维。碳纤维在材料中的取向直接影响其性能,一般是单向增强复合材料沿纤维方向强度最高,但横向性能较差,正交增强可以减少纵、横两向的强度差异。

表 6-6 单向和正交碳纤维增强碳基复合材料性能

材 料	纤维体积分数/%	密度/(g/cm^3)	抗拉强度/MPa	抗弯强度/MPa	弯曲模量/GPa	热膨胀系数(0~1000℃)/(10^{-6}/K)
单向增强材料	65	1.7	827	690	186	1.0
正交增强材料	55	1.6	276		76	1.0

目前,碳-碳复合材料主要应用于航空航天、军事和生物医学等领域,例如,导弹弹头、固体火箭发动机喷管、飞机刹车盘、赛车和摩托车刹车系统,航空发动机燃烧室、导向器、密封片及挡声板等,人体骨骼替代材料,代替不锈钢或钛合金作人工关节。随着这种材料的成本的不断降低,其应用领域也逐渐向民用工业领域转变。

6.4 金属基复合材料

现代工业技术的发展,尤其是航空航天和宇航业的飞速发展,对材料的性能提出了更高、更苛刻的要求,既要保证零件结构的高强度和高稳定性,又要使结构尺寸小、重量轻,这就要求材料的比强度和比刚度(模量)要更低。纤维增强聚合物基复合材料具有较高的比强度和刚度,但有使用温度低、耐磨性差、导热与导电性能差、易老化、尺寸不稳定等缺点。金属基复合材料就是以金属及其合金为基体,与其他金属或非金属复合增强的复合材料。这种新型复合材料没有聚合物基复合材料的缺点,在航空航天、军工、汽车工业等领域广泛应用。

表 6-7 列出了几种典型金属基复合材料的性能。

表 6-7 典型金属基复合材料的性能

材　　料	硼纤维增强铝	CVD 碳化硅增强铝	碳纤维增强铝	碳化硅晶须增强铝	碳化硅颗粒增强铝
增强相体积分数/%	50	50	35	18~20	20
抗拉强度/MPa	1200~1500	1300~1500	500~800	500~620	400~510
拉伸模量/GPa	200~220	210~230	100~150	96~138	110
密度/(g/cm³)	2.6	2.85~3.0	2.4	2.8	2.8

6.4.1 金属陶瓷

金属陶瓷是发展最早的一类金属基复合材料,是金属和陶瓷组成的非均质材料,实际上是颗粒增强型的复合材料。实际生产中,金属和陶瓷可按不同配比组成工具材料、高温结构材料和特殊性能材料。以金属为主时一般作结构材料,以陶瓷为主时多为工具材料。金属陶瓷中的金属通常为钛、镍、钴、铬等及其合金,陶瓷相通常为氧化物(Al_2O_3、ZrO_2、BeO、MgO 等)、碳化物(TiC、WC、TaC、SiC 等)、硼化物(TiB、ZrB_2、CrB_2)和氮化物(TiN、Si_3N_4、BN 等),其中以氧化物和碳化物应用最为成熟。氧化物金属陶瓷多以铬为粘结金属。这类材料一般热稳定性和抗氧化能力较好,韧性高,特别适合于作高速切削工具材料,有的还可作高温下工作的耐磨件,如喷嘴、热拉丝模以及耐蚀环规、机械密封环等。

碳化物金属陶瓷是应用最广泛的金属陶瓷。通常以 Co 或 Ni 作金属粘结剂,根据金属质量分数不同可作耐热结构材料或工具材料。碳化物金属陶瓷作工具材料时,通常被称为硬质合金。表 6-8 列出了常用的切削工具用硬质合金的牌号、组成、力学性能和用途。

碳化物金属陶瓷作高温耐热结构材料时常以 Ni、Co 两者的混合物作粘结剂,有时还加入少量的难熔金属如 Cr、Mo、W 等。耐热金属陶瓷常用来作涡轮喷气发动机燃烧室、叶片、涡轮盘及航空航天装置的一些其他耐热件。

表 6-8 部分切削工具用硬质合金的牌号、基本组成、力学性能和使用领域(摘自 GB/T 18376.1—2008)

牌号	基本组成	力学性能(不小于)			使用领域	类似旧牌号
		洛氏硬度 HRA	维氏硬度 HV_3	抗弯强度 R_{tr}/MPa		
P01	硬质增强颗粒：TiC+WC	92.3	1750	700	用于钢、铸钢、可锻铸铁等长切屑材料的加工	YT30
P20	粘接剂：Co(Ni+Mo,Ni+Co)	91.0	1600	1400		YT15
P40		89.5	1400	1750		YT14
M01	硬质增强颗粒：WC+少量 TiC(TaC,NbC)	92.3	1750	1350	用于不锈钢、铸钢、可锻铸铁、合金钢、合金铸铁的加工	
M20		91.0	1600	1550		YW2
M40	粘接剂：Co	88.5	1250	1800		YH1
K01	硬质增强颗粒：WC+少量 TaC,NbC	92.3	1750	1350	用于冷硬铸铁、灰口铸铁等短切屑材料的加工	YG3
K20		91.0	1600	1550		YG6
K40	粘接剂：Co	88.5	1250	1800		YG15
N01	硬质增强颗粒：WC+少量 TaC,NbC(或 CrC)	92.3	1750	1450	用于有色金属(铝、镁)、非金属材料(塑料、木材)的加工	
N10		91.7	1680	1560		
N30	粘接剂：Co	90.0	1450	1700		
S01	硬质增强颗粒：WC+少量 TaC,NbC(或 TiC)	92.3	1730	1500	用于耐热钢、含镍、钴、钛的优质合金材料的加工	YW1
S10		91.5	1650	1580		YW2
S30	粘接剂：Co	90.5	1550	1750		YW2
H01	硬质增强颗粒：WC+少量 TaC,NbC(或 TiC)	92.3	1730	1000	用于淬硬钢、冷硬铸铁的加工	
H10		91.7	1680	1300		
H30	粘接剂：Co	90.5	1520	1500		

6.4.2 纤维增强金属基复合材料

纤维增强金属基复合材料的增强纤维有硼纤维、碳化硅纤维、氧化铝纤维以及高强度金属丝等，基体材料有铝及铝合金、镁合金、钛合金和镍合金等。除了金属丝增强外，硼纤维、陶瓷纤维、碳纤维等增强相都是无机非金属材料，一般它们的密度低、强度和弹性模量高，并且耐高温性能好。所以，这类复合材料有比强度高、比弹性模量高和耐高温等优点，特别适合于作航天飞机主舱骨架支柱、发动机叶片、尾翼、空间站结构材料；另外在汽车构件、保险杠、活塞连杆及自行车车架、体育运动器械上也得到了应用。

6.4.3 细粒和晶须增强金属基复合材料

细粒和晶须增强金属基复合材料是目前应用最广泛的一类金属复合材料。这类材料多以铝、镁和钛合金为基体，以碳化硅、碳化硼、氧化铝细粒或晶须为增强相。最典型的代表是

SiC 增强铝合金。这类材料具有极高的比强度和比模量，主要在军工行业应用广泛，如制造轻质装甲、导弹飞翼、飞机部件。另外在汽车工业如发动机活塞、制动件、喷油嘴件等也有使用。表 6-9 给出了几种材料的特点及应用。

表 6-9 细粒和晶须增强铝基复合材料的特点及应用

材　　料	特　　点	应　　用
体积分数为 17% 的 SiC 细粒增强铝基复合材料	拉伸弹性模量大于 100×10^3 MPa	飞机、导弹用板材
体积分数为 25% 的 SiC 细粒增强铝基复合材料	代替 7075Al，密度更低，弹性模量更高	航空结构导槽、角材
体积分数为 40% 的 SiC 晶须或细粒增强铝基复合材料	代替铍，成本低，无毒	导弹制导元件
Al_2O_3 短纤维增强铝基复合材料	耐磨，成本低	汽车发动机抗磨环
体积分数为 15% 的 TiC 细粒增强铝基复合材料	弹性模量高	汽车制动件、连杆、活塞

第7章 功能材料及新材料

现代工程材料按性能特点和用途大致分为结构材料和功能材料两大类。用来制造工程结构、机械零件和各种工具的材料统称为结构材料,要求具备一定的强度、硬度、韧性及耐磨性等力学性能。具有特殊的电、磁、光、热、声、化学性能和生物学性能及其互相转化的功能,用以实现对信息和能量的感受、计测、显示、控制和转换的材料称为功能材料(Functional Materials)。例如,激光唱片、计算机和电视机的存储及显示系统,现代武器用激光器等,都离不开功能材料的发展。功能材料是现代高新技术发展的先导和基础,是现代材料科学研究、开发和应用的重点。

铜、铝导线及硅钢片等都是最早的功能材料。随着电力技术工业的发展,电工合金、磁与电金属功能材料得到较大发展。20世纪50年代微电子技术的发展带动了半导体功能材料的迅速发展;60年代激光技术的出现与发展,又推动了光功能材料的发展;70年代以后,光电子材料、形状记忆合金、储能材料等发展迅速;90年代起,纳米功能材料、智能功能材料等逐渐引起了人们的兴趣。太阳能、原子能的利用,微电子技术、激光技术、传感器技术、工业机器人、空间技术、海洋技术、生物医学技术、电子信息技术等的发展,使得材料的开发重点由结构材料转向了功能材料。

按材料的功能,功能材料可分为电功能材料、磁功能材料、热功能材料、光功能材料、智能功能材料等。

7.1 电功能材料

电功能材料以金属材料为主,可分为金属导电材料、金属电阻材料、金属电接点材料以及超导材料等。

7.1.1 金属导电材料

导电材料是用以传递电流而又没有或很小电能损失的材料,主要以电线、电缆为代表。导电材料的基本性质以电阻率表征。

电线、电缆所用材料主要是铜、铝及其合金。其主要性能要求是导电性,用电导率 σ 或电阻率 ρ 表示,国际电气公司 IEC 规定电阻率为 $1.7241\ \mu\Omega \cdot cm$ 的标准软铜的电导率的相对值为100,其他材料的电导率与之比较。导电用 Cu、Al 合金的性能见表7-1。

表 7-1 导电用 Cu、Al 合金的性能

材料名称		成分(质量分数) $w/\%$	相对电导率 $\sigma/\%$IACS	抗拉强度 σ_b/MPa	塑性 $\delta/\%$	用 途
铜	电解铜	Cu99.97	100	196~235	6~41	电线电缆导体
	无氧铜	Cu99.99	101	196	30~50	电子管零件、超导体电缆包覆层
铜合金	弥散强化铜	Cu-Al$_2$O$_3$3.5	85	470~530	12~18	高温高强度导体
	银铜	Cu-Ag0.2	96	343~441	2~4	点焊电极、整流子片、引线
	锆铜	Cu-Zr0.2	90	392~441	10	点焊电极、整流子片、引线
	稀土铜	Cu-RE0.1	96	343~441	2~4	点焊电极、整流子片、引线
	镉铜	Cu-Cd1.0	85	588	2~6	架空线、高强度导线
	铬锆铜	Cu-Cr0.3-Zr0.1	80	588~608	2~4	点焊电极、导线
铝	纯铝	Al 99.70	61~65	68~93	20~40	电缆芯线
铝合金	铝镁	Al-Mg0.9	53~56	225~254	2	电车线
	铝镁硅	Al-Mg0.65-Si0.65	53	294~353	4	架空导线
	铝镁铁	Al-Mg0.36-Fe0.95	58~60	113~118	15	电缆芯线
	铝硅	Al-Si1.0	50~53	254~323	0.5~1.5	电子工业用连接线

铜作为导电材料大都是电解铜,含铜量 99.97%~99.98%,含有少量金属杂质和氧,杂质会降低电导率。铜中含有氧也使产品性能大大下降。无氧铜性能稳定、抗腐蚀、延展性好,抗疲劳,可拉成很细的丝,信号传输电缆、海底同轴电缆的外部软线、太阳能电池内部导线、家电产品的导线等现在都使用无氧铜制造。

铝导线与铜导线相比,电导率低(纯铝约为纯铜的 64%),但其密度只有铜的 1/3,这是铝导线的一大优点。主要用作送电线和配电线。对于 160 kV 以上的高压电线,往往用钢丝增强的铝电缆,或铝合金线。

7.1.2 金属电接点材料

电接点是指专门用以建立和消除电接触的导电构件。电接点材料是制造电接点的导体材料。电力、电机系统和电器装置中的电接点通常负荷电流较大,称为强电或中电接点;仪器仪表、电子与电讯装置中的电接点的负荷电流较小,一般为几毫安到几安培,并且压力小,称为弱电接点。

1. 强电接点材料

强电接点材料应具有低的接触电阻、高的耐电压强度和灭弧能力以及一定的机械强度,耐电蚀和耐磨损。纯金属很难同时满足上述各项条件,因此一般使用合金材料。

(1) 空气开关接点材料

空气开关接点材料主要为银系合金(如 Ag-CdO、Ag-Fe、Ag-W、Ag-石墨等)和铜系合

金(如 Cu-W、Cu-石墨等)。

（2）真空开关接点材料

由于真空开关接点表面很光滑，易于发生熔焊，因此要求接点材料能抗电弧熔焊，并且坚硬致密，常用材料有 Cu-Bi-Ce 合金、Cu-Fe-Ni-Co-Bi 合金、W-Cu-Bi-Zr 合金等。

2. 弱电接点材料

弱电接点材料用于制造仪器仪表、电子与电信装置中的各种电接触元件，如连接器、小型继电器、微型开关、电位器、印刷电路板插座、插头座、集成电路引线框架、导电换向器等。接点的工作电载荷和机械载荷均很小，因此弱电接点材料应具有极好的导电性、极高的化学稳定性、良好的耐磨性和抗电火花烧损性。目前大多采用贵金属合金制造，主要有 Ag 系、Au 系、Pt 系和 Pd 系等四类。其中 Ag 系主要用于高导电性、弱电流场合；Au 系具有最高的化学稳定性，多用于弱电流、高可靠性精密接点；Pt 系、Pd 系用于耐蚀、抗氧化、弱电流场合。为了降低成本，生产中常用表面涂层或者贵金属-非贵金属复合材料。

7.1.3 电阻材料

利用物质的固有电阻特性来制造不同功能元件的材料称为电阻材料。电阻材料主要用于制造电阻元件和发热元件。用于制作电阻的金属材料主要有精密电阻合金，如 Mn-Cu 合金、Cu-Ni 合金，这类合金电阻温度系数 α 小，电学性能稳定，如 Cu-Ni 合金的电阻温度系数只有 $20\times10^{-6}/℃$。这类合金的最终热处理为均匀退火，尤其再制成成品之后，必须进行低温长时间退火以保证电学性能稳定。

用于制作发热元件的金属材料是 Ni-Cr 合金和 Fe-Cr-Al 合金，其成分及性能见表 7-2。

表 7-2　Ni-Cr 合金及 Fe-Cr-Al 合金发热材料的性能

合金名称	成分 w/%	$\rho/(\Omega\cdot m)$	$\alpha/(1/℃)$	允许工作温度 T/℃
6J15	58Ni-16.5Cr-1.5Mn-Fe	1.10	14.0×10^{-5}	1000
6J20	76.5Ni-21.5Cr-1.5Mn	1.11	8.5×10^{-5}	1100
Cr13Al4	Fe-13.5Cr-4.5Al-1Si	1.26	15.0×10^{-5}	850
Cr25Al5	Fe-25Cr-5.5Al	1.40	5.0×10^{-5}	1250
Kanthal	Fe-23Cr-6.2Al-2Co	1.45	3.2×10^{-5}	1350

7.1.4 导电高分子材料

高分子材料是共价键结合的大分子链结构，电子被紧紧地束缚住，属于绝缘材料。但是近年来，随着科学技术的发展，通过分子设计，某些高分子材料也具有导电性。按其导电原理可分为结构型导电高分子材料和复合型导电高分子材料。

1. 结构型导电高分子材料

结构型导电高分子材料是指高分子材料在结构上就显示出良好的导电性，尤其是当有"掺杂剂"补偿离子时，可以通过电子或离子导电。聚乙炔（$[-HC=CH-]_n$）是公认的第一种结构型导电高分子材料,纯净的聚乙炔并不导电,必须经过某种处理,使其结构发生变化才能导电。1977 年美、日科学家合作,用 I_2 或 AsF_5 与聚乙炔反应,首次观察到聚乙炔的电导率从 10^{-9} s/cm 提高到 10^3 s/cm 数量级。其后又陆续研制出几十种导电高分子材料,如聚对苯、聚吡咯、聚苯胺和聚对苯乙烯等。

2. 复合型导电高分子材料

复合型导电高分子材料是指通过高分子材料与各种导电填料分散复合、层积复合或使其表面形成导电膜等方式制成。以聚合物(如聚乙烯、聚氯乙烯、环氧树脂、ABS 树脂)为基材,掺杂入导电超微细金属粉(如 Ag、Cu 等)、金属氧化物、炭黑等制成的复合材料,其电阻率可以在很宽的范围内($\rho = 10^{-3} \sim 10^4$ Ω·m)变化。如掺入 Ag 粉可以使材料的电阻率 $\rho < 10^{-2}$ Ω·m;在低密度聚乙烯中掺入体积分数为 35%、粒度 4 μm 的铜粉,可以使电阻率 ρ 低达 10^{-3} Ω·m 数量级。复合型导电高分子材料的导电性与掺杂材料的种类、数量、形状和尺寸有关。这类材料可以制作发热体、半导电层、计算机接点、导电薄膜、电磁屏蔽等。

7.1.5 超导材料

有些物质在一定的温度 T_c 以下时,电阻为零,同时完全排斥磁场,即磁力线不能进入其内部,这就是超导现象。具有这种现象的材料叫超导材料。

1. 超导现象的基本特征

(1) 零电阻特性

当超导材料被冷却到某一温度以下时,其电阻会突然消失。该温度称为超导转变温度(T_c)。电阻消失之前的物理状态称为"正常状态",电阻消失之后的物理状态称为"超导状态"。精密测量表明,当材料处于超导状态时,其电阻率小于 10^{-22} Ω·m,比通常金属的电阻率小 15 个数量级以上。超导材料的零电阻特性是超导材料实用化的最重要的基础。由于其无发热损耗,在超导输电、超导发电、储能、磁材料、变压器、电机、科学研究等方面较常规材料有着巨大的优越性。

(2) 完全抗磁性

当把一个导体放置于磁场中时,导体的表面会出现感生电流来屏蔽外部磁场,由于电阻的存在,电流随着时间衰减,当电流衰减为零时,导体内部的磁场将等于外场。如果这个导体是超导体或者完全导体,由于感生电流不会衰减,外部磁场将被完全屏蔽,在这个时候,超导体或者完全导体内的磁场为零,且不随时间变化。该特性是超导磁悬浮、储能、重力传感器等应用的基础。

(3) 具有临界温度 T_c、临界电流密度 J_c、临界磁场 H_c

进一步的研究发现,即使温度低于转变温度 T_c 时,强磁场也会破坏超导态,即当磁场强度超过某一个临界值 H_c 时,超导体就转回正常态,其中 H_c 叫临界磁场。超导体不同,其 H_c 也不同,且受温度的影响。另外,当超导体的电流密度达到或超过某一个临界值 J_c 时,超导体也开始有电阻,J_c 叫临界电流密度。

2. 超导体的种类

通常根据在磁场中不同的特征,超导体被分为第一类超导体和第二类超导体。一般除

Nd 和 V 外，其他所有纯金属是第一类超导体；Nd、V 及多数金属合金和化合物超导体、氧化物超导体为第二类超导体。

第一类超导体在大于 B_c 的磁场中是正常态；在小于 B_c 的磁场中处于完全抗磁态。第二类超导体中存在两个临界磁场：下临界磁场 B_{c1} 和上临界磁场 B_{c2}。当磁场小于 B_{c1} 时，超导体与第一类超导体一样处于超导态；当磁场大于 B_{c2} 时，超导体恢复正常态；当磁场介于 B_{c1} 与 B_{c2} 之间时，则存在一个混合态，即超导体一部分区域仍处于超导态，另一部分区域处于正常态，磁场可穿过正常态区。第二类超导体的重大特征是存在很大的上临界磁场和临界电流密度，从而具备在强磁场和强电流下工作的条件，为超导体的实际应用提供了可能性。

3. 超导材料及其应用

合金、金属间化合物、非晶态合金具有超导性。但它们的最高超导转变温度只有 23 K，因此超导材料只能工作在昂贵、复杂的液氦或者液氢介质中。超低温制冷技术及成本问题极大地限制了超导技术的开发应用。

氧化物 Y-Ba-Cu-O、Bi-Sr-Ca-Cu-O、Tl-Ba-Ca-Cu-O、Hg-Ba-Ca-Cu-O 等系超导材料的最低超导转变温度已大于成本极其低廉的液氮(77 K)温区(见表 7-3)。

表 7-3　一些超导材料的超导转变温度

材　料	T_c/K	材　料	T_c/K
Hf-Nb	10	NbN	16
Hf-Nb-Ti	9.5	NbC	11.7
Nb-Ta-Ti	10	NbNc	17.9
Nb-Ti	10	$(V,Ta)_2Hf$	10.3
Nb-Zr	11	$SnMo_6S_8$	11.8
Tc-V	11.3	$LsMo_6Se_8$	10.9
Nb_3Sn	18.3	$PbMo_6S_8$	12.6
V_3Ga	15.4	$Gd_{0.2}PbMo_6S_8$	14
Nb_3Ge	23	La-Ba-Cu-O	>30
$Nb_3(Al,Ge)$	21	Y-Ba-Cu-O	>90
Na_3Al	18.9	Bi-Sr-Ca-Cu-O	110
Nb_3Ga	20.3	Tl-Ba-Ca-Cu-O	125
V_3Si	17.1	Hg-Ba-Ca-Cu-O	135

超导磁体已广泛应用于加速器、医学诊断设备、热核反应堆等，体现出了无与伦比的优点。由于约瑟夫森效应的存在，约瑟夫森器件已广泛应用于高科技电子产品。目前，人们正努力从成材工艺、提高 T_c 等方面对超导材料进行研究。超导材料在能源、交通、电子等高科技领域必将发挥越来越重要的作用。

7.2 磁功能材料

磁性与物质其他属性之间相互联系，构成了各种交叉耦合效应和双重或多重效应，如磁光效应、磁电效应、磁声效应、磁热效应等。这些效应的存在又是发展各种磁性材料、功能器件和应用技术的基础。磁功能材料在能源、信息和材料工程领域中都有非常广泛的应用。

磁化率大于 1 的强磁性材料通常简称为磁性材料，用以区别磁化率远小于 1 的弱磁性材料。磁性材料可以按其应用分为软磁材料、永磁（硬磁）材料、信息磁材料、磁光材料等。

7.2.1 软磁材料

软磁材料在较低的磁场中被磁化而呈强磁性，但在磁场去除后磁性基本消失。这类材料用作电力、配电和通信变压器与继电器，还可作为电磁铁、电感器铁芯、发电机与发动机转子和定子以及磁路中的磁轭材料等。

软磁材料根据其性能特点又分为高磁饱和材料（低矫顽力）、中磁饱和材料、高导磁材料。软磁材料还包括耐磨高导磁材料、矩磁材料、恒磁导材料、磁温度补偿材料和磁致伸缩材料等。典型的软磁材料有纯铁、Fe-Si 合金（硅钢）、Ni-Fe 合金、Fe-Co 合金、Mn-Zn 铁氧体、Ni-Zn 铁氧体和 Mg-Zn 铁氧体等。

7.2.2 永磁材料

磁性材料在磁场中被充磁，当磁场去除后，材料的磁性仍长时保留。这种磁性材料就是永磁材料（硬磁材料）。高碳钢、Al-Ni-Co 合金、Fe-Cr-Co 合金、钡（锶）铁氧体等都是永磁材料。永磁材料制作的永磁体能提供一定空间内的恒定工作磁场。利用这一磁场可以进行能量转化等，所以永磁体广泛应用于精密仪器仪表、永磁电机、磁选机、电声器件、微波器件、核磁共振设备与仪器、粒子加速器以及各种磁疗装置中。

永磁材料种类繁多，性能各异。标志永磁材料性能的指标是最大磁能积 $(BH)_{max}$。$(BH)_{max} < 32\ kJ/m^3$ 的永磁材料称为低磁能积永磁材料；$(BH)_{max} > 160\ kJ/m^3$ 的永磁材料称为高磁能积永磁材料；$(BH)_{max}$ 在 $32\sim 80\ kJ/m^3$ 之间的永磁材料称为中磁能积永磁材料。

1. 永磁合金

Al-Ni-Co 系永磁合金　是较早使用的永磁材料，其特点是高剩磁、温度系数低、性能稳定，在对永磁体性能稳定性要求较高的精密仪器仪表和装置中，多采用这种永磁合金。

Fe-Cr-Co 系永磁合金　可加工的永磁材料，不仅可冷加工成板材、细棒，而且可进行冲压、弯曲、切削和钻孔等，甚至还可铸造成形，弥补了其他材料不可机械加工的缺点。其磁性与 Al-Ni-Co 系合金相似，缺点是热处理工艺复杂。

2. 永磁铁氧体

永磁铁氧体是 20 世纪 60 年代发展起来的永磁材料，是低磁能积永磁材料，主要有钡（锶）铁氧体材料。优点是矫顽力高、价格低，缺点是最大磁能与剩磁偏低、磁性温度系数高。该种材料因为成本低廉，广泛应用于产量大的家用电器和转动机械装置等，在产量上居各种永磁材料的首位。

3. 稀土永磁材料

20世纪70年代以来迅速发展起来的稀土永磁材料,是高磁能积永磁材料。这种材料是目前磁能积最大、矫顽力特高的一类永磁材料。所以,这类材料的产生使得永磁元件走向了微小型化及薄型化。表7-4给出了三代稀土永磁材料的性能指标。

表7-4 稀土永磁材料的典型性能

材料	第一代 RCo_5 系*	第二代 R_2Co_{17} 系*	第三代钕铁硼合金
剩磁 B_r/T	1.00	1.10	1.21
矫顽力 $H_c/(kA/m)$	760	760	923
最大磁能积 $(BH)_{max}/(kJ/m^3)$	176	240	280
B_r 温度系数 $\alpha_{B_r}/(\%/℃)$	−0.04	−0.03	−0.13
密度 $\rho/(g/cm^3)$	8.3	8.4	7.4
居里温度 $T_c/℃$	710	820	312

* R——稀土元素。

我国是稀土大国,稀土矿藏量约占世界总量的80%。我国在稀土永磁材料研究方面,已处于国际领先水平。

目前,第三代稀土永磁材料广泛应用于制造汽车电机、音响系统、控制系统、无刷电机、传感器、核磁共振仪、电子表、磁选机、计算机外围设备、测量仪表等。

复合(粘结)稀土永磁材料是将稀土永磁粉与橡胶或树脂等混合,再经成形和固化后得到的复合磁体。这种磁体具有工艺简单、强度高、耐冲击、磁性能高并可调整等优点。它广泛应用于仪器仪表、通信设备、旋转机械、磁疗器械、音响器件、体育用品等。

7.2.3 信息磁材料

信息磁材料是指用于光电通信、计算机、磁记录和其他信息处理技术中的存取信息类磁功能材料。信息磁材料包括磁记录材料、磁泡材料、磁光材料等。

1. 磁记录材料

利用磁记录材料制作磁记录介质和磁头,可对声音、图像和文字等信息进行写入、记录、存储,并在需要时输出。目前使用的磁记录介质有磁带、磁盘、磁卡片及磁鼓等。这些介质从结构上又可分为磁粉涂布型介质和连续薄膜型介质。随着计算机技术的发展,磁记录介质的记录密度迅速提高,因而对磁记录介质材料的要求也越来越高,即剩余磁感应强度 B_r 高,矫顽力 H_c 适中,磁滞回线接近矩形,磁层均匀等。应用最多的磁记录介质材料是 γ-Fe_2O_3 磁粉和包 Co 的 γ-Fe_2O_3 磁粉、Fe 金属磁粉、CrO_2 系磁粉、Fe-Co 系磁膜以及 $BaFe_{12}O_{19}$ 系磁粉或磁膜等。磁头材料通常用(Mn,Zn)Fe_2O_4 系、(Ni,Zn)Fe_2O_4 系单晶和多晶铁氧体、Fe-Ni-Nb(Ta)系、Fe-Si-Al 系高硬度软磁合金以及 Fe-Ni(Mo)-B(Si)系、Fe-Co-Ni-Zr 系非晶软磁合金等。

在新型磁记录介质中,磁光盘具有超存储密度、极高的可靠性、可擦除次数多、信息保存时间长等优点。目前用作磁光盘的材料主要有稀土-过渡族非晶合金薄膜和加 Bi 铁石榴石多晶氧化物薄膜。

2. 磁泡材料

小于一定尺寸的迁移率很高的圆柱状磁畴(磁泡)材料可作高速、高存储密度存储器。已研制出的磁泡材料有$(Y,Gd,Yb)_3(Fe,Al)_5O_{12}$系石榴石型铁氧体薄膜，$(Sm,Tb)FeO_3$系正铁氧体薄膜，$BaFe_{12}O_{19}$系沿铅石型铁氧体膜，Gd-Co系、Tb-Fe系非晶磁膜等。

3. 磁光材料

当一束平面偏振光穿过介质时，如果在介质中沿光的传播方向加上一个磁场，光经过介质后偏振面转过一个角度，即磁场使介质具有了旋光性，这种现象叫磁光效应(也称法拉第效应或磁致旋光)。出射线偏振光相对于入射线偏振光转过的角度叫法拉第旋转角。具有磁光效应的磁性材料法拉第旋转角大，透光性能较好，损耗低。磁光材料应用于激光、光通信和光学计算机等设备。有稀土合金磁光材料、$Y_3Fe_5O_{12}$红外透明磁光材料等。

4. 特殊功能磁性材料

微波磁材料包括多种微波电子管用永磁材料、微波旋磁材料和微波磁吸收材料，广泛应用于雷达、卫星通信、电子对抗、高能加速器等微波设备中。微波旋磁材料在微波频段具有旋磁性(电磁波在磁化介质中沿磁化方向传播时会发生偏振面旋转的性质)。典型材料有$Y_3Fe_5O_{12}$系石榴石型铁氧体、$(Mg,Mn)Fe_2O_4$系尖晶石型铁氧体、$BaFe_{12}O_{19}$系磁铅石型铁氧体等，用于微波频率下工作的旋磁器件，如隔离器、环行器、相移器、倍频器、混频器、振荡器等。

微波磁吸收材料的主要特点是在一定宽的频率范围内对微波有很强吸收和极弱的反射功能；典型材料有非金属铁氧体系、金属磁性粉末或薄膜系等；可作雷达检测不到的隐型飞机表面涂料等。

$DyAlO_3$(氧化铝镝)、$GaFeO_3$(氧化铁镓)等材料在磁场作用下可产生电信号，而在电场作用下可产生磁信号，这类材料称为磁电材料。另外还有超导——铁磁材料等，也是目前发展很快的特殊功能磁材料。

7.3 热功能材料

材料在受热或温度变化时，会出现性能变化，产生一系列现象，如热膨胀、热传导(或隔热)、热辐射等。根据材料在温度变化时的热性能变化，可将其分为不同的类别，如膨胀材料、测温材料、形状记忆材料、热释电材料、热敏材料、隔热材料等。目前，热功能材料已广泛用于仪器仪表、医疗器械、导弹等新式武器、空间技术和能源开发等领域，是不可忽视的重要功能材料。

7.3.1 膨胀材料

热膨胀是材料的重要热物理性能之一。通常，绝大多数金属和合金都有热胀冷缩的现象，只不过不同金属和合金，这种膨胀和收缩不同而已。一般用线膨胀系数来表示热膨胀性的大小。根据膨胀系数的大小可将膨胀材料分为三种：低膨胀材料、定膨胀材料和高膨胀材料。表7-5列出了几种膨胀合金的特点、类别和用途。

表 7-5 膨胀材料的特点、类别和用途

材料种类	低膨胀材料	定膨胀材料	高膨胀材料
特点	—60～100℃内膨胀系数极小	—70～500℃内膨胀系数低或中等，且基本恒定	室温～100℃内膨胀系数很大
类别	Fe-Ni 系合金 Fe-Ni-Co 系合金 Fe-Co-Cr 系合金 Cr 合金	Fe-Ni 系合金 Fe-Ni-Co 系合金 Fe-Cr 系合金 Fe-Ni-Cr 系合金 复合材料	有色金属合金（黄铜、纯镍、Mn-Ni-Cu 三元合金） 黑色金属合金（Fe-Ni-Mn 合金、Fe-Ni-Cr 合金）
用途	1. 精密仪器仪表等器件 2. 长度标尺、大地测量基线尺 3. 谐振腔、微波通信波导管、标准频率发生器 4. 标准电容器叶片、支承杆 5. 液气储罐及运输管道 6. 热双金属片被动层	1. 电子管、晶体管和集成电路中的引线材料、结构材料 2. 小型电子装置与器械的微型电池壳 3. 半导体元器件支持电极	用于热双金属片主动层材料，制造室温调节装置、自断路器、各种条件下的自动控制装置等

7.3.2 形状记忆材料

形状记忆材料是指具有形状记忆效应（Shape Memory Effect，SME）的材料。形状记忆效应是指将材料在一定条件下进行一定限度以内的变形后，再对材料施加适当的外界条件，材料的变形随之消失而回复到变形前的形状的现象。形状记忆材料，通常是两种以上的金属元素构成，所以也叫形状记忆合金（Shape Memory Alloys，SMA）。形状记忆合金在高温下（A_f 温度以上）形成一定形状后，冷却到低温（M_f 温度以下）进行塑性变形为另外一种形状，然后经加热（再加热到 A_f 温度以上）后，通过马氏体逆相变，即可恢复到高温时的形状。

按形状恢复形式，形状记忆效应可分为单程记忆、双程记忆和全程记忆三种。

① 单程记忆　在低温下塑性变形，加热时恢复高温时形状，再冷却时不恢复低温形状。

② 双程记忆　加热时恢复高温形状，冷却时恢复低温形状，即随温度升降，高、低温形状反复出现。

③ 全程记忆　在实现双程记忆的同时，冷却到更低温时出现与高温形状完全相反的形状。

表 7-6 列出了几种良好的形状记忆合金的组成和性能。

表 7-6 形状记忆合金的组成和性能

合金		化 学 成 分	滞后温度/K	体积变化/%	相变温度/K
非铁合金	Ag-Cd	$w(Cd)$：44%～49%	约 15	−0.16	83～223
	Au-Cd	$w(Cd)$：46.5%～50%	约 15	−0.41	243～373
	Cu-Zn	$w(Zn)$：38.5%～41.5%	约 10	−0.50	93～263
	Cu-Al-Ni	$w(Al)$：28%～29%，$w(Ni)$：3%～4.5%	约 35	−0.30	133～373
	Cu-Au-Zn	$w(Au)$：23%～28%，$w(Zn)$：45%～47%	约 6	−0.25	83～233

续表

合金		化学成分	滞后温度/K	体积变化/%	相变温度/K
非铁合金	Ni-Al	$w(Al)$: 36%~38%	~10	-0.42	93~373
	Ti-Ni	$w(Ni)$: 49%~51%	20~100	-0.34	223~373
	In-Ti	$w(Ti)$: 18%~23%	~4	-0.20	333~373
	Mn-Cu	$w(Cu)$: 5%~35%	~25		23~453
铁合金	Fe-Pt	$w(Pt)$: ~25%	~3	-0.5~+0.8	93~143
	Fe-Pd	$w(Pd)$: ~30%	~3		93~173
	Fe-Ni-Co-Ti	$w(Ni)$: 33%, $w(Co)$: 10%, $w(Ti)$: 4%	~20	+0.4~2.0	23~133
	Fe-Ni-C	$w(Ni)$: 31%, $w(C)$: 0.4%	大		
	Fe-Mn-Si	$w(Mn)$: ~30%, $w(Si)$: ~5%	大		
	Fe-Cr-Ni-Mn-Si-Co	$w(Cr)$: ~10%, $w(Ni)$<10%, $w(Mn)$<15% $w(Si)$<7%, $w(Co)$<15%	大		

形状记忆材料是一种新型功能材料，在一些领域已得到了应用。其中应用较成熟的是钛镍合金、铜基合金和应力诱发马氏体类铁基合金。其具体应用可归纳为表7-7。图7-1为几个典型应用图示。

表7-7 形状记忆材料的应用

应用领域	应用举例
电子仪器仪表	温度自动调节器、火灾报警器、温控开关、电路连接器、空调自动风向调节器、液体沸腾报警器、光纤连接、集成电路钎焊
航空航天	人造卫星天线，卫星、航天飞机等自动启闭窗门
机械工业	机械人手、脚，微型调节器，各种接头、固定销、压板、热敏阀门、工业内窥镜、战斗机、潜艇用油压管、送水管接头
医疗器件	人工关节、耳小骨连锁元件、止血、血管修复件，牙齿固定件，人工肾脏泵，去除胆固醇用环，能动型内窥镜
交通运输	汽车发动机散热风扇离合器、卡车散热器自动开关、排气自动调节器、喷气发动机内窥镜
能源开发	固相热能发电机、住宅热水送水管阀门、温室门窗自动调节弹簧、太阳能电池帆板

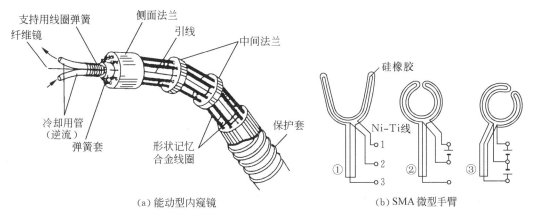

图 7-1 形状记忆合金(SMA)的应用

7.3.3 测温材料

测温材料是仪器仪表用材的重要一类。测温元件是利用了材料的热膨胀、热电阻和热电动势等特性制造的,利用这些测温元件分别制造双金属温度计、热电阻和热敏电阻温度计、热电偶等。

测温材料按材质可分为高纯金属及合金,单晶、多晶和非晶半导体材料,陶瓷、高分子材料及复合材料等;按使用温度可分为高温、中温和低温测温材料;按功能原理可分为热膨胀、热电阻、磁性、热电动势等测温材料。目前,工业上应用最多的是热电偶材料和热电阻材料。

热电偶材料包括制作测温热电偶的高纯金属及合金材料(Ni-Cr、Ni-Al、Pt-Rh 等合金),以及用来制作发电或电制冷器的温差电池用高掺杂半导体材料。

热电阻材料包括最重要的纯铂丝、高纯铜线、高纯镍丝以及铂钴、铑铁丝等。

7.4 光功能材料

光功能材料按用途可以分为光学材料、固体激光器材料、信息显示材料、光纤、隐形材料等。

7.4.1 光学材料

光学材料包括光学玻璃、光学晶体、光学塑料。

光学玻璃用于光学仪器仪表的核心部分,主要有各种特殊要求的透镜、反射镜、棱镜、滤光镜等。这些光学玻璃元件可用于制造测量尺寸、角度、粗糙度等的仪器、经纬仪、水平仪、高空及水下摄影机、生物、金相、偏光显微镜、望远镜,测距仪,光学瞄准仪,照相机,摄像机,防辐射、耐辐射屏蔽窗等。

光学晶体是指用在光学、电学仪器上的结晶材料,有单晶和多晶两种。按化学成分可分为碱金属和碱土金属卤化物单晶、铊的卤化物单晶、氧化物单晶、无机盐化合物单晶、硫化物单晶和多晶、半导体单晶和多晶等多种。按照用途可分为两种:光学介质材料,主要用于光学仪器的透镜、棱镜和窗口材料;非线性光学材料,用于光学倍频、声光、电光及磁光材料。

光学塑料是指加热加压下能产生塑性流动并能成形的透明有机合成材料。常用的光学塑料有聚甲基丙烯甲酯、聚甲基丙烯酸羟乙酯、聚苯乙烯、双烯丙基缩乙二醇碳酸酯和聚碳酸酯等。光学塑料除了代替光学玻璃外,还有一些独特的应用,如隐形眼镜、人工水晶体、仪器反射镜面、无碎片眼镜等。

7.4.2 固体激光器材料

自 1960 年红宝石用于世界第一台激光器开始,到目前已有产生激光的固体激光器材料上百种。这些材料分为玻璃和晶体两大类,都是由基质和激活离子两部分组成。激光玻璃透明度高、易于成形、价格便宜,适合制造输出能量大、输出功率高的脉冲激光器;激光晶体的荧光线宽比玻璃窄、量子效率高,热导率高,应用于中小型脉冲激光器,特别是连续激光器或高重复率激光器。表 7-8 列出了固体激光器的应用。

表 7-8 固体激光器的主要应用

应用领域	应用
农业	育种
工业	材料的加工(打孔、焊接、切割、划片)、材料的表面热处理、测距、测速、定位
生物医学	治疗视网膜脱离、皮肤病、牙科钻孔、手术(无血手术、切除肿瘤)
自然科学	拉曼光谱、布里渊散射的研究,促进化学反应,分析试样
电子计算机光学	信息传递、电子计算机的记录装置、存储器、激光干涉仪、全息照相、应变仪
军事	测距、通信、制导、导航、核聚变研究、激光武器
其他	污染检测、灯塔、云高监测、盲人手杖、无形篱笆(防盗)

7.4.3 信息显示材料

信息显示材料就是把人眼看不到的电信号变为可见的光信息,是信息显示技术的基础。信息显示材料分为两大类:主动式显示用发光材料和被动式显示用材料。

主动式显示用发光材料是在某种方式的激发下发光的材料。在电子束激发下发光的称为阴极射线发光材料,用于真空荧光显示屏,如示波管、显示管、显像管等;在电场直接激发下发光的称为电致发光材料,包括高电压驱动场致发光材料和低电压驱动发光二极管;用带电粒子激发的称为闪烁晶体,可检测 α、β、γ 射线和快、慢中子等;将不可见光转化为可见光的材料称为光致发光材料,包括不可见光检测材料和照明材料。

被动式显示用材料在电场等作用下不能发光,但能形成着色中心,在可见光照射下能够着色从而显示出来。这类材料包括液晶、电着色材料、电泳材料等多种,其中使用最广泛、最成熟的是液晶。

透明导电材料也是重要的信息显示材料,液晶显示器(LCD)、等离子体显示器(PDP)和有机电致发光显示器(OLED)等平板显示器都离不开透明导电材料。这些显示器,不论是自发光显示还是通过背光显示图像,在发光体和人眼之间都需要薄膜电极来激发或控制发光体,而这种薄膜电极必须是既透明又导电的,导电性是电极材料的根本特性,透明性是保证光线透过,使人眼能看到显示内容。自然界中的物质一般是导电的不透明,透明的不导电,不存在既导电又透明的自然物质。研究发现,在氧化物中通过掺杂和引入氧缺位,可以使透明氧化物具有导电的性能。20 世纪 60 年代,开发出了氧化铟锡透明导电材料,推动了液晶显示产业的发展。典型的氧化铟锡(ITO)材料的成分是 $w(InO_3):w(SnO_3)=90\%:10\%$,电阻率低达 10^{-4} $\Omega \cdot m$ 数量级,仅比铜高两个数量级,可见光透过率高达 90%。随着平板显示器产业的飞速发展,透明导电材料的用量急遽增加,由于 In 在自然界中储量和产量都很小,造成近年国际上 In 的价格急速提高。为了解决透明导电材料的发展瓶颈,20 世纪 90 年代,研究人员开发出了 ZnO 系列透明导电材料。在 ZnO 中掺杂 B、Al、Ga、Sc、Y、稀土等 ⅢA 族和 ⅢB 族元素氧化物,也可以得到性能良好的透明导电材料,电阻率低达 5×10^{-4} $\Omega \cdot m$ 数量级,可见光透过率高于 90%。

7.4.4 光纤

光纤的出现不仅大大扩展了光学玻璃的应用领域,同时也实现了远距离的光通信,光纤通信网络、海底光缆都已成为现实。

光纤是高透明电介质材料制成的极细的低损耗导光纤维,具有传输从红外线到可见光区的光和传感的两重功能。因而,光纤在通信领域和非通信领域都有广泛应用。

通信光纤是由纤芯和包层构成:纤芯是用高透明固体材料(如高硅玻璃、多组分玻璃、塑料等)或低损耗透明液体(如四氯乙烯等)制成,表面的包层是由石英玻璃、塑料等有损耗的材料制成。按材料组分不同,光纤可分为高硅玻璃光纤、多组分玻璃光纤和塑料光纤等,生产中主要用高硅玻璃光纤。

非通信光纤的应用较为广泛,如单偏振光纤、高双折射偏振保持光纤、传感器光纤等。具体应用包括光纤测量仪表的光学探头(传感器)、医用内窥镜等。

7.5 隐形材料及智能材料

除了以上介绍的功能材料外,还有其他多种功能材料,如:半导体、光电材料,化学功能材料(如储氢材料),生物功能材料,声功能材料(如水声、超声、吸声材料等),隐形材料等。

隐形技术与激光、巡航导弹技术统称为现代战争和现代军事技术的高新支柱技术。隐形技术是为了对抗探测器探测、跟踪、攻击的技术。隐形技术的关键是隐形材料。根据探测器的相关类型,隐形材料可分为吸波材料和红外隐形材料等。

吸波材料是用来对抗雷达探测和激光测距的隐形材料,其原理是它能够将雷达和激光发出的信号吸收,从而使雷达、激光探测仪收不到反射信号。

红外隐形材料是用来对抗热像仪的隐形材料,它要求材料的比辐射率低。

智能材料是指对环境具有可感知、可响应,并具有功能发现能力的材料。后来,仿生(biominetic)功能被引入材料,使智能材料成为有自检测、自判断、自结论、自指令和执行功能的材料。形状记忆合金已被应用于智能材料和智能系统,如月面天线、智能管道连接件等。有些灵巧无机材料如氧化锆增韧陶瓷、灵巧陶瓷、压电陶瓷和电致伸缩陶瓷也已被用于仿生中。随着科学技术的发展,材料需要适应更加复杂的环境,所以将会不断有新的智能材料出现,并得以广泛应用。

7.6 纳米材料

材料的性质不仅取决于它的组成,更取决于它的微观组织结构,其中晶粒的尺寸是重要影响因素。晶粒的尺寸从毫米级降到微米级,使得材料的性能得到了大幅度的提高。最近一二十年,材料已从微米级发展到了纳米级,纳米材料不仅使材料的性能得到了令人难以置信的提高,更使材料呈现出了许多新性能和新现象,纳米技术也被认为是 21 世纪最具有前途的科技领域之一。

7.6.1 纳米材料及其特性

1. 纳米材料

纳米材料是指晶粒尺寸为纳米级（10^{-9} m）的超细材料。它的微粒尺寸大于原子簇，小于通常的微粒，一般为 $10^0 \sim 10^2$ nm。从材料的结构单元层次来说，它介于宏观物质和微观原子、分子的中间领域。在纳米材料中，界面原子占极大比例，而且原子排列互不相同，界面周围的晶格结构互不相关，从而构成与晶态、非晶态均不同的一种新的结构状态。

纳米晶粒和高浓度晶界是纳米材料的两个重要特征。纳米晶粒中的原子排列已不能处理成无限长程有序，通常大晶体的连续能带分裂成接近分子轨道的能级。高浓度晶界及晶界原子的特殊结构导致材料的力学性能、磁性、介电性、超导性、光学乃至热力学性能的改变。根据纳米材料的性能和成分将其分为纳米磁性材料、纳米高强度材料、纳米吸氢材料、纳米金属材料、纳米陶瓷材料和纳米复合材料等。

2. 纳米材料的特性

（1）表面效应

纳米材料的表面效应是指纳米粒子的表面原子数与总原子数之比随粒径的变小而急剧增大后所引起的性质上的变化。由于纳米粒子表面原子数增多，表面原子配位数不足和高的表面能，使这些原子易与其他原子相结合而稳定下来，故具有很高的化学活性。

（2）体积效应

由于纳米粒子体积极小，所包含的原子数很少，相应的质量极小。因此，许多现象就不能用通常的原子数目极大的块状物质的性质加以说明，这种特殊的现象由粒子体积极小引起，通常称为体积效应。随着纳米粒子的直径减小，金属粒子费米面附近电子能级由准连续变为离散能级，能级间隔增大，能隙变宽（称为纳米材料的量子尺寸效应），电子移动困难，电阻率增大，金属导体将变为绝缘体。

（3）特殊的声、光、电、磁、热力学等特性

正是由于纳米材料具有以上的表面效应、体积效应和量子尺寸效应，所以纳米材料具有其他种类的材料所不具备的特殊性能。材料的强度、韧性和超塑性大为提高；金属熔点降低；超导相向正常相转变；特异的催化和光催化性质；高的光学非线性；光吸收显著增加；强微波吸收效应，等等。

7.6.2 碳纳米材料

碳是自然界中最广泛存在的一种元素，通常以无定性碳、石墨和金刚石的形态存在。正是这种最普通的元素，在制成纳米材料后，显现出了许多优异的物理、化学、电子学特性。

1. 富勒烯（C_{60}，Fullerene）

富勒烯（C_{60}）的结构如图 7-2 所示。

C_{60} 的结构由 20 个六边形和 12 个五边形构成，几何形状完全对称，每个碳原子有三个键。C_{60} 进行碱金属掺杂后，具有导电性。同时 C_{60} 具有超导性和高温超导性，C_{60} 在附加电子后，超导温度可以提高到 52 K。而且 C_{60} 是唯一不含金属原子的磁性物质，可制成有机磁性材料。这些特性使得 C_{60} 作为纳米材料具有广阔的应用前景，比如可以制成量子效应器件；可以内包金属或放射性原子，成为微型放射源；可以进入病毒的蛋白质结构，阻碍病毒的复制，治疗艾滋病等疾病，等等。

2. 碳纳米管（carbon nanotubes，CNTs）

按照组成碳纳米管壁的层数可以将碳纳米管分为多壁碳纳米管、双壁碳纳米管和单壁碳纳米管（图 7-3）。多壁碳纳米管则可看作由单壁碳纳米管套装而成，管壁层片间距为 0.34 nm，稍大于石墨层片间距。按照管壁的定向性，将碳纳米管分为定向碳纳米管和非定向碳纳米管。

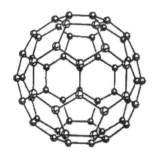

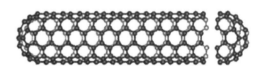

图 7-2　C_{60} 的分子结构　　　　图 7-3　单壁碳纳米管的构型

目前制得的碳纳米管一般直径在 0.8～1.4 nm。碳纳米管的杨氏模量可达 1 TPa，拉伸强度可达 63 GPa，是超高强度合金钢的几十倍，是现在所知道的最硬和最强的纤维之一。碳纳米管的密度为 1.33～1.40 g/cm^3，仅是铝密度（2.7 g/cm^3）的一半，是非常理想的高强材料。利用碳纳米管优异的力学性能可以制备各种高性能复合材料。

碳纳米管还具有超导电性，这就预示着碳纳米管在超导领域有良好的应用前景。碳纳米管还可以制成低功耗、高亮度的场发射光源、像素管和平面显示器元器件。

碳纳米管可以储存超过自身质量 10% 的氢，这是一般储氢材料的 5 倍，是优异的储氢材料。

我国在碳纳米材料的研究方面取得重要进展，制成长度超过 20 cm 长的单壁碳纳米管束，制备出了定向排列碳纳米管薄膜（图 7-4），具有良好的场发射性能。

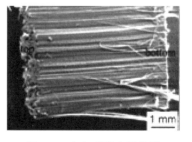

图 7-4　定向碳纳米管薄膜

7.6.3　纳米陶瓷材料

纳米陶瓷材料在较低温度下烧结就能达到致密化。在室温压缩时，纳米颗粒已能很好地结合。高于 500℃ 很快致密化,而晶粒尺寸只有稍许的增加,烧结温度比工程陶瓷低 400~600℃,低温烧结即能获得好的力学性能。纳米陶瓷材料的硬度和断裂韧性随烧结温度的增加而增加,烧结不需要任何添加剂。因而纳米陶瓷材料具有大大优于普通陶瓷材料的硬度、断裂韧性和低温延展性,特别是在高温下的硬度、强度有较大的提高。

以纳米尺寸的颗粒和晶须为第二相的纳米复相陶瓷,具有很高的力学性能。Si_3N_4、SiC 纳米超细颗粒和晶须分布在陶瓷材料内,增强了晶界强度,提高了材料的力学性能,可以使易碎的陶瓷变成富有韧性的特殊材料。有研究者在加入 Y_2O_3 稳定剂的粒径为 300 nm 的四方 ZrO_2 中观察到了超塑性现象,在此材料中加入 20% 的 Al_2O_3 后制成的陶瓷材料具有超塑性,其压缩形变量可达 500%。

纳米陶瓷还具有独特性能,如做外墙用的含纳米 TiO_2 粉体的建筑陶瓷材料具有自清洁和防雾功能。随着高技术的不断出现,人们对纳米陶瓷寄予很大希望,正在不断研究、开发纳米陶瓷粉体并以此为原料制取高性能纳米陶瓷。

7.6.4 纳米复合材料

纳米复合材料包括纳米微粒与纳米微粒复合材料、纳米微粒与常规块体复合材料以及复合纳米薄膜材料。纳米复合材料在性能上比传统材料有极大改善,已获得应用。

纳米复合涂层材料具有高强、高韧、高硬度的特点,在材料表面防护和改性上有着广泛的应用前景。如 $MoSi_2/SiC$ 复合纳米涂层,经 500℃、1 h 热处理,涂层硬度可达 20.8 GPa,比碳钢提高了几十倍,而且具有良好的抗氧化、耐高温性能。

高分子基纳米复合材料具有许多特殊的优异性能,比如经高能球磨制成的纳米晶 Fe_xCu_{1-x}(x 是 Fe 在合金中的相对含量,$1>x>0$)粉体与环氧树脂混合可以制成具有极高硬度的类金刚石刀片。树脂基纳米氧化物复合材料,具有优于常规树脂基炭黑复合材料的静电屏蔽性能,而且可以根据氧化物类型改变颜色,在电器外壳涂料方面有广阔的应用前景。利用纳米 TiO_2 粉体的紫外吸收特性可以制成防晒膏等化妆品。

第8章 零件失效分析与选材原则

8.1 机械零件的失效

机械设备是由零(部)件所组成,每个机械零件都有它自己特定的功能,或完成规定的运动,或传递力、力矩或能量。所谓失效,主要指某零件由于某种原因,导致其尺寸、形状或材料的组织与性能的变化而不能圆满地完成指定的功能。失效分析对机械零件的选材提出重要依据,是机械设计与制造的重要基础。随着工程技术发展的需要,对零件的可靠性要求日益增高,同时零件的功能、结构、受力、环境等越来越复杂,失效分析工作也更显重要且愈趋复杂。快速、准确地进行失效分析,找出失效原因,提出预防与改进措施,对保障产品的质量和可靠性具有重要意义。

8.1.1 畸变失效

畸变是指在某种程度上减弱了零件规定功能的变形。畸变有两种基本类型:尺寸畸变或体积畸变(长大或缩小)和形状畸变(如弯曲或翘曲)。例如,受轴向载荷的连杆可产生轴向拉、压变形,轴的弯曲和杆体的翘曲变形等。

畸变失效的零(部)件,可体现为:

(1) 不能承受所规定载荷;

(2) 不能起到规定的作用;

(3) 与其他零件的运转发生干扰。

例如车间用的大型吊车,其大车横梁通过两边各两个车轮跨支于两边的钢轨上。当吊物工作时,横梁必产生一定的挠度,如果超过许用挠度,由于梁的弯曲变形以及相应梁的两端过大的转角变形,将导致两边车轮挤住轨道,造成畸变失效(运行干扰)。

1. 弹性畸变失效

对于拉、压变形的杆、柱类零件,其过大弹性畸变会导致支撑件(如轴承)过载,或机械因丧失尺寸精度而造成动作失误。

对于弯、扭变形的轴类零件,其过大的弹性畸变量(过大挠度、偏角或扭角)会造成轴上啮合零件(如轴承、齿轮)的严重偏载,甚至啮合失常及咬死,进而导致传动失效;对于某些控制元件,如温控元件,预定的弹性变形(挠度)则是元件所在装置的精度的保证。

对于复合变形的柜架及箱体类零件,要其具有合适的、足够的刚度以保证系统的刚度,特别要防止刚度不当而造成系统振动,降低设备、特别是产品的精度。

影响弹性畸变的主要因素是零件形状、尺寸,材料的弹性模量,零件工作的温度和载荷的大小。零件的结构(形状、尺寸)因素经常是影响变形大小的关键。如等量相同的材料,在受到相同的载荷下,工字形刚度最大(变形量最小),立矩形次之,方形更次,薄板最差(变形最大)。当采用不同材料时,相同结构的零件,材料的弹性模量 E 越大,则其相应变形就小,如同样载荷下,碳钢所发生的弹性变形就小于铜、铝合金所发生的弹性变形。

弹性畸变失效是由过大的弹性变形引起的。按照胡克定律,单向受拉(或压)均匀截面的杆件,应力-应变关系可表达为

$$\sigma = \frac{P}{A} = E\varepsilon_e$$

式中,P 为外加载荷;A 为杆的截面积;E 为弹性模量;ε_e 为弹性应变;σ 为弹性应力。

零件截面积越大,材料的弹性模量越高,越不容易发生弹性变形失效,从选材的角度出发,为了防止零件的弹性畸变失效,应考虑用弹性模量高的材料。表 8-1 是一些常用工程材料的弹性模量。

表 8-1 常用材料的弹性模量

材　　料	$E \times 10^3$/MPa	材　　料	$E \times 10^3$/MPa
金刚石	1000	Cu	124
WC	450～650	Cu 合金	120～150
硬质合金	400～530	Ti 合金	80～130
Ti, Zr, Hf 的硼化物	500	黄铜及青铜	103～124
SiC	450	石英玻璃	94
W	406	Al	69
Al_2O_3	390	Al 合金	69～79
TiC	380	钠玻璃	69
Mo 及其合金	320～365	混凝土	45～50
Si_3N_4	289	玻璃纤维复合材料	7～45
MgO	250	木材(纵向)	9～16
Ni 合金	130～234	聚酯塑料	1～5
碳纤维复合材料	70～200	尼龙	2～4
铁及低碳钢	196	有机玻璃	3.4
铸铁	170～190	聚乙烯	0.2～0.7
低合金钢	200～207	橡胶	0.01～0.1
奥氏体不锈钢	190～200	聚氯乙烯	0.003～0.01

2. 塑性畸变失效

塑性畸变是外加应力超过零件材料的屈服极限时发生明显的塑性变形(永久变形)。如钢结构房梁、输电塔承载过重发生塑性变形弯曲,导致倒塌;螺栓严重过载被拉长,失去紧固

作用。

引起零件塑性畸变的因素,往往是多种因素的综合结果。设计时对载荷估计不足,对温度、材质缺陷的影响估计太低。加工缺陷,特别是热处理不良造成的缺陷。如淬火时,加热温度或冷却速度不合适,导致形成较软的组织,从而未达到所需的硬度和屈服强度。使用时严重过载和润滑不当。如齿轮传动在过高的压力或润滑不足的条件下运行,齿面很可能出现如鳞皱、起脊等塑性畸变,导致齿轮失效。

塑性变形是零件中的工作应力超过了材料的屈服强度的结果。受简单静载作用时,零件发生塑性变形的条件为

$$\sigma = P/A = \sigma_s$$

式中,P 为外加载荷;A 为杆件截面积。为了增加零件工作的可靠性,设计中进行强度计算时,许用应力$[\sigma]$一般应取小于材料屈服强度的应力值,即

$$[\sigma] \leqslant \frac{\sigma_s}{k}$$

式中,k 为安全系数,$k>1$。

所以,在给定外加载荷条件下,塑性变形失效的发生取决于零件截面的大小、安全系数 k 及材料的屈服强度 σ_s。零件应选用屈服强度高的材料。表 8-2 列出了一些常用材料的屈服强度。

表 8-2 常用材料的屈服强度

材　料	屈服强度/MPa	材　料	屈服强度/MPa
金刚石	50 000	铜	60
SiC	10 000	铜合金	60~960
Si_3N_4	8000	黄铜及青铜	70~640
石英玻璃	7200	铝	40
WC	6000	铝合金	120~627
Al_2O_3	5000	铁素体不锈钢	240~400
TiC	4000	碳纤维复合材料	640~670
钠玻璃	3600	钢筋混凝土	410
MgO	3000	低碳钢	220
低合金钢(淬-回火)	500~1980	玻璃纤维复合材料	100~300
压力容器钢	1500~1900	有机玻璃	60~110
奥氏体不锈钢	286~500	尼龙	52~90
镍合金	200~1600	聚苯乙烯	34~70
W	1000	木材(纵向)	35~55
Mo 及其合金	560~1450	聚碳酸酯	55
钛及其合金	180~1320	聚乙烯(高密度)	6~20
碳钢(淬-回火)	260~1300	天然橡胶	3
铸铁	220~1030	泡沫塑料	0.2~10

3. 翘曲畸变失效

翘曲畸变是大小与方向上常产生复杂规律的变形，而最终形成翘曲的外形，从而导致严重的翘曲畸变失效。这种畸变往往是由温度、外加载荷、受力截面、材料组成等所引起的不均匀性的组合，其中以温度变化，特别是高温所导致的形状翘曲最为严重。

如受力钢架翘曲变形；壳体在高温下形状翘曲。

8.1.2 断裂失效

机械零件的断裂失效，尤其是突然断裂带来巨大的损失。

1. 韧性断裂

材料断裂之前发生明显的宏观塑性变形的断裂。当韧性较好的材料所承受的载荷超过该材料的强度极限时，就会发生韧性断裂。

韧性断裂的断口特征：

（1）宏观特征

韧性金属的圆试样拉伸的宏观变形方式为颈缩，其典型断口为杯锥状断口（图8-1）。杯锥状断口的底部，晶粒被拉长，宏观上成纤维状，即断口是由无数小的纤维状"山峰"组成，各个山峰的小斜面大致和拉伸轴近似成45°。"纤维状"是由塑性变形过程中微裂纹不断扩展和相互连接造成的。纤维状断口的颜色发暗，断口表面对光的反射能力很弱。

韧性金属拉伸试样的断口除杯锥断口形状之外，还有一种剪切断口，这种断口的平面和拉伸轴大致成45°，即和最大切应力平行，断口比较明亮，断口侧面附近还可以看到有明显宏观塑性变形的痕迹，这种断口特征是因为所加切应力首先超过材料的抗剪切强度所造成的。

（2）微观特征

韧窝（图8-2）是韧性材料断口形貌的主要微观特征，在微观塑性变形区内产生的空洞生核、长大、聚集，最后相互连接导致断裂后在断口上留下的痕迹。金属塑性变形的能力和材料变形硬化指数的大小直接影响已长成一定尺寸的显微空洞的连接和聚集的难易程度，从而影响韧窝的最终尺寸。

图8-1 韧性（塑性）断裂

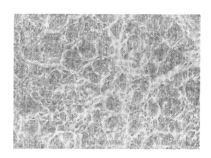

图8-2 韧窝状断口形貌

2. 脆性断裂

脆性断裂指材料在断裂之前不发生或发生很小的宏观可见的塑性变形的断裂,断裂之前没有明显的预兆,裂纹长度一旦达到临界长度,即以声速扩展并发生瞬间断裂。

脆断时零件承受的工作应力较低,通常不超过材料的屈服强度,甚至不超过其许用应力,因此又称为低应力脆断。脆断是以零件内部的肉眼可见的宏观裂纹(如 0.1~1 mm)作为源开始的。宏观裂纹可以是在生产过程中产生的,如轧制钢材时,因钢材组织上的不均匀性而产生裂纹;也可以是因设计时考虑不周,结构的某些地方应力过度集中而产生的,还可能是使用时由于疲劳或应力腐蚀而产生的。这种裂纹在远低于屈服强度的应力下逐渐扩大,最后导致突然断裂。中、低强度钢在室温时的断裂为韧性断裂,在 10~15℃ 以下断裂形式转变为脆性断裂。如体心立方的金属,当温度降低时,强度明显增加,韧性随之降低。晶粒尺寸的增大或杂质在晶界上的偏析都会促使这些钢发生韧-脆转变。

脆性断裂的断口特征:

(1) 宏观特征

脆性断口的宏观特征是在断裂前没有可以观察到的塑性变形(见图 8-3),断口一般与正应力垂直,断口表面平齐,断口边缘没有剪切"唇口"(或很小),断口的颜色较光亮,有时稍有灰暗,但仍亮于韧性断裂时的纤维状断口。光亮的脆性断口的宏观浮雕有时呈现裂纹急速扩展时形成的放射状的线条(或人字纹花样),这是由于不在同一平面上的微裂纹急速扩展并相交的结果。转动断口时,断口上呈现闪闪反光的小平面。较灰暗的脆性断口的宏观形态呈现的则是无定型的粗糙表面,有时也呈现出晶粒的外形。

图 8-3 脆性断裂

(2) 微观特征

脆性断裂断口的特征是解理花样和沿晶断口形态。

金属在正应力作用下,因原子间结合键的破坏而造成的穿晶断裂称为解理断裂,其主要特征是开裂速度快,一般钢中的解理速度大约是 1030 m/s,在低温和三向应力状态时更快;开裂沿着特定的低指数晶面(称为解理面)发生,如 α-Fe、W 的解理面为 {001},Mg、Zn 的解理面为 {0001}。面心立方金属一般不发生解理断裂。解理断裂时,不发生或产生较小的塑性变形(但有时解理断裂也可伴随有很大延性)。

典型的解理断口有以下重要特征:

在不同高度的平行解理面之间产生解理台阶,当解理裂纹由一个晶粒向另一个晶粒扩展时,两晶粒交界处也将形成台阶。解理裂纹扩展时,众多的台阶相互汇合,形成河流花样。河流的流向与裂纹扩展方向一致(见图 8-4)。

还有一种脆性断裂断口为沿晶断口(见图 8-5)。裂纹沿着晶界扩展,断口呈现冰糖花样。

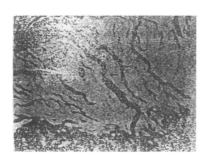
图 8-4 河流花样

图 8-5 沿晶断口（冰糖花样）

3. 韧性-脆性断裂

韧性-脆性断裂又称为准脆性断裂。实质上这是一种塑性与脆性混合的断裂。断口宏观上无明显塑性变形或变形较小，断口平整，具有脆性断裂特征；微观形貌有河流花样及韧窝与撕裂棱等。

4. 疲劳断裂

在交变应力作用下，虽然零件所承受的应力低于材料的屈服强度，但经过较长时间的工作而产生裂纹导致发生断裂，称金属的疲劳断裂。如汽车钢板弹簧发生疲劳断裂。

疲劳断裂的断口特征分为宏观特征和微观特征。

（1）宏观特征

疲劳断裂的断口包括疲劳源、疲劳扩展区和快速断裂区三部分（图 8-6）。

疲劳源通常在应力集中处（工件截面尺寸突变、孔槽边缘、尖角等）、表面缺陷处（如夹砂、划痕、折叠）、内部缺陷处（如缩孔、气泡、疏松、夹杂物）产生。

（2）微观特征

电子显微镜下可以观察到疲劳弧线和放射线。疲劳弧线扩展方向和放射线发散方向即是疲劳裂纹扩展的方向（图 8-7）。

图 8-6 疲劳断裂的断口宏观形貌

图 8-7 疲劳断裂的断口微观形貌

5. 蠕变断裂

在高温下钢的强度较低，当受一定应力作用时，变形量随时间而逐渐增大的过程，这种过程叫蠕变,产生的断裂叫做蠕变断裂。如锅炉管道发生蠕变断裂(图8-8)。

引起零件断裂的因素多而复杂,对材料的性能需要综合考虑。如屈服强度、塑性、断裂韧性、疲劳强度等。通常采用强度高、韧性好、疲劳强度高的材料。

防止断裂的措施主要有:采用材质好、强度高、韧性好的材料;防止超载;注意环境的影响。

图 8-8　蠕变断裂

8.1.3　磨损失效

相互接触的金属表面相对运动时,表面不断发生损耗或产生塑性变形,使金属表面状态和尺寸改变称为磨损。磨损是零件表面失效的主要原因之一,直接影响机器的使用寿命。

1. 磨损失效基本类型

(1) 粘着磨损

粘着磨损亦称擦伤、胶合、咬合等。两个金属表面上的微凸体在局部高压下产生局部粘结(固相粘着),使材料从一个表面转移到另一表面或撕下作为磨料留在两个表面之间称为粘着磨损。粘着磨损使零件摩擦副降低了使用性能,严重时可产生"咬合"现象,即完全丧失其滑动的能力。如轴承轴颈部件润滑失效时,可发生擦伤甚至咬死。

(2) 磨料磨损

配合表面之间在相对运动过程中,因外来硬颗粒或表面微凸体的作用造成表面损伤的磨损称为磨料(粒)磨损。磨料磨损的主要特征是表面被犁削形成沟槽。

(3) 表面疲劳磨损

接触表面作滚动或滚-滑复合摩擦时,在交变接触压应力的作用下,使材料表面疲劳而产生材料损失称为表面疲劳磨损。齿轮副、凸轮副、滚动轴承的滚动体与外座圈、轮箍与钢轨等都可能产生表面疲劳磨损。表面疲劳磨损是在交变载荷的作用下,产生表面裂纹或亚表面裂纹(一般是夹杂物处),裂纹沿表面平行扩展而引起表面金属小片的脱落,在金属表面形成麻坑。

(4) 冲刷磨损

由于含固态粒子的流体(常为液体)冲刷而造成表面材料损失的磨损。冲刷流体中所带固体粒子的相对运动方向与被冲刷表面相平行的冲刷称为研磨冲刷,如风机中带硬粒气流对叶片纵向冲刷;液体中固态粒子的相对运动方向与被冲刷表面近于垂直的冲刷称为碰撞冲刷。

(5) 腐蚀磨损

金属在摩擦过程中发生磨损的同时,与周围介质发生化学或电化学反应,产生表层金属的损失或迁移(腐蚀),即腐蚀会增强机械磨损作用。

2. 磨损失效的影响因素

摩擦学涉及摩擦、磨损和润滑三个基本方面,磨损失效涉及摩擦副的材质和磨损工况。

(1) 摩擦副材质

首先是材料副的互溶性。相同金属、晶格类型、原子间距、电子密度、电化学性能相近的材料副互溶性大,易于粘着而导致粘着磨损失效,而金属与非金属(如塑料、石墨等)互溶性小,粘着倾向小。

其次是材料的表面强化,合理的表面强化处理,一是改变组织结构;二是适度提高硬度,这有利于降低各类磨损。

此外,材料表面缺陷的影响很大。夹杂、疏松、空洞、锻造夹层及各种微裂纹等都使磨损加剧。表面结构缺陷包括表面加工质量缺陷(如表面粗糙度过大、尺寸精度过低、表面刀痕划伤等),以及各种热处理缺陷(如淬火裂纹、渗碳和氮化表面层的网状组织等)。

(2) 工况参数

工况参数包括接触应力、滑动距离和滑动速度、温度、介质条件与润滑等。

8.1.4 腐蚀失效

腐蚀是金属暴露于活性介质环境中而发生的一种表面损耗,是金属与环境介质之间发生的化学和电化学作用的结果。

1. 均匀腐蚀

腐蚀是在整个金属的表面均匀地发生。

均匀腐蚀的前提是被腐蚀的金属表面具有均匀的化学成分和显微组织,包围表面的腐蚀环境是均匀且不受限制与无障碍的。如表面与内在质量好的钢材在大气中的锈蚀。它可在大气、液体以及土壤里产生,且常在正常条件下发生。

2. 点腐蚀

点腐蚀于局部呈尖锐小孔,进而向深度扩展成孔洞甚至穿透(孔蚀)。它因洁净表面上的钝化膜的破坏或起防护作用的防蚀剂的局部破坏而产生。在表面受破坏处和未受破坏处之间形成"局部电池",受破坏处是阳极,未受破坏处是阴极,两极巨大的面积差造成相应的电流密度差,具有很小面积的阳极具有很大的电流密度,腐蚀电流由阳极流向周围的阴极,阳极处很快被腐蚀成小孔,而周围部分受到阴极保护,小孔逐渐腐蚀加深乃至穿透。

3. 晶间腐蚀

晶间腐蚀发生于晶粒边界或其近旁,它使零件的力学性能显著下降,甚至酿成突然事故。不锈钢、镍合金、铝合金、镁合金及钛合金均可在特定环境介质条件下产生晶间腐蚀。

晶间腐蚀的主要原因是晶界处化学成分不均匀。晶界是原子排列较为疏松而紊乱的区域,易于富集杂质原子,发生晶界沉淀。例如不锈钢的晶间腐蚀,是由于碳化铬在晶界析出,使晶界贫铬而形成阳极,晶粒本身成为阴极,从而组成"局部电池"导致晶间腐蚀。

陶瓷、高分子材料、钛合金、不锈钢等具有优良的耐蚀性,铝合金、铜合金、镍合金也具有良好的耐蚀性。

8.2 机械零件失效分析

8.2.1 零件失效基本原因

1. 设计原因

加工制造技术文件的根据是设备图纸(包括电子图纸)和设计计算说明书,其设计计算的核心是依据该零件在特定工况、结构和环境等条件下可能发生的基本失效模式而建立的相应准则,即在给定条件下正常工作的准则,从而定出合适的材质、尺寸、结构,提出技术文件。设计有误,如结构不合理、圆角过小、应力集中、安全系数过小、配合不当等设计原因都可使机械设备或零件不能正常使用或过早失效。

2. 材质原因

选材不当,材料性能无法满足使用要求。如原材料内部缺陷:气孔、疏松、夹杂物、带状组织、碳化物偏析、晶粒粗大等均使材料性能下降。

3. 制造(工艺)原因

加工工艺过程产生的缺陷是导致失效的重要原因。例如零件在铸造过程中形成的疏松、夹渣,锻造过程中产生的夹层、冷热裂纹,焊接过程产生的未焊透、偏析、冷热裂纹,机加工过程产生的尺寸公差和表面粗糙度不合适,精加工磨削过程中产生的磨削裂纹,热处理过程中产生的淬裂、硬度不足、回火脆性、硬软层硬度梯度过大等。

4. 装配调试原因

在安装过程中,如达不到所要求的质量指标,如啮合传动件(齿轮-齿轮、蜗轮-蜗杆等)的间隙不合适(过松或过紧,接触状态未调整好),连接零件必要的"防松"不可靠,铆焊结构的探伤检验不良,润滑与密封装置不良,在初步安装调试后,未按规定进行逐级加载跑合等。

5. 运转维修原因

对运转工况参数(载荷、速度等)的监控不准确,定期大、中、小检修的制度不完善,执行不力,润滑条件(包括润滑剂和润滑方法的选择)无法保证,润滑装置以及冷却、加热和过滤系统功能不正常。

6. 人为原因

在分析失效的基本原因中,特别要强调人为的原因,注意人的因素。工作马虎、责任心不强,违反操作规程,缺乏安全常识、使用和操作基本知识不够,只顾眼前的经济效益,机械产品有安全隐患,都可导致零件过早失效。

8.2.2 零件失效分析

零件失效,导致机械不能正常工作,停工停产,造成重大经济损失。严重的则导致机毁人亡,造成严重责任事故。零件失效分析,可以判断零件失效性质,分析失效原因,研究零件失效的预防措施,提出产品质量保障的具体技术措施。从而提高产品质量,提升产品竞争力。分析零件失效原因,为事故责任认定、侦破刑事犯罪案件、裁定赔偿责任、核定保险、修改产品质量标准等提供科学依据。自扫描电子显微镜和电子探针等一大批现代化分析仪器问世以来,零件失效分析及预防工作得到了突飞猛进的发展。失效分析工作越来越受到人们的重视,具有重要的现实意义。

1. 零件失效分析步骤

(1) 事故调查

现场调查,失效零件的收集,走访当事人和目击者。

(2) 资料搜集

收集、审阅设计资料、材料资料、工艺资料、使用资料、维修记录和使用记录等。

(3) 分析研究

a. 失效机械的结构分析

失效件与相关件的相互关系、载荷形式、受力方向的初步确定。

b. 失效零件的粗视分析

用眼睛或者放大镜观察失效零件,粗略判断失效类型(性质)。

c. 失效零件的微观分析

用金相显微镜、电子显微镜观察失效零件的微观形貌,分析失效类型(性质)和原因。

d. 失效零件材料的成分分析

用光谱仪、能谱仪等现代分析仪器,测定失效零件材料的化学成分。

e. 失效零件材料的力学性能检测

用拉伸试验机、弯曲试验机、冲击试验机、硬度计等测定材料的抗拉强度、弯曲强度、冲击韧度、硬度等力学性能。

f. 应力分析、测定

用 X 射线应力测定仪测定应力。

g. 失效件材料的组成相分析

用 X 射线结构分析仪分析失效零件材料的组成相。

h. 模拟试验(必要时)

在同样工况下进行试验,或者在模拟工况下进行试验。

(4) 分析结果提交

提出失效性质、失效原因,提出预防措施或建议,提交失效分析报告。

以上各项工作并非每个失效零件的分析都要进行。实际零件失效分析工作往往只需要其中几项即可。

另外,计算机技术和各类模拟分析技术的运用也十分重要。机械系统或子系统的失效分析称为故障诊断,它需要分析人员具有综合的科学与技术的广博知识,不但对于零件,而且对于机械系统的知识都有深刻的了解,其中,有关工程材料的知识更是不可缺少的。

当今计算机技术、数据库技术和知识处理技术的发展,可将失效分析知识和经验知识固化到计算机软件中去,研究出了针对不同零件的失效分析(或故障诊断)专家系统,它属于人工智能领域,可集众多失效分析专家的渊博知识和丰富经验为一体,为获取、发现和运用高效的失效分析知识提供了手段和方法,为进一步揭示机械构件的失效机理及其与失效特征开辟了新的途径。此类系统还可以弥补个人知识和经验的不足,提高失效分析的效率,并有利于信息交流。

2. 零件失效分析案例

实例1：汽车板簧断裂失效分析

① 汽车板簧工作条件

一辆货车在运行时汽车板簧突然断裂,造成严重交通事故。板簧用65 Mn制造,经过淬火+中温回火处理。汽车板簧起到减振作用。板簧受到弯矩和振动的联合作用。

② 显微分析

断口表面进行仔细清洗,在视频显微分析仪下观察。断口有明显的疲劳断裂形貌(图8-9)。板簧表面(断口附近)存在热加工缺陷-折叠(图8-10)。折叠上有许多裂纹。

图8-9 疲劳断口

图8-10 折叠

③ 失效原因

板簧表面存在严重的热加工缺陷——折叠。折叠造成了表面裂纹。疲劳源在折叠造成的表面裂纹处形成。板簧断裂位置处于应力集中处。裂纹在应力作用下扩展,最后造成板簧断裂。断口具有典型的疲劳断口特征,该板簧为疲劳断裂。建议板簧加工时避免热加工缺陷产生。

实例2：汽车离合器壳体开裂失效分析

① 粗视分析

离合器壳体由铝合金ZAlSi12(ZL102)铸造而成。壳体一侧的裂纹长220 mm,裂纹的起始位置在壳体侧面下方的交界处。壳体侧面的内表面呈135°和90°夹角(图8-11),无明显的过渡圆角。裂纹扩展方向与该处所受拉应力的方向垂直。

② 宏观分析

断裂面有放射状撕裂棱。断面上有许多闪光的小点,同时发现有圆形、椭圆形的空洞。这些空洞的内表面呈熔融金属凝固态,为铸造缺陷气孔。

③ 显微分析

观察裂纹形态及扩展方向。裂纹开始处位于壳体两

图8-11 裂纹

侧面内表面相交处(图 8-12),裂纹上及其附近有大大小小的气孔,裂纹垂直于壳体边缘扩展。

金相显微组织由白色的 α 固溶体＋灰色的条状及小块状的 Si 晶体＋黑色细针状 Al-Si-Fe 化合物组成。黑色针状 Al-Si-Fe 化合物为有害相,导致壳体材料的韧性下降。裂纹穿过气孔,并沿针状 Al-Si-Fe 化合物界面扩展(图 8-13)。

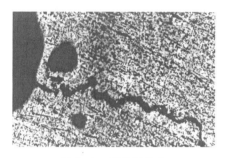
图 8-12　裂纹开始处

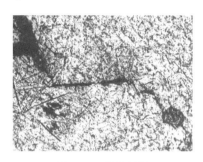
图 8-13　裂纹扩展

④ 断裂原因分析

所用材料强度低,气孔多。合金含铁量高,出现较多的有害相针状 Al-Si-Fe 化合物,使韧性大大降低。壳体两侧面的内表面无明显的过渡圆角,导致应力集中。壳体受弯矩作用,同时受到强烈振动,叠加了扭矩,在壳体应力集中处产生微裂纹,裂纹扩展,导致开裂、破断。建议更换材料,采用强度较高的 ZAlSi7Cu4(ZL107)。降低含铁量,进行良好的变质处理。改进壳体结构,将壳体侧面内表面尖角相交改为圆角过渡。

8.3　机械零件选材原则

机械设计不仅包括零件结构的设计,还包括所用材料和工艺的设计。正确选材是机械设计的一项重要任务,它必须使选用的材料保证零件在使用过程中具有良好的工作能力,保证零件便于加工制造,同时保证零件的总成本尽可能低。优异的使用性能、良好的加工工艺性能和便宜的价格是机械零件选材的基本原则。

8.3.1　使用性能原则

在大多数情况下,使用性能是选材首先要考虑的问题,它主要是指零件在使用状态下材料应该具有的力学性能、物理性能和化学性能,对大量机器零件和工程构件,使用性能主要是力学性能;对一些特殊条件下工作的零件,则必须根据要求考虑到材料的物理性能和化学性能。

使用性能的要求,是在分析零件工作条件和失效形式的基础上提出来的。零件的工作条件包括三个方面。

(1) 受力状况

受力状况主要是载荷的类型(例如动载、静载、循环载荷或单调载荷等)和大小;载荷的形式(例如拉伸、压缩、弯曲或扭转等);以及载荷的特点(例如均布载荷或集中载荷等)。

（2）环境状况

环境状况主要是温度特性,例如低温、常温、高温或变温等;以及介质情况,例如有无腐蚀或摩擦作用等,以及是否处于真空或惰性气体保护。

（3）特殊要求

特殊要求主要是对导电性、磁性、热膨胀、密度、外观等的要求。

通过对零件工作条件和失效形式的分析,确定零件对使用性能的要求,然后利用使用性能与实验室性能的相应关系,将使用性能具体转化为实验室力学性能指标,例如强度、韧性或耐磨性等。这是选材最关键的步骤。之后,根据零件的几何形状、尺寸及工作中所承受的载荷,计算出零件中的应力分布。再由工作应力、使用寿命或安全性与实验室性能指标的关系,确定对实验室性能指标要求的具体数值。

表 8-3 中举出了几种常用零件的工作条件、失效形式和要求的主要力学性能指标。确定了具体力学性能指标和数值后,可利用手册选材。一般手册中的性能,大多是波动范围的下限值,即在尺寸和处理条件相同时,手册数据是偏安全的。

表 8-3　几个常用零件的工作条件、失效形式和要求的力学性能

零件	工作条件			常见的失效形式	要求的主要力学性能
	应力种类	载荷性质	受载状态		
紧固螺栓	拉、剪应力	静载	—	过量变形,断裂	强度,塑性
传动轴	弯、扭应力	循环,冲击	轴颈摩擦,振动	疲劳断裂,过量变形,轴颈磨损	综合力学性能
传动齿轮	压、弯应力	循环,冲击	摩擦,振动	齿折断,磨损,疲劳断裂,接触疲劳（麻点）	表面高强度及疲劳极限,心部强度、韧性
弹簧	扭、弯应力	交变,冲击	振动	弹性失稳,疲劳破坏	弹性极限,屈强比,疲劳极限
冷作模具	复杂应力	交变,冲击	强烈摩擦	磨损,脆断	硬度,足够的强度,韧性

对于在特殊条件下工作的零件,必须采用特殊性能指标作选材依据,例如采用高温强度、低周疲劳及热疲劳性能、疲劳裂纹扩展速率和断裂韧性、介质作用下的力学性能等。

8.3.2　工艺性能原则

在某些情况下,工艺性能成为选材考虑的重要依据。一种材料即使使用性能很好,但若加工极困难,或者加工费用太高,也是不可取的。所以,材料的工艺性能应满足生产工艺的要求,这是选材必须考虑的问题。

材料所要求的工艺性能与零件生产的加工工艺路线有密切关系,具体的工艺性能是从工艺路线中提炼出来的。由于金属材料的加工工艺路线远较高分子材料和陶瓷材料复杂,而且变化多,下面只对它进行讨论。

1. 金属材料的加工工艺路线

金属材料的加工工艺路线如图 8-14 所示。可以看出,它不仅影响零件的成形,还大大影响其最终性能。

金属材料（主要是钢铁材料）的工艺路线大体可分成三类。

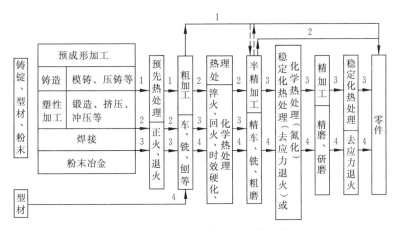

图 8-14 金属材料的加工工艺路线

(1) 性能要求不高的一般零件

毛坯→正火或退火→切削加工→零件。

即图 8-14 中的工艺路线 1。毛坯由铸造或锻轧加工获得。如果用型材直接加工成零件,则因材料出厂前已经退火或正火处理,可不必再进行热处理。一般情况下的毛坯的正火或退火,不单是为了消除铸造、锻造的组织缺陷和改善加工性能,还赋予零件以必要的力学性能,因而也是最终热处理。由于零件性能要求不高,多采用比较普通的材料如铸铁或碳钢制造。它们的工艺性能都比较好。

(2) 性能要求较高的零件

毛坯→预先热处理(正火、退火)→粗加工→最终热处理(淬火、回火,固溶时效或渗碳处理等)→精加工→零件。

即图 8-14 中的工艺路线 2。预先热处理是为了改善机加工性能,并为最终热处理作好组织准备。大部分性能要求较高的零件,如各种合金钢、高强铝合金制造的轴、齿轮等,均采用这种工艺路线。它们的工艺性能不一定都是很好的,所以要重视这些性能的分析。

(3) 要求较高的精密零件

毛坯→预先热处理(正火、退火)→粗加工→最终热处理(淬火、低温回火,固溶、时效或渗碳)→半精加工→稳定化处理或氮化→精加工→稳定化处理→零件。

这类零件除了要求有较高的使用性能外,还要求有很高的尺寸精度和极低的表面粗糙度。因此大多采用图 8-14 中的工艺路线 3 或 4,在半精加工后进行一次或多次精加工及尺寸的稳定化处理。要求高耐磨性的零件还须进行氮化处理。由于加工路线复杂,性能和尺寸的精度要求很高,零件所用材料的工艺性能应充分保证。这类零件有精密丝杠、镗床主轴等。

2. 金属材料的主要工艺性能

金属材料的加工工艺路线复杂,要求的工艺性能较多,如铸造性能、锻造性能、焊接性能、切削加工性能、热处理工艺性能等(详见 1.2.1 节)。金属材料的工艺性能应满足其工艺过程要求。

8.3.3 经济及环境友好性原则

材料的经济性是选材的重要原则。采用便宜的材料，把总成本降至最低，取得最大的经济效益，使产品在市场上具有最强的竞争力，始终是设计工作的重要任务。

1. 材料的价格

零件材料的价格无疑应该尽量低。材料的价格在产品的总成本中占有较大的比重，在许多工业部门中可占产品价格的 30%～70%，因此设计人员要十分关心材料的市场价格。

2. 零件的总成本

零件选用的材料必须保证其生产和使用的总成本最低。

如果准确地知道了零件总成本与各个因素之间的关系，则可以对选材的影响作精确的分析，并选出使总成本最低的材料。但是，对于一般情况，详尽的实验分析与计算有困难。

3. 资源及能源

随着工业的发展，资源及能源的节约问题日渐突出，选用材料时必须对此有所考虑。特别是对于大批量生产的零件，所用材料应该来源丰富并顾及我国资源状况，在零件的设计制造时应当采用节省材料的设计方案和工艺路线。还要注意生产所用材料及机械设备的能源消耗，尽量选用耗能低的材料，并注意设备的能耗，达到低碳、节能减排的目的。例如，在柴油发动机的选材中，必须由实验台检测发动机的耗油指标，作为选材的依据。

4. 材料的环境友好与循环使用

当前，绿色制造的概念日益深入人心，例如，高分子材料的广泛使用曾经引起所谓的"白色污染"问题，许多科学家在可降解塑料的研发中取得了突出的发展，可以使得塑料制品在完成其使用之后，在确定的时间降解掉。金属材料中，镁合金被誉为"清洁金属"，这是指它的新型冶炼技术所产生的污染已被降至很低。而材料的回收再利用也越来越受到重视，经济学家甚至推出"循环经济"的概念。材料的循环使用也超越了原来"废品回收"的狭隘观点。例如，电子元件中使用的稀有金属，有很大比例来自电子废弃物回收处理企业。

第9章 典型工件的选材及工艺路线设计

9.1 齿轮选材

9.1.1 齿轮的工作条件

齿轮主要用于传递扭矩和调节速度,其工作时的受力情况是:
(1) 由于传递扭矩,齿根承受很大的交变弯曲应力;
(2) 换挡、启动或啮合不均时,齿部承受一定冲击载荷;
(3) 齿面相互滚动或滑动接触,承受很大的接触压应力及摩擦力的作用。

9.1.2 齿轮的失效形式

按照工作条件的不同,齿轮的失效形式主要有以下几种:
(1) 疲劳断裂
主要从根部发生,其宏观形貌见图9-1。这是齿轮最严重的失效形式,常常一齿断裂引起数齿甚至所有齿的断裂。
(2) 齿面磨损
由于齿面接触区摩擦,使齿厚变薄,如图9-2所示。

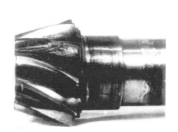

图9-1 螺旋伞齿轮齿根部弯曲疲劳断裂

图9-2 齿面严重磨损、齿厚变薄

(3) 齿面接触疲劳破坏
在交变接触应力作用下,齿面产生微裂纹,微裂纹的发展,引起点状剥落(或称麻点),见图9-3。
(4) 过载断裂
主要是冲击载荷过大造成的断齿,见图9-4。

图 9-3 齿面剥落

图 9-4 轮齿冲击断裂

9.1.3 齿轮材料的性能要求

根据工作条件及失效形式的分析,可以对齿轮材料提出如下性能要求:
(1) 高的弯曲疲劳强度;
(2) 高的接触疲劳强度和耐磨性;
(3) 较高的强度和冲击韧度。

此外,还要求有较好的热处理工艺性能,例如热处理变形小,或变形有一定规律等。

9.1.4 齿轮类零件的选材

齿轮材料要求的性能主要是疲劳强度,尤其是弯曲疲劳强度和接触疲劳强度。表面硬度越高,疲劳强度也越高。齿心应有足够的冲击韧度,目的是防止轮齿受冲击过载断裂。从以上两方面考虑,选用低、中碳钢或低、中碳合金钢。它们经表面强化处理后,表面有高的强度和硬度,心部有好的韧性,能满足使用要求。此外,这类钢的工艺性能好,经济上也较合理,所以是比较理想的齿轮材料。

9.1.5 典型齿轮选材举例

1. 机床齿轮

表 9-1 中给出了机床齿轮的用材及热处理情况。

表 9-1 机床齿轮的用材及热处理

序号	齿轮工作条件	钢种	热处理工艺	硬度要求
1	在低载荷下工作,要求使用耐磨性好的齿轮	15	900~950℃渗碳,直接淬火,或780~800℃水冷,180~200℃回火	58~63 HRC
2	低速(<0.1 m/s)、低载荷下工作的不重要的变速箱齿轮和挂轮架齿轮	45	840~860℃正火	156~217 HB
3	低速(<1 m/s)、低载荷下工作的齿轮(如车床溜板上的齿轮)	45	820~840℃水冷,500~550℃回火	200~250 HB
4	中速、中载荷或大载荷下工作的齿轮(如车床变速箱中的次要齿轮)	45	高频加热,水冷,300~340℃回火	45~50 HRC

续表

序号	齿轮工作条件	钢种	热处理工艺	硬度要求
5	速度较大或中等载荷下工作的齿轮,齿部硬度要求较高(如钻床变速箱中的次要齿轮)	45	高频加热,水冷,230~240℃回火	50~55 HRC
6	高速、中等载荷,要求齿面硬度高的齿轮(如磨床砂轮箱齿轮)	45	高频加热,水冷,180~200℃回火	54~60 HRC
7	速度不高,中等载荷,断面较大的齿轮(如铣床工作面变速箱齿轮、立车齿轮)	40Cr 42SiMn 45MnB	840~860℃油冷,600~650℃回火	200~230 HB
8	中等速度(2~4 m/s)、中等载荷下工作的高速机床走刀箱、变速箱齿轮	40Cr 42SiMn	调质后高频加热,乳化液冷却,260~300℃回火	50~55 HRC
9	高速、高载荷、齿部要求高硬度的齿轮	40Cr 42SiMn	调质后高频加热,乳化液冷却,180~200℃回火	54~60 HRC
10	高速、中载荷、受冲击、模数<5的齿轮(如机床变速箱齿轮、龙门铣床的电动机齿轮)	20Cr 20Mn2B	900~950℃渗碳,直接淬火,或800~820℃油淬,180~200℃回火	58~63 HRC
11	高速、重载荷、受冲击、模数>6的齿轮(如立车上的重要齿轮)	20CrMnTi 20SiMnVB	900~950℃渗碳,降温至820~850℃淬火,180~200℃回火	58~63 HRC
12	高速、重载荷、形状复杂,要求热处理变形小的齿轮	38CrMoAl 38CrAl	正火或调质后510~550℃氮化	850 HV 以上
13	在不大载荷下工作的大型齿轮	50Mn2 65Mn	820~840℃空冷	<241 HB
14	传动精度高,要求具有一定耐磨性的大齿轮	35CrMo	850~870℃空冷,600~650℃回火(热处理后精切齿形)	255~302 HB

机床变速箱齿轮担负传递动力、改变运动速度和方向的任务。工作条件较好,转速中等,载荷不大,工作平稳无强烈冲击。一般可选中碳钢45、40Cr 钢制造。它的工艺路线为:

下料→锻造→正火→粗加工→调质→精加工→轮齿高频淬火及低温回火→精磨

正火处理对锻造齿轮毛坯是必须的热处理工序,它可消除锻造应力,均匀组织,使同批坯料具有相同的硬度,便于切削加工,改善齿轮表面加工质量。对于一般齿轮,正火也可作为高频淬火前的最后热处理工序。

调质处理可使齿轮具有较高的综合力学性能,心部有足够的强度和韧性,能承受较大的交变弯曲应力和冲击载荷,并可减少齿轮的淬火变形。

高频淬火及低温回火是决定齿轮表面性能的关键工序。通过高频淬火,轮齿表面硬度可达 52 HRC 以上,提高了耐磨性,并使轮齿表面有残余压应力存在,从而提高了抗疲劳破坏的能力。为了消除淬火应力,高频淬火后进行低温回火。

冲击载荷小的低速齿轮也可采用 HT250、HT350、QT500-5、QT600-2 等铸铁制造。

机床齿轮除选用金属齿轮外,有的还可改用塑料齿轮。如 C336-1 车床走刀机构的传动齿轮,原采用 45 钢制造,现改为聚甲醛(或单体浇铸尼龙),工作时传动平稳,噪声减少,长期使用无损坏,且磨损很小。M120W 万能磨床油泵中圆柱齿轮,承载较大,转速高(1440 r/min)。原采用 40Cr 钢制造,在油中运转,连续工作时油压约 1.5 MPa。现改用单体浇铸尼龙或氯化聚醚，注射成全塑料结构的圆柱齿轮，经长期使用无损坏现象，并且噪声小，油泵压力稳定。

2. 汽车齿轮

表 9-2 中给出了汽车、拖拉机齿轮的用材及热处理情况。

表 9-2 汽车、拖拉机齿轮常用钢种及热处理方法

序号	齿轮类型	常用钢种	热处理 主要工序	热处理 技术条件
1	汽车变速箱和分动箱齿轮	20CrMnTi 20CrMo 等	渗碳	层深： m_n[①] <3 时，$0.6 \sim 1.0$ mm； $3<m_s<5$ 时，$0.9 \sim 1.3$ mm； $m_n>5$ 时，$1.1 \sim 1.5$ mm 齿面硬度： $58 \sim 64$ HRC 心部硬度： $m_n \leqslant 5$ 时，$32 \sim 45$ HRC； $m_n>5$ 时，$29 \sim 45$ HRC
		40Cr	（浅层）碳氮共渗	层深：>0.2 mm 表面硬度：$51 \sim 61$ HRC
2	汽车驱动桥主动及从动圆柱齿轮 汽车驱动桥主动及从动圆锥齿轮	20CrMnTi 20CrMo 20CrMnTi 20CrMnMo	渗碳	园柱齿轮渗层深度按图纸要求，硬度要求同序号 1 中渗碳工序 园锥齿轮层深： m_s[②] <5 时，$0.9 \sim 1.3$ mm； $5<m_n<8$ 时，$1.0 \sim 1.4$ mm； $m_s>8$ 时，$1.2 \sim 1.6$ mm 齿面硬度： $58 \sim 64$ HRC 心部硬度： $m_s \leqslant 8$ 时，$32 \sim 45$ HRC； $m_s>8$ 时，$29 \sim 45$ HRC
3	汽车驱动桥差速器行星及半轴齿轮	20CrMnTi 20CrMo 20CrMnMo	渗碳	同序号 1 中渗碳工序
4	汽车发动机凸轮轴齿轮	HT150 HT200		$170 \sim 229$ HB
5	汽车曲轴正时齿轮	35、40、45、40Cr	正火	$149 \sim 179$ HB
			调质	$207 \sim 241$ HB
6	汽车起动机齿轮	15Cr 20Cr 20CrMo 15CrMnMo 20CrMnTi	渗碳	层深：$0.7 \sim 1.1$ mm 表面硬度：$58 \sim 63$ HRC 心部硬度：$33 \sim 43$ HRC
7	汽车里程表齿轮	20 Q215	（浅层）碳氮共渗	层深：$0.2 \sim 0.35$ mm

续表

序号	齿轮类型	常用钢种	热处理 主要工序	技术条件
8	拖拉机传动齿轮,动力传动装置中的圆柱齿轮,圆锥齿轮及轴齿轮	20Cr 20CrMo 20CrMnMo 20CrMnTi 30CrMnTi	渗碳	层深:不小于模数的0.18倍,但不大于2.1 mm 各种齿轮渗层深度的上下限不大于0.5 mm,硬度要求同序号1、2
		40Cr 45Cr	(浅层)碳氮共渗	同序号1中碳氮共渗工序
9	拖拉机曲轴正时齿轮,凸轮轴齿轮,喷油泵驱动齿轮	45	正火	156~217 HB
			调质	217~255 HB
		灰铸铁 HT150		170~229 HB
10	汽车拖拉机油泵齿轮	40,45	调质	28~35 HRC

① m_n 为法向模数;② m_s 为端面模数。

汽车齿轮主要分装在变速箱和差速器中。在变速箱中,通过它改变发动机曲轴和主轴齿轮的速比;在差速器中,通过齿轮增加扭矩,并调节左右轮的转速。全部发动机的动力均通过齿轮传给车轴,推动汽车运行。所以,汽车齿轮受力较大,受冲击频繁,其耐磨性、疲劳强度、心部强度以及冲击韧度等均要求比机床齿轮高。采用调质钢高频淬火不能保证要求,所以,要用低碳钢进行渗碳处理来做重要齿轮。我国应用最多的是合金渗碳钢20Cr或20CrMnTi,并经渗碳、淬火和低温回火。渗碳后表面碳含量大大提高,保证淬火后得到高硬度,提高耐磨性和接触疲劳抗力。由于合金元素提高淬透性,淬火、回火后可使心部获得较高的强度和足够的冲击韧度。为了进一步提高齿轮的耐用性,渗碳、淬火、回火后,还可采用喷丸处理,增大表层压应力,有利于提高疲劳强度,并清除氧化皮。

汽车驱动桥主动圆锥齿轮和从动圆锥齿轮采用20CrMnTi钢制造。其制造工艺路线为:

下料→锻造→正火→切削加工→渗碳、淬火及低温回火→喷丸→磨削加工

9.2 轴类零件选材

轴是机器上的最重要零件之一,一切回转运动的零件,如齿轮、凸轮等都装在轴上。所以,轴主要起传递运动和转矩的作用。

9.2.1 轴类零件的工作条件

尽管不同机器和装置中各类轴的大小、负载、环境各不相同,但各类轴件在工作条件下有以下共同特征:

(1) 轴类零件工作时主要受交变弯曲应力和扭转应力的复合作用;
(2) 轴与轴上零件有相对运动,相互间存在摩擦和磨损;
(3) 轴在高速运转过程中会产生振动,使轴承受冲击载荷;
(4) 多数轴会承受一定的过载载荷。

9.2.2 轴类零件的失效形式

由于轴类零件的受力情况及工作条件较复杂,所以其失效方式也是多样的。轴类零件的一般失效方式有长期交变载荷下的疲劳断裂(包括扭转疲劳和弯曲疲劳断裂,见图 9-5),大载荷或冲击载荷作用引起的过量变形,甚至断裂(见图 9-6),与其他零件相对运动时产生的表面过度磨损(见图 9-7)等。

图 9-5 转轴弯曲疲劳断口形貌

图 9-6 直升机螺旋桨驱动齿轮轴扭断

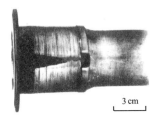
图 9-7 轴颈被埋嵌在轴承中的硬粒子磨损

9.2.3 轴类零件材料的性能要求

根据轴类的工作条件和失效方式,轴类件对材料性能有以下要求:

(1) 良好的综合力学性能,要具备足够的强度、塑性和一定的韧性,以防止过载断裂、冲击断裂;

(2) 高的疲劳强度,对应力集中敏感性低,以防疲劳断裂;

(3) 足够的淬透性,热处理后表面要有高硬度、高耐磨性,以防磨损失效;

(4) 良好的切削加工性能,价格便宜。

9.2.4 轴类零件的选材

轴类零件选材时主要考虑强度,同时也要考虑材料的冲击韧度和表面耐磨性。强度设计一方面可保证轴的承载能力,防止变形失效;另一方面由于疲劳强度与拉伸强度大致成正比关系,也可保证轴的耐疲劳性能,并且还对耐磨性有利。

为了兼顾强度和韧性,同时考虑疲劳抗力,轴一般用经锻造或轧制的低、中碳钢或合金钢制造。

由于碳钢比合金钢便宜,并且有一定的综合力学性能,对应力集中敏感性较小,所以一般轴类零件使用较多。常用的优质碳素结构钢有:35、40、45、50 钢等,其中 45 钢最常用。为改善其性能,这类钢一般要经正火、调质或表面淬火热处理。

合金钢比碳钢具有更好的力学性能和热处理性能,但对应力集中敏感性较高,价格也较贵,所以当载荷较大并要求限制轴的外形、尺寸和重量,或轴颈的耐磨性等要求高时采用合金钢。常用的合金钢有 20Cr、40Cr、40CrNi、20CrMnTi、40MnB 等。采用合金钢必须采取相应的热处理才能充分发挥其作用。

除了上述碳钢和合金钢外,还可以采用球墨铸铁作为轴的材料。特别是曲轴可选用球墨铸铁材料。

轴类零件很多,如机床主轴、内燃机曲轴、汽车半轴等,其选材主要是根据载荷大小、载荷类型等决定。

轴类零件承受的载荷主要是弯曲载荷、扭转载荷和轴向载荷。对于弯曲载荷,轴内应力分布为

$$\sigma = kEy$$

式中,σ 为法向应力;k 为曲率,在一定载荷下纯弯曲时为常数;E 为弹性模量;y 为离中性轴线的距离。所以最大应力值在外表面上。对于扭转载荷,轴内应力分布为

$$\tau = G\rho\theta$$

式中,τ 为剪应力;G 为剪切模量;ρ 为距圆心的径向距;θ 为扭转角,在一定载荷下纯扭转时为常数。应力的最大值在外表面上。对于轴向载荷,轴截面上应力分布均匀。所以,主要受扭转、弯曲的轴,可以不必用淬透性很高的钢种;而受轴向载荷的轴,由于心部受力也较大,选用的钢应具有较高的淬透性。

9.2.5 典型轴的选材

1. 机床主轴选材

以 C620 车床主轴为例进行选材。图 9-8 为其简图。

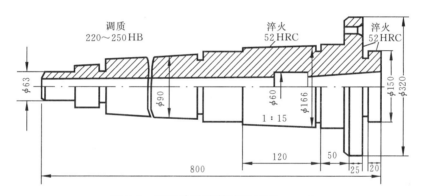

图 9-8 C620 车床主轴简图(单位:mm)

该主轴受交变弯曲和扭转复合应力作用,但载荷和转速均不高,冲击载荷也不大,所以具有一般综合力学性能即可满足要求。但大端的轴颈、锥孔与卡盘、顶尖之间有摩擦,这些部位要求有较高的硬度和耐磨性。

根据以上分析,车床主轴可选用 45 钢。热处理工艺为调质处理,硬度要求为 220～250 HB;轴颈和锥孔进行表面淬火,硬度要求为 52 HRC。它的工艺路线如下:

锻造→正火→粗加工→调质→精加工→表面淬火及低温回火→磨削加工

如果这类机床主轴的载荷较大,可用 40Cr 钢制造。当承受较大的冲击载荷和疲劳载荷时,则可采用合金渗碳钢制造,如 20Cr 或 20CrMnTi 等。

其他机床主轴的工作条件、选材及热处理工艺等列于表 9-3 中。

2. 内燃机曲轴选材

曲轴是另外一种类型的轴类零件,是内燃机中形状复杂而又重要的零件之一,其作用是输出内燃机功率,并驱动内燃机内其他运动机构。曲轴在工作中受到更加复杂的力的作

表 9-3　机床主轴的工作条件、选材及热处理工艺

序号	工作条件	材料	热处理工艺	硬度要求	应用举例
1	(1) 在滚动轴承中运转 (2) 低速,轻或中等载荷 (3) 精度要求不高 (4) 稍有冲击载荷	45	正火或调质	220～250 HBS	一般简易机床主轴
2	(1) 在滚动轴承中运转 (2) 转速稍高,轻或中等载荷 (3) 精度要求不太高 (4) 冲击、交变载荷不大	45	整体淬硬 正火或调质 +局部淬火	40～45 HRC ≤229 HBS(正火) 220～250 HBS (调质) 46～52 HRC (局部)	龙门铣床、立式铣床、小型立式车床主轴
3	(1) 在滚动或滑动轴承内运转 (2) 低速,轻或中等载荷 (3) 精度要求不很高 (4) 有一定的冲击、交变载荷	45	正火 或调质 轴颈局部 表面淬火	≤229 HBS 220～250 HBS 表面: 46～57 HRC	CB3463、CA6140、C61200 等重型车床主轴
4	(1) 在滚动轴承中运转 (2) 中等载荷,转速略高 (3) 精度要求不太高 (4) 交变、冲击载荷不大	40Cr 40MnB 40MnVB	整体淬硬 调质后局部 淬硬	40～45 HRC 220～250 HBS (调质) 46～52 HRC (局部)	滚齿机、组合机床主轴
5	(1) 在滑动轴承内运转 (2) 中或重载荷,转速略高 (3) 精度要求较高 (4) 有较高的交变、冲击载荷	40Cr 40MnB 40MnVB	调质后轴颈 表面淬火	220～280 HBS (调质) 46～55 HRC (表面)	铣床、M74758 磨床砂轮主轴
6	(1) 在滚动或滑动轴承内运转 (2) 轻、中载荷、转速较低	50Mn2	正火	≤240 HBS	重型机床主轴
7	(1) 在滑动轴承内运转 (2) 中等或重载荷 (3) 要求轴颈部分有更高的耐磨性 (4) 精度很高 (5) 交变应力较大,冲击载荷较小	65Mn	调质后轴颈和 头部局部淬火	250～280 HBS (调质) 56～61 HRC (轴颈表面) 50～55 HRC (头部)	M1450 磨床主轴
8	工作条件同上,但表面硬度要求更高	GCr15 9Mn2V	调质后轴颈和 头部局部淬火	250～280 HBS 局部(调质) ≥59 HRC	MQ1420、MB1432A 磨床砂轮主轴
9	(1) 在滑动轴承内运转 (2) 重载荷,转速很高 (3) 精度要求极高 (4) 有很高的交变、冲击载荷	38CrMoAl	调质后渗氮	≤260 HBS (调质) ≥850 HV (渗氮表面)	高精度磨床砂轮主轴、T68 镗杆、坐标镗床主轴、自动车床中心轴
10	(1) 在滑动轴承内运转 (2) 重载荷,转速很高 (3) 高的冲击载荷 (4) 很高的交变压力	20CrMnTi	渗碳淬火 +低温回火	≥50 HRC (表面)	Y7163 齿轮磨床、CG1107 车床、SG8630 精密车床主轴

用；弯曲、扭转、剪切、拉压、冲击等交变应力，从而可造成曲轴的扭转和弯曲振动，使之产生附加应力；因曲轴形状极不规则，所以应力分布很不均匀；另外，曲轴颈与轴承发生滑动摩擦。因此曲轴的失效形式主要是疲劳断裂和轴颈严重磨损两种。

根据曲轴的损坏形式，要求制造曲轴的材料必须具有高的强度，一定的冲击韧度，足够的弯曲、扭转疲劳强度和刚度，轴颈表面还应有高的硬度和耐磨性。

实际生产中，按制造工艺把曲轴分为锻钢曲轴和铸造曲轴两种。锻钢曲轴主要由优质中碳钢或中碳合金钢制造，如35、40、45、35Mn2、40Cr、35CrMo钢等。铸造曲轴主要由铸钢、球墨铸铁、珠光体可锻铸铁以及合金铸铁等制造，如ZG230-450、QT600-3、QT700-2、KTZ450-06、KTZ550-04等。

图9-9是175A型农用柴油机曲轴简图。175型柴油机为单缸四冲程柴油机，气缸直径为75 mm，转速为2200~2600 r/min，功率为4.4 kW。由于功率不大，因此曲轴所承受的弯曲、扭转、冲击等载荷也不大。但由于在滑动轴承中工作，故要求轴颈部位有较高的硬度及耐磨性。其性能要求是 $\sigma_b \geq 750$ MPa，整体硬度在240~260 HBS，轴颈表面硬度 ≥ 625 HV，$\delta \geq 2\%$，$a_{kU} \geq 150$ kJ/m²。

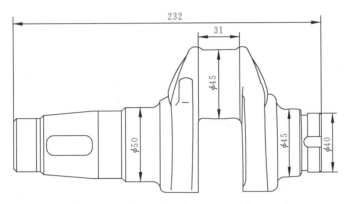

图 9-9 175A型柴油机曲轴简图（单位：mm）

根据上述要求，曲轴材料可选用QT700-2。其工艺路线如下：

铸造→高温正火→去应力退火→切削加工→轴颈气体渗氮

高温正火：正火温度为950℃。正火目的是获得细珠光体基体的组织，以满足强度要求。

去应力退火：去应力退火温度为560℃。目的是消除正火时产生的内应力。

轴颈气体渗氮：渗氮温度570℃。保证不改变基体组织及加工精度的前提下提高轴颈表面硬度和耐磨性。

汽车发动机曲轴也可用45、40Cr钢制造。经过模锻、调质、切削加工后，在轴颈部位进行表面淬火。

9.3 弹 簧 选 材

弹簧是一种重要的机械零件。它的基本作用是利用材料的弹性和弹簧本身的结构特点，在载荷作用下产生变形时，把机械功或动能转变为形变能；在恢复变形时，把形变能转变为动能或机械功。弹簧的种类很多，按形状分主要有螺旋弹簧（压缩、拉伸、扭转弹簧）、板弹簧、片弹簧和蜗卷弹簧几种。

弹簧的主要用途有：缓冲或减振（如汽车、火车的悬挂弹簧）、定位（如机床定位销弹簧）、复原（如发动机的气门弹簧）、储存和释放能量（如钟表的发条）、测力（如弹簧秤、测力计弹簧）。

9.3.1 弹簧的工作条件

（1）弹簧在外力作用下，压缩、拉伸、扭转时，材料将承受弯曲应力或扭转应力。

（2）缓冲、减振或复原用的弹簧承受交变应力和冲击载荷的作用。

（3）某些弹簧受到腐蚀介质和高温的作用。

9.3.2 弹簧的失效形式

（1）塑性变形。外载荷去掉后，弹簧不能恢复到原始尺寸和形状。

（2）疲劳断裂。在交变应力作用下，弹簧表面缺陷（裂纹、折叠、刻痕、夹杂物）处产生疲劳源，裂纹扩展后造成断裂失效。

（3）快速脆性断裂。某些弹簧存在材料缺陷（如粗大夹杂物、过多脆性相）、加工缺陷（如折叠、划痕）、热处理缺陷（淬火温度过高导致晶粒粗大，回火温度不足使材料韧性不够）等，当受到过大的冲击载荷时，发生突然脆性断裂。

（4）在腐蚀性介质中使用的弹簧易产生应力腐蚀断裂失效。高温使弹簧材料的弹性模量和承载能力下降，高温下使用的弹簧易出现蠕变和应力松弛，产生永久变形。

9.3.3 弹簧材料的性能要求

（1）高的弹性极限 σ_e 和高的屈强比 σ_s/σ_b。弹性极限越大，屈强比越高，弹簧可承受的应力越高。

（2）高的疲劳强度。弯曲疲劳强度 σ_{-1} 和扭转疲劳强度 τ_{-1} 越大，则弹簧的抗疲劳性能越好。

（3）好的材质和表面质量。夹杂物含量少，晶粒细小，表面质量好，缺陷少，对于提高弹簧的疲劳寿命和抗脆性断裂十分重要。

（4）某些弹簧需要材料有良好的耐蚀性和耐热性，以保证在腐蚀性介质和高温条件下的使用性能。

9.3.4 弹簧的选材

弹簧种类很多，载荷大小相差悬殊，使用条件和环境各不相同。制造弹簧的材料很多，金属材料、非金属材料（如塑料、橡胶）都可用来制造弹簧。

测力弹簧、柱塞弹簧、一般机器上的螺旋弹簧、小型机械的弹簧选用 65、70 等碳素弹簧钢制造。

小尺寸各种扁、圆弹簧、座垫弹簧、弹簧发条、离合器簧片、刹车弹簧等用合金弹簧钢 65Mn 制造。

汽车、拖拉机、机车上的减振板簧和螺旋弹簧、气缸安全弹簧、转向架弹簧、轧钢设备以及要求承受较高应力的弹簧、低于 230℃ 条件下使用的弹簧,用 65Mn、55Si2Mn、55Si2MnB、60Si2Mn、50CrMn 等合金弹簧钢制造。

气门弹簧、喷油嘴簧、汽缸涨圈、安全阀弹簧、密封装置弹簧、用于 210℃ 条件下工作弹簧,用 50CrVA 制造。

不锈钢也可用来制造弹簧。如 06Cr19Ni10(0Cr18Ni9)、12Cr18Ni9(1Cr18Ni9)、06Cr18Ni11Ti(0Cr18Ni10Ti、1Cr18Ni9Ti)等,一般通过冷轧(拔)加工成带或丝材,制造在腐蚀性介质中使用的弹簧。黄铜、锡青铜、铝青铜、铍青铜具有良好的导电性、非磁性、耐蚀性、耐低温性及弹性,用于制造电器、仪表弹簧及在腐蚀性介质中工作的弹性元件。

9.3.5 典型弹簧选材

1. 汽车板簧

汽车板簧(见图 9-10)用于缓冲和吸振,承受很大的交变应力和冲击载荷的作用,需要高的屈服强度和疲劳强度,一般选用 65Mn、60Si2Mn 钢制造。中型或重型汽车,板簧用 50CrMn、55SiMnVB 钢,重型载重汽车大截面板簧用 55SiMnMoV、55SiMnMoVNb 钢制造。

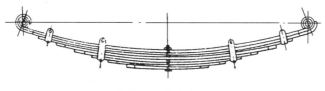

图 9-10 汽车板簧

其工艺路线为:

热轧钢带(板)冲裁下料→压力成形→淬火→中温回火→喷丸强化

淬火温度为 850～860℃(60Si2Mn 钢为 870℃),采用油冷,淬火后组织为马氏体。回火温度为 420～500℃,组织为回火屈氏体。屈服强度 $\sigma_{0.2}$ 不低于 1100 MPa,硬度为 42～47 HRC,冲击韧度 a_k 为 250～300 kJ/m²。

2. 气门弹簧

内燃机气门弹簧是一种压缩螺旋弹簧。其用途是在凸轮、摇臂或挺杆的联合作用下,使气门打开和关闭,承受应力不是很大,可采用淬透性比较好、晶粒细小、有一定耐热性的 50CrVA 钢制造,工艺路线如下:

冷卷成形→淬火→中温回火→喷丸强化→两端磨平

将冷拔退火后的盘条校直后用自动卷簧机卷制成螺旋状,切断后两端并紧,经 850～860℃ 加热后油淬,再经 520℃ 回火,组织为回火屈氏体,喷丸后两端磨平。弹簧弹性好,屈服强度和疲劳强度高,有一定的耐热性。

气门弹簧也可用冷拔后经油淬及回火后的钢丝制造,绕制后经 300～350℃ 加热消除冷卷簧时产生的内应力。

3. 继电器簧片

继电器簧片是一种片簧(见图9-11)，其作用是使两个电触点接触时，产生一定大小的压力，以保证触头紧密接触良好导电。簧片材料要有好的弹性、导电性和耐蚀性。簧片所受弯曲应力很小。可用黄铜（H70）、锡青铜（QSn6.5-0.1）、白铜（B19）等制造。

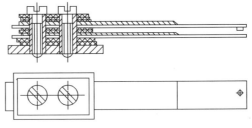

图 9-11 继电器簧片

黄铜的导电性好，抗疲劳性能较高，弹性一般，价格较低。锡青铜的导电性稍低，但抗疲劳性能高，弹性好，价格稍高。白铜的导电性好，抗蚀性高，抗疲劳性能较高，弹性好，价格较贵。

簧片生产工艺简单，可用上述材料的冷轧薄片冲裁下料成形制造。

9.4 刃具选材

9.4.1 刃具的工作条件

切削加工使用的车刀、铣刀、钻头、锯条、丝锥、板牙等工具统称为刃具。刃具的工作条件是：

（1）刃具切削材料时，受到被切削材料的强烈挤压，刃部受到很大的弯曲应力。某些刃具（如钻头、铰刀）还会受到较大的扭转应力作用。

（2）刃具刃部与被切削材料强烈摩擦，刃部温度可升到 500～600℃。

（3）机用刃具往往承受较大的冲击与振动。

9.4.2 刃具的失效形式

（1）磨损。由于摩擦，刃具刃部易磨损，这不但增加了切削抗力，降低切削零件表面质量，也由于刃部形状变化，使被加工零件的形状和尺寸精度降低。

（2）断裂。刃具在冲击力及振动的作用下折断或崩刃。

（3）刃部软化。由于刃部温度升高，若刃具材料的红硬性低或高温性能不足，使刃部硬度显著下降，丧失切削加工能力。

9.4.3 刃具材料的性能要求

（1）高硬度，高耐磨性。硬度一般要大于 62 HRC。

（2）高的热硬性。

（3）强韧性好。

（4）高的淬透性。可采用较低的冷速淬火，以防止刃具变形和开裂。

9.4.4 刃具的选材

制造刃具的材料有碳素工具钢、低合金刃具钢、高速钢、硬质合金和陶瓷等，根据刃具的使用条件和性能要求不同进行选用。

简单、低速的手用刀具,如手锯锯条、锉刀、木工用刨刀、凿子等对热硬性和强韧性要求不高,主要的使用性能是高硬度、高耐磨性。因此可用碳素工具钢制造。如 T8、T10、T12 钢等。碳素工具钢价格较低,但淬透性差。

低速切削、形状较复杂的刀具,如丝锥、板牙、拉刀等,可用低合金刃具钢 9SiCr、CrWMn 制造。因钢中加入了 Cr、W、Mn 等元素,使钢的淬透性和耐磨性大大提高,耐热性和韧性也有所改善,可在小于 300℃ 的温度下使用。

高速切削用的刀具,选用高速钢(W18Cr4V、W6Mo5Cr4V2 等)制造。高速钢具有高硬度、高耐磨性、高的热硬性、好的强韧性和高的淬透性的特点,因此在刃具制造中广泛使用,用来制造车刀、铣刀、钻头和其他复杂且精密的刀具。高速钢的硬度为 62～68 HRC,切削温度可达 500～550℃,价格较贵。

硬质合金是由硬度和熔点很高的碳化物(TiC、WC)和金属用粉末冶金方法制成,常用硬质合金的牌号有 P20、P40、S10、S30 等,旧牌号有 YG6、YG8、YT6、YT15 等。硬质合金的硬度很高(89～94 HRA),耐磨性、耐热性好,使用温度可达 1000℃。它的切削速度比高速钢高几倍。硬质合金制造刀具时的工艺性比高速钢差。一般制成形状简单的刀头,用钎焊的方法将刀头焊接在碳钢制造的刀杆或刀盘上。硬质合金刀具用于高速强力切削和难加工材料的切削。硬质合金的抗弯强度较低,冲击韧度较低,价格贵。

陶瓷由于硬度极高、耐磨性好、热硬性极高,也用来制造刀具。热压氮化硅(Si_3N_4)陶瓷显微硬度为 5000 HV,耐热温度可达 1400℃。立方氮化硼的显微硬度可达 8000～9000 HV,允许的工作温度达 1400～1500℃。陶瓷刀具一般为正方形、等边三角形的形状,制成不重磨刀片,装夹在夹具中使用。用于各种淬火钢、冷硬铸铁等高硬度难加工材料的精加工和半精加工。陶瓷刀具抗冲击能力较低,易崩刃。

9.4.5 刃具选材举例

1. 板锉

板锉(图 9-12)是钳工常用的工具,其表面刃部要求有高的硬度(64～67 HRC),柄部要求硬度小于 35 HRC。锉刀可用 T12 钢制造,制造工艺如下:

热轧钢板(带)下料→锻(轧)柄部→
球化退火→机加工→淬火→低温回火

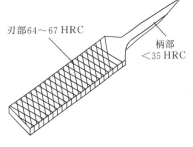

图 9-12 板锉

球化退火的目的是使钢中碳化物呈粒状分布,细化组织,降低硬度,改善切削加工性能。同时为淬火准备好适宜的组织,使最终成品组织中含有细小的碳化物颗粒,提高钢的耐磨性。锉刀通常采用普通球化退火工艺。将毛坯加热到 760～770℃,保温一定时间(2～4 h),然后以 30～50℃/h 的速度冷却到 550～600℃,出炉后空冷。处理后组织为球化体,硬度为 180～200 HB。

机加工包括刨、磨和剁齿,使锉刀成形。

淬火温度为770～780℃，可用盐浴加热或在保护气氛炉中加热，以防止表面脱碳和氧化。也可采用高频感应加热。加热后在水中冷却。由于锉刀柄部硬度要求较低，在淬火时先将齿部放在水中冷却，待柄部颜色变成暗红色时才全部浸入水中。当锉刀冷却到150～200℃时，提出水面。若锉刀有弯曲变形，可用木槌将其校直。

回火温度为160～180℃，时间45～60 min。若柄部硬度太高，可将柄部浸入500℃的盐浴中进行回火，或用高频加热回火，降低柄部硬度。

2. 齿轮滚刀

齿轮滚刀形状见图9-13，是生产齿轮的常用刃具，用于加工外啮合的直齿和斜齿渐开线圆柱齿轮。其形状复杂，精度要求高。齿轮滚刀可用高速钢W18Cr4V钢制造。其工艺路线如下：

热轧棒材下料→锻造→球化退火→粗加工→淬火→回火→精加工→表面处理

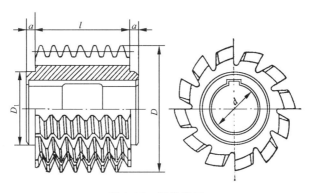

图9-13 齿轮滚刀

W18Cr4V钢的始锻温度为1150～1200℃，终锻温度为900～950℃。锻造的目的一是成形，二是破碎、细化碳化物，使碳化物均匀分布，防止成品刀具崩刃。由于高速钢淬透性很好，锻后在空气中冷却即可得到淬火组织，因此锻后应慢冷。锻件应进行球化退火，以便于机加工，并为淬火作好组织准备。高速钢的淬火、回火工艺较为复杂，详见有关章节。精加工包括磨孔、磨端面、磨刃等磨削加工。精加工后刀具可直接使用。为了提高其使用寿命，可进行表面处理，如硫化处理、硫氮共渗、离子氮碳共渗-离子渗硫复合处理，表面涂覆TiN、TiC涂层等。

3. 圆锯片

圆锯片用于切割各种钢材、有色金属、石料、塑料等材料。要求圆锯片整体强韧性好，锯齿硬度高、耐磨性好。圆锯片可以是整体的，也可以是镶齿的。现以镶齿式圆锯片为例，介绍其工艺流程。锯片的本体用60钢或65Mn钢制造，锯齿用高速钢刀片或硬质合金刀片。圆锯片的制造过程如下：

钢板下料→冲孔→淬火→高温回火→机加工→钎焊锯齿→磨齿

钢板冲压下料，冲孔后进行调质处理。淬火加热温度为830～840℃，采用油冷。回火温度为500～550℃。为校正圆锯片淬火变形，回火时可用夹具夹紧。回火后的组织为回火索氏体，强韧性好。热处理后锯片需进行端面磨平、开槽等机加工，用钎焊方法将锯齿焊接在锯片本体上，最后进行磨齿。

第10章 工程材料的应用

10.1 汽车用材

一辆汽车由上万个零部件组装而成,而上万个零部件又是由各种不同材料制成的。以我国中型载货汽车用材为例,钢材约占64%,铸铁约占21%,有色金属约占1%,非金属材料约占14%。可见,汽车用材以金属材料为主,塑料、橡胶、陶瓷等非金属材料也占有一定的比例。

10.1.1 汽车用金属材料

汽车主要结构可分为四部分:

(1) 发动机:提供动力,由缸体、缸盖、活塞、连杆、曲轴及配气、燃料供给、润滑、冷却等系统组成。

(2) 底盘:包括传动系(离合器、变速箱、后桥等)、行驶系(车架、车轮等)、转向系(方向盘、转向蜗杆等)和制动系(油泵或气泵、刹车片等)。

(3) 车身:驾驶室、货箱等。

(4) 电气设备:电源、起动、点火、照明、信号、控制等。

图10-1为汽车发动机和传动系示意图。表10-1和表10-2分别为汽车发动机和底盘主要零件的用材情况。下面就汽车典型零件的用材作简要说明。

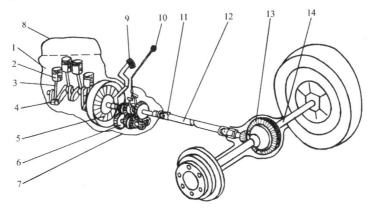

图 10-1 汽车发动机和传动系示意图

1. 缸体;2. 活塞;3. 连杆;4. 曲轴;5. 离合器;6. 变速齿轮;7. 变速箱;8. 气缸盖;
9. 离合器踏板;10. 变速手柄;11. 万向节;12. 传动轴;13. 后桥齿轮;14. 半轴

表 10-1　汽车发动机零件用材

代表零件	材料种类及牌号	使用性能要求	主要失效方式	热处理及其他
缸体、缸盖、飞轮、正时齿轮	灰铸铁 HT200	刚度、强度、尺寸稳定性	产生裂纹、孔臂磨损、翘曲变形	不处理或去应力退火。也可用 ZL104 铝合金作缸体缸盖,固溶处理后时效
缸套、排气门座等	合金铸铁	耐磨性、耐热性	过量磨损	铸造状态
曲轴等	球墨铸铁 QT600-3	刚度、强度、耐磨性、疲劳抗力	过量磨损、断裂	表面淬火、圆角滚压、氮化,也可以用锻钢件
活塞销等	渗碳钢 20、20Cr、18CrMnTi、12Cr2Ni4	强度、冲击韧度、耐磨性	磨损、变形、断裂	渗碳、淬火、回火
连杆、连杆螺栓、曲轴等	调质钢 45、40Cr、40MnB	强度、疲劳抗力、冲击韧度	过量变形、断裂	调质、探伤
各种轴承、轴瓦	轴承钢和轴承合金	耐磨性、疲劳抗力	磨损、剥落、烧蚀破裂	轴承淬火、回火 轴瓦不热处理
排气门	高铬耐热钢 40Cr10Si2Mo、45Cr14Ni14W2Mo	耐热性、耐磨性	起槽、变宽、氧化烧蚀	淬火、回火
气门弹簧	弹簧钢 65Mn、50CrVA	疲劳抗力	变形、断裂	淬火、中温回火
活塞	高硅铝合金 ZA1Si12Cu1Mg1Ni1、ZA1Si5Cu6Mg	耐热强度	烧蚀、变形、断裂	固溶处理及时效
支架、盖、罩、挡板、油底壳等	钢板 Q235、Q345、08、20	刚度、强度	变形	不热处理

表 10-2　汽车底盘零件用材

代表零件	材料种类及牌号	使用性能要求	主要失效方式	热处理及其他
纵梁、横梁、保险杠、钢圈等	25、Q345 钢板等	强度、刚度、韧性	弯曲、扭转变形、断裂	要求用冲压工艺性能好的优质钢板
前桥(前轴)转向节臂(羊角)、半轴等	调质钢 45、40Cr、40MnB	强度、韧性、疲劳抗力	弯曲变形、扭转变形、断裂	模锻成形、调质处理、圆角滚压、无损探伤
变速箱齿轮、后桥齿轮等	渗碳钢 20CrMnTi、30CrMnTi、20MnTiB、12Cr2Ni4 等	强度、耐磨性、接触疲劳抗力及断裂抗力	麻点、剥落、齿面过量磨损、变形、断齿	渗碳(渗碳层深度 0.8 mm 以上)淬火、回火,表面硬度 58～62 HRC
变速器壳、离合器壳	灰铸铁 HT200	刚度、尺寸稳定性、一定强度	产生裂纹、轴承孔磨损	去应力退火
后桥壳等	可锻铸铁 KTH350-10 球墨铸铁 QT400-10	刚度、尺寸稳定性、一定强度	弯曲、断裂	后桥还可用优质钢板冲压后焊成或用铸钢

续表

代表零件	材料种类及牌号	使用性能要求	主要失效方式	热处理及其他
钢板弹簧等	弹簧钢 65Mn、60Si2Mn、50CrMn、55SiMnVB	耐疲劳、耐冲击和耐腐蚀	折断、弹性减退、弯度减小	淬火、中温回火、喷丸强化
驾驶室、车厢、罩等	钢板 08、20	刚度、尺寸稳定性	变形、开裂	冲压成形
分泵活塞、油管	有色金属、铝合金、紫铜	耐磨性、强度	磨损、开裂	

1. 缸体和缸盖

缸体是发动机的骨架和外壳,在缸体内外安装着发动机主要的零部件。缸体材料必须有足够的强度和刚度、良好的铸造性和切削性、价格低廉。

缸体常用的材料有灰铸铁和铝合金两种。铝合金的密度小,但刚度差、强度低及价格贵。所以除了某些发动机为减轻重量而采用外,一般均用灰铸铁作为缸体材料。

缸盖主要用来封闭汽缸构成燃烧室。缸盖承受燃气的高温、高压作用,机械负荷(如气压力使缸盖承受弯曲,缸盖螺栓的预紧力等)和热负荷的作用。缸盖应用导热性好、高温机械强度高、能承受反复热应力、铸造性能良好的材料来制造。目前使用的缸盖材料有两种:一种是灰铸铁或合金铸铁;另一种是铝合金。

铸铁缸盖具有高温强度高、铸造性能好、价格低等优点,但其导热性差、重量大。铝合金缸盖的主要优点是导热性好、重量轻,但其高温强度低,使用中容易变形、成本较高。

2. 缸套

发动机的工作循环是在汽缸内完成的。汽缸工作面用耐磨材料,制成缸套镶入汽缸。

常用缸套材料为耐磨合金铸铁,主要有高磷铸铁、硼铸铁、合金铸铁等。

为了提高缸套的耐磨性,可以用镀铬、表面淬火、喷镀金属钼或其他耐磨合金等办法对缸套进行表面处理。

3. 活塞、活塞销和活塞环

对活塞用材料的要求是热强度高、导热性好、吸热性差、热膨胀系数小、密度小、减摩性、耐磨性、耐蚀性和工艺性好等。目前很难找到一种材料能完全满足上述要求。常用的活塞材料是铝硅合金。铝合金的特点是导热性好、密度小,硅的作用是使热膨胀系数减小,耐磨性、耐蚀性、硬度、刚度和强度提高。铝硅合金活塞需进行固溶处理及人工时效处理,以提高表面硬度。

活塞销材料应有足够的刚度和强度以及足够的承压面积和耐磨性,还要求外硬内韧,表面耐磨,同时具有较高的疲劳强度和冲击韧度。

活塞销材料一般用 20 低碳钢或 20Cr、18CrMnTi 等低碳合金钢。活塞销外表面应进行渗碳或氰化处理,以满足外表面硬而耐磨,材料内部韧而耐冲击的要求。活塞销的冷挤压成形也是提高其强度的有效手段,约可提高强度 25%,且省工省料。

活塞环材料应具有耐磨性好、易磨合、韧性好以及良好的耐热性、导热性和易加工性等性能特点。目前一般多用以珠光体为基的灰铸铁或在灰铸铁基础上添加一定量的铜、铬、钼及钨等合金元素的合金铸铁,也有的采用球墨铸铁。为了改善活塞环的工作性能,活塞环宜经表面处理。目前应用最广泛的是镀多孔性铬,可使环的耐久性提高2~3倍。其他表面处理的方法还有喷钼、磷化、氧化、涂敷合成树脂等。

4. 连杆

连杆是汽车发动机中的重要零件,它连接着活塞和曲轴,其作用是将活塞的往复运动转变为曲轴的旋转运动,并把作用在活塞上的力传给曲轴以输出功率。

连杆在工作中受交变的拉压应力、又受弯曲应力。连杆的主要损坏形式是疲劳断裂和过量变形。通常疲劳断裂的部位是在连杆上的三个高应力区域(见图10-2)连杆的工作条件要求连杆具有较高的强度和抗疲劳性能;又要求具有足够的刚性和韧性。

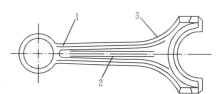

图10-2 连杆上的三个高应力区域
1—小头与连杆的过渡区;2—连杆中间;
3—大头与杆部的过渡区

连杆材料一般采用45钢、40Cr或40MnB等调质钢。合金钢虽具有很高强度,但对应力集中很敏感。所以,在连杆外形、过渡圆角等方面需严格要求,还应注意表面加工质量以提高疲劳强度,否则高强度合金钢的应用并不能达到预期效果。

5. 气门

气门的主要作用是开、闭进气道及排气道。对气门的主要要求是保证燃烧室的气密性。

气门在工作时,需要承受较高的机械负荷和热负荷,尤其是排气门工作温度高达650~850℃。另外,气门头部还承受气压力及落座时因惯性力而产生的相当大的冲击。气门经常出现的故障包括气门座扭曲、气门头部变形,以及气门座面积炭时引起燃烧废气对气门座面强烈地烧蚀。

气门材料应选用耐热、耐蚀、耐磨的材料。进、排气门工作条件不同,材料的选择也不同。进气门一般可用40Cr、35CrMo、38CrSi、42Mn2V等合金钢制造,而排气门则要求用高铬耐热钢制造,采用40Cr10Si2Mo(4Cr10Si2Mo)作为气门材料时工作温度可达550~650℃,采用45Cr14Ni14W2Mo(4Cr14Ni14W2Mo)作为气门材料时,工作温度可达650~900℃。

6. 半轴

汽车半轴是驱动车轮转动的直接驱动零件,也是汽车后桥中的重要受力部件。汽车运行时,发动机输出的扭矩经过变速器、差速器和减速器传递给半轴,再由半轴传给车轮,推动汽车行驶。

半轴在工作时主要承受扭转力矩和反复弯曲以及一定的冲击载荷。在通常情况下,半轴的寿命主要取决于花键齿的抗压陷和耐磨损性能,但断裂现象也时有发生。载重汽车半轴最容易损坏的部位是在轴的杆部和突缘的连接处,花键端以及花键与杆部相连的部位(见

图 10-3)。在这些部位发生损坏时,一般为疲劳断裂。

根据半轴的工作条件,要求半轴材料具有高的抗弯强度、疲劳强度和较好的韧性。汽车半轴是要求综合力学性能较高的零件,通常选用调质钢制造。中、小型汽车的半轴一般用 45 钢、40Cr,而重型汽车用 40MnB、40CrNi 或 40CrMnMo 等

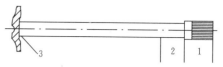

图 10-3 半轴易损坏部位示意图
1—花键端;2—花键与杆部相连部位;
3—凸缘与杆部相连部位

淬透性较高的合金钢制造。几种国产汽车半轴的选材、技术条件及热处理工艺列于表 10-3。半轴加工中常采用喷丸处理及滚压凸缘根部圆角等强化方法。

表 10-3 国产汽车半轴选材、技术条件及热处理工艺

车 型	载重量/t	选用材料	技 术 条 件	热 处 理 工 艺
上海 SH130	2	40Cr	锻件: 调质硬度 388～440 HB	淬火 (850±10)℃油冷 回火 320～360℃
跃进 NJ130	2	40Cr	锻件: 调质硬度 341～415 HB 凸缘部分允许硬度≥229 HB	淬火 840～860℃油冷 回火 (450±10)℃水冷
解放 CA10B	4	40Cr 40MnB	调质硬度 37～44 HRC	毛坯正火(860±10)℃空冷 调质:(860±10)℃油浸 (法兰)水淬 回火 420～460℃水冷
黄河 JN150	8	40CrMnMo	调质硬度 37～44 HRC	(840±10)℃柴油冷却 回火 (480±10)℃空冷
上海 SH380	32	40CrNi	调质硬度 40～46 HRC 从 φ60 肩到凸缘渐降,25～33 HRC	淬火 (840±10)℃油冷 回火 (430±10)℃水冷

7. 车身、纵梁、挡板等冷冲压零件

在汽车零件中,冷冲压零件种类繁多,约占总零件数的 50%～60%。汽车冷冲压零件用的材料有钢板和钢带,其中主要是钢板,包括热轧钢板和冷轧钢板,如钢板 08、20、25 和 Q345 等。

热轧钢板主要用来制造一些承受一定载荷的结构件,如保险杠、刹车盘、纵梁等。这些零件不仅要求钢板具有一定刚度、强度,而且还要具有良好的冲压成形性能。

冷轧钢板主要用来制造一些形状复杂,受力不大的机器外壳、驾驶室、轿车的车身等覆盖零件。这些零件对钢板的强度要求不高,但却要求它具有优良的表面质量和良好的冲压性能,以保证高的成品合格率。

近年开发的加工性能良好、强度(屈服强度和抗拉强度)高的薄钢板——高强度板,由于其可降低汽车自重、提高燃油经济性而在汽车上获得应用,如已用于制造车身外面板(包括车顶、前脸、后围、发动机罩、车门、行李箱等)、车身内蒙板、保险杠、横梁、边梁、支架、发动机框架等。

8. 螺栓、铆钉等冷镦零件

汽车结构中的螺栓和铆钉等冷镦零部件,主要起连接、紧固、定位以及密封汽车各零部件的作用。

汽车螺栓、铆钉用材及热处理工艺见表10-4。

表10-4　螺栓、铆钉热处理工艺及技术要求

种类	推荐钢号	热处理工艺		硬度	金相组织
		淬火温度/℃	回火温度/℃		
木螺栓	10、15				
普通螺栓	35	850(水)	580～620	255～285 HB	回火索氏体
	35		冷镦后经再结晶处理	187～207 HB	均匀的珠光体+铁素体
重要螺栓	40Cr	850(油)	580～620	255～285 HB 或 285～321 HB	回火索氏体
	Q420	880(水)	200	35～42 HRC	低碳回火马氏体
		880(油)	400	33～39 HRC	回火屈氏体
铆钉	10、15		冷镦后再结晶处理		珠光体+铁素体

汽车齿轮、发动机曲轴、弹簧等都是汽车的典型零件,它们的工况、性能要求及选材情况可参阅第9章。

10.1.2　汽车用塑料

用塑料取代金属制造汽车配件,可以直接取得汽车轻量化的效果,还可以改善汽车的某些性能,如防腐、防锈蚀、减振、抑制噪声、耐磨等。

1. 汽车内饰用塑料

(1) 聚氨酯泡沫塑料

聚氨酯泡沫塑料具有质量轻、强度高、导热系数低、耐油、耐寒、防振和隔音等特点,成为汽车的一种主要内饰材料。聚氨酯泡沫塑料在汽车上一般用于制造汽车座垫、汽车仪表板、扶手、头枕等。其缓冲材料大部分都使用半硬质聚氨酯泡沫塑料制品。

(2) 聚氨酯塑料

聚氨酯除了用作泡沫塑料外,还可以采用不同配方制成热塑性聚氨酯塑料。主要用于制造汽车保险杠、仪表板、挡泥板、前端部、发动机罩等大型部件。

(3) 聚氯乙烯

其在汽车上的用量约占汽车用塑料总量的20%～30%,主要用于制造各种表皮材料和电线覆皮。如:聚氯乙烯人造革用于汽车座垫、车门内板及其他装饰覆盖件上。聚氯乙烯地毯用于货车驾驶室等。

2. 汽车用工程塑料

（1）聚丙烯

聚丙烯主要用于通风采暖系、发动机的某些配件以及外装件，如汽车转向盘、仪表板、前、后保险杠、加速踏板、蓄电池壳、空气滤清器、冷却风扇、风扇护罩、散热器格栅、转向机套管、分电器盖、灯壳、电线覆皮等。

（2）聚乙烯

聚乙烯用于制造汽油箱、挡泥板、转向盘、各种液体储罐以及衬板。聚乙烯在汽车上最重要的用途是用于制造汽油箱，较金属油箱具有以下优点：聚乙烯油箱长期稳定性良好；冲撞时不发生火花，因此不会发生燃烧爆炸；设计自由度大，可充分利用空间；质量轻，较金属油箱可减轻质量 1/3～1/2；耐腐蚀性好；成形工艺简单，价廉。

（3）聚苯乙烯

聚苯乙烯在汽车上主要用作各种仪表外壳、灯罩及电器零件。

（4）ABS

ABS 具有良好的力学性能，刚性好，耐寒性强，加工性能好，表面光洁，制品表面可以电镀。ABS 材料在汽车上的应用情况见表 10-5。

表 10-5　ABS 在汽车上的应用举例

类　型	特　性	主要加工方法	典型汽车零件
一般型	耐冲击	注射、挤压	车轮罩、保险杠垫板、镜框
	高强度	注射	控制箱、手柄、开关喇叭盖
	高流动性	注射	后端板
电镀型		注射	水箱面罩
耐热型	耐热	注射	百叶窗、仪表板、控制板、收音机壳、杂物箱、暖风壳
透明型用于与 PVC 复合	耐冲击 耐冲击、透明	挤压、压延 挤压、中空、压延	仪表板表皮（ABS ＋ PVC ＋ 橡胶复合片材）、座垫表皮

（5）聚酰胺（尼龙）

尼龙可用于制造燃油滤清器、空气滤清器、机油滤清器、正时齿轮、水泵壳、水泵叶轮、风扇、制动液罐、动力转向液罐、雨刷器齿轮、前大灯壳、百叶窗、轴承保持架、保险丝盒、速度表齿轮等。以后发展的还有玻璃纤维增强尼龙制造的发动机摇臂罩、发动机机油盘、散热器水箱、蓄电池托架等。尼龙 11 和尼龙 12 可制造曲轴箱通风软管、制动软管、冷却液软管、离合器液压软管、燃油软管等。

（6）聚甲醛（POM）

用 POM 制造的汽车零件很多，主要有各种阀门，如排水阀门、空调器阀门；各种叶轮，如水泵叶轮、暖风器叶轮、油泵叶轮；轴套及衬套如行星齿轮和半轴垫片、钢板弹簧吊耳衬套；轴承保持架等结构件，各种电器开关及电器仪表上的小齿轮，各种手柄及门销等。在 20 世纪 60 年代发展起来的聚甲醛钢背复合材料（DX），作为预润滑材料，在汽车上用作滑动轴承材料。

(7) 饱和聚酯

汽车上常用的饱和聚酯有 PBT(对苯二甲酸丁二醇酯)和 PET(聚对苯二甲酸乙二醇酯)。PBT 与 PET 耐热性较好,吸水率很小、耐老化性优良。用玻璃纤维增强的 PBT 与 PET 可与尼龙、POM、酚醛塑料相竞争。

用 PBT 制造的汽车零件主要有:后窗通风格栅、车尾板通风格栅、前挡泥板延伸部分、灯座、车牌支架等车身部件,分电器盖、点火线圈架、开关、插座等电器零件,冷却风扇、雨刷器杆、油泵叶轮和壳体、镜架、各种手柄等结构件。

3. 汽车外装及结构件用纤维增强塑料复合材料

纤维增强塑料复合材料作为汽车用材料具有材质轻、设计灵活、便于一体成形、耐腐蚀、耐化学药品、耐冲击、着色方便等优点。

纤维增强塑料复合材料可用于制造汽车顶棚、空气导流板、前端部、前灯壳、发动机罩、挡泥板、后端板、三角窗框、尾板等外装件。用碳纤维增强塑料复合材料制成的汽车零件有传动轴、悬挂弹簧、保险杠、车轮、转向节、制动鼓、车门、座椅骨架、发动机罩、格栅、车架等。

10.1.3 汽车用橡胶

橡胶具有很好的弹性,是汽车用的一种重要材料。一辆轿车的橡胶件约占轿车整体质量的 4%~5%。轮胎是汽车的主要橡胶件,此外还有各种橡胶软管、密封件、减振垫等约 300 件。

目前,轿车轮胎以合成橡胶为主,而载重汽车轮胎以天然橡胶为主。

天然橡胶在许多性能方面优于通用型合成橡胶,其主要特点是强度高、弹性高,生热和滞后损失小,耐撕裂,以及有良好的工艺性、内聚性和黏着性。用它制成的轮胎耐刺扎,特别对使用条件苛刻的轮胎,其胎面上层胶大多完全采用天然橡胶。

丁苯橡胶主要用于轿车轮胎,以提高轮胎的抗湿滑性,保证行车安全。

顺丁橡胶一般都与天然橡胶或丁苯橡胶并用。随着顺丁橡胶掺用量的增加,耐磨性提高,生热降低,但抗撕裂和抗湿滑性却随之降低,为了保证行车安全,它的掺用量不宜太高。

丁基橡胶是一种特种合成橡胶。具有优良的气密性和耐老化性。用它制造的内胎,气密性比天然橡胶内胎好。由于气密性好,使用中不必经常充气,轮胎使用寿命相应提高。它又是无内胎轮胎密封层的最好材料。

10.1.4 汽车用陶瓷材料

陶瓷材料具有耐高温、耐磨损、耐腐蚀以及在电导与介电方面的特殊性能。利用陶瓷材料制作某些汽车部件,可改善汽车部件的运行特性,达到汽车轻量化的效果,因而得到了一定程度的应用。

日本五十铃发动机厂研制的陶瓷发动机,采用 Si_3N_4 制造气阀头、活塞顶、汽缸套、歧管、涡轮增压器叶片、转子、轴承等,能经受 1200℃ 高温,取消了散热器和冷却装置,其热效率提高 48%。

美国通用汽车公司在其所制成的 2.3 L 柴油机上,采用陶瓷缸套、气门头、燃烧室、排气门通道、汽缸盖、活塞顶以及用陶瓷涂镀的气门摇臂、气门挺杆、气门导管和滑动轴承,并已装在轿车上作了 20 290 km 路试。

为了有效地利用陶瓷的耐磨性,开发了陶瓷凸轮轴和陶瓷摇臂镶块。陶瓷凸轮轴的滑动部位采用 ZrO_2 或 SiC,其他部位用金属管制成。陶瓷部位与金属部位的结合采用硬钎焊和扩散法。凸轮接触面部位融接陶瓷片的铝摇臂,大大提高了摇臂寿命。陶瓷片是用微米级的 Si_3N_4 粉末在 1500℃ 的高温下烧结而成的。长 20 mm、宽 20 mm、厚 5 mm 的带筋陶瓷片,其筋条插进摇臂中。其浇注工艺是把陶瓷片放在摇臂铸型中,然后浇入 600℃ 铝溶液,利用铝的冷缩性固紧镶片(见图 10-4)。

另外,利用陶瓷的绝缘性、介电性、压电性等特性制作汽车陶瓷传感器,已成为汽车电子化的重要方面。

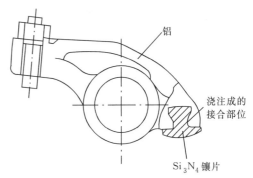

图 10-4 陶瓷摇臂镶块

10.1.5 汽车新材料发展趋势

随着社会进步和全球经济的发展,汽车总保有量与日俱增。随汽车保有量的不断增加,石油资源消耗和 CO_2 的排放量呈持续增长态势。汽车轻量化是应对这种危机的重要技术措施之一。有关研究报告指出,汽车自重每减轻 10%,燃油消耗可降低 6%~8%。因此,汽车轻量化对于节约能源、减少排放、实现可持续发展战略具有十分积极的意义。

轻量化材料有两大类:一类是低密度的轻质材料,如铝合金、镁合金、钛合金、塑料和复合材料等;另一类是高强度材料,如高强度钢、高强度不锈钢等。

最近,我国已开发出超高强度钢材,可望在汽车中获得应用。而铝合金已开始大量用于制造发动机的进气歧管、油箱底壳、飞轮壳、齿轮室罩盖、水泵壳、机油壳等,镁合金压铸件也开始用于制造变速器上盖、脚踏板、真空助力器隔板、制动阀体等。随着新型铝、镁合金的开发和加工制造技术的进步,将会在汽车中得到规模应用,并使汽车轻量化上新的台阶。

10.2 机 床 用 材

机床用材是用来制造各种机床零部件的工程材料。从牛头刨床结构简图(见图 10-5)可以看出常用的机床零部件有机座、轴承、导轨、轴类、齿轮、弹簧、紧固件、刀具等。

10.2.1 机身、底座用材

机身、机床底座、油缸、导轨、齿轮箱体、轴承座等大型零件以及如牛头刨床的滑枕、皮带轮、导杆、摆杆、载物台、手轮、刀架等零件,或质量大,或形状复杂,首选为灰铸铁、孕育铸铁,亦可选用球墨铸铁。它们成本低,铸造性好,切削加工性优异,对缺口不敏感,减振性好,非常适合铸造上述零部件。同时铸铁有良好的耐磨性,且石墨有良好的润滑作用,并能储存润滑油,很适宜制造导轨等。常使用的灰铸铁牌号是 HT150、HT200 及孕育铸铁 HT250、

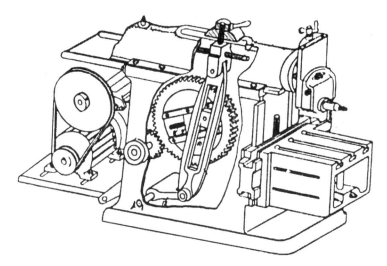

图 10-5　牛头刨床结构简图

HT300、HT350、HT400 等,其中 HT200 和 HT250 用得最多。常使用的球墨铸铁牌号为 QT400-18、QT500-5、QT600-3、QT700-2、QT800-2。

10.2.2　齿轮用材

开式齿轮传动防护和润滑的条件较差,其破坏方式主要是齿面磨损,以及齿根折断,选用材料应考虑耐磨性且无须经常给予润滑。HT250、HT300 和 HT400 等灰铸铁既有足够硬度和较好的耐磨性,又因内部含有石墨起减摩作用而降低对润滑的要求,同时还具有容易成形复杂的形状和成本低的优点,而成为首选材料。但是灰铸铁弯曲强度低,脆性大,不宜承受冲击载荷,为了减轻磨损,一般限制开式灰铸铁齿轮的节圆线速度小于 3 m/s。钢在无润滑情况下只能用作小齿轮和铸铁的大齿轮互相啮合,常用普通碳素钢 Q235、Q255 和 Q275 制造。开式齿轮传动不能采用成对的钢齿轮。

闭式齿轮多采用 40、45 钢等经正火或调质处理的中碳优质钢制造,齿面硬度在 170～280 HB 之间。整体淬火和表面淬火后强度和硬度更高,硬度可达 40～63 HRC,适用于较高的速度($v>2\sim4$ m/s)和承受较重的载荷。高速、重载或受强烈冲击的闭式齿轮,宜采用 40Cr 等调质钢或 20Cr、20CrMnTi 等渗碳钢制造,并经相应的热处理(详见第 9 章)。

10.2.3　轴类零件用材

轴类零件用材应具有足够的疲劳强度、较小的应力集中敏感性和良好的加工性能,以利于获得低粗糙度的表面。

一般采用正火或调质处理的 45 钢等优质碳素钢制造轴类零件。不重要的或受力较小的轴及较长的传动轴可以采用 Q235、Q255 或 Q275 等普通碳素钢制造。

承受载荷较大,且要求直径小、重量轻或要求提高轴颈耐磨性的轴,可以采用 40Cr 等合金调质钢或 20Cr 等合金渗碳钢,整体与轴颈应进行各自相应的热处理。

常采用 QT600-3、KTZ650-02 等球墨铸铁和可锻铸铁制造曲轴和主轴。

10.2.4 螺纹联接件用材

螺纹联接件可由螺栓、多头螺栓、紧固螺钉和紧定螺钉等联接零件构成,亦可由被联接零件本身的螺纹部分构成。

一般螺纹联接件常用低碳或中碳的普通碳素钢 Q235、Q255、Q275 制造,其中 Q275 常用于相对载荷较大的螺栓。普通碳素钢螺栓一般不进行热处理。

用 35、45 钢等优质碳素结构钢制造的螺栓,常用于中等载荷以及精密的机床。这种螺栓一般应进行整体或局部的热处理。例如机床主轴法兰联接螺栓可用 35 钢调质处理。用 35 及 45 钢制造的螺纹联接件,在经常要拧进、拧出的螺栓头部及紧固螺钉的端部,往往要进行氰化处理,以便获得较高的硬度。

合金结构钢 40Cr、40CrV 等主要用于受重载高速的极重要的联接螺栓。例如,各种大型工程机械的联接螺栓。这类螺栓必须经过热处理,使得螺栓强度提高 75% 左右。在水和其他弱腐蚀介质中工作的螺栓、螺母,可以使用马氏体不锈钢制造,如水压机用螺栓可用 12Cr13(1Cr13)。

10.2.5 螺旋传动件用材

螺旋传动可以把回转运动变为直线运动,亦可以把直线运动变为回转运动。在机床中这种传动广泛用作进给机构和调节装置,如丝杠-螺母传动。

螺旋传动件使用的材料要求具有高的耐磨性,重载荷的螺旋材料必须有高的强度。通常,不进行热处理的螺旋传动件用 45、50 钢制造,经受热处理的用 T10、65Mn、40Cr 等制造。

螺母的材料可用锡青铜 ZCuSn10Zn2(ZQSn10-2)。在较小载荷及低速传动中常用耐磨铸铁。

10.2.6 蜗轮、蜗杆传动用材

蜗轮与蜗杆的转速相差比较悬殊,在相同的时间内,蜗杆受磨损的机会远较蜗轮大得多,因此蜗轮、蜗杆要采用不同的材料来制造,蜗杆材料要比蜗轮材料坚硬耐磨。

用作蜗轮的材料有铸锡青铜、铸铝青铜和铸铁。当滑动速度 $v \geqslant 3$ m/s 时,常采用锡青铜 ZCuSn10P1(ZQSn10)、ZCuSn10Zn2(ZQSn10-2) 等。铸铝青铜 ZCuAl9Mn2(ZQAl9-2) 的强度较高,价格较低,但耐磨性较差,容易发生胶合破坏,一般用于滑动速度 $v \leqslant 4$ m/s 的场合。普通灰铸铁,如 HT150、HT200、HT250 等,则应用于滑动速度 $v \leqslant 2$ m/s,对性能要求不高的传动中。

为节约贵重的铜合金,直径为 100~200 mm 的青铜蜗轮,应采用青铜轮缘与灰铸铁轮芯分别加工再镶装成一体的结构。

蜗杆材料一般为碳钢或合金钢。蜗杆表面的硬度越高,粗糙度越低,耐磨性和抗胶合破坏的性能就越好,因此滑动速度高的蜗杆以及与铸铝青铜相配的蜗杆都用高硬度的材料来制造,如用 15 钢、20 钢和 15Cr 钢、20Cr 钢,表面渗碳淬硬到 56~62 HRC,低温回火;或用 45 钢、40Cr 钢,表面高频淬火到 45~50 HRC,并经磨削、抛光以降低表面粗糙度。一般速度的蜗杆可用 45、50 钢或 40Cr 钢制造,经调质处理后表面硬度达 220~260 HB,最好再经过最终抛光。低速传动

的蜗杆也可以用普通碳素钢 Q275 制造。

10.2.7 滑动轴承材料

滑动轴承主要在高速、高精度、重载和重冲击载荷,或低速及特殊条件下使用。轴承材料可分为下述几类。

1. 轴承用金属材料

(1) 轴承合金

巴氏合金 ZSnSb11Cu6(ZChSnSb11-6)的减摩性优于其他所有减摩合金,但强度不如青铜和铸铁,因此不能单独作为轴瓦或轴套,而仅作为轴承衬使用,主要用于高速且重载条件下。

铜基轴承合金 ZCuSn10Zn2(ZQSn10-2)广泛用于高速和重载条件下。中速和中载条件下锡锌铅青铜 ZCuSn5Pb5Zn5 应用广泛。铸铝青铜 ZCuAl9Mn2(ZQAl 9-2)适宜制造形状简单(铸造性比锡青铜差)的大型铸件,如衬套、齿轮和轴承。ZCuAl10Fe3Mn2(ZQAl10-3-1.5)的强度和耐磨性高,可用在重载和低中速条件下。ZCuPb30(ZQPb30)、ZCuPb10Sn10 (ZQPb10-10)等铸铅青铜冲击韧度、冲击疲劳强度高,主要用于大型曲轴轴承等高速和剧烈的冲击与变动载荷条件下。铸铝青铜、铸铅青铜对轴颈的磨损较大,所以要求轴颈表面淬火和低的粗糙度。

黄铜的减摩性能和强度显著低于青铜,但铸造工艺性优异,易于加工。在低速和中等载荷下可作为青铜的代用品。常用的有铝黄铜 ZCuZn31Al2(ZHAl67-2.5)和锰黄铜 ZCuZn38Mn2Pb2 (ZHMn58-2-2)。

(2) 铸铁

HT250、HT350 等灰铸铁或耐磨铸铁轴承主要用于低速、轻载条件下,为了减小轴颈的磨损,铸铁轴承的硬度最好比轴颈硬度低 20~40 HB。

2. 粉末冶金材料

粉末冶金材料可用于制造含油轴承,常用的有铁石墨和青铜石墨含油轴承,它们分别用铁的粉末和铜的粉末为基体加入一定量的石墨、硫和锡等元素粉末用压力机压制成形,然后在高温下烧结而成。国内用得最多的是 Fe-C、Fe-S-C 和 Cu-Sn-Pb-C 系合金。加入 S、Sn、Pb 等元素是为了提高其减摩性能。由于烧结后其结构呈多孔性,预先将其浸在润滑油中使其吸满润滑油,工作时可实现自动润滑作用。

3. 塑料轴承

塑料轴承的优点是低的摩擦因数和优异的自润滑性能,良好的耐磨性和磨合性,高的抗胶合能力和耐腐蚀性。塑料轴承不仅可以在很多情况下代替金属轴承,且可以完成金属轴承不能完成的任务。如在某些加油困难、要求避免油污(医药、造纸及食品机械)和由于润滑油蒸发有发生爆炸危险(制氧机)的机床中。在无油润滑条件下工作或在水、腐蚀性液体(酸、碱、盐及其他化学溶液)等介质中工作时,由于塑料的自润滑性能和高的耐腐蚀性能,塑料轴承比金属轴承更优越。塑料弹性良好,能够吸振、消音。塑料轴承的缺点是耐热性差。

常用的塑料轴承材料有 ABS 塑料、尼龙、聚甲醛、聚四氟乙烯等。

10.2.8 滚动轴承用材

滚动轴承是一个组件,有多种标准件可以选购。滚动轴承的内外圈和滚动体一般用 GCr9、GCr15、GCr15SiMn 等高碳铬或铬锰轴承钢和 GSiMnV 等无铬轴承钢制造。工作表面要经过磨削和抛光,热处理后一般要求材料硬度在 61~65 HRC 之间。

保持架的材料一般要求较低,普通轴承的保持架多采用低碳钢薄板冲压成形,有的则用铜合金制成。高速轴承要求保持架强而轻,多采用塑料或轻合金制造。

10.3 仪器仪表用材

仪器仪表品种繁多,性能各异,通常都要求外表美观、小巧、轻便并满足一定的使用性能要求。仪器仪表一般由多种零部件组成,如壳体、面板、齿轮、蜗轮、紧固件、轴、轴承、弹簧、电子元器件等。壳体及内部零件多在轻载荷下工作,对强度要求不高,但对精度、装饰性、耐蚀性及摩擦件的耐磨性要求很高。这些零部件的工作温度多在 -50~150℃ 之间,同时受到大气、水分、润滑油及其他介质的腐蚀作用。

最新发展起来的微纳机械,主要用于极精密的仪器仪表,例如已经研制出的可以在人体内爬行的微型机器人,可以担负起清除血管细微堵塞物的职责,它们的用材也经常要求各种微纳材料。

仪器仪表用材包括几乎包括所有的工程材料,如结构钢、有色金属和工程塑料等,一般应具有良好的切削加工性能。本节介绍以轻载下使用者为主,载荷较重零件用材请参阅本章 10.2 节。

10.3.1 壳体材料

1. 金属材料

壳体用材广泛,有低碳结构钢(如 Q195、Q215、Q235),用油漆防锈和装饰,可达到较好效果,用铬不锈钢、铬镍奥氏体不锈钢(如 12Cr13、12Cr18Ni9、06Cr18Ni11Ti)则更华丽,且耐蚀性好。工业纯铝 L5 及防锈铝 5A05(LF5)、3A21(LF21)、黄铜 H62、H68 等有色金属材料亦有很好的装饰效果。最近,笔记本计算机的壳体采用 Mg 合金薄板压制,显得富丽堂皇,强度亦很高。有些高级仪器仪表的壳体,采用 Ti 合金或者表面沉积 TiN,十分庄重,装饰效果很好。

2. 非金属材料

工程塑料和复合材料力学性能已有大幅度提高,有的已经超过铝合金,且颜色鲜艳、不锈蚀、成本低。例如 ABS 塑料,易电镀和易成形、力学性能良好,是制造管道、储槽内衬、电机外壳、仪表壳、仪表盘等的优秀材料。聚甲醛塑料,综合性能优异,耐疲劳性能在热塑性工程塑料中是最高的,已广泛用作各种仪表板和外壳。玻璃纤维增强尼龙的刚度、强度和减摩性好,可代替有色金属制作仪表盘。玻璃纤维增强苯乙烯类树脂广泛应用于收音机壳体、磁带录音机底盘、照相机壳、空气调节器叶片等。玻璃纤维增强聚乙烯的强度和抗蠕变性能好,耐水性优良,可以作转矩变换器、干燥器壳体。

10.3.2 轴类零件用材

仪器仪表的轴载荷一般很小,主要是考虑减轻重量、降低成本或提高精度,可以使用Q235等普通碳素钢、聚甲醛塑料等工程塑料制造。硬铝2A11(LY11)、2A12(LY12)和黄铜HAl 60-1-1多用于制造重要且需要耐蚀的轴、销等零件。

10.3.3 凸轮用材

仪器中多数凸轮所用材料为中碳钢或中碳合金钢,一般尺寸不大的平板凸轮可用45钢板制造,进行调质处理。要求高的凸轮可用45钢或40Cr钢制造,进行表面淬火。和钢凸轮配套使用的滚子,多采用45钢。

一些承载小的凸轮可以使用尼龙等工程塑料或玻璃纤维增强尼龙等复合材料制造。

10.3.4 齿轮用材

仪器仪表中齿轮用材范围非常广泛,有钢、铜、工程塑料和复合材料等。

用普通碳素钢Q275制造齿轮,一般不经热处理。

铜合金常用来制造仪器仪表齿轮。如铝青铜QAl10-4-4可用于400℃以下工作的齿轮。硅青铜QSi3-1制造耐蚀件及齿轮、制动杆等。铍青铜QBe2、QBe1.7可用于制造钟表等仪表齿轮,钛青铜QTi3.5、QTi3.5-0.2、QTi6-1有高的强度、硬度、弹性、耐磨性、耐热性、耐疲劳性和耐蚀性,并且无铁磁性,适宜制造齿轮等耐磨零件。

可以使用工程塑料制造仪表齿轮,ABS塑料、尼龙制造齿轮。聚甲醛塑料可以制造重要的受摩擦的各种零件,如齿轮、凸轮等。聚碳酸酯制造轻载但冲击韧度和尺寸稳定性要求高的零件,如轻载齿轮、凸轮,以及齿条。酚醛塑料制造内燃机曲轴皮带轮、无声齿轮。

10.3.5 蜗轮、蜗杆用材

仪器仪表中经常使用铜合金制造蜗轮、蜗杆。如铝青铜具有高的硬度和强度、抗蚀性、减摩耐磨性及良好的加工性,QAl9-4可用来制造500℃以下工作的蜗轮、套管及其他减摩和耐蚀的零件。硅青铜QSi3-1有高的弹性、强度和耐磨性,耐蚀性良好,可用来制造蜗轮、蜗杆及耐蚀件等。聚碳酸酯等工程塑料可制造轻载蜗轮、蜗杆等零件。

10.3.6 微型机电系统用材

由于微型机电系统尺度上的特殊性,导致出现了很多材料应用上的特殊性。传统材料不能胜任微尺度下的各种效应,需用更新的材料。例如,对于微型机电系统的结构用材,基底采用硅、砷化镓以及其他半导体材料;亦可用金属材料金、铝、钛等。功能零件可用高分子材料聚酰亚胺、PMMA等。功能敏感材料采用压阻、压电、热敏、光敏等材料。致动材料有压电陶瓷、形状记忆合金等。如我国研制的米粒大小的微型电机,采用压电陶瓷在电压作用下产生的推动力驱动电机转轴转动。

10.4 热能设备用材

热能设备种类很多,主要包括锅炉、汽轮机、电机等。这些设备多数在高温、高压和腐蚀介质作用下长期运行,对所用材料提出了很高的要求。因此,应根据不同设备及其零部件的工作条件,合理地选用材料,以保证热能设备的安全运行。

10.4.1 锅炉主要部件用钢

1. 锅炉管道用钢

(1) 锅炉管道的工作条件和对材料的要求

锅炉管道包括受热面管子(过热器、水冷壁管、省煤器等管子)和蒸汽管道(主蒸汽管道、蒸汽导管、联箱、连接管等)。这些管道在高温、应力和腐蚀介质作用下长期工作,会产生蠕变、氧化和腐蚀。如过热器管外部受高温烟气的作用,管内则流通着高压蒸汽,而且管壁温度(材料温度)比蒸汽温度还高 50~80℃。为保证设备安全可靠地运行,对管道用钢提出如下要求:足够高的蠕变极限和持久温度;高的抗氧化性能和耐腐蚀性能;良好的组织稳定性;良好的焊接性能。

(2) 锅炉管道用钢

锅炉管道用钢应根据管道的工作条件尤其是管道的工作温度,合理地进行选择。下面按锅炉管道的壁温(工作温度)介绍用钢情况:

① 壁温不超过 500℃ 的过热器管和壁温不超过 450℃ 的蒸汽管道

一般选用优质碳素结构钢,其碳质量分数在 0.1%~0.2% 之间,常用的是 20 钢。该钢在 450℃ 以下具有足够的强度,530℃ 以下具有良好抗氧化性能,而且工艺性能良好,价格低廉。

② 壁温不超过 550℃ 的过热器管和壁温不超过 510℃ 的蒸汽管道

15CrMo 钢是在这个温度范围应用很广泛的钢种。该钢在 500~550℃ 具有较高的热强性、足够的抗氧化性和良好的工艺性能。

③ 壁温不超过 580℃ 的过热器管和壁温不超过 540℃ 的蒸汽管道

12Cr1MoV 钢是该温度范围应用最广泛的锅炉管道用钢。该钢是在 Cr-Mo 钢的基础上,加入质量分数为 0.2% 的钒的低合金耐热钢,其耐热性能比铬钼钢高,工艺性能也很好,得到广泛的应用。

④ 壁温不超过 600~620℃ 温度范围的过热器管和壁温不超过 550~570℃ 温度范围的蒸汽管道

12Cr2MoWVB 和 12Cr3MoVSiTiB 钢是该温度范围应用较广的材料。它们的共同特点是采用微量多元合金化。铬质量分数在 2% 左右,其他元素的质量分数更少,通过多种元素的相互作用,使钢具有更高的组织稳定性和化学稳定性,因而耐热性能更好,使用温度更高。

⑤ 壁温不超过 600~650℃ 温度范围的过热器管和壁温不超过 550~600℃ 温度范围的

蒸汽管道

在此温度范围，一般珠光体型的低合金耐热钢已不能满足使用要求，需要采用高合金耐热钢，较常用的是铬质量分数为 12% 的马氏体型耐热钢，如 12Cr12Mo（1Cr12Mo）、15Cr12WMoV（1Cr12WMoV）、12Cr13（1Cr13）等。

过热器壁温超过 650℃、蒸汽管道壁温超过 600℃ 后，需要使用奥氏体耐热钢，如 16Cr23Ni13（2Cr23Ni13）。奥氏体耐热钢具有较高的高温强度和耐腐蚀性能。

2. 锅炉汽包用钢

（1）锅炉汽包的工作条件及对材料的要求

锅炉汽包钢材在中温（350℃以下）高压状态下工作，它除承受较高的内压以外，还会受到冲击、疲劳载荷及水和蒸汽介质的腐蚀作用。对锅炉汽包材料的要求是：较高的常温和中温强度；良好的塑性、韧性和冷弯性能；较低的缺口敏感性；气孔、疏松、非金属夹杂物等缺陷尽可能少；良好的焊接性能等加工工艺性能。

（2）汽包用钢

低压锅炉汽包用钢为 12Mng、16Mng 和 15MnVg（g 表示锅炉专用钢）等普通低合金钢板。这些钢板的综合力学性能比碳钢高，可以减轻锅炉汽包的重量，节省大量钢材。

14MnMoVg 钢是屈服极限为 500 MPa 级的普通低合金钢。钢中由于加入了质量分数为 0.5% 的 Mo，提高了钢的屈服强度及中温力学性能，特别适合生产厚度为 60 mm 以上的厚钢板，以满足制造高压锅炉汽包的需要。

14MnMoVBReg 钢是 500 MPa 级的多元低碳贝氏体钢，屈服极限比碳钢高 1 倍，有良好的综合力学性能。由于加入了适量的硼、稀土，所以钢的强度更高了，符合我国资源情况。

14CrMnMoVBg 钢的屈服极限很高，$\sigma_s = 650 \sim 700$ MPa。该钢又加入强化元素铬，也是微量多元低合金钢，不仅强度高，塑性、韧性也较好，焊接性能也好，并且能耐湿度较大地区的大气腐蚀。

10.4.2 汽轮机主要零部件用钢

1. 汽轮机叶片

（1）汽轮机叶片的工作条件和对材料的要求

叶片是汽轮机中将汽流的动能转换为有用功的重要部件。按照叶片的工作条件又分为动叶和静叶两种。与转子相连接并一起转动的为动叶，与静子相连接处于不动状态的为静叶（又称导叶）。汽轮机叶片，尤其是动叶的工作条件是非常恶劣的。

对叶片材料要求：足够的室温和高温力学性能；良好的减振性，高的组织稳定性；良好的耐蚀性及抗冲蚀稳定性；良好的冷、热加工工艺性能。

（2）汽轮机叶片材料

① 铬不锈钢

12Cr13（1Cr13）和 20Cr13（2Cr13）属于铬质量分数为 13% 的马氏体型耐热钢，它们除了在室温和工作温度下具有足够的强度外，还具有高的耐腐蚀性和减振性，是使用最广泛的汽轮机叶片材料。12Cr13在汽轮机中用于前几级动叶片，20Cr13多用于后几级动叶片。12Cr13和20Cr13钢的热强性不高，当温度超过500℃时，热强性明显下降。12Cr13钢的最高工作温度为480℃左右，20Cr13为450℃左右。

② 强化型铬不锈钢

在12Cr13和20Cr13基础上加入钼、钨、钒、铌、硼等强化元素，得到14Cr11MoV（1Cr11MoV）、15Cr12WMoV（1Cr12WMoV）、18Cr12MoVNbN（2Cr12MoVNbN）和13Cr11Ni2W2MoV（1Cr11Ni2W2MoV）等强化型铬不锈钢，它们的热强性比12Cr13和20Cr13高，可在560~600℃下长期工作。

③ 铬-镍不锈钢

在600℃以上工作的叶片，应选用铬-镍奥氏体不锈钢或高温合金，如07Cr17Ni12Mo2（1Cr17Ni12Mo2）、12Cr16Ni35（1Cr16Ni35）等。

2. 汽轮机转子

(1) 转子的工作条件和对材料的要求

汽轮机转子（主轴和叶轮组合部件）是汽轮机的心脏，其工作条件十分恶劣。

主轴承受扭转应力、弯曲应力和热应力以及振动产生的附加应力和发电机短路时产生的巨大扭转应力和冲击载荷的共同作用。

叶轮是装配在主轴上的，在高速旋转时，圆周线速度很大，在离心力作用下产生巨大的切向和径向应力，其中轮毂部分受力最大。叶轮的轮毂和轮缘之间存在温度差（例如起动时轮缘升温快），因而造成热应力；此外，叶轮还要受到振动应力和毂孔与轴之间的压缩应力。

制造转子的材料要求：

① 良好的综合力学性能，强度高，塑性、韧性要好。

② 一定的抗氧化、抗蒸汽腐蚀的能力。对于在高温下运行的叶轮和主轴，还要求高的蠕变极限和持久强度，以及足够的组织稳定性。

③ 有良好的淬透性、可焊性等工艺性能。

(2) 转子用钢

35CrMo钢采用正火（或淬火）+高温回火处理，用作工作温度480℃以下的汽轮机叶轮和主轴，它有较好的工艺性能和较高的热强性，而且长时期使用组织比较稳定，无热脆倾向，但工作温度超过480℃时热强性明显降低。

35CrMoV钢由于加入了钒，使钢的室温和高温强度均超过35CrMo钢，可用来制造要求较高强度的锻件，如用于工作温度500~520℃以下的叶轮和2.5万kW和5万kW中压汽轮机叶轮。

27Cr2MoV钢含有较多的铬、钼，有较好的制造工艺性能和热强性，可用来制造工作温度在540℃以下的大型汽轮机转子和叶轮。该钢在500~550℃长期工作仍具有良好的塑性，550℃、16 000 h的δ=8.3%~8.8%，组织稳定性较好，若用作整锻转子和叶轮，需经两次正火及去应力退火处理，其加热温度分别为970~990℃空冷，930~950℃空冷，680~700℃炉冷。

34CrNi3Mo钢是大截面高强度钢，具有良好的综合力学性能和工艺性能，无回火脆性，在450℃以下具有高的蠕变极限和持久强度，但该钢白点敏感性大（钢中含过多的氢形成的一种缺陷，使钢脆性增加，也叫氢脆），需进行防白点退火处理，可用于制造工作温度400℃以下的发电机转子和汽轮机整锻转子及叶轮。

33Cr3MoWV钢是我国研制的无镍大锻件用钢，主要用来代替34CrNi3Mo钢。可用来制造工作温度450℃、厚度小于450 mm、σ_s为736 MPa级的汽轮机叶轮，目前已在50 MW以下的汽轮机中应用，运行情况良好。该钢的优点是淬透性高（轮毂厚度为450 mm时，能保证叶轮各部分的机构性能均匀），没有回火脆性，白点敏感性和缺口敏感性都比34CrNi3Mo钢小。

18CrMnMoB钢是我国研制成功的一种无镍少铬大锻件用钢，淬透性良好，能保证$\phi500 \sim \phi800$ mm截面上强度均匀一致，高温性能与34CrNi3Mo钢相似，并具有高的疲劳强度和良好的工艺性能，现用于制造工作温度450℃以下、轮毂厚度大于300 mm的叶轮和直径大于500 mm的主轴、转子等。可作为34CrNi3Mo的代用钢。

20Cr3WMoV钢是一种性能优良的低合金耐热钢，用于工作温度低于550℃的汽轮机和燃气轮机整锻转子和叶轮等大锻件。

3. 汽轮机静子

(1) 静子的工作条件和对材料的要求

汽轮机静子部件（气缸、隔板、蒸汽室等）是在高温、高压或一定的温差、压力差作用下长期工作的。

静子材料要求：足够高的室温力学性能和较好的热强性；具有一定的抗氧化性和抗腐蚀性能，良好的抗热疲劳性能和组织稳定性；具有尽可能好的铸造性能和良好的焊接性能。

(2) 静子零部件用钢

由于气缸、隔板、喷嘴室、阀壳等所处的温度和应力水平不同，因而，按其对材料性能的不同要求可选用灰铸铁、高强度耐热铸铁、碳钢或低合金耐热钢。灰铸铁多用于制造低中参数汽轮机的低压缸和隔板。

对于工作温度在425℃以下的某些汽轮机的气缸、隔板、阀门等零件，可以用ZG230-450钢制造，然后在900℃退火或900℃正火＋650℃回火6～8 h。铸件在粗加工或补焊后应在650～680℃退火6～8 h。

对于工作温度在500℃以下的气缸、隔板、主蒸汽阀门等可采用ZG20CrMo钢制造，铸件在900℃正火，650～680℃回火，粗加工或补焊后要在650～680℃退火4～8 h。

10.4.3 发电机转子用材

发电机转子是发电机组的核心部件。发电机转子一端与汽轮机连接，另一端则带动励磁机。转子在本体部分沿轴向开了很多槽，内置导线。由导线通电形成的磁场将转子磁化（转子起铁芯作用），当发动机转子由汽轮机带动旋转时，形成旋转磁场，而定子静止不动，相当于定子切割磁力线发电。

转子转速高、承受应力大、工作周期长，因此综合性能要求较高。需要足够高的强度和尽可能高的塑性与韧性；较高的断裂韧性；高疲劳强度；细小均匀的晶粒；有一定的导磁性能。我国主要采用 25CrNi1MoV、25CrNi3MoV、26Cr2Ni4MoV 等钢种制造发电机转子。

对发电机转子用钢常采用钢包精炼炉精炼,大型转子用钢需采用两次真空处理。在锻造后,转子锻件需要经过较复杂的预备热处理(2~3次正火),以调整组织、细化晶粒。粗加工后进行调质处理提高强韧性。在加工成形后进行超声波探伤。

10.5 化工设备用材

化学工业部门的主要设备有压力容器、换热器、塔设备和反应釜等。这些设备的使用条件比较复杂,温度从低温到高温;压力从真空(负压)到超高压;物料有易燃、易爆、剧毒或强腐蚀等。不同的使用条件对设备材料有不同的要求,如有的要求良好的力学性能和加工工艺性能,有的要求优良的耐腐蚀性能,有的则要求材料耐高温或低温等。目前,化工设备的主要用材是合金钢,有色金属及其合金也有一定的应用,非金属材料,特别是陶瓷和复合材料的应用也日渐广泛。

10.5.1 化工设备用钢

1. 碳钢及低合金钢

碳钢及低合金钢主要用于压力容器、高温及低温构件、耐蚀、耐磨及耐热构件、零部件、管道和锻件等。

碳钢具有适当的强度,以及良好的塑性、韧性、工艺性能和加工成形性能。多轧制成板材、型材及异型材,在热轧状态下使用。主要有 Q195、Q215、Q235、Q255、Q275 五种牌号。

按照国内压力容器规范推荐使用的低合金高强度钢板为 16MnR、15MnVR、18MnMoNbR、13MnMoNbR 和 07MnCrMoVR(R 表示压力容器专用钢)等,用于制作氧气、氮气、氢气、液化石油气、乙烯、丙烯等常温及低温球罐。如我国第一套 30 万吨合成氨装置中的氨合成塔的筒体就是采用三层厚 50 mm 的 18MnMoNbR 钢板进行热卷,组成 ϕ3200 mm、厚 150 mm 的高压合成塔筒体。用作钢管的低合金高强度钢为 16MnR、15MnVR 等。

2. 不锈钢

(1) 铬不锈钢

12Cr13(1Cr13)、20Cr13(2Cr13)等钢种在弱腐蚀介质(如盐水溶液、硝酸、浓度不高的有机酸等)和温度低于 30℃时,有良好的耐蚀性。在海水、蒸汽和潮湿大气条件下,也有足够的耐蚀性。但在硫酸、盐酸、热硝酸、熔融碱中耐蚀性较低。故多用作化工设备中受力不大的耐蚀零件,如轴、活塞杆、阀件、螺栓等。

06Cr13(0Cr13)、022Cr18Ti(00Cr17)等钢种,具有较好的塑性,而且耐氧化性酸(如稀硝酸)和硫化氢气体腐蚀,常用于代替高铬镍型不锈钢,如用于维纶生产中耐冷醋酸和防铁锈污染产品的耐蚀设备上。

(2) 铬镍不锈钢

18-8 型铬镍奥氏体钢大量用作中和槽、蒸发器、结晶槽、母液储槽以及用作离心机、泵和干燥机的部件。高温部位的合成氨转化炉炉管、乙烯裂解管常用 06Cr25Ni20（0Cr25Ni20）钢；常温乙酸、丙酚、丙酮等有机原料生产装置中塔器、反应器、储罐等部件也均采用铬镍钢；06Cr19Ni10（0Cr18Ni9）、022Cr19Ni10（00Cr18Ni10）、07Cr17Ni12Mo2（1Cr17Ni12Mo2）等已广泛用作饮料、酿酒、乳品、调味品、食品加工等生产过程的各种设备以及制药工业中的反应器、干燥器、结晶器等构件，也大量用于医疗、食品机械。

高铬镍不锈钢在强氧化性介质（如硝酸）中具有很高的耐蚀性，但在还原性介质（如盐酸、稀硫酸）中则是不耐蚀的。为了扩大在这方面的耐蚀范围，常在铬镍钢中加入合金 Mo、Cu，如 022Cr17Ni12Mo2（00Cr17Ni14Mo2），一般含 Mo 的钢对氯离子 Cl^- 的腐蚀具有较大的抵抗力，而同时含 Mo 和 Cu 的钢在室温、浓度为 50% 以下的硫酸中具有较高的耐蚀性，在低浓度盐酸中也比不含 Mo、Cu 的钢具有较高的化学稳定性。

3. 耐热钢及高温耐蚀合金

有些化工设备是在 650℃ 以上的高温环境下工作，如原油加热、裂解、催化设备，在工作时就要求能承受 650～800℃ 的高温。在这样高的温度下，一般碳钢抗氧化腐蚀性能和强度变得很差而无法使用，此时必须采用耐热钢。

珠光体型耐热钢的导热性好、冷、热加工性、焊接性能均较好，广泛用于制造工作温度小于 600℃ 的锅炉，以及管道、压力容器、汽轮机转子等，常用的钢号有 15CrMo、12Cr1MoV 等，通常采用正火态处理。马氏体型耐热钢的淬透性好，空冷就可以得到马氏体，常用的钢号有 14Cr11MoV（1Cr11MoV）、15Cr12WMoV（1Cr12WMoV）等，用于制造汽轮机的叶片，也称为叶片钢；42Cr9Si2（4Cr9Si2）、40Cr10Si2Mo（4Cr10Si2Mo）等碳铬硅钢，其抗氧化性好，蠕变抗力高，具有高的硬度和耐磨性，常用在使用温度低于 750℃ 的化工设备上的发动机的排气阀。奥氏体型耐热钢具有高的热强性和抗氧化性，高的塑性和韧性以及良好的可焊性和冷成形性。主要钢号有 06Cr18Ni11Ti（0Cr18Ni10Ti）、06Cr17Ni12Mo2（0Cr17Ni12Mo2）、20Cr25Ni20（2Cr25Ni20）等，经过固溶处理或"固溶+时效"处理后可用于高压锅炉过热器、承压反应管、汽轮机叶片等。

石油化工行业中加工温度和压力较高，氯化物和硫化物数量较多，造成更苛刻的腐蚀环境，必须使用高温耐蚀合金。高温耐蚀合金除了具有高温强度、持久强度和蠕变强度高的特点外，还具有良好的高温耐蚀性，即具有高的抗氧化性、抗硫化性、抗氮化性及抗渗碳性。其高温抗蚀机理与耐热钢大体相同。主要包括铁镍基、镍基和钴基等类型，应用最广泛的是镍基合金，其次是铁镍基合金。纯镍在氯碱工业中常用作碱的蒸馏、储藏和精制设备。在食品工业中也因为它的耐蚀和无毒性而有一定量的使用。氯碱厂碱液蒸发工段的浓碱池、热缓冲槽则采用镍铜合金 Monel400 合金制造。在石化和制盐工业中 NCu28-2.5-1.5 合金较多用于制造各种换热设备、锅炉给水加热器、石油、化工用管道、容器、塔、槽等。镍铬合金 NS312 合金在化工行业里常用作加热器、换热器、蒸发器和蒸馏塔等，在原子能工业里也常用作轻水堆核电厂的重要结构材料。镍铬钼合金中的 NS333 合金由于其对不同浓度的硫酸、氯气的良好耐蚀性，在氯碱行业里也得到广泛应用。

4. 其他类型的特殊性能钢

(1) 低温用钢

低温用钢是指工作温度在-269~-20℃之间的工程结构用钢。在寒冷地区的化工设备及其构件常常使用在低温环境中,低温下压力容器、管道、设备及其构件容易发生脆性断裂,因此低温材料必须具有良好的低温强韧性。制造-70~-20℃低温压力容器的低合金钢的牌号、力学性能和应用见表10-6。

表10-6 低温压力容器用低合金钢的牌号、力学性能和应用(摘自GB 3531—2008)

牌 号	钢板厚度/mm	R_m/MPa	R_{eL}/MPa	A/%	最低冲击温度/℃	冲击吸收能量KV_2/J(不小于)	应 用
16MnDR	16~36	470~600	315	21.0	-40	34	低温氧气球罐、乙烯球罐
	36~60	460~590	285	21	-30		
15MnNiDR	16~36	480~610	315	20	-50	21	二氧化碳低温贮罐、低温乙烯球罐
	36~60	470~600	305	20	-40		
09MnNbDR	16~36	430~560	280	23	-90	21	低温换热器钢管

注:"DR"表示低温压力容器钢。

低于-100℃的低温用钢有06AlCu、20Mn23Al、1Ni9(ASTM)、15Mn26Al4等。

(2) 抗氢腐蚀钢

氢在常温下对钢没有明显的腐蚀,但当温度在200~300℃,压力为30 MPa时,氢会扩散入钢内,与渗碳体进行化学反应而生成甲烷,使钢脱碳并产生大量的晶界裂纹和鼓泡,从而使钢的强度和塑性显著降低,并且产生严重的脆化。因此,在高温、高压及富氢气体中工作的设备,在选材时首先要考虑氢腐蚀。

为防止氢对钢的腐蚀,可以在钢中加入与碳的亲和力较氢强的合金元素,如Cr、Ti、W、V、Nb、Mo等,以形成稳定的碳化物,从而把碳固定住,以免生成甲烷。而另一方面,则尽量降低钢中碳的含量。如"微碳纯铁",其碳质量分数低于或等于0.01%,它抗H_2、N_2、NH_3的腐蚀性都很好,但其强度低,故使用上常受到限制。

我国目前生产的抗氢钢种有下列几种:

15CrMo用于温度低于300℃的氨合成塔出塔气管材。

20CrMo在合成氨生产中用于250℃以下的高压管道,在非腐蚀介质中使用时,温度可达520℃。

12Cr3MoA为高压抗氢钢之一,可用作绕带式高压容器的内层。

微碳纯铁不含任何合金元素,可部分取代铬-镍不锈钢作氨合成塔内件。经试用,使用期可达4年。

10MoVWNb、15MnV是化工、石油、化肥耐腐蚀新钢种,它对H_2、N_2、NH_3、CO等介质的抗腐蚀性能较好,适于用化肥生产系统400℃左右的抗H_2、N_2、NH_3腐蚀用的高压管、炼油厂500℃以下高压抗氢装置、甲醇合成塔内件和小化肥氨合成塔内件,渗铝后可作

800℃以下石油裂解炉管。由于其抗氢性能较好，也可用于石油加氢设备。而且它同时具有良好的加工工艺性能和焊接性能，是很有发展前途的耐蚀低合金钢。

（3）抗氮腐蚀钢

干燥的氮气在温度低于500℃时，对大多数金属是不起作用的。合成氨在300～500℃时却能在铁表面上分解，并形成初生态的氮，而这种初生态的氮能和很多金属元素，如Fe、Mn、Cr、W、V、Ti、Nb等形成氮化物。这种氮化物性质很脆，当腐蚀严重时，钢材就极容易发生脆裂。温度愈高，氮化腐蚀的速度愈快。氮化速度的大小还与形成氮化物的组织状况有关，如06Cr18Ni11Ti（0Cr18Ni10Ti）不锈钢之所以比15CrMo耐氮化腐蚀，是表面所形成的氮化层的组织比15CrMo的紧密得多，这就使氮化过程中原子扩散的阻力大大增加，从而使氮化速度变得很慢，故常用06Cr18Ni11Ti（0Cr18Ni10Ti）钢作氨合成塔的内件。

10.5.2 化工设备用有色金属及其合金

1. 铜及其合金

（1）纯铜

铜可以耐受不浓的硫酸、亚硫酸，稀的和中等浓度的盐酸、醋酸、氢氟酸及其他非氧化性酸等介质的腐蚀。对淡水、大气和碱类溶液的耐蚀能力很好。铜不耐受各种浓度的硝酸、氨和铵盐溶液。纯铜主要用于制造有机合成和有机酸工业上用的蒸发器、蛇管等。

（2）黄铜

化工上常用的黄铜牌号是H80、68和H62等。H80和H68塑性好，可在常温下冲压成形，可用于制造容器零件。H62在常温下塑性较差，力学性能较高，可制作深冷设备的筒体、管板、法兰和螺母等。

（3）青铜

化工设备常用锡青铜。锡青铜不仅强度、硬度高，铸造性能好，而且耐蚀性好，在许多介质中的耐蚀性都比铜高，特别在稀硫酸溶液、有机酸和焦油、稀盐溶液、硫酸钠溶液、氢氧化钠溶液和海水介质中，都具有很好的耐蚀性。锡青铜主要用来铸造耐蚀和耐磨零件，如泵外壳、阀门、齿轮、轴瓦、蜗轮等零件。

2. 铝及其合金

（1）工业纯铝　工业纯铝广泛应用于制造硝酸、含硫石油工业、橡胶硫化和含硫的药剂等生产所用设备，如反应器、热交换器、槽车和管件等。

（2）防锈铝　防锈铝的耐蚀性比纯铝高，可用作空气分离的蒸馏塔、热交换器、各式容器和防锈蒙皮等。

（3）铸铝　铸铝可用来铸造形状复杂的耐蚀零件，如化工管件、汽缸、活塞等。

3. 铅及其合金

铅在许多介质中，特别是在热硫酸和冷硫酸中，具有很高的耐蚀性。由于铅的强度和硬度低，不适宜单独制作化工设备零件，主要作设备衬里。另外，铅和铅锑合金（又称硬铅）在化肥、化学纤维、农药等设备中作耐酸、耐蚀和防护材料。

4. 镍及其合金

镍在许多介质中有很好的耐蚀性,尤其是在碱类中。在化工上主要用于制造在碱性介质中工作的设备,如苛性碱的蒸发设备,以及因铁离子在反应过程中会发生催化影响而不能采用不锈钢的设备,如有机合成设备等。

化工应用的镍合金,是质量分数分别为 $w(Cu)=31\%$、$w(Fe)=1.4\%$、$w(Mn)=1.5\%$ 的 Ni-Cu 合金(Ni66Cu31Fe)。它具有较高的力学性能,包括高温力学性能,主要用于高温并在一定载荷下工作的耐蚀零件和设备。

10.5.3 非金属材料

非金属材料主要作设备的密封材料、保温材料、金属设备保护里衬、涂层等。

1. 无机非金属材料

(1) 化工陶瓷

化工陶瓷化学稳定性很高,除对氢氟酸和强碱等介质外,对其他各种介质都是耐蚀的,具有足够的不透性、耐热性和一定的机械强度。主要用于制作塔、泵、管道、耐酸瓷砖和设备衬里。

(2) 玻璃

化工生产上常见的为硼-硅酸玻璃(耐热玻璃)和石英玻璃,用来制造管道、离心泵、热交换器管、精馏塔等设备。

(3) 天然耐酸材料

化工厂常用的有花岗石、中性长石和石棉等。花岗石耐酸性高,常用以砌制硝酸和盐酸吸收塔,以替代不锈钢和某些贵重金属。中性长石热稳定性好,耐酸性高,可以衬砌设备或配制耐酸水泥。石棉可用作绝热(保温)和耐火材料,也用于设备密封衬垫和填料。

2. 有机非金属材料

(1) 工程塑料

耐酸酚醛塑料有良好的耐腐蚀性能,用于制作搅拌器、管件、阀门、设备衬里等。
硬聚氯乙烯塑料可用于制造塔器、贮槽、离心泵、管道、阀门等。
聚四氟乙烯塑料常用作耐蚀、耐温的密封元件,无油润滑的轴承、活塞环及管道。

(2) 不透性石墨

用各种树脂浸渍石墨消除孔隙得到不透性石墨。它具有很高的化学稳定性,可作换热设备,如氯乙烯车间的石墨换热器等。

10.5.4 复合材料

在化工行业里应用最广泛的是玻璃纤维增强的玻璃钢复合材料,其主要用途之一是用作管道。这种玻璃钢管与普通钢管、铸铁管相比,重量轻,仅为同规格尺寸钢管、铸铁管的 1/4~1/5,对流动液体的阻力也仅为后者的 2/3~3/4,而且耐各种酸、碱、盐和有机溶剂的腐蚀、不结垢、不生锈、强度高、使用寿命长。在石油工业里主要用作炼油玻璃钢管线、长距离输送用玻璃钢管线。

玻璃钢可用作化工容器，包括各种玻璃钢罐（槽）、压力容器、塔器（洗净塔、洗涤塔、炭化塔、冷却塔、反应塔等）及玻璃钢烟囱等。如采用纤维缠绕玻璃钢立式储罐的环向抗拉强度（最小）可达 107～109 MPa，轴向抗拉强度（最小）达 45～51 MPa；国内用作火车运输用某型号玻璃钢罐，载重 60 t，自重 20.1 t，罐体总容积 53.1 m³，有效容积 50 m³，罐体长度 10.44 m，最大工作压力 0.15 MPa。玻璃钢用作压力容器时不仅重量轻，在破裂失效时不产生杀伤性碎片，而且在-60℃低温下非但不存在"低温脆化"，容器强度反而提高 10% 以上，操作安全性高，目前玻璃钢压力容器的工作压力最大为 20 MPa，正常工作温度为±50℃，瞬间使用温度可达 150℃。

此外，玻璃钢还可用作化工设备中的阀门、泵及各种零部件。

10.6 航空航天器用材

航空是指飞行器在大气层内的航行活动，航天是指飞行器在大气层外宇宙空间的航行活动。航空航天器包括飞机、人造卫星、飞船、航天飞机和空间站等。航空航天器用材向高性能、多功能、复合化、智能化、低成本和高环境兼容性等方向发展。

10.6.1 超高强度钢

一般将最低屈服强度超过 1380 MPa 的结构钢称为超高强度钢。超高强度钢具有极高的强度和良好的韧性，用于航空航天的重要承力件。

1. 低合金超高强度钢

这类超高强度合金钢的合金元素含量低，强度高、屈强比低，但其韧性相对较低。如 30CrMnSiA、30CrMnSiNi2A、40CrMnSiMoVA 钢。30CrMnSiA 调质状态下的组织是回火索氏体。有时为提高强度，采用 200～250℃ 的低温回火，尽管损失了一定的韧性，但可得到具有很高强度的低温回火马氏体组织（σ_b 为 1666～1715 MPa）。当截面厚度小于 25 mm 时可采用等温淬火处理，以便得到下贝氏体，强度、塑性和韧性均较好。

30CrMnSiNi2A 由于增加了 Ni，大大提高了钢的淬透性，因此与 30CrMnSiA 相比，调质后的强度有较大的提高，保持了良好的韧性，但焊接性能变差。这些钢都曾在航空工业中广泛应用，如用于制造飞机的起落架和梁等。40CrMnSiMoVA 钢是在 30CrMnSiNi2A 基础上改进发展的一种中碳调质高强钢，其强度和韧性均有所提高，但因碳含量高且不含镍，焊接性能要差一些。AISI4340 钢(0.4C-0.3Si-0.7Mn-1.8Ni-0.8Cr-0.25Mo)的 σ_b 为 1800～2100 MPa，不仅具有高强度和高延性，而且具有高的疲劳和蠕变抗力。在 4340 基础上加入质量分数为 1.6% 的 Si 和少量 V，并略微提高 C 和 Mo 的含量，发展成为 300 M 钢，其韧性较 4340 有很大的提高。D6AC 钢(0.45C-5Cr-0.55Ni-1.0Mo-0.075V)的屈强比很高，延性很好，具有很好的缺口韧性和冲击韧度，焊接性良好。特别适于飞机和导弹的结构件，如飞机的起落架、导弹的外壳等。

2. 中合金超高强度钢

中合金超高强度钢中典型的有 H－11mod、H13 等,是二次硬化钢,最大的优点是它们在大截面时也可空冷强化。它们是常用的热作模具钢,也广泛用作结构材料。H－11mod (0.4C-0.9Si-0.3Mn-5.0Cr-1.3Mo-0.5V) 钢经 980~1040℃ 空淬、540℃ 回火后,由于碳化物的弥散析出,其强度可达 1960 MPa,并且具有较高的耐热性。为保证钢的韧性,按国家有关标准,该钢的 S、P 质量分数均不大于 0.01%,且应采取严格的真空冶炼和热处理制度。典型应用包括飞机起落架部件、机体部件、喷气涡轮机轴及火箭发动机外壳等。

3. 高合金超高强度钢

高合金超高强度钢中有二次硬化马氏体钢系列,其中包括 9Ni-4Co、9Ni-5Co、10Ni-8Co (HY180,0.11C-10Ni-2.0Cr-1.0Mo-8.0Co)、10Ni-14Co(AF1410)、AerMet100(0.24C-11.5Ni-2.9Cr-1.2Mo-13.4Co)等;18Ni 马氏体时效钢系列,18Ni(250)、18Ni(300)、18Ni(350)(名义成分为 18Ni-4.2Mo-12.5Co-1.6Ti-0.1Al)等;以及沉淀硬化不锈钢系列,如 PH13-8Mo 等,其中以二次硬化马氏体钢系列的综合性能最好。除了高合金超高强度钢以外,还有高合金耐热钢,主要特性是 600℃ 以上具有较高的力学性能和抗氧化性能。如 12Cr13(1Cr13)、16Cr25N(2Cr25N)、20Cr25Ni20(2Cr25Ni20)、06Cr15Ni25Ti2MoAlVB (0Cr15Ni25Ti2MoAlVB)等,用于制造涡轮泵及火箭发动机、航空发动机转子和其他零件。

10.6.2 轻金属及其合金

铝、钛、镁等金属及其合金均具有密度小、比强度高等优点,是航空航天工业的主要结构材料。

1. 铝合金

防锈铝合金 5A05(LF5)、5A11(LF11)、3A21(LF21)用于焊接油箱、油管,制造铆钉及轻载零件和制品。

可热处理强化的铝合金强度高,是航空航天主要应用的铝合金。硬铝合金 2A01 (LY1),可制造工作温度不超过 100℃ 的结构用中等强度铆钉。2A11(LY11)用于制造骨架、模锻的固定接头、支柱、螺旋桨叶片、局部镦粗的零件、螺栓和螺钉等中等强度的结构零件。2A12(LY12)适宜制造飞机的高强度结构零件,如骨架、蒙皮、隔框、肋、梁、铆钉等 150℃ 以下工作的零件。超硬铝合金 7A04(LC4)、7A06(LC6),适宜制造飞机的大梁、桁架、加强框、蒙皮接头及起落架等主要受力件。锻铝合金 2A50(LD5)适宜制造形状复杂、中等强度的锻件和模锻件;2A70(LD7)适宜制造高温下工作的复杂锻件,板材可作高温下工作的结构件;2A14(LD10)用于制造承受重载荷的锻件和模锻件。此外,2000 系的 2524、7000 系的 7055-T77 已成功用于波音 777 客机,2000 系的 2219 还用于液体推进剂贮箱。

铸造铝硅合金 ZAlSi7Mg(ZL101)的耐蚀性、力学性能和工艺性能均良好,淬火后可自然时效,易气焊。可用于形状复杂的铸造零件,如飞机零件、壳体、工作温度不超过 185℃ 的气化器。ZAlSi9Mg(ZL104)可用于铸造形状复杂、在 200℃ 以下工作的零件,如发动机机匣、汽缸体等。ZAlSi12Cu1Mg1Ni1(ZL109)强度高、耐磨性好,产生缩孔倾向较小,气密性较高,切削加工性差,可热处理强化。用于制造较高温度下工作的零件,如活塞等。Al-Cu 系合金具有高的强度和耐热性。铝铜合金 ZAlCu5Mn(ZL201)可热处理强化,铸造在 175~300℃下工作的零件,如活塞、支臂和挂架梁等。Al-Mg 系合金 ZAlMg10(ZL301)的强度高、耐蚀性好,切削加工性好,焊接性尚可,用于铸造在大气中工作的零件,承受大振动载荷,工作温度不超过 150℃ 的零件。

锂的密度仅为 $0.53\,g/cm^3$,铝合金中每加入 1% 质量分数的锂,约降低密度 3%,提高弹性模量 5%。因此铝锂合金的比强度和比刚度均超过传统的铝合金。美国近年来在 Al-Cu-Li 系的基础上发展起来的 2195、2197 等合金的综合性能优异,应用日益广泛,如 2197 合金用于 F16 飞机机身尾部隔框;2195 合金成功用于航天飞机的外推进剂贮箱,减重达 3400 kg 之多。铝锂合金在俄罗斯航空航天工业中也有大量的应用。

2. 钛合金

钛合金密度小、强度高、耐腐蚀性好、热强性高,是航空航天器的关键结构材料。其比强度超过铝合金和超高强中碳调质钢。钛合金在新型战斗机的机体结构上的用量已经超过了铝合金。在航天工业中主要用于卫星的结构零件、运载火箭的压力容器、战术导弹的空气舵的舵体等构件。

如 α 型的 A7 钛合金具有良好的超低温性能,在航空工业中用于制造机匣、压气机内环等。β 型钛合金变形性能较好,可以在较软状态下进行冷变形,然后再时效强化,易于成形。且由于其合金元素含量多,其淬透性较高,合金强度高,但密度较大。典型合金有 TB2(Ti-5Mo-5V-8Cr-3Al)、TB5(Ti-15V-3Al-3Cr-3Sn) 和 TB6(Ti-10V-2Fe-3Al) 等,在航空上有很多应用。α+β 型钛合金可以通过热处理改变其性能。这类合金的典型代表是 TC4(Ti-6Al-4V),该合金的生产工艺成熟,合金性能优良,近半个世纪一直大量使用。如美国的 F-22 使用的 TC4(Ti-6Al-4V) 合金仍然占机体重量的 36% 之多,用作发动机盘件、叶片。

钛合金在航空工业中主要用于制造重量轻、可靠性强的结构,如中央翼盒、机翼转轴、进气道框架、机身桁条、发动机支架、发动机机匣、压气机盘、叶片和外涵道等。航天工程中,比强度尤为重要,钛合金主要用来制造压力容器、贮箱、发动机壳体、卫星蒙皮、构架、发动机喷管延伸段、航天飞机机身、机翼上表面、尾翼、梁和肋等。如"阿波罗"登月飞船上的压力容器中 70% 以上是用钛合金制造的。

3. 镁合金

镁合金质量小,具有较高的比强度和比刚度,并具有高的抗振能力,能承受比铝及其合金大的冲击载荷,切削加工能力优良,易于铸造和锻压,所以在航天航空工业中获得较大应用。

Mg-Al-Zn 系和 Mg-Zn-Zr 系是最常用的镁合金。由于镁的晶体结构是六方形,其变形性能不如立方结构的金属,只有在温度高于 250℃ 时,才容易发生变形,因此一般在 300~500℃ 范围内进行轧制、挤压和锻造。主要有 Mg-Al-Zn-Mn 系的 AZ40M(MB2)、AZ61M(MB5)、AZ80M(MB7) 及 ME20M(MB8)。

镁合金具有良好的铸造性能。Mg-Al 系铸造镁合金具有良好的铸造性能和抗蚀性。Mg-Al-Zn 系镁合金中 Zn 具有一定的强化作用。由于 Zr 在镁合金中有强烈的细化晶粒的作用,含 Zr 镁合金的性能更优异。常用的有 Mg-Zn-Zr 系铸造镁合金 ZMgZn5Zr(ZM1);Mg-RE-Zn-Zr 系铸造镁合金 ZMgZn4RE1Zr(ZM2)、ZMgRE2ZnZr(ZM6)等。这类合金在 250℃时的蠕变性能仍很好,故广泛用于较高温度工作的铸件。

10.6.3 高温金属结构材料

1. 镍基高温合金

常用的镍基高温合金为 TD-Ni、TD-NiCr 和铸造镍合金。TD-Ni、TD-NiCr 是在 Ni 或 Ni-20(Cr):20%铬基体中加入质量分数为 2%左右的氧化钍(ThO_2)颗粒,产生弥散强化的高温合金。由于氧化钍在高温下不易聚集长大,不溶于基体,同时合金的熔点高、晶粒极细,故在 1000~1200℃仍具有较高的强度,抗疲劳性能高,缺口敏感性小,室温塑性好,可轧成棒和板材,但其抗氧化性和耐腐蚀性低,须涂层保护,中温强度低,不能熔化焊接。可用于制造燃气涡轮发动机的燃烧室等高温构件和航天飞机的隔热材料。GH3044、GH3128 常用于制造航空发动机燃烧室。铸造镍基合金是在镍的基体中加入 Cr、Co、W、Mo、Ti 等合金元素的铸造合金,如 K403(Ni-11Cr-5.25Co-4.65W-4.3Mo-5.6Al),主要用于制造涡轮工作叶片和导向器叶片。

2. 铁基高温合金

铁基高温合金是铁质量分数 50%,镍质量分数大于 20%,铬质量分数大于 12%的基体中,再添加 W、Mo、Al、Ti、Nb 等合金元素的高温合金。如 GH2018(Fe-42Ni-19.5Cr-2.0W-4.0Mo-0.55Al-2.0Ti)在中温下具有较高的热强性,良好的抗氧化和抗腐蚀性,在固溶和退火状态下塑性和焊接性良好,主要用于制造在 500~700℃下承受较大应力的构件,如机匣、燃烧室外套等。GH4169 合金是我国 20 世纪 90 年代研制的 Fe-Ni-Cr 基材料,在−253~700℃间广泛适用。可用作远程火箭发动机蜗轮泵的一、二级涡轮转子材料;基于 GH4169 的合金涡轮模锻件也已成功应用于"长征"运载火箭。

3. 金属间化合物

推重比大于 20 的发动机涡轮进口温度达到 2000~2200℃,所以压气轮机转子、涡轮和燃烧室机匣等对材料的要求更高。TiAl、NiAl 及难熔金属硅化物等金属间化合物中同时具有共价键和金属键,所以它们通常同时兼有金属的韧性和陶瓷的高温性能,如具有较高的导热能力。某些金属间化合物可以采用冶金的方法进行生产。金属间化合物主要有 Ti-Al 系、Ni-Al 系和 Mo-Si 系。Ti-Al 系金属间化合物,特别是 Ti_3Al 为基的合金和以 TiAl 为基的合金,不仅密度小,而且高温强度高、抗氧化性强、刚性好。最高工作温度可达 800℃以上。由 Ti_3Al 合金制成的新型航空发动机高压涡轮支撑环、高压压气机机匣和发动机尾喷燃烧器等都已得到了初步的应用。从近期的研究看,Ni-Al 系的 Ni_3Al、NiAl 和 $MoSi_2$ 是发展 1200~1300℃涡轮叶片及导向叶片的潜在材料,特别是 $MoSi_2$ 材料,在 1400℃具有较高的强度和良好的抗氧化能力,而且在高温时呈现一定的塑性,这种材料的单晶态具有更好的性能。

4. 高熔点金属及其合金

钨、钼、铌的熔点分别为 3410℃、2622℃、2460℃，它们都具有熔点高、高温强度高、弹性模量高以及抗腐蚀性能优异的特点。钼及其合金具有良好的导热、导电和低的膨胀系数，在 1650℃ 以下具有较高的比强度，易于加工；特别是经过加工硬化、固溶强化（W、Re 等）和沉淀强化（Hf、Ti 等）后所得的 Mo-Ti-Zr 系、Mo-W 系和 Mo-Re 系合金具有优异的综合性能。钨、钼及其合金在航天工业中可作为火箭发动机喷管材料。铌熔点较高，密度低，在 1093～1427℃ 范围比强度最高，具有较好的焊接性能和耐蚀性能，温度低至 -200℃ 仍有良好的塑性。使它成为航天方面优先选用的热防护材料和结构材料。铌合金（Nb-10Hf-0.7Zr-1Ti）已用于先进军用喷气发动机燃烧室风门、航天器的辐射冷却姿控发动机推力室和延伸喷管等零部件。

但是钨、钼、铌三者高温抗氧化性能都差，作为高温条件下使用的结构材料，应采用抗氧化涂层或惰性气体保护等方法给予防护。钨、钼、铌和钽等金属的高温抗氧化能力均较弱，作为高温结构材料时必须采用抗氧化涂层。

10.6.4 先进金属基及无机非金属基复合材料

金属基的 B/Al 复合材料在 20 世纪 70 年代就用于航天飞机轨道器上，降低结构质量 44%；采用 C/Al 复合材料制造卫星用波导管、SiC_p（颗粒）/Al 复合材料制造导弹翼面及太空光学系统支架、W 纤维/Cu 或 W 纤维/Fe 制造火箭喷管和火箭发动机等。

金属间化合物与相应的金属材料相比具有更高的熔点、高温强度、抗氧化腐蚀的能力，其比强度和耐高温性能也仅次于陶瓷基复合材料和碳-碳复合材料。Ni_3Al 定向柱晶叶片已成功用于发动机上。

陶瓷基复合材料（CMC）的密度仅为高温合金的 1/4～1/3，最高使用温度为 1650℃，其耐高温和低密度特性是金属和金属间化合物无法比拟的。因此除了在推重比 15～20 发动机的研制中 CMC 必不可少，航天领域也成功将 CMC 用于战略和战术导弹的雷达天线罩、燃烧室和喷管、航天飞机的头部、机翼前缘等。较有发展前景的陶瓷纤维主要有碳化硅纤维和氧化铝纤维，基体材料主要有 SiC、Si_3N_4、Al_2O_3、ZrC、HfC、TaC 和 ZrO_2 等。

碳-碳复合材料是碳纤维增强炭基体的复合材料，具有耐高温、低密度、高比模量、高比强度、抗热震、耐腐蚀、吸振性好、热膨胀系数小等一系列优异性能。20 世纪 70 年代首先成功用于航天领域的导弹鼻锥、喉衬、扩展段、空气舵和火箭的燃烧室。随着防氧化技术的发展，使碳-碳复合材料能够在 1650℃ 保持足够的强度和刚度，以抵抗航天飞机鼻锥帽和机翼前缘所承受的起飞载荷和再入大气层的高温梯度，可以满足航天飞机多次往返飞行的需求。对于瞬时或有限寿命使用的条件下，碳-碳复合材料甚至可以在 3000℃ 左右服役，这是任何金属都无可替代的。同时，德国、俄罗斯和日本等国家已相继研制成功了用于航空发动机的碳-碳复合材料涡轮外环和整体涡轮。C/C 复合材料在航空领域里最成功的是用作飞机的刹车片，利用了碳材料优异的摩擦学性能。英国早在 1973 年就首次将碳-碳复合材料刹车片用于 VC-10 飞机，随后在波音系列所有的军用飞机上都采用了碳-碳复合材料刹车片，我国也从 20 世纪 70 年代开始这方面的研究，2005 年首次开发了具有自主知识产权的碳-碳复合材料飞机刹车片。与钢刹车片相比，碳-碳复合材料刹车片的主要优点不仅在于其优异的耐磨性能、耐高温性能(飞机紧急终止起飞所引起的温升可达 1000℃)、高可靠性和更长的使用寿命(是钢盘的 5~8 倍),而且可以使飞机减重 400~1200 kg。特别是现代高负载的大型客机或战机,钢盘是满足不了需求的。

10.6.5 先进聚合物基复合材料

先进聚合物基复合材料(PMC)就是以玻璃纤维、碳纤维、芳酰胺纤维、超高模量聚乙烯纤维等作为增强体,以环氧树脂、双马来酰亚胺树脂、热固性聚酰亚胺树脂、酚醛树脂、聚芳基乙炔树脂和热塑性树脂等作为基体,采用热压罐成形、连续缠绕成形、树脂传递模塑成形(RTM)和粉末法(主要针对高熔点树脂)等方法制备的具有具有高比强度、高比模量、一定耐热度的结构或功能性材料。PMC 从 20 世纪 50 年代末就用于航空航天部门,70 年代后期发展成为继铝、钢和钛之后又一类重要的结构材料。在航空航天领域里,飞行器中复合材料所占的比例已成为飞行器先进性的重要标志之一。以战斗机为例,F-22 战机上树脂基复合材料的用量为 24%,如垂直尾翼、水平尾翼、机身蒙皮以及机翼的壁板和蒙皮等。民用飞机上的 PMC 复合材料的用量也逐渐增加。在航天领域的导弹、运载火箭、航天器及地面设备配套件中都获得了广泛的应用。如液(或固)体导弹的弹体、运载火箭推进剂贮箱、导弹级间段、高压气瓶、固体发动机喷管的结构和绝热部件;各类战术导弹的弹头端头帽、战略和洲际导弹弹头的锥体防热材料、卫星整流罩的结构材料、返回式航天器再入大气层时的低密度烧蚀防热材料、卫星用太阳能电池基板、支撑架、结构外壳、蜂窝夹层板等。

10.6.6 先进功能材料

在航天航空领域,除了大量的结构材料以外,还大量使用品种繁多的光、声、电、磁、热等方面的功能材料,主要有:微电子材料、光电子材料、信息显示、储存与传输材料、功能陶瓷与敏感材料、隐身材料、智能结构材料等。如将 GaAs 半导体材料用于卫星和雷达的微波器件上,不仅可以减小某些系统的体积,在 GaAs 芯片上集成无数微型干扰器,还可达到隐身的目的。

附录1 金属材料室温拉伸试验方法新、旧国家标准性能名称和符号对照表

附录表1 金属材料室温拉伸试验方法新、旧国家标准性能名称和符号对照表

性 能 名 称	GB/T 228—2010		GB/T 228—2002		旧标准	
	符号	单位	符号	单位	符号	单位
屈服强度	—	MPa	—	N/mm^2	σ_s	kg/mm^2
上屈服强度	R_{eH}	MPa	R_{eH}	N/mm^2	σ_{sU}	kg/mm^2
下屈服强度	R_{eL}	MPa	R_{eL}	N/mm^2	σ_{sL}	kg/mm^2
规定非比例延伸强度（条件屈服强度）	$R_{p0.2}$	MPa	$R_{p0.2}$	N/mm^2	$\sigma_{p0.2}$	kg/mm^2
抗拉强度	R_m	MPa	R_m	N/mm^2	σ_b	kg/mm^2
断后伸长率	A	%	A	%	δ_5	%
	$A_{11.3}$	%	A	%	δ_{10}	%
断面收缩率	Z	%	Z	%	ψ	%

附录 2 金属热处理工艺的分类及代号
（摘自 GB/T 12603—2005）

1. 分类原则

热处理分类按基础分类和附加分类两个主层次进行划分。

（1）基础分类　根据工艺总称、工艺类型和工艺名称，将热处理工艺按 3 个层次进行分类，见附录表 2-1。

附录表 2-1　热处理工艺分类及代号

工艺总称	代号	工艺类型	代号	工艺名称	代号
热处理	5	整体热处理	1	退火	1
				正火	2
				淬火	3
				淬火和回火	4
				调质	5
				稳定化处理	6
				固溶处理；水韧处理	7
				固溶处理＋时效	8
		表面热处理	2	表面淬火和回火	1
				物理气相沉积	2
				化学气相沉积	3
				等离子体增强化学气相沉积	4
				离子注入	5
		化学热处理	3	渗碳	1
				碳氮共渗	2
				渗氮	3
				氮碳共渗	4
				渗其他非金属	5
				渗金属	6
				多元共渗	7

（2）附加分类　对基础分类中某些工艺的具体条件更细化的分类。包括实现工艺的加热方式及代号（附录表 2-2）；退火工艺及代号（附录表 2-3）；淬火冷却介质和冷却方法及代

号(附录表 2-4)和化学热处理中渗非金属、渗金属、多元共渗工艺按渗入元素的分类。

2. 代号

(1) 热处理工艺代号

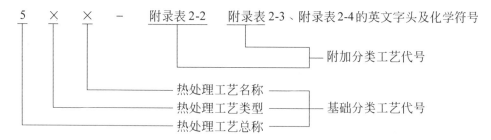

(2) 基础分类工艺代号

用 3 位数字表示,3 位数字均为 JB/T 5992.75 中表示热处理的工艺代号。第一位数字 5 为机械制造工艺分类与代号中热处理的工艺代号；第二、三位数字分别代表基础分类中的第二、三层次中的分类代号。

(3) 附加分类工艺代号

当对基础工艺中的某些具体实施条件有明确要求时,使用附加分类工艺代号。

附加分类工艺代号接在基础分类工艺代号后面。其中加热方式采用两位数字,退火工艺和淬火冷却介质和冷却方法则采用英文字头。

附加分类工艺代号,按附录表 2-2～附录表 2-4 顺序标注。当工艺在某个层次不需要进行分类时,改层次用阿拉伯数字"0"代替。

当对冷却介质及冷却方式需要用附录表 2-4 中两个以上字母表示时,用加号将两个或几个字母连接起来,如 H+M 代表盐浴分级淬火。

化学热处理中,没有表明渗入元素的各种工艺,如多元共渗、渗金属、渗其他非金属,可以在其他代号后用括号表示出渗入元素的化学符号表示。

(4) 多工序热处理工艺代号

多工序热处理工艺代号用破折号将各工艺代号连接组成,但除第一工艺外,后面的工艺均省略第一位数字"5",如 515-33-01 表示调质和气体渗氮。

(5) 常用热处理工艺代号见附录表 2-5。

附录表 2-2　加热方式及代号

加热方式	可控气氛(气体)	真空	盐浴(液体)	感应	火焰	激光	电子束	等离子体	固体装箱	流态床	电接触
代号	01	02	03	04	05	06	07	08	09	10	11

附录表 2-3　退火工艺及代号

退火工艺	去应力退火	均匀化退火	再结晶退火	石墨化退火	脱氢处理	球化退火	等温退火	完全退火	不完全退火
代号	St	H	R	G	D	Sp	I	F	P

附录2 金属热处理工艺的分类及代号

附录表 2-4 淬火冷却介质和冷却方法及代号

冷却介质和方法	空气	油	水	盐水	有机聚合物水溶液	热浴	加压淬火	双介质淬火	分级淬火	等温淬火	形变淬火	气冷淬火	冷处理
代号	A	O	W	B	Po	H	Pr	I	M	At	Af	G	C

附录表 2-5 常用热处理工艺及代号

工艺	代号	工艺	代号
热处理	500	盐浴淬火	513-H
整体热处理	510	加压淬火	513-Pr
可控气氛热处理	500-01	双介质淬火	513-I
真空热处理	500-02	分级淬火	513-M
盐浴热处理	500-03	等温淬火	513-At
感应热处理	500-04	形变淬火	513-Af
火焰热处理	500-05	气冷淬火	513-G
激光热处理	500-06	淬火及冷处理	513-C
电子束热处理	500-07	可控气氛加热淬火	513-01
离子轰击热处理	500-08	真空加热淬火	513-02
退火	511	盐浴加热淬火	513-03
去应力退火	511-St	感应加热淬火	513-04
均匀化退火	511-H	流态床加热淬火	513-10
再结晶退火	511-R	盐浴加热分级淬火	513-10M
石墨化退火	511-G	盐浴加热盐浴分级淬火	513-10H+M
脱氢处理	511-D	**淬火和回火**	514
球化退火	511-Sp	**调质**	515
等温退火	511-I	**稳定化处理**	516
完全退火	511-F	**固溶处理,水韧化处理**	517
不完全退火	511-P	**固溶处理+时效**	518
正火	512	**表面热处理**	520
淬火	513	**表面淬火和回火**	521
空冷淬火	513-A	感应淬火和回火	521-04
油冷淬火	513-O	火焰淬火和回火	521-05
水冷淬火	513-W	激光淬火和回火	521-06
盐水淬火	513-B	电子束淬火和回火	521-07
有机水溶液淬火	513-Po	电接触淬火和回火	521-11

续表

工 艺	代 号	工 艺	代 号
物理气相沉积	522	气体渗硼	535-01(B)
化学气相沉积	523	液体渗硼	535-03(B)
等离子体增强化学气相沉积	524	离子渗硼	535-08(B)
离子注入	525	固体渗硼	535-09(B)
化学热处理	530	渗硅	535(Si)
渗碳	531	渗硫	535(S)
可控气氛渗碳	531-01	**渗金属**	536
真空渗碳	531-02	渗铝	536(Al)
盐浴渗碳	531-03	渗铬	536(Cr)
固体渗碳	513-09	渗锌	536(Zn)
流态床渗碳	513-10	渗钒	536(V)
离子渗碳	531-08	**多元共渗**	537
碳氮共渗	532	硫氮共渗	537(S-N)
渗氮	533	氧氮共渗	537(O-N)
气体渗氮	533-01	铬硼共渗	537(Cr-B)
液体渗氮	533-03	钒硼共渗	537(V-B)
离子渗氮	533-08	铬硅共渗	537(Cr-Si)
流态床渗氮	533-10	铬铝共渗	537(Cr-Al)
氮碳共渗	534	硫氮碳共渗	537(S-N-C)
渗其他非金属	535	氧氮碳共渗	537(O-N-C)
渗硼	535(B)	铬铝硅共渗	537(Cr-Al-Si)

附录3 常用钢的临界点

钢 号	临界点/℃					
	A_{c1}	$A_{c3}(A_{ccm})$	A_{r1}	A_{r3}	M_s	M_f
15	735	865	685	840	450	
30	732	815	677	796	380	
40	724	790	680	760	340	
45	724	780	682	751	345～350	
50	725	760	690	720	290～320	
55	727	774	690	755	290～320	
65	727	752	696	730	285	
30Mn	734	812	675	796	355～375	
65Mn	726	765	689	741	270	
20Cr	766	838	702	799	390	
30Cr	740	815	670	—	350～360	
40Cr	743	782	693	730	325～330	
20CrMnTi	740	825	650	730	360	
30CrMnTi	765	790	660	740	—	
35CrMo	755	800	695	750	271	
25MnTiB	708	817	610	710	—	
40MnB	730	780	650	700	—	
55Si2Mn	775	840	—	—		
60Si2Mn	755	810	700	770	305	
50CrMn	750	775	—		250	
50CrVA	752	788	688	746	270	
GCr15	745	900	700		240	
GCr15SiMn	770	872	708	—	200	
T7	730	770	700	—	220～230	
T8	730	—	700		220～230	−70
T10	730	800	700	—	200	−80
9Mn2V	736	765	652	125	—	
9SiCr	770	870	730	—	170～180	
CrWMn	750	940	710		200～210	
Cr12MoV	810	1200	760		150～200	−80
5CrMnMo	710	770	680	—	220～230	—
3Cr2W8	820	1100	790		380～420	−100
W18Cr4V	820	1330	760	—	180～220	—

注：临界点的范围因奥氏体化温度不同，或试验不同而有差异，故表中数据为近似值，供参考。

附录4 钢铁及合金牌号统一数字代号体系
（摘自 GB/T 17616—1998）

我国国家标准 GB/T 17616—1998 对钢铁及合金产品牌号规定了统一数字代号，与 GB/T 221—2008《钢铁产品牌号表示方法》等同时使用。

统一数字代号的结构形式如下：

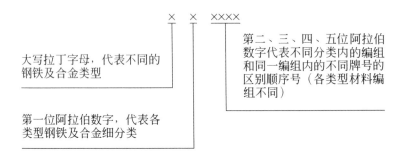

附录表4 钢铁及合金的类型与统一数字代号

钢铁及合金的类型	英文名称	前缀字母	统一数字代号
合金结构钢	Alloy structural steel	A	A×××××
轴承钢	Bearing steel	B	B×××××
铸铁、铸钢及铸造合金	Cast iron, cast steel and cast alloy	C	C×××××
电工用钢和纯铁	Electrical steel and iron	E	E×××××
铁合金和生铁	Ferro alloy and pig iron	F	F×××××
高温合金和耐蚀合金	Heat resisting and corrosion resisting alloy	H	H×××××
精密合金及其他特殊物理性能材料	Precision alloy and other special physical character materials	J	J×××××
低合金钢	Low alloy steel	L	L×××××
杂类材料	Miscellaneous materials	M	M×××××
粉末及粉末材料	Powders and powder materials	P	P×××××
快淬金属及合金	Quick quench matels and alloys	Q	Q×××××
不锈、耐蚀和耐热钢	Stainless, corrosion resisting and heat resisting steel	S	S×××××
工具钢	Tool steel	T	T×××××
非合金钢	Unalloy steel	U	U×××××
焊接用钢及合金	Steel and alloy for welding	W	W×××××

附录 5 国内外常用钢号对照表

分类	中国 GB	美国 ASTM	英国 BS	日本 JIS	德国 DIN	俄罗斯 ГОСТ
碳素结构钢	10	1010	040A10	S10C	C10，CK10	10
	15	1015	040A15	S15C	C15，CK15	15
	20	1020	050A20	S20C	C22，CK22	20
	25	1025	060A25	S25C	—	25
	30	1030	060A30	S30C	—	30
	35	1035	060A35	S35C	C35，CK35	35
	40	1040	060A40	S40C	—	40
	45	1045	060A47	S45C	C45，CK45	45
	50	1050	060A52	S50C	CK53	50
	55	1055	060A57	S55C	C55，CK55	55
	60	1060	060A62	S60C	C60，CK60	60
合金结构钢	15Mn	1115	080A15	SB46	14Mn4	15Г
	30Mn2	1330	150M28	SMn433	30Mn5	30Г2
	45Mn2	1345	—	SMn443	46Mn7	45Г2
	15Cr	5115	523M15	SCr415	15Cr3	15Х
	20Cr	5120	527M20	SCr420	20Cr4	20Х
	40Cr	5140	530M40	SCr440	41Cr4	40Х
	40CrNi	3140	640M40	SNC236	40NiCr6	40ХН
	15CrMo	—	—	SCM415	16CrMo44	15ХМ
	20CrMo	4119	—	SCM420	20CrMo44	20ХМ
	35CrMo	4135	708A37	SCM435	34CrMo44	35ХМ
	12Cr1MoV	—	—	—	—	12Х1МФ
	20CrV	6120	—	—	22CrV4	20ХФ
	40CrV	6140	—	—	42CrV6	40ХФА
	50CrVA	6150	735A30	SUP10	50CrV4	50ХФА
	20CrMnTi	—	—	SCM421	—	18ХГТ
	30CrMnSi	—	—	—	—	30ХГС
	38CrMoAlA	6470E	905M39	SACM645	34CrAlMo5	38ХМЮА
	40CrB	—	—	—	—	40ХР
	20CrNi3A	—	—	—	—	20ХН3А
	12Cr2Ni4A	AIST：E3316	—	—	—	12Х2Н4А
	18CrNiWA	—	—	—	14NiCr18	18ХНWА
	40CrNiMoA	4340	871M40	SNCM439	—	40ХНМА
弹簧钢	65	1065	080A67	SUP2	C67，CK67	65
	85	1084	080A86	SUP3		85
	65Mn	1566				65Г
	55Si2Mn	9255	250A53	SUP6	55Si7	55С2Г
	60Si2Mn	9260	250A61	SUP7	65Si7	60С2Г
	50CrVA	6150	735A50	SUP10	50CrV4	50ХФА
轴承钢	GCr6	E5010	—	—	105Cr2	ШХ6
	GCr9	E51100	—	SUJ1	105Cr4	ШХ9
	GCr15	E52100	534A99	SUJ2	100Cr6	ШХ15
	GCr15SiMn	—	—	—	100CrMn6	ШХ15СГ

续表

分类	中国 GB	美国 ASTM	英国 BS	日本 JIS	德国 DIN	俄罗斯 ГOCT
碳素工具钢	T8	W108	—	SK6	—	У8
	T8A	—	—	—	C80W	У8A
	T10	W110	BW1B	SK4	—	У10
	T12	W112	BW1C	SK2	C125W	У12
	T13	W113	—	SK1	C135W	У13
	T8MnA	—	—	SK5	C85WS	У8ГА
高速钢	W12Cr4V4Mo	—	—	—	S12-4	P14Ф4
	W18Cr4V	T1	BT1	SKH2	S18-0-1	P18
	W6Mo5Cr4V2	M2	BM2	SKH51	S6-5-2	P6M5
合金工具钢	9SiCr	—	BH21	—	90CrSi5	9XC
	Cr2	L3	—	—	100Cr6	X
	5CrMnMo	6G	—	SKT5	40CrMnMo7	5XГM
	5CrNiMo	L6	—	SKT4	55NiCrMoV6	5XHM
	4Cr5MoSiV1	H13	—	SKD61	X38CrMoV5-1	—
	3Cr2W8V	H21	BH21	SKD5	X30WCrV9-3	3X2B8Ф
	CrWMn	—	—	SKS31	105WCr6	XBГ
	CrW5	—	—	SKS1	X130W5	XB5
	Cr12	D3	BD3	SKD1	X210Cr12	X12
	Cr12MoV	D2	BD2	SKD11	X165CrMoV12	X12MФ
不锈钢	12Cr13	410	410S21	SUS410	X10Cr13	12X13
	20Cr13	420J1	420S37	SUS420J1	X20Cr13	20X13
	30Cr13	420J2	420S45	SUS420J2	X30Cr13	30X13
	40Cr13	—	—	—	X40Cr13	40X13
	10Cr17	430	430S15	SUS430	X8Cr17	12X17
	95Cr18	—	—	—	—	95X18
	06Cr19Ni10	304	304S15	SUS304	X5CrNi18-9	08X18H10
	12Cr18Ni9	302	302S25	SUS302	X12CrNi18-9	12X18H9
	06Cr18Ni11Ti	321	321S12	SUS321	X10CrNiTi18-9	08X18H10T
	07Cr17Ni7Al	631	—	SUS631	X7CrNiAl17-7	09X17H7Ю
耐热钢	12Cr5Mo	501	—	—	12CrMo19-5	15X5M
	16Cr23Ni13	309	309S24	SUH309	X5CrNiSi20-12	20X20H14C2
	06Cr17Ni12Mo2	316	316S16	SUS316	X5CrNiMo17-12-2	08X17H12M2
	06Cr25Ni20	310S	304S24	SUS310S	X12CrNi25-21	10X25H20
	06Cr18Ni11Nb	347	347S17	SUS347	X10CrNiNb18-9	08X18H12B
	42Cr9Si2	HNV3	410S45	SUH1	X45CrSi9-3	40X9C2

附录6 常用铝及铝合金状态代号与说明
(摘编自 GB/T 16475—2008)

基础状态代号	细分状态代号	旧代号	说　　明
F		R	自由加工状态
O		M	退火状态(完全退火,最低强度产品)
H			加工硬化状态(可附加热处理)
	H1		单纯加工硬化状态(不附加热处理)
	H2		加工硬化＋不完全退火
	H3		加工硬化＋稳定化处理
	H4		加工硬化＋涂漆处理(不完全退火)
	H111		退火＋少量加工硬化
	H112	R	热加工成形,力学性能有规定要求。
	H116		$w(Mg)/\% \geqslant 4.0\%$的铝合金,规定的力学性能和抗剥落腐蚀性能要求。
	HX1		加工硬化状态,抗拉强度为O与HX2状态的中间值。
	HX2	Y4	加工硬化状态,抗拉强度为O与HX4状态的中间值。
	HX4	Y2	加工硬化状态,抗拉强度为O与HX8状态的中间值。
	HX6	Y1	加工硬化状态,抗拉强度为HX4与HX8状态的中间值。
	HX8	Y	加工硬化状态,硬状态。
	HX9	T	加工硬化状态,超硬状态。
T			热处理状态(不同于F、O、H状态)
	T0	CZY	固溶处理＋自然时效＋冷加工
	T1		高温成形冷却＋自然时效
	T2		高温成形冷却＋冷加工＋自然时效
	T3		固溶处理＋冷加工＋自然时效
	T4	CZ	固溶处理＋自然时效
	T42	MCZ	自O或F状态固溶处理＋自然时效
	T5	RCS	高温成形冷却＋人工时效
	T6	CS	固溶处理＋人工时效
	T62	MCS	自O或F状态固溶处理＋人工时效
	T7		固溶处理＋过时效
	T73	CGS1	固溶处理＋时效,达到规定的力学性能和抗应力腐蚀性能指标。

续表

基础状态代号	细分状态代号	旧代号	说明
T	T74	CGS3	与T73同,抗拉强度大于T73,小于T76状态。
	T76	CGS2	与T73同,抗拉强度大于T74状态,抗应力腐蚀断裂性能低于T73、T74状态,抗剥落腐蚀性能仍较好。
	T8		固溶处理+冷加工+人工时效
	T81		固溶处理+1%冷加工变形+人工时效
	T87		固溶处理+7%冷加工变形+人工时效
	T9	CSY	固溶处理+人工时效+冷加工
	T10		高温成形冷却+冷加工+人工时效
	TX51	CYS	热处理后+形变+消除应力状态(板、棒、模锻件、轧制环)
	TXX510	CYS	热处理后+形变+消除应力状态(挤制棒、型材、管材)
W			固溶处理状态(产品处于自然时效阶段)

注:表中X代表1、2、3、4等数字。

附录7 若干物理量单位换算表

物理量	符号	原单位	国际制单位	换算关系
强度	σ	kg/mm²	N/m²(Pa)	1 kg/mm² = 9.81 MN/m² = 9.81 MPa 1 N/mm² = 1 MPa
冲击韧度	a_k	kg·m/cm²	J/m²	1 kg·m/cm² = 9.81 J/cm² = 98.1 kJ/m² *
冲击吸收能量	A_k	kg·m	J	1 kg·m = 9.81 J
断裂韧性	K_{IC}		MN/m^{3/2} MPa·m^{1/2}	1 MN/m^{3/2} = 1 MPa·m^{1/2}
长度	l	Å	m	1 Å = 10^{-10} m = 0.1 nm
压强	p	kg/mm² at Torr、mmHg	N/m²(Pa)	1 kg/mm² = 9.81 MN/m² = 9.81 MPa 1 at = 0.0981 MPa 1 Torr = 1 mmHg = 133.3 Pa
能量	E	kg·m	J	1 kg·m = 9.81 J 1 eV = 1.602×10^{-19} J 1 kW·h = 3.6 MJ

* 冲击韧度 1 kg·m/cm² 相当于冲击吸收能量 7.83 J。

附录8 工程材料常用词汇中英文对照表

A

奥氏体 austenite
奥氏体本质晶粒度 austenite inherent grain size
奥氏体化 austenitization, austenitizing

B

白口铸铁 white cast iron
白铜 white brass, copper-nickel alloy
板条马氏体 lath martensite
棒材 bar
包晶反应 peritectic reaction
薄板 thin sheet
薄膜技术 thin film technique
贝氏体 bainite
本质晶粒度 inherent grain size
比强度 strength-to-weight ratio
变质处理 inoculation, modification
变质剂 modifying agent, modificator
表面处理 surface treatment
表面技术 surface technology
表面粗糙度 surface roughness
表面淬火 surface quenching
表面腐蚀 surface corrosion
表面硬化 surface hardening
玻璃 glass
玻璃态 vitreous state, glass state
玻璃钢 glass fiber reinforced plastics
玻璃纤维 glass fiber
不可热处理的 non-heat-treatable
不锈钢 stainless steel
布氏硬度 Brinell hardness

C

材料强度 strength of material
残余奥氏体 residual austenite
残余变形 residual deformation
残余应力 residual stress
层状珠光体 lamellar pearlite
超导金属 superconducting metal
成核 nucleate, nucleation
成形 forming, shaping
成长 growth, growing
磁材料 magnetic materials
冲击韧度 impact toughness
纯铁 pure iron
粗晶粒 coarse grain
脆性 brittleness
脆性断裂 brittle fracture
淬火 quenching, quench
淬透性 hardenability
淬硬性 hardenability, hardening capacity

D

带材 band, strip
单晶 single crystal
单体 monomer, element
氮化层 nitration case
氮化物 nitride
刀具 cutting tool
导磁性 magnetic conductivity
导电性 electric conductivity
导热性 heat conductivity, thermal conductivity
导体 conductor
等离子堆焊 plasma surfacing
等离子弧喷涂 plasma spraying
等离子增强化学气相沉积 plasma enhanced chemical vapour deposition (PECVD)
等温转变曲线 isothermal transformation curve
低合金钢 low alloy steel
低碳钢 low carbon steel
低碳马氏体 low carbon martensite
低温回火 low tempering
点阵常数 lattice constant
电镀 electroplating, galvanize
电刷镀 brush electro-plating
电弧喷涂 electric arc spraying
电子显微镜 electron microscope
电子探针 electron probe microanalysis (EPMA)
定向结晶 directional solidification
端淬试验 end quenching test
断口分析 fracture analysis
断裂强度 breaking strength, fracture strength
断裂韧性 fracture toughness
断后伸长率 percentage elongation after fracture
断面收缩率 contraction of cross sectional area
锻造 forge, forging, smithing
多晶体 polycrystal

E

二次硬化 secondary hardening
二元合金 binary alloy, two-component alloy

F

防锈的 rust-proof, rust resistant
非金属 non-metal, nonmetal
非晶态 amorphous stats
分子键 molecular bond
分子结构 molecular structure
相对分子质量 molecular weight
酚醛树脂 bakelite, phenolic resin
粉末冶金 powder metallurgy
粉末复合材料 particulate composite

腐蚀 corrosion, corrode, etch, etching
腐蚀剂 corrodent, corrosive, etchant
复合材料 composite material

G

感应淬火 induction quenching
刚度 rigidity, stiffness
钢 steel
钢板 steel plate
钢棒 steel bar
钢锭 steel ingot
钢管 steel tube, steel pipe
钢丝 steel wire
钢球 steel ball
杠杆定理 lever rule, lever principle
高分子聚合物 high polymer, superpolymer
高合金钢 high alloy steel
高锰钢 high manganess steel
高频淬火 high frequency quenching
高速钢 high speed steel, quick-cutting steel
高碳钢 high-carbon steel
高碳马氏体 high carbon martensite
高弹态 elastomer
高温回火 high tempering
各向同性 isotropy
各向异性 anisotropy, anisotropism
工程材料 engineering material
工具钢 tool steel
工业纯铁 industrial pure iron
工艺 technology
共价键 covalent bond
共晶体 eutectic
共晶反应 eutectic reaction
共析体 eutectoid
共析钢 eatectoid steel

功能材料 functional materials
固溶处理 solid solution treatment
固溶强化 solution strengthening
固溶体 solid solution
固相 solid phase
光亮热处理 bright heat treatment
滚珠轴承钢 ball bearing steel
过饱和固溶体 supersaturated solid solution
过共晶合金 hypereutectic alloy
过共析钢 hypereutectoid steel
过冷 over-cooling, supercooling
过冷奥氏体 supercooled austenite
过冷度 degree of supercooling
过热 overheat, superheat
光学显微镜 optical microscope (OM)

H

焊接 welding, weld
航空材料 aerial material
合成纤维 synthetic fiber
合金钢 alloy steel
合金化 alloying
合金结构钢 structural alloy steel
黑色金属 ferrous metal
红硬性 red hardness
滑移 slip, glide
滑移方向 glide direction, slip direction
滑移面 slip plane, glide plane
滑移系 slip system
化合物 compound
化学气相沉积 chemical vapour deposition (CVD)
化学热处理 chemical heat treatment

J

基体 matrix
机械混合物 mechanical mixture

力学性能 mechanical property
激光热处理 heat treatment with a laser beam
激光 laser
激光熔凝 laser melting and consolidation
激光表面硬化 surface hardening by laser beam
加工硬化 work hardening
加热 heating
胶粘剂 adhesive
结构材料 structural material
结晶 crystallize, crystallization
结晶度 crystallinity
金属材料 metal material
金属化合物 metallic compound
金属键 metallic bond
金属组织 metal structure
金属结构 metallic framework
金属塑料复合材料 plastimets
金属塑性加工 metal plastic working
金属陶瓷 metal ceramic
金相显微镜 metalloscope, metallographic microscope
金相照片 metallograph
晶胞 cell
晶格 crystal lattice
晶格常数 lattice constant
晶格空位 lattice vacancy
晶粒 crystal grain
晶粒度 grain size
晶粒细化 grain refining
晶体结构 crystal structure
聚四氟乙烯 polytetrafluoroethylene (PTFE)
聚合度 degree of polymerization
聚合反应 polymerization
绝热材料 heat-insulating material
绝缘材料 insulating material

K

抗拉强度 tensile strength

抗压强度 compression strength
颗粒复合材料 particle composite
扩散 diffusion, diffuse

L

老化 aging
莱氏体 ledeburite
冷变形 cold deformation
冷加工 cold work, cold working
冷却 cool, cooling
冷作硬化 cold hardening
离子 ion
粒状珠光体 granular pearlite
连续转变曲线 continuous cooling transformation (CCT) curve
孪晶 twin crystal
孪生 twinning, twin
螺旋位错 screw dislocation, helical dislocation
洛氏硬度 Rockwell hardness

M

马氏体 martensite (M)
密排六方晶格 hexagonal close-packed lattice (HCP)
面心立方晶格 face-centred cubic lattice (FCC)
摩擦 friction
磨损 wear, abrade, abrasion
模具钢 die steel
M_f点 martensite finishing point
M_s点 martensite starting point

N

纳米材料 nanostructured materials
耐磨钢 wear-resisting steel
耐磨性 wearability, wear resistance
耐热钢 heat resistant steel, high temperature steel
内耗 internal friction

内应力 internal stress
尼龙 nylon
黏弹性 viscoelasticity
凝固 solidify, solidification
扭转强度 torsional strength
扭转疲劳强度 torsional fatigue strength

P

泡沫塑料 foamplastics, expanded plastics
配位数 coordination number
喷丸硬化 shot-peening
疲劳强度 fatigue strength
疲劳寿命 fatigue life
片状马氏体 lamellar martensite, plate type martensite
普通碳钢 ordinary steel, plain carbon steel

Q

气体渗碳 gas carburizing
切变 shear
切削 cut, cutting
切应力 shearing stress
球化退火 spheroidizing annealing
球墨铸铁 nodular graphite cast iron, spheroidal graphite cast iron
球状珠光体 globular pearlite
屈服强度 yielding strength, yield strength
屈强比 yielding-to-tensile strength ratio
屈氏体 troostite (T)
去应力退火 relief annealing

R

热处理 heat treatment
热加工 hot work, hot working
热喷涂 thermal spraying
热固性 thermosetting
热塑性 hot plasticity
热硬性 thermohardening

柔顺性 flexibility
人工时效 artificial ageing
刃具 cutting tool
刃型位错 edge dislocation, blade dislocation
韧性 toughness
溶质 solute
溶剂 solvent
蠕变 creep
蠕墨铸铁 quasiflake graphite cast iron
软氮化 soft nitriding

S

扫描电子显微镜 scanning electron microscope (SEM)
扫描隧道显微镜 scanning tunneline microscope (STM)
上贝氏体 upper bainite
渗氮 nitriding
渗硫 sulfurizing
渗碳 carburizing, carburization
渗碳体 cementite (Cm)
失效 failure
石墨 graphite (G)
时间-温度转变曲线 time temperature transformation (TTT) curve
时效硬化 age-hardening
实际晶粒度 actual grain size
使用寿命 service life
使用性能 usability
树枝状晶 dendrite
树脂 resin
双金属 bimetal, duplex metal
水淬 water quenching, water hardening, water quench
松弛 relax, relaxation
塑料 plastics
塑性 plasticity, ductility
塑性变形 plastic deformation
索氏体 sorbite (S)

T

弹簧钢 spring steel
弹性 elasticity, spring
弹性变形 elastic deformation
弹性极限 elastic limit
弹性模量 elastic modulus
碳素钢 carbon steel
碳含量 carbon content
碳化物 carbide
碳素工具钢 carbon tool steel
陶瓷 ceramic
陶瓷材料 ceramic material
体心立方晶格 body-centered cubic lattice (BCC)
体型聚合物 three-dimensional polymer
调质处理 quenching and tempering
调质钢 quenched and tempered steel
铁碳平衡图 iron-carbon equilibrium diagram
透明(结晶)陶瓷 crystalline ceramics
透射电子显微镜 transmisson electron microscope (TEM)
同素异构转变 allotropic transformation
涂层 coat, coating
退火 anneal, annealing
托氏体 troostite (T)

W

弯曲 bend, bending
完全退火 full annealing
微观组织 microstructure
维氏硬度 Vickers hardness
未经变质处理的 uninoculated
温度 temperature
无定形的 amorphous
物理气相沉积 physical vapour deposition (PVD)

X

下贝氏体 lower bainite
线型聚合物 linear polymer
纤维 fibre, fiber
纤维增强复合材料 filament reinforced composite
显微照片 metallograph, microphotograph, micrograph
显微组织 microscopic structure, microstructure
橡胶 rubber
相 phase
相变 phase transition
相图 phase diagram
消除应力退火 stress relief annealing
形状记忆合金 shape memory alloys
形变 deformation
性能 performance, property
X 射线结构分析 X-ray structural analysis
X 射线能谱分析 energy dispersion analysis of X-ray (EDX)
X 射线波谱分析 wavelength dispersion analysis of X-ray (WDX)

Y

压力加工 press work
亚共晶铸铁 hypoeutectic cast iron
亚共析钢 hypoeutectoid steel
氧化物陶瓷 oxide ceramics
盐浴淬火 salt both quenching
液相 liquid phase
应变 strain
应力 stress
应力场强度因子 stress intensity factror
应力松弛 relaxation of stress
硬质合金 carbide alloy, hard alloy
油淬 oil quenching, oil hardening
有机玻璃 methyl-methacrylate, plexiglass
有色金属 nonferrous metal
匀晶 uniform grain
孕育处理 inoculation, modification

Z

再结晶退火 recrystallization annealing
载荷 load
增强塑料 reinforced plastics
针状马氏体 acicular martensite
正火 normalize, normalization
致密度 tightness
支化型聚合物 branched polymer
智能材料 intelligent materials
中合金钢 medium alloy steel
轴承钢 bearing steel
轴承合金 bearing alloy
珠光体 pearlite (P)
柱状晶体 columnar crystal
铸造 cast, foundry
自然时效 natural ageing
自由能 free energy
组元 component, constituent
组织 structure
α 钛合金 α titanium alloy

参 考 文 献

1 史美堂主编. 金属材料及热处理. 上海:上海科学技术出版社,1980
2 吴培英主编. 金属材料学. 北京:国防工业出版社,1981
3 大连工学院金相教研室. 金属材料及热处理. 沈阳:辽宁人民出版社,1981
4 胡赓祥,钱苗根主编. 金属学. 上海:上海科学技术出版社,1980
5 王健安主编. 金属学与热处理. 北京:机械工业出版社,1980
6 郑明新主编. 工程材料(第1版). 北京:清华大学出版社,1983
7 郑明新主编. 工程材料(第2版). 北京:清华大学出版社,1991
8 朱张校主编. 工程材料(第3版). 北京:清华大学出版社,2000
9 朱张校,姚可夫主编. 工程材料(第4版). 北京:清华大学出版社,2009
10 沈莲. 机械工程材料. 北京:机械工业出版社,1990
11 何世禹主编. 机械工程材料. 哈尔滨:哈尔滨工业大学出版社,1990
12 柴惠芬,石德珂. 工程材料的性能、设计与选材. 北京:机械工业出版社,1991
13 费林·R.A.等著,陈敏熊译. 工程材料及其应用. 北京:机械工业出版社,1986
14 张云兰,刘建华. 非金属工程材料. 北京:轻工业出版社,1987
15 [美]罗尔斯·K.M.等著,范玉殿等译. 材料科学与材料工程导论. 北京:科学出版社,1982
16 于永泗,齐民主编. 机械工程材料. 大连:大连理工大学出版社,2010
17 中国科学技术大学高分子物理教研室编. 高聚物的结构与性能. 北京:科学出版社,1981
18 肖长发,尹翠玉,张华等. 化学纤维概论. 北京:中国纺织出版社,1997
19 徐修成. 高分子工程材料. 北京:北京航空航天大学出版社,1990
20 [日]陶瓷杂志编,上海硅酸盐研究所译. 陶瓷的力学性质. 上海:上海科学技术文献出版社,1981
21 [美]金格瑞·W.D.等著,清华大学非金属材料教研组译. 陶瓷导论. 北京:中国建筑工业出版社,1982
22 赵渠森编译. 复合材料. 北京:国防科技出版社,1979
23 朱家才,马业英,李桦. 非金属材料及其应用. 武汉:湖北科学技术出版社,1992
24 李顺林. 复合材料进展. 北京:航空工业出版社,1994
25 陈华辉,邓海金,李明等. 现代复合材料. 北京:中国物资出版社,1998
26 张杏奎. 新材料技术. 合肥:江苏科学技术出版社,1992
27 萧庆赞. 功能材料. 1998,Vol.29 增刊
28 功能材料及其应用手册编写组. 功能材料及其应用手册. 北京:机械工业出版社,1991
29 [英]F.A.A.克兰,J.A.查尔斯著,王庆绥等译. 工程材料的选择与应用. 北京:科学出版社,1990
30 苏德达,李忆莲. 弹簧的失效分析. 北京:机械工业出版社,1988
31 罗辉,李春宜,何献忠等. 机械弹簧制造技术. 北京:机械工业出版社,1987
32 宋增平. 刀具制造工艺. 北京:机械工业出版社,1987
33 汽车百科全书编纂委员会. 汽车百科全书(上、下册). 北京:机械工业出版社,1992
34 金国栋等. 汽车概论. 北京:机械工业出版社,1998
35 宋琳生. 电厂金属材料. 北京:水利电力出版社,1990
36 万嘉礼. 机电工程金属材料手册. 上海:上海科学技术出版社,1990
37 朱思明,汤善甫. 化工设备机械基础. 上海:华东化工学院出版社,1991
38 于骏一. 典型零件制造工艺. 北京:机械工业出版社,1989

39 章燕谋. 锅炉与压力容器用钢. 西安：西安交通大学出版社，1997
40 Higgins R A. Properties of Engineering Materials. London：Hodder and Stonghton，1977
41 Lawrence H，Van Vlack. Elements of Materials Science and Engineering，Fourth Edition. Reading Mass：Addison-Wesley Publishing Company，1980
42 Charles O，Smith. The Science of Engineering Materials. Second Edition. Englewood cliffs，N J：Prentice-Hall Inc，1977
43 Rangwala S C. Engineering Materials. Anand，India：Charotar Book Stall，1980
44 Oliver H Wyatt. Metals，Ceramics and Polymers. London：Cambridge Univ Press，1974
45 Alex. E Javitz. Materials Science and Technology for Design Engineers. New York：Hayden Book Company Inc，1972
46 Ashby M F，David R H，Jones. Engineering Materials. Oxford，New York：Pergamon Press，1980
47 Collins J A. Failure of Materials in Mechanical Design. New York：John Wiley，1981
48 James A Jacobs，Thomas F Kilduff. Engineering Materials Technology. Englewood Cliffs，New Jersey：Prentice-Hall Inc，1985
49 Timings R L. Engineering Materials. Harlow，Essex：Longman Sclentific & Technical，1991
50 Hanley D P. Introduction to the Selection of Engineering Materials. New York：Van Nostrand Reinhold Company，1980